Gehirn und Bewußtsein

W0034838

Verständliche Forschung

Gehirn
und Bewußtsein

Mit einer Einführung von Wolf Singer

Inhaltsverzeichnis

Einführung

Von Wolf Singer

Das letzte Jahrzehnt dieses Jahrtausends wurde vom US-amerikanischen Kongreß zum Jahrzehnt des Gehirns, zur *Decade of the Brain* erklärt. Der Hirnforschung wurde damit Priorität vor allen anderen Wissenschaftsdisziplinen eingeräumt. Inzwischen haben sich auch das Europäische Parlament und die Japanische Regierung der Initiative angeschlossen. Diese politischen Erklärungen dokumentieren ein Bekenntnis zur Notwendigkeit von Hirnforschung und sollen zur Verstärkung der Forschungsbemühungen im Bereich der Neurowissenschaften anregen. Vielfältige Gründe lassen sich für dieses ungewöhnliche Interesse an den Ergebnissen der neurobiologischen Forschung anführen.

Das Gehirn ist von allen Organsystemen, welche die Evolution hervorgebracht hat, mit Abstand das komplexeste und wegen seiner besonderen Funktionen auch das geheimnisvollste (siehe das Bild auf Seite 1). Für den Kliniker ist die Erfahrung fast alltäglich, daß hirnorganische Störungen, wie sie in Folge von Verletzungen, raumfordernden Prozessen oder Stoffwechselveränderungen auftreten, nachhaltigen Einfluß auf jene Eigenschaften haben, die einen Menschen ausmachen. Aber auch medizinischen Laien ist inzwischen vertraut, daß Beeinträchtigungen von Wahrnehmungsleistungen, von Merkfähigkeit und Aufmerksamkeit, von Sprachverständnis und -produktion und von motorischen Fertigkeiten die Folge gestörter Hirnfunktionen sind. Bedenkt man, daß vor nicht allzulanger Zeit Menschen, die an epileptischen Krampfanfällen litten, geächtet wurden, weil ihre Zeitgenossen annahmen, sie wären besessen, dann wird deutlich, in welchem Ausmaß das wachsende Verständnis der strukturellen und funktionellen Organisation des Gehirns unser Selbstverständnis verändert hat. Wir haben uns daran gewöhnt, einen Großteil unserer kognitiven und motorischen Leistungen dem Gehirn zuzuschreiben und Störungen dieser Funktionen als ganz normale, organische Erkrankungen anzusehen.

Weniger leicht scheinen wir uns jedoch mit der Erkenntnis abzufinden, daß auch Persönlichkeitsmerkmale, Stimmungen, soziale Bindungsfähigkeit, Denkgewohnheiten, emotionale Färbungen von Erfahrungen und das Selbstwertgefühl auf Hirnfunktionen beruhen und daß Veränderungen dieser Eigenschaften ebenfalls hirnorganische Ursachen haben müssen. Diese Einsicht wird oft verdrängt, rührt sie doch an die Grundfesten unseres Menschenbildes. Dennoch nährt gerade sie die Hoffnung, daß nicht nur Störungen instrumenteller, sensorischer und motorischer Funktionen des Gehirns, sondern auch jene psychischen Fehlfunktionen eines Tages verstanden und behandelbar werden, die zu den großen, ungelösten Problemen der Psychiatrie zählen. Die wegen der gestiegenen Lebenserwartung häufig gewordene Alzheimer-Krankheit macht deutlich, daß erkrankungsbedingte Veränderungen der menschlichen Psyche nicht nur für den Patienten, sondern auch für seine Angehörigen und das weitere soziale Umfeld mitunter wesentlich schwerer zu bewältigen sind und tieferes Leid bewirken als die Beeinträchtigung einer bestimmten Sinnesfunktion oder einer motorischen Leistung.

Hoffnungen und Ziele der Hirnforscher

Mit dem politischen Bekenntnis zur Hirnforschung soll letztlich eine Verbesserung der Therapieverfahren in Neurologie und Psychiatrie erreicht werden. Pate steht dabei die Einsicht, daß die Mechanismen krankhafter Prozesse erst dann hinreichend aufgeklärt werden können, wenn die normalen Funktionsabläufe bereits gut verstanden sind. Die politischen Gremien der wichtigsten Forschungsnationen haben sich diese Erkenntnis zu eigen gemacht und mit ihren Erklärungen auf die zentrale Rolle der Grundlagenforschung hingewiesen. Dies ist ein Novum in der Wissenschaftsgeschichte, das um so bemerkenswerter ist, als es dem in breiten Bevölkerungsschichten ausgeprägten Mißtrauen gegenüber wissenschaftlichem Vorgehen entgegensteht.

Ein weiterer, wenn auch gemessen an medizinischen Belangen weniger zentraler Grund für das wachsende Interesse an den Neurowissenschaften ist die Einsicht, daß Nervensysteme für fast alle denkbaren Probleme der Informationsverarbeitung einschließlich der Organisation von Entscheidungsprozessen weitaus effizientere und elegantere Lösungen gefunden haben als die bislang von Menschen konzipierten künstlichen Systeme. Dies läßt erwarten, daß Erkenntnisse über die Funktionsweise von Nervensystemen umgesetzt werden können in die Konstruktion von Apparaten, die leistungsfähiger und besser handhabbar sind als die herkömmlichen Computersysteme.

Dieser Ansatz ist nicht nur von wirtschaftlicher Bedeutung, sondern er hat auch einen zunächst nichterwarteten Bezug zur Medizin. Die Bemühungen, mit Hilfe von Prothesen ausgefallene Organfunktionen zu kompensieren, haben eine lange Geschichte. Eines der großen Probleme ist dabei die Anpassung der technischen Strukturen an die biologischen des Organismus. Beim Ersatz von Sinnesfunktionen müssen die Signale von technischen Sensoren so umkodiert werden, daß sie von Nervenzellen „verstanden" werden können. Umgekehrt müssen bei motorischen Prothesen neuronale Aktivitätsmuster richtig interpretiert und in Steuerimpulse für die künstlichen Bewegungssysteme übersetzt werden. Zu erwarten ist, daß vermehrtes Wissen über Nervensysteme und verstärkte Berücksichtigung neuronaler Organisationsprinzipien eine wesentlich bessere Anpassung der Prothesen erlauben werden. So konnte die Leistungsfähigkeit von Hörgeräten und von Cochlea-Implantaten, die bei Innenohrschädigungen Anwendung finden, ganz erheblich dadurch gesteigert werden, daß in ihre Konstruktion die Ergebnisse der Hörphysiologie eingeflossen sind.

Wirkungen weit über die Fachgrenzen hinaus

Neben diesen wichtigen anwendungsbezogenen Aspekten der Hirnforschung im Bereich der Medizin, der Bionik und der Künstlichen Intelligenz weisen die

Erkenntnisse der modernen Hirnforschung aber auch recht unerwartete Bezüge zu einer Reihe anderer Wissenschaftsdisziplinen auf. Nachdem sich die Philosophie über lange Zeit nicht besonders für Ergebnisse der naturwissenschaftlichen Forschung interessiert hat, befassen sich in jüngster Zeit eine Reihe von Philosophen sehr intensiv mit der Neurobiologie. Vermehrtes Wissen über die Organisation von Wahrnehmungsfunktionen des Gehirns hat die Neugier von Erkenntnistheoretikern geweckt. Vielleicht, so die Erwartung, lassen sich Fragen nach dem Wesen menschlicher Erkenntnis schärfer formulieren, wenn man berücksichtigt, nach welchen Gesetzen das erkennende Organ arbeitet. Die Einsicht, daß Wahrnehmung auf aktiven synthetischen Leistungen des Gehirns beruht, wurde unter anderem aufgegriffen, um konstruktivistische Argumente zu stützen. Auch und vor allem die Ergebnisse moderner bildgebender Verfahren haben über die Fachgrenzen hinaus gewirkt. Diese Methoden machen es möglich, die Aktivierung von Regionen des menschlichen Gehirns mitzuverfolgen, die bei mentalen Vorgängen wie dem Vorstellen von Wahrnehmungsinhalten, dem Abrufen von Erinnerungen und der Planung von Handlungen tätig werden. Dies hat die alte Diskussion über das Verhältnis von Leib und Seele beziehungsweise Geist und Körper neu belebt.

Selbst die Jurisprudenz hat nicht ohne Sorge von den neueren Entwicklungen der Hirnforschung Kenntnis genommen. Wenn unsere Handlungen und sogar mentale Vorgänge auf substratgebundenen Prozessen des Gehirns beruhen und diese wiederum auf mannigfachen organischen Bedingtheiten, so stellt sich die Frage, wo die Grenze zwischen normalen und pathologischen Prozessen zu ziehen ist. Geht doch die Rechtsprechung davon aus, daß sich eine solche Grenze definieren läßt und die Zumessung von Verantwortlichkeit an dieser Grenze orientieren muß.

Schließlich beginnen Wissenschaftler sich mit dem Gehirn zu befassen, die sich für die Organisation und Dynamik komplexer Systeme im allgemeinen interessieren. Es wird immer deutlicher, daß Systeme, die aus vielen miteinander vernetzten Einzelkomponenten bestehen, Merkmale aufweisen, die auch für Nervensysteme charakteristisch sind, insbesondere was deren Dynamik anbelangt. Dies trifft für künstliche physikalische Systeme zu, wie die auf Rechnern simulierten „neuronalen Netze", die mitunter hochinteressante nicht-lineare dynamische Eigenschaften an den Tag legen. Es

gilt aber auch für Ökosysteme, in denen viele Komponenten auf komplizierte Weise miteinander in Wechselwirkung treten. Und nicht zuletzt lassen sich auch Vergleiche mit Wirtschaftssystemen und möglicherweise auch mit sozialen Gefügen anstellen. Gemeinsam ist diesen, daß eine große Zahl von aktiven Elementen über vorwiegend horizontale Verbindungsarchitekturen reziprok miteinander vernetzt sind und die jeweiligen Systemzustände auf selbstorganisierenden Prozessen beruhen, also nicht durch zentrale Lenkungs- oder Entscheidungsinstanzen festgelegt werden. Vielleicht, so die Erwartung, läßt sich durch das Studium der Organisation von Hirnprozessen, die über einen langdauernden Evolutionsprozeß optimiert wurden, etwas darüber lernen, wie die Vernetzungsarchitektur in komplexen Systemen gestaltet werden muß, damit solche Systeme stabil bleiben und Systemzusammenbrüche vermieden werden.

Der vorliegende Band ist ein Versuch, die Vielfalt der Wege exemplarisch vorzustellen, auf denen Forscher sich den Rätseln des Gehirns nähern. Naturgemäß erfordert ein Organ, das mentale Leistungen erbringt und die komplexeste Organisationsform von Materie überhaupt darstellt, Zugang auf sehr unterschiedlichen Beschreibungs- und Analyseebenen. Höhere Hirnleistungen lassen sich bislang am besten mit psychologischen Begriffen beschreiben und erschließen sich einer wissenschaftlichen Analyse nur über Verhaltensbeobachtungen oder psychologische Testverfahren. Die neuronalen Strukturen dagegen, die diese Funktionen erbringen, müssen mit den gleichen naturwissenschaftlichen Verfahren erforscht werden, die auch in allen anderen Bereichen der Biowissenschaften Anwendung finden. Die Darstellung anatomischer Gegebenheiten und die Analyse der interzellulären Kommunikation durch elektrische Signale sind dabei ebenso wichtig und unverzichtbar wie die Entschlüsselung der molekularen Bestandteile der einzelnen Nervenzellen.

Vorstoß an die Grenzen des Geistes

Früher hat man sich meist damit begnügt, die Funktion einer bestimmten Hirnstruktur zu identifizieren — wobei in der Regel klinische Beobachtungen Pate standen — und die baulichen und funktionellen Eigenschaften dieser Strukturen so genau wie möglich zu beschreiben. Heute besteht die Herausforderung darin, explizite Funktionsmodelle anzugeben und im Detail zu erklä-

ren, wie die Abläufe in den entsprechenden Nervennetzen bestimmte Funktionen erbringen. Dies bereitet kaum konzeptionelle Schwierigkeiten, solange man sich auf Prozesse niederer Ordnung beschränkt, auf die Vorverarbeitung sensorischer Signale etwa oder auf die Steuerung einfacher motorischer Leistungen.

Erhebliche konzeptionelle Schwierigkeiten treten jedoch dann auf, wenn diese Erklärungsversuche auf höhere Hirnleistungen ausgedehnt werden, auf Leistungen, die gemeinhin als mentale Prozesse angesprochen werden. Hierzu zählen Denkvorgänge und Vorstellungen, Wahrnehmungsprozesse, Lern- und Gedächtnisleistungen, emotionale Bewertungen von externen Ereignissen und internen Zuständen und schließlich die intentionalen Handlungsentwürfe. Für eine lückenlose Beschreibung der neuronalen Entsprechungen dieser Leistungen reichen die in den Naturwissenschaften bisher üblichen Formen der Beschreibung nicht mehr aus. Es treten sprachliche Probleme auf, die in der Regel mit Umschreibungen oder Hinweisen auf Analogien umgangen werden.

In jüngster Zeit mehren sich denn auch die Versuche, Hypothesen dadurch zu validieren, daß man Funktionsmodelle im Rechner simuliert. Auf diese Weise kann man – mit beträchtlichen Vorbehalten natürlich – feststellen, ob die durch Experimente herausgearbeiteten Systemeigenschaften ausreichen, um die beobachtete Leistung zu erbringen. Gelingt der Nachweis einer funktionellen Analogie, wird dies bisweilen als hinreichende Erklärung akzeptiert. All das geschieht in der Hoffnung, daß auf diese indirekte Weise intuitiv erfaßbar wird, was explizit nicht darstellbar ist. Dieses Vorgehen ist dem eines Schriftstellers oder darstellenden Künstlers nicht unähnlich: Auch er versucht, Unsagbares einsichtig zu machen, indem er umschreibt, Beispiele gibt und so unter Ausnutzung der Erfahrung und Assoziationsfähigkeit des Lesers oder Betrachters eine Wirklichkeit erfahrbar macht, die mit den Vehikeln des Ausdrucks, derer er sich bedient, alleine nicht darstellbar ist.

Trotz aller Schwierigkeiten und Unschärfen scheint dieser etwas unkonventionelle Prozeß der Erkenntnisgewinnung tatsächlich zu funktionieren. Psychologen überschreiten die Grenzen ihrer klassischen Beschreibungssysteme und beginnen neurobiologische Erkenntnisse in ihre Erklärungsmodelle einzubeziehen, und umgekehrt lassen sich Neurowissenschaftler bei der Strukturierung ihrer Experimente zunehmend von Konzepten leiten, die in den psychologischen Disziplinen entwickelt wurden.

VIII

Beim Lesen der Beiträge zu diesem Buch, die alle aus der Feder ausgewiesener Experten stammen, wird deutlich, welche Schwierigkeiten an jenen Schnittstellen auftreten, wo sich die Beschreibung mentaler Zustände mit der Analyse korrelierender neuronaler Vorgänge trifft. Eben diese Probleme sind es aber, die die besondere Faszination der Hirnforschung ausmachen.

Highlights der Hirnforschung — eine Auswahl

Wir haben uns bei der Zusammenstellung der Beiträge an zwei Postulaten orientiert: Zum einen sollten möglichst viele Facetten des kollektiven Unternehmens Hirnforschung aufgezeigt werden, zum anderen sollten die Artikel den neuesten Stand des Wissens wiedergeben. Weil nicht für alle beteiligten Disziplinen aktuelle Beiträge aus den letzten Jahren zur Verfügung standen, waren Kompromisse unvermeidlich. Der Leser möge deshalb entschuldigen, wenn er „sein" Spezialthema in diesem Band vermissen sollte. Er findet jedoch ein in seiner Breite außergewöhnliches Spektrum von „Innenansichten" der Neurowissenschaften

Einer kurzen Erklärung bedürfen vielleicht auch die Reihenfolge und die Gruppierung der Artikel. Die ersten beiden Beiträge sollen der Tatsache Rechnung tragen, daß sich das Gehirn weit mehr als alle anderen Organe während des gesamten Lebens verändert. Die strukturelle Entwicklung des Gehirns verläuft ungewöhnlich langsam und kommt erst mit der Pubertät zum Abschluß. Aber auch jenseits dieser Entwicklungsphase erfolgen fortlaufend Veränderungen der funktionellen Architektur des Gehirns, weil jeder Lernvorgang mit dauerhaften Änderungen der synaptischen Übertragung zwischen Nervenzellen einhergeht (siehe hierzu auch den Beitrag von Eric Kandel). Die folgenden vier Artikel befassen sich dann mit der Frage, wie Sinnessignale zu Wahrnehmungsinhalten verarbeitet werden und wie letztere im Gehirn repräsentiert sein könnten. Damit eng verbunden ist das Problem, wie gespeicherte Inhalte reaktiviert werden, wenn man sich Erinnerungen bildhaft wachruft oder träumt. Darüber hinaus gibt es im Gehirn eine Fülle von Funktionen, die nicht direkt mit Sinnesleistungen oder der Koordination von Bewegungsabläufen in Verbindung zu bringen sind. Hierzu zählen zum Beispiel die Fähigkeit zur symbolischen Repräsentation von Sachverhalten — ein konstituierendes Merkmal von Sprache — die Steuerung von Aufmerksamkeit und das Management von Entscheidungsprozessen. Einige dieser eher verborgenen Funktionen werden in den nächsten drei Artikeln schlaglichtartig beleuchtet.

Von ganz besonderer Bedeutung sind die Bestrebungen, die Ursachen gestörter Hirnfunktionen aufzudecken. Es wurden deshalb drei Beiträge ausgewählt, in denen die Autoren exemplarisch darstellen, welche neurobiologischen Erklärungsansätze derzeit für psychische Erkrankungen zur Verfügung stehen. Um der großen Bandbreite der modernen Hirnforschung gerecht zu werden, folgt dann ein Ausflug in die Molekularbiologie. Er verdeutlicht, daß es in der Tat möglich ist, hohe kognitive Funktionen und deren Störungen mit Vorgängen auf molekularer Ebene in Verbindung zu bringen. Die letzten Artikel befassen sich schließlich in zunehmendem Maße mit philosophischen Problemen, die durch Erkenntnisse der modernen Hirnforschung aufgeworfen werden. Zunächst wird vorgestellt, wie bestimmte Hirnfunktionen in künstlichen Systemen simuliert werden können, was unmittelbar zu der zentralen Frage führt, ob sich mentale Prozesse im Prinzip auch in nicht-biologischen Systemen realisieren lassen. Das letzte Wort haben wir einem Philosophen zugestanden, der auf anschauliche Weise die derzeitigen Grenzen unserer Erkenntnisfähigkeit aufzeigt.

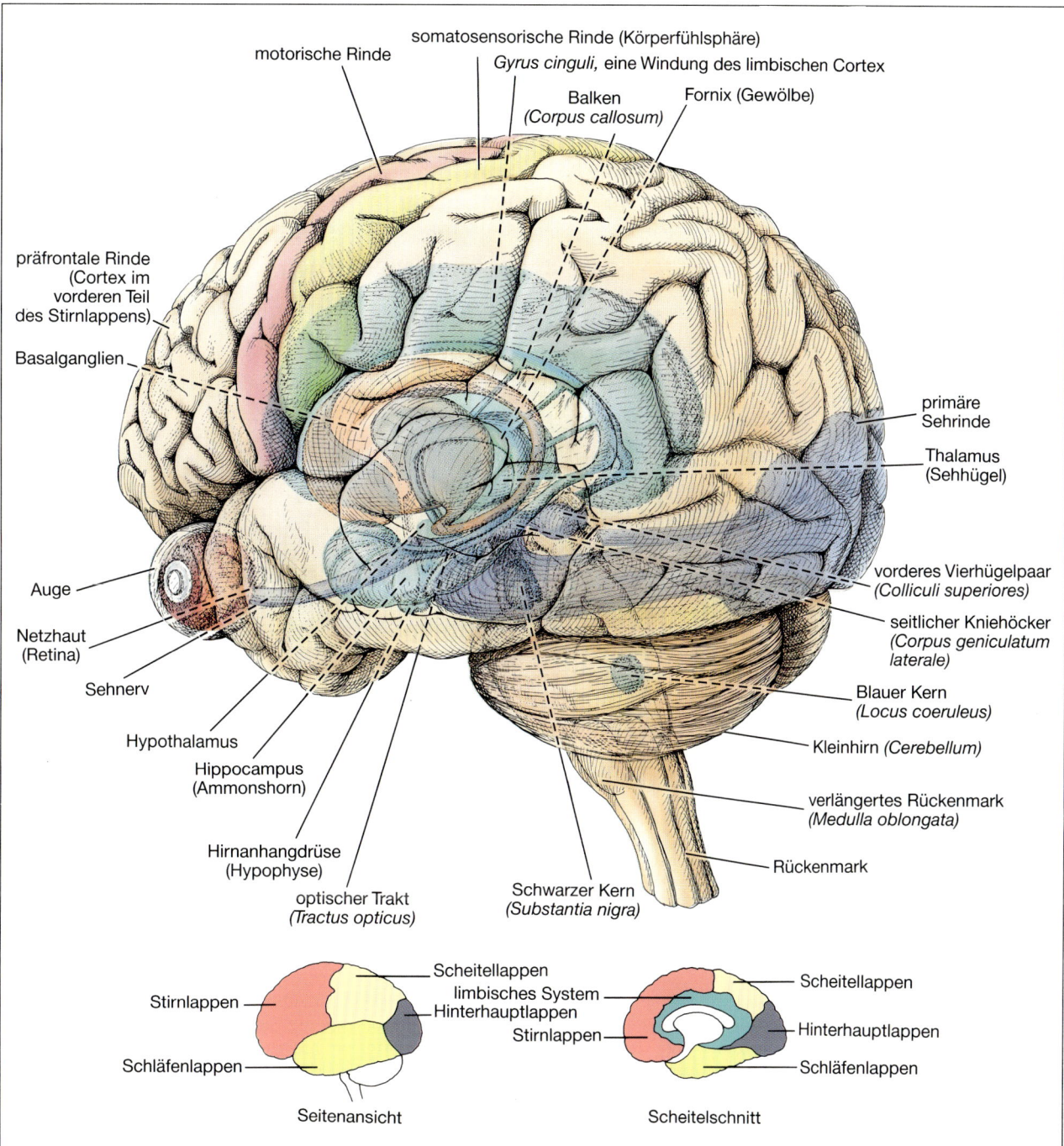

motorische Rinde

somatosensorische Rinde (Körperfühlsphäre)

Gyrus cinguli, eine Windung des limbischen Cortex

Balken
(Corpus callosum)

Fornix (Gewölbe)

präfrontale Rinde
(Cortex im
vorderen Teil
des Stirnlappens)

Basalganglien

primäre
Sehrinde

Thalamus
(Sehhügel)

Auge

vorderes Vierhügelpaar
(Colliculi superiores)

Netzhaut
(Retina)

seitlicher Kniehöcker
*(Corpus geniculatum
laterale)*

Sehnerv

Blauer Kern
(Locus coeruleus)

Hypothalamus

Kleinhirn *(Cerebellum)*

Hippocampus
(Ammonshorn)

verlängertes Rückenmark
(Medulla oblongata)

Hirnanhangdrüse
(Hypophyse)

Rückenmark

optischer Trakt
(Tractus opticus)

Schwarzer Kern
(Substantia nigra)

Scheitellappen

limbisches System

Scheitellappen

Stirnlappen

Hinterhauptlappen

Hinterhauptlappen

Schläfenlappen

Stirnlappen

Schläfenlappen

Seitenansicht

Scheitelschnitt

Das Gehirn: Organ des Geistes

Das menschliche Gehirn ist die komplexeste Struktur im Universum: Es umfaßt eine Billion Zellen, allein 100 Milliarden davon sind Nervenzellen (Neuronen). In Netzwerken verknüpft sind sie das materielle Substrat mentaler Kapazitäten wie Intelligenz, Kreativität, Gefühle, Gedächtnis und Bewußtsein.

Die Funktionen einzelner Hirnteile lassen sich grob angeben. Die beiden nur scheinbar symmetrischen Hirnhälften, die linke und die rechte Hemisphäre, sind durch den Balken (*Corpus callosum*) und andere Nervenfaserbrücken verbunden. Die Hirnbasis besteht aus Strukturen wie dem verlängerten Rückenmark (*Medulla oblongata*), das vegetative Funktionen – beispielsweise Atmung, Blutdruck und Verdauung – steuert, und dem Kleinhirn (*Cerebellum*), das Bewegungen koordiniert. Im Hirninneren befindet sich das limbische System (blau), eine Ansammlung von Strukturen, die in emotionales Verhalten, Langzeitgedächtnis und andere Funktionen involviert sind.

Die stark gefurchte Oberfläche der Großhirnhemisphären – die Großhirnrinde (der Cortex) – ist nur etwa zwei Millimeter dick; bei einer Fläche von etwa 1,5 Quadratmetern hat sie aber fast die Ausdehnung einer Schreibtischplatte. Der evolutiv gesehen älteste Teil der Großhirnrinde gehört zum limbischen System. Den größeren und evolutiv jüngeren Neocortex unterteilt man in Vorder-, Schläfen-, Scheitel- und Hinterhauptlappen, die sich durch besonders tiefe Furchen voneinander abgrenzen (links unten). Einige Rindenregionen mit speziellen Funktionen sind eingehend untersucht worden, insbesondere die motorische Rinde (rosa), die somatosensorische Rinde, auch Körperfühlsphäre genannt (gelb), und die Sehbahn (violett). Aus dem Zusammenspiel der Aktivität sämtlicher Hirnregionen entspringt das faszinierendste aller neurologischen Phänomene: die für den Menschen als Art und Einzelwesen charakteristische Einheit von Geist und Psyche.

1

Das sich entwickelnde Gehirn

Die Grundlagen für die geistigen Fähigkeiten des Menschen werden gelegt, indem Milliarden von Nervenzellen in funktionsgerechter Weise miteinander in Kontakt treten, während der Fötus im Mutterleib heranreift. Neuronale Aktivität und Reizung sind nötig, damit das Verschaltungsmuster am Ende auch in den Details stimmt.

Von Carla J. Shatz

Mehr als 100 Milliarden Nervenzellen enthält das Gehirn eines erwachsenen Menschen. Sie sind nach ganz bestimmten, komplizierten Mustern derart miteinander verknüpft, daß sie uns geistige Leistungen wie Sehen, Lernen, Erinnern, Denken und Bewußtsein ermöglichen. Die Präzision dieser Verschaltung gehört zum Erstaunlichsten am Gehirn. Nichts daran scheint dem Zufall überlassen. Dies ist um so frappanter, als während der ersten Wochen der Embryonalentwicklung viele Sinnesorgane nicht einmal mit den Verarbeitungszentren des sich ausbildenden Gehirns verbunden sind. Der Fötus ist darauf angewiesen, daß bei seiner weiteren Entwicklung genügend Neuronen an den richtigen Stellen entstehen und die ihnen entsprießenden Axone (Nervenfasern) den Weg zu ihrem Zielort finden, um schließlich die funktionsgerechte Verbindung herzustellen.

Wie entstehen solche präzisen neuronalen Kontakte? Einer älteren Theorie zufolge verdrahten sich die Nervenzellen des Gehirns im Verlauf der fötalen Reifung nach einem vorgegebenen Schaltplan quasi selbst. Demnach müßte die gesamte Struktur des Gehirns in einer Reihe biologischer Blaupausen – vermutlich in der Erbsubstanz DNA (Desoxyribonucleinsäure) – niedergelegt sein. Erst wenn die Verschaltung so gut wie komplett sei, beginne das Gehirn zu arbeiten.

Nach den Forschungsergebnissen der vergangenen zehn Jahre läuft die Hirnentwicklung jedoch ganz anders ab. Die neuronalen Verbindungen entstehen aus einem vorläufigen Muster, das nicht mehr als eine grobe Annäherung an den Endzustand darstellt. Auch wenn der Mensch mit fast allen Nervenzellen auf die Welt kommt, die er je haben wird, beträgt die Gehirnmasse eines Säuglings lediglich etwa ein Viertel derjenigen eines Erwachsenen. Das Gehirn vergrößert sich nur deshalb noch, weil seine Nervenzellen wachsen und sich viele ihrer Fortsätze sowie Verknüpfungen erst nach der Geburt bilden.

Nach den Erkenntnissen der Hirnforscher müssen die Nervenzellen aktiv sein, wenn das Muster die für gesunde Erwachsene typische Präzision erreichen soll: Die richtige Verschaltung setzt eine bestimmte Stimulation des Gehirns voraus. Tatsächlich haben verschiedene Beobachtungen in den vergangenen Jahrzehnten gezeigt, daß Säuglinge, die man die meiste Zeit ihres ersten Lebensjahres unbeachtet in der Wiege liegen

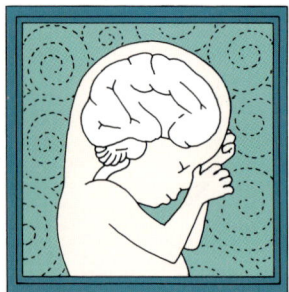

ließ, sich anomal langsam entwickelten. Einige dieser Kinder konnten im Alter von 21 Monaten noch nicht sitzen, und nicht einmal 15 Prozent konnten mit drei Jahren laufen. Kinder müssen mithin, um sich normal zu entwickeln, Reize empfangen – durch Berührung, Sprache und Bilder. Wegen dieser Erkenntnisse bieten einige Eltern ihren Kleinkindern neuerdings ein möglichst abwechslungsreiches Umfeld, um ihre Entwicklung zu beschleunigen. Diesbezügliche Untersuchungen vermochten allerdings nicht eindeutig zu belegen, daß eine solche zusätzliche Stimulation nützlich ist.

Es gibt noch viel zu erforschen, bevor man die genaue Art der sensorischen Reize kennt, welche die Bildung bestimmter neuronaler Verbindungen bei Neugeborenen fördern. Um diesen Vorgang besser zu verstehen, haben Neurobiologen in einem ersten Schritt eingehend untersucht, wie sich das Sehsystem von Tieren entwickelt – vor allem in der Phase kurz nach der Geburt. Zu diesem Zeitpunkt läßt sich die visuelle Erfahrung leicht kontrollieren und die Verhaltensreaktion auf geringfügige Veränderungen beobachten. Außerdem unterscheiden sich die Augen bei den verschiedenen Säugetierarten kaum. Und schließlich gleichen die Nervenzellen des Sehsystems exakt denen in anderen Hirnbereichen. Aus all diesen Gründen lassen sich die Ergebnisse solcher Studien sehr wahrscheinlich auf das Nervensystem des Menschen übertragen.

Der vermutlich wichtigste Vorteil des Sehsystems für solche Studien ist allerdings, daß man Struktur und Funktion hier besonders gut zueinander in Beziehung setzen und den Weg vom äußeren Reiz zur physiologischen Reaktion genau verfolgen kann. Diese Reaktion beginnt damit, daß die Stäbchen und Zapfen der Netzhaut (Retina) Licht in ein neuronales Signal umwandeln und es an die Interneuronen weiterleiten, die ihrerseits mit den Ausgangsneuronen der Netzhaut – den sogenannten retinalen Ganglienzellen – verschaltet sind. Deren Axone

Bild 1: Dieser sieben Wochen alte menschliche Fötus ist ungefähr 2,5 Zentimeter lang. Augen und Gliedmaßen sind zu diesem Zeitpunkt bereits ausgebildet, und das Gehirn ist in Umrissen erkennbar. Damit es den normalen vollentwickelten Zustand erreicht – ein Prozeß, der sich beim Nervensystem zahlreicher Arten bis nach der Geburt hinzieht –, muß es Reize von außen empfangen.

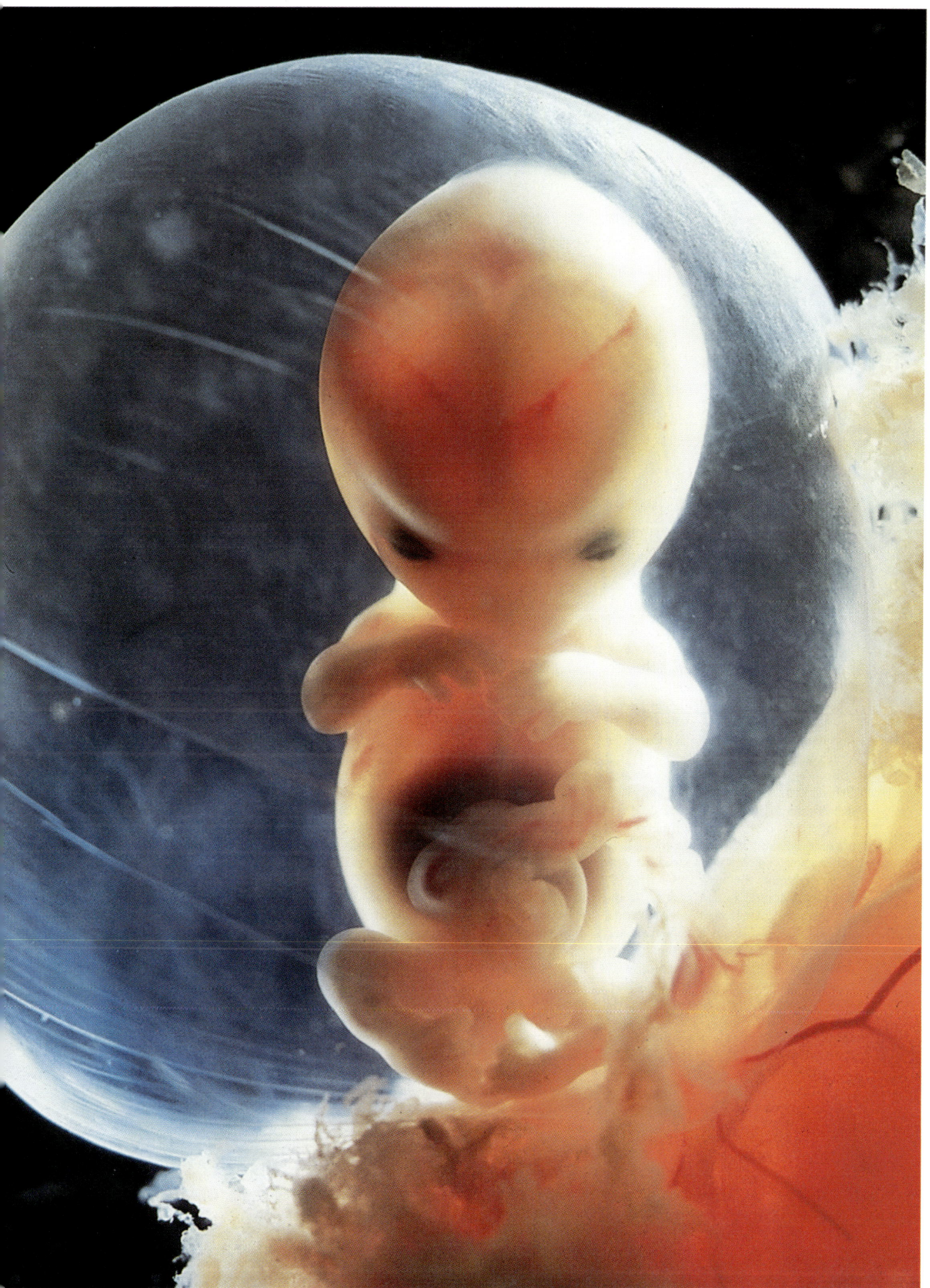

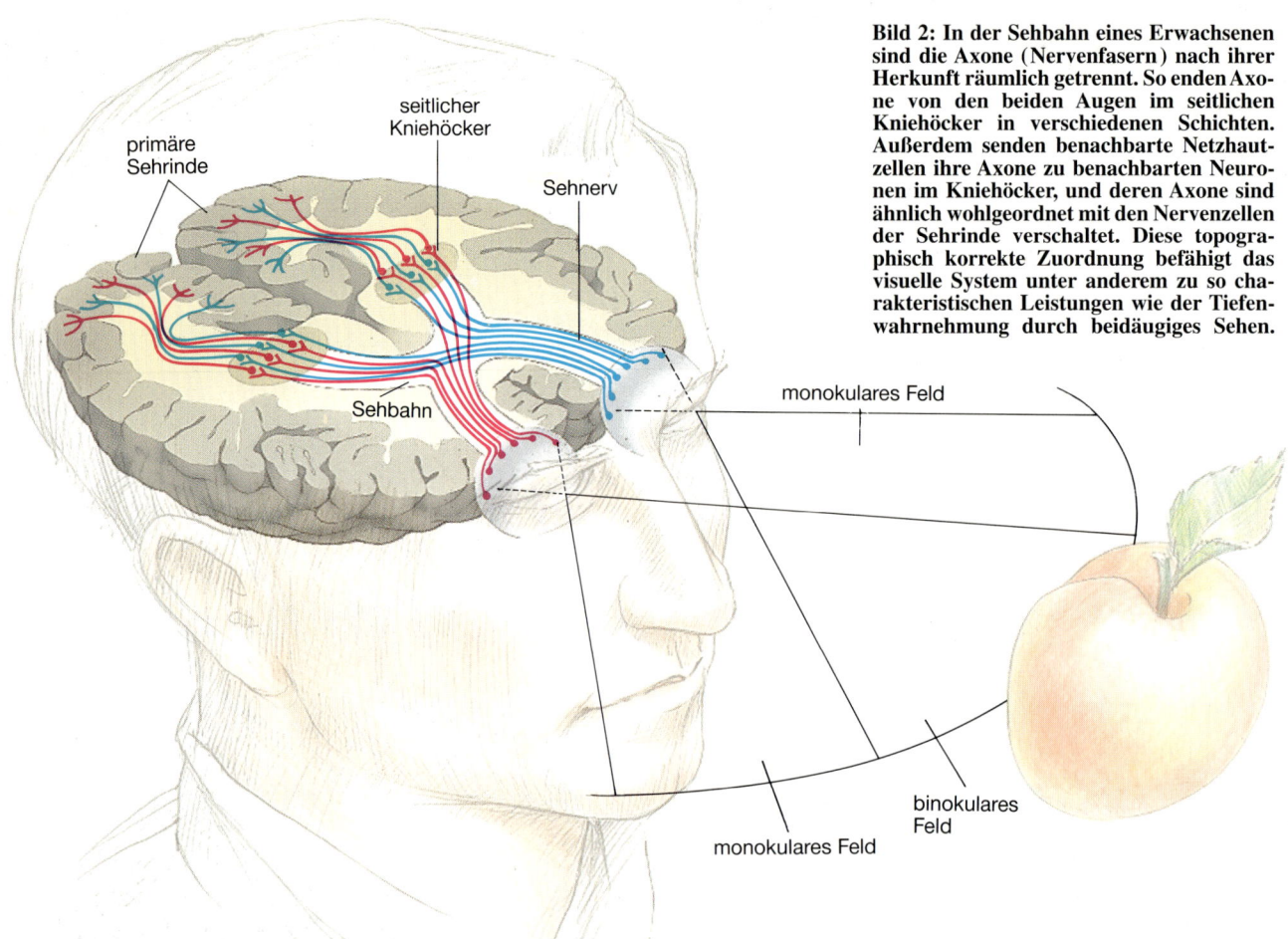

Bild 2: In der Sehbahn eines Erwachsenen sind die Axone (Nervenfasern) nach ihrer Herkunft räumlich getrennt. So enden Axone von den beiden Augen im seitlichen Kniehöcker in verschiedenen Schichten. Außerdem senden benachbarte Netzhautzellen ihre Axone zu benachbarten Neuronen im Kniehöcker, und deren Axone sind ähnlich wohlgeordnet mit den Nervenzellen der Sehrinde verschaltet. Diese topographisch korrekte Zuordnung befähigt das visuelle System unter anderem zu so charakteristischen Leistungen wie der Tiefenwahrnehmung durch beidäugiges Sehen.

ziehen als Sehnerv zu einer Relaisstation innerhalb des Gehirns, dem seitlichen Kniehöcker (*Corpus geniculatum laterale*). Von dort wird die visuelle Information dann an spezialisierte Nervenzellen weitergegeben, die sich in Schicht IV der sechs Schichten umfassenden primären Sehrinde am Hinterhauptlappen einer jeden Hirnhälfte befinden (Bild 2).

Innerhalb des seitlichen Kniehöckers enden die Axone der retinalen Ganglienzellen eines jeden Auges strikt voneinander getrennt. Sie liegen abwechselnd übereinander und bilden so eine Reihe augenspezifischer Schichten. Die Axone, die aus dem seitlichen Kniehöcker austreten, enden innerhalb der vierten Rindenschicht – gleichfalls getrennt nach den einzelnen Augen – in eng umschriebenen Flecken. Diese sind so miteinander verschachtelt, daß sie säulenartige Strukturen bilden, die man denn auch Augendominanz-Säulen nennt.

Schwierige Zielfindung

Um ein solches Netzwerk während der Embryonalentwicklung auszubilden, müssen die Axone über weite Distanzen hinweg wachsen, da ihre Zielstrukturen in einer jeweils anderen Region des Embryos entstehen. Während sich die retinalen Ganglienzellen im Auge bilden, reifen die Nervenzellen des seitlichen Kniehöckers im Zwischenhirn (Diencephalon) heran, in dem sich später Thalamus und Hypothalamus befinden. Die Zellen der Schicht IV entstehen im Endhirn (Telencephalon), das beim erwachsenen Menschen das Großhirn bildet. Bereits zu Beginn der fötalen Entwicklung sind diese drei Hirnstrukturen viele Zellkörperdurchmesser voneinander entfernt. Dennoch vermögen die Axone ihre jeweilige Zielstruktur nicht nur zu orten und zu erreichen, sondern dort auch in topographisch korrekter Weise Verbindungen zu knüpfen: Zellen, die in der einen Struktur nahe beieinander liegen, werden auch in der anderen mit benachbarten Zellen verbunden.

Dieser Entwicklungsprozeß läßt sich mit der Aufgabe vergleichen, Telephonkabel von aneinandergrenzenden Häusern in einer Stadt zu benachbarten Häusern in einer anderen zu verlegen. Wollte man beispielsweise solche Direktverbindungen von Berlin nach München herstellen, müßte man die Kabel an mehreren anderen Städten wie Leipzig, Nürnberg und Regensburg vorbeiführen und sie dann in München zum richtigen Stadtteil (der Zielstruktur) und von dort zu benachbarten Häusern in einer bestimmten Straße (den topographischen Zielpunkten) verlegen.

Corey Goodman von der Universität von Kalifornien in Berkeley und Thomas Jessel von der Columbia-Universität in New York haben gezeigt, daß die Axone meist sofort den richtigen Weg erkennen, entlang dieser Richtung auswachsen und mit hoher Präzision das korrekte Ziel ansteuern. Dabei lassen sie sich von einer Art molekularem Spürsinn lenken. Ihre besonders gestalteten Spitzen, die sogenannten Wachstumskegel, orientieren sich anhand einer Vielzahl spezifischer Moleküle, die entweder am Weg entlang auf der Oberfläche von Zellen aufgereiht sind oder von diesen ausgeschüttet werden. Möglicherweise setzt auch die Zielstruktur selbst molekulare Signalstoffe frei. Entfernt man diese Wegweiser durch genetische oder chirurgische Eingriffe, so wachsen die Axone in der Regel ziellos aus.

Aber wenn die Axone an ihrer Zielstruktur angelangt sind, müssen sie immer noch die richtige Adresse finden. Anders als Weg und Zielort wird diese freilich nicht direkt erkannt, sondern durch unermüdliches Korrigieren von Fehlversuchen ermittelt.

Den ersten Hinweis, daß die Adressenwahl nicht gezielt erfolgt, ergaben Versuche mit radioaktiven Markern. Zu verschiedenen Zeiten in der Fötalentwicklung injiziert, machen sie Verlauf und Muster der axonalen Projektionen unmittelbar sichtbar. Aus solchen Studien weiß man auch, daß sich die beteiligten Strukturen zu ganz unterschiedlichen Zeitpunkten während der Embryonalentwicklung bilden, was die Adressenwahl zusätzlich erschweren kann.

So hat Pasko Rakic von der Yale-Universität in New Haven (Connecticut) nachgewiesen, daß in der Sehbahn von Affen zuerst die Verbindungen zwischen Netzhaut und seitlichem Kniehöcker und danach die zwischen Kniehöcker und Schicht IV der Sehrinde auftreten. In anderen Untersuchungen stellte man fest, daß sich bei Katzen und Primaten (einschließlich des Menschen) die Schichten des seitlichen Kniehöckers schon vor der Geburt entwickeln – und zwar noch bevor die Stäbchen und Zapfen in der Netzhaut entstanden sind, also Sehen überhaupt möglich wäre. Dagegen sind die Säulen in Schicht IV der Sehrinde bei Katzen selbst zum Zeitpunkt der Geburt noch nicht ausgebildet (Bild 3). Dies hatten Simon LeVay, Michael P. Stryker und ich als junge Wissenschaftler an der Medizinischen Fakultät der Harvard-Universität in Cambridge (Massachusetts) herausgefunden. Später erkannte ich, daß bei Katzen in einem frühen fötalen Stadium auch die Schichten im seitlichen Kniehöcker fehlen. All diese Befunde machen deutlich, daß sich die einzelnen Strukturen des Sehsystems erst nach und nach in verschiedenen Entwicklungsstadien herausbilden.

Ebenso wie ihre endgültige strukturelle Architektur erlangen die Nervenzellen der Sehbahn auch ihre spezifischen funktionellen Eigenschaften erst nach der Geburt. Ableitungen mit Mikroelektroden von der Sehrinde neugeborener Katzen und Affen zeigen, daß die meisten Nervenzellen von Schicht IV gleich gut auf Erregung vom einen wie vom anderen Auge ansprechen. Beim erwachsenen Tier dagegen reagiert jedes Neuron hauptsächlich, wenn nicht ausschließlich, auf die Reizung eines der beiden Augen. Offenbar werden im Verlauf der Adressenwahl also die vom nicht zuständigen Auge ausgehenden Verbindungen wieder gelöst.

Im Jahre 1983 fanden mein Mitarbeiter Peter A. Kirkwood und ich weitere Hinweise darauf, daß Axone eine Feinabstimmung ihrer Verknüpfungen vornehmen. Sie stammten aus Untersuchun-

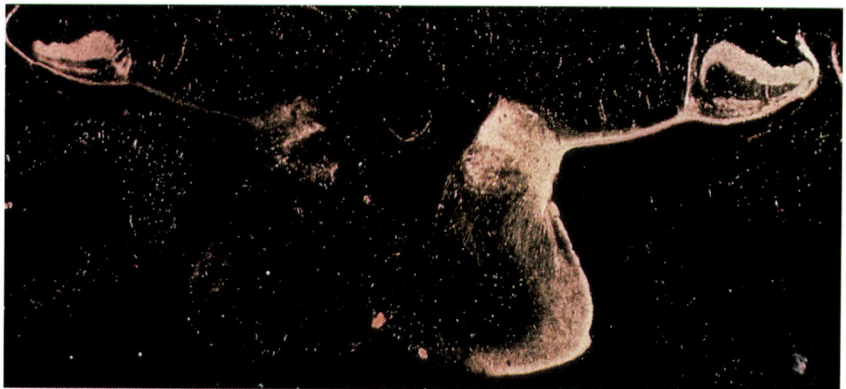

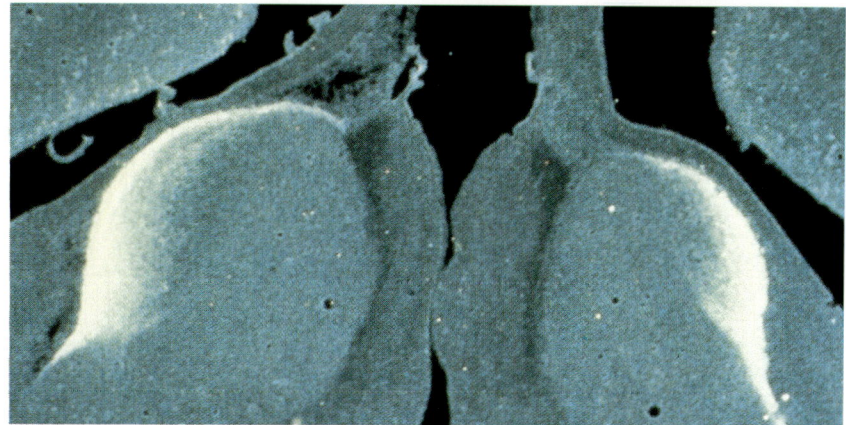

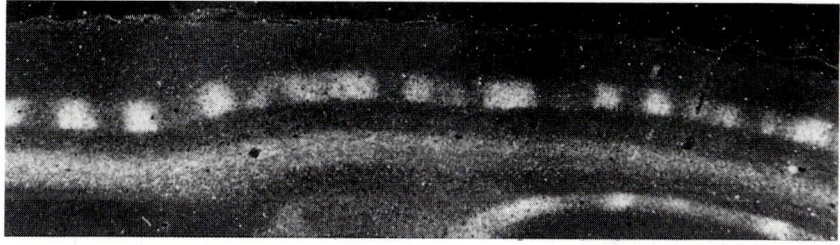

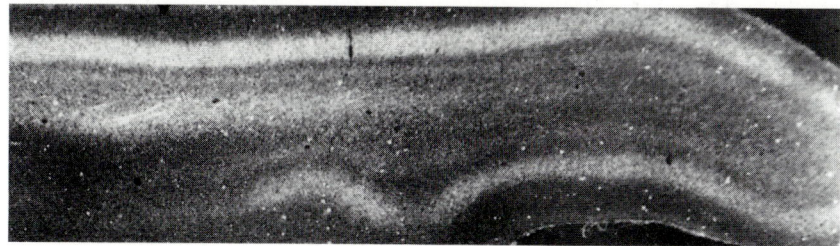

Bild 3: Die neuronale Entwicklung des Sehsystems wurde hier durch Injektion eines radioaktiven Tracers (Markierungsstoffs) in den Glaskörper des Auges sichtbar gemacht. Die Bilder zeigen Schnitte durch das Sehsystem der Katze; auf dem oberen Bildpaar verläuft dieser Schnitt durch das Zwischenhirn mitsamt den seitlichen Kniehöckern, auf dem unteren durch die primäre Sehrinde. Nur diejenigen Regionen haben Tracer aufgenommen und erscheinen dadurch hell, an denen Signale aus dem linken Auge eintreffen. In den voll entwickelten seitlichen Kniehöckern drei Tage vor der Geburt (ganz oben) bilden diese Regionen Schichten, die in der linken und rechten Hirnhälfte komplementär zueinander sind. Drei bis vier Wochen früher sind die seitlichen Kniehöcker erst in Ansätzen zu erkennen; ihre Vorläuferre-gion befindet sich am Rand des Thalamus und ist, wie die gleichmäßige Markierung mit Tracer in beiden Hirnhälften dokumentiert, noch nicht in augenspezifische Schichten untergliedert (oben Mitte). Auch in Schicht IV der primären Sehrinde erfolgt die Auftrennung in augenspezifische Bereiche erst im Verlaufe der Hirnreifung. Diese Bereiche haben hier allerdings die Form von Säulen. Im Autoradiogramm der voll entwickelten Sehrinde (unten Mitte) erscheinen die zum linken Auge gehörenden Säulen als helle Flecken; in den Lücken dazwischen enden diejenigen Axone, die ihre Signale vom rechten Auge erhalten. Dieses Muster unterscheidet sich stark von dem unfertigen (ganz unten). In dieser frühen Entwicklungsphase haben sich die Axone noch nicht aufgetrennt, so daß der Markierungsstoff gleichmäßig verteilt ist.

gen an Gehirnen von sechs Wochen alten Katzenföten (die Tragzeit dauert bei Katzen etwa neun Wochen). Da es äußerst schwierig ist, Mikroelektroden in einen Fötus einzuführen, entfernten wir einen bedeutenden Teil der Sehbahn – nämlich von den Ganglienzellen beider

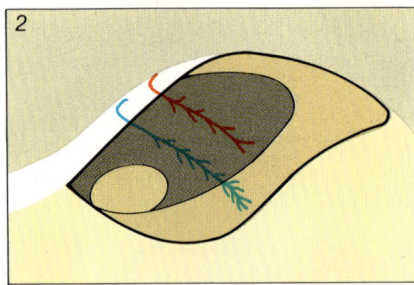

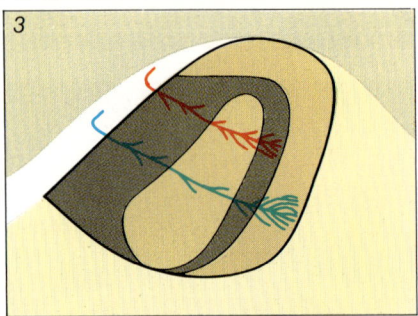

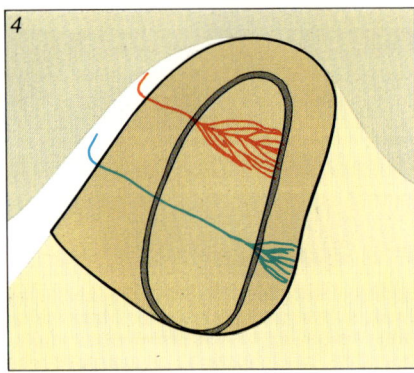

Bild 4: Die Umstrukturierung der Axone im seitlichen Kniehöcker findet großenteils vor der Geburt statt. Anfangs sind die Axone aus dem linken und dem rechten Auge gerade Stäbe mit wenigen kurzen Seitenästen und einem Wachstumskegel an der Spitze (1). Im grauen Gebiet treffen jeweils Signale aus beiden Augen ein. Im weiteren Verlauf der Entwicklung treiben die Axone zunächst viele Seitenäste aus (2). Aber dann beginnen sie diese wieder zu verlieren und bilden statt dessen stark büschelige Endverzweigungen (3). Diese Äste besetzen getrennte Areale, so daß augenspezifische Schichten entstehen (4).

Augen bis zum seitlichen Kniehöcker – und gaben dieses Stück in eine lebenserhaltende Spezialkammer; dort überlebten die Zellen etwa 24 Stunden. Als nächstes reizten wir die beiden Sehnerven mit schwachen Stromstößen und veranlaßten sie so, Aktionspotentiale zu bilden, das heißt Nervenimpulse auszusenden. Wie wir feststellten, reagierten Nervenzellen im seitlichen Kniehöcker auf die Ganglienzellen und erhielten aus beiden Augen Signale. Beim erwachsenen Tier dagegen sprechen die Schichten ausschließlich auf eine Reizung des ihnen zugeordneten Auges an.

Korrektur der falschen Adressenwahl

Genaueren Aufschluß darüber, wie Axone ihre Fehler während der Adressenwahl korrigieren, gewann 1986 David W. Sretavan als Doktorand in meinem Labor. Bei Katzenföten markierte er zu unterschiedlichen Entwicklungszeitpunkten selektiv einzelne Axone von retinalen Ganglienzellen – und zwar durchgehend von ihrem Ursprungsort am Zellkörper in der Netzhaut bis zur Spitze im seitlichen Kniehöcker.

Wie er feststellte, haben die Axone in der frühesten Entwicklungsphase, wenn sie gerade am seitlichen Kniehöcker angelangt sind (nach etwa fünf Wochen Tragzeit), eine sehr einfache, stabähnliche Form mit einem Wachstumskegel an der Spitze. Ein paar Tage später dagegen sehen sie – unabhängig davon, aus welchem Auge sie kommen – behaart aus: Auf ihrer ganzen Länge zweigen kurze Seitenäste ab.

Das gleichmäßige Muster von Seitenästen in diesem Stadium legt nahe, daß in allen Regionen noch unterschiedslos Signale aus beiden Augen eintreffen. Mit fortschreitender Entwicklung aber bilden die Axone an der Spitze komplizierte Verzweigungen und verlieren ihre Seitenäste. Bald darauf verfügt jedes über ein Büschel stark verzweigter Endigungen, die sich auf die Schicht beschränken, die zu dem jeweiligen Auge gehört. Wo Axone des einen Auges Bereiche durchqueren, die dem anderen zugeordnet sind, erscheinen sie glatt und unverzweigt (Bild 4).

Die Axone sprossen also offensichtlich zunächst zu vielen verschiedenen Adressen innerhalb ihrer Zielstrukturen hin aus. Das endgültige Verknüpfungsmuster kommt dann dadurch zustande, daß sie selektiv Äste zurückziehen und neue austreiben.

Als Grund für diese Umgestaltung könnte man sich vorstellen, daß auf den

Oberflächen der Zielzellen molekulare Kennmarken angeordnet sind; für diese naheliegende Annahme gibt es jedoch kaum experimentelle Anhaltspunkte. Eine andere Erklärung scheint dagegen besser fundiert. Danach sind alle Zielneuronen zunächst gleichsam Freiwild, und erst mit der Zeit bilden sich durch eine Art Wettbewerb unter den eintreffenden Signalen besondere Funktionsareale heraus.

Einen entscheidenden Hinweis, wie sich der Wettbewerb zwischen den Axonen um die Zielneuronen abspielen könnte, lieferten Experimente, die David H. Hubel von der Medizinischen Fakultät der Harvard-Universität und Torsten N. Wiesel von der Rockefeller-Universität in New York durchführten. In den siebziger Jahren, als beide an der Harvard-Universität waren, untersuchten sie Linsentrübungen (Katarakte) bei Kindern. Klinische Beobachtungen wiesen darauf hin, daß das betroffene Auge auf Dauer erblinden kann, wenn die Sehbehinderung nicht umgehend behoben wird.

Um den Effekt genauer zu untersuchen, ahmten Hubel und Wiesel ihn bei neugeborenen Katzen nach, indem sie an einem Auge die Lider vernähten. Dabei entdeckten sie, daß schon dann, wenn die Tiere eine Woche lang nur auf einem Auge sehen können, die Bildung der Augendominanz-Säulen gestört ist. Unter diesen Umständen besetzen die Axone aus den Schichten des seitlichen Kniehöckers, deren Signale aus dem geschlossenen Auge kommen, in Schicht IV der Sehrinde lediglich abnormal kleine Felder; dagegen sind die Areale der dem offenen Auge zugeordneten Axone größer als normal.

Hubel und Wiesel fanden zudem heraus, daß diese Effekte auf eine bestimmte kritische Entwicklungsperiode beschränkt sind. Bei Katarakten, die im Erwachsenenalter auftreten, erblindet das Auge nicht dauerhaft, wenn sie erst nach einiger Zeit operativ beseitigt werden. Offenbar kann das Verknüpfungsmuster der Nervenzellen im Gehirn später im Leben nicht mehr beeinflußt werden.

Demnach bilden sich die Augendominanz-Säulen durch Seherfahrung in der frühen Kindheit. Wie aber schlägt sich dieser Gebrauch in einer dauerhaften Architektur nieder? Beim Sehsystem manifestiert er sich unmittelbar in Aktionspotentialen, die jedesmal entstehen, wenn ein optischer Reiz in ein neuronales Signal umgewandelt wird, das an den Axonen der Ganglienzellen entlang hirnwärts wandert. Möglicherweise wird die Bildung normaler Augendominanz-Säulen bei einseitigem Augenverschluß also da-

Entwicklung und Nervenfunktion

neugeborenes Tier

Ein funktionell entscheidendes Charakteristikum des sich entwickelnden Sehsystems ist die räumliche Trennung der Eingänge: Jedes Auge verschafft sich als Zielregion für seine Signale ein eigenes Territorium in der Sehrinde. Dafür muß es jedoch die Nervenzellen der Sehbahn erregen. So weiß man aus Experimenten an Katzen, daß in der Schicht IV der Sehrinde diejenigen Regionen, an denen dem linken und dem rechten Auge zugeordnete Axone ihre Signale abgeben, sich zum Zeitpunkt der Geburt noch überlappen (*a*). Erst unter dem Einfluß visueller Reize sondern sich

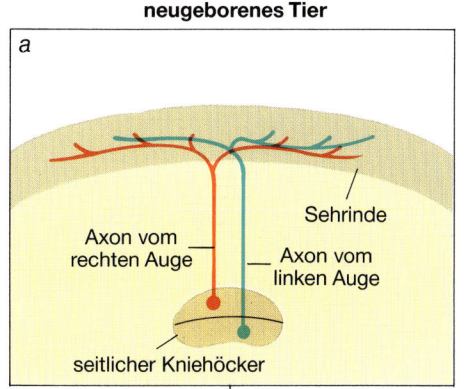

die Nervenfasern derart voneinander ab, daß Augendominanz-Säulen in der Sehrinde enstehen (*b*). Den Beweis dafür liefern Injektionen mit dem Nervengift Tetrodotoxin, das Aktionspotentiale blockiert; unter diesen Umständen separieren sich die Axone nicht, und es entstehen auch keine Säulen (*c*). Desgleichen stört der Verschluß eines Auges die normale Entwicklung, weil die zugehörigen Axone keine entwicklungsfördernden Signale mehr erhalten. Infolgedessen breiten sich die Axone des offenen Auges über das ihnen normalerweise zustehende Territorium in der Sehrinde hinaus aus (*d*).

erwachsenes Tier

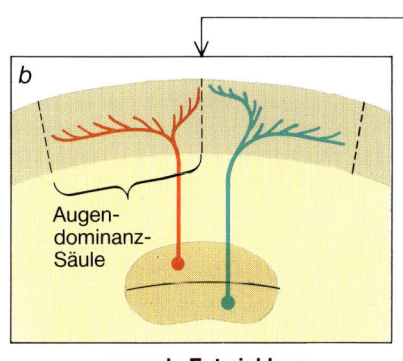

normale Entwicklung

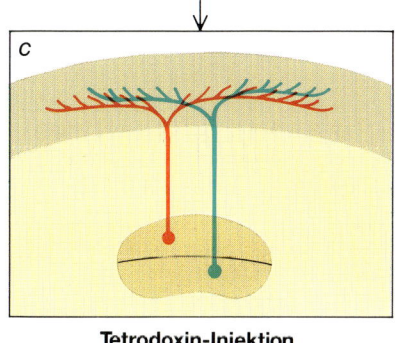

Tetrodoxin-Injektion

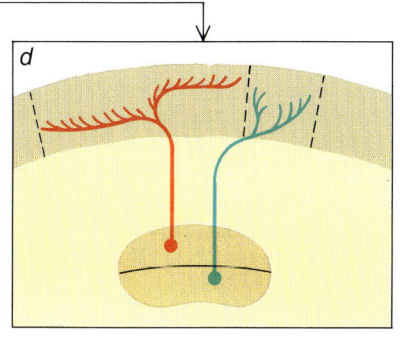

Verschluß eines Auges

durch gestört, daß aus dem geschlossenen Auge über den seitlichen Kniehöcker weniger Aktionspotentiale einlaufen. Bildhaft kann man sich vorstellen, daß die augenspezifischen Axone aus dem Kniehöcker um den Platz in der Schicht IV konkurrieren und diejenigen sich buchstäblich breitmachen und ein größeres Territorium besetzen, die öfter feuern, weil an ihnen mehr Signale aus dem zugehörigen Auge ankommen (siehe obigen Kasten).

Wenn dies stimmt, müßte die Blockade der Aktionspotentiale von beiden Augen während der kritischen Periode nach der Geburt bewirken, daß sich gar keine Dominanzsäulen bilden. Genau das fanden Stryker and William Harris, der damals als junger Wissenschaftler an der Medizinischen Fakultät der Harvard-Universität arbeitete, als sie mit dem Nervengift Tetrodotoxin die Aktionspotentiale der retinalen Ganglienzellen blockierten. Die Schichtung des seitlichen Kniehöckers war dagegen ungestört, weil sie sich bereits beim Fötus gebildet hatte.

Irgendwelche spontanen Aktionspotentiale reichen freilich nicht: Die neuronale Aktivität darf nicht zufällig sein,

sondern muß sowohl zeitlich als auch räumlich koordiniert an bestimmten Synapsentypen auftreten. So haben Stryker und Sheri Strickland an der Universität von Kalifornien in San Francisco gezeigt, daß auch die gleichzeitige künstliche Reizung aller Axone beider Sehnerven verhindern kann, daß sich die Axone aus dem seitlichen Kniehöcker innerhalb der Schicht IV zu Augendominanz-Säulen separieren. Ob also die Aktionspotentiale völlig unterdrückt oder alle zur gleichen Zeit erzeugt werden, läuft letztlich auf dasselbe hinaus. Bei asynchroner Reizung dagegen scheiden sich die Axone in der Sehrinde zu Säulen.

In gewissem Sinne gilt somit: Verbunden wird, was gemeinsam feuert. Die zeitliche Korrelation der Aktivitäten bestimmt darüber, welche synaptischen Verbindungen verstärkt und somit beibehalten und welche geschwächt und schließlich aufgelöst werden (zur Funktion von Synapsen siehe den Kasten auf Seite 10). Unter normalen Umständen korreliert der Akt des Sehens selbst die Aktivität benachbarter retinaler Ganglienzellen, weil deren Input aus aneinandergrenzenden Bereichen des Gesichtsfeldes stammt.

Hebb-Synapsen

Durch welchen Mechanismus werden die Verbindungen verstärkt oder gelockkert? Bereits 1949 hat Donald O. Hebb von der McGill-Universität in Montreal (Kanada) die Existenz besonderer Synapsen postuliert, die diese Aufgabe erfüllen könnten. Ihre Effizienz, das heißt die Stärke der an ihnen übertragenen Signale, nähme immer dann zu, wenn ein Impuls aus der präsynaptischen (vorgeschalteten) Zelle zu einem Zeitpunkt einträfe, an dem die postsynaptische (nachgeschaltete) Zelle auch gerade aktiv ist.

Überzeugende Belege für solche Hebb-Synapsen, wie man sie nun nennt, erbrachten Untersuchungen zum Phänomen der Langzeitpotenzierung im Hippocampus. Gemäß Hebbs Postulat zeigte sich, daß jede gemeinsame prä- und postsynaptische Aktivität die Signalübertragung zwischen den beiden Zellen um einen bestimmten Betrag verstärkt. Diese Verstärkung kann Stunden bis Tage anhalten.

Heute glaubt man, daß solche Synapsen für das Erlernen und Erinnern unabdingbar sind (siehe den Beitrag von Eric

7

R. Kandel und Robert D. Hawkins auf Seite 114). Untersuchungen von Wolf Singer und seinen Mitarbeitern am Max-Planck-Institut für Hirnforschung in Frankfurt am Main sowie von Yves Fregnac und seinen Mitarbeitern von der Universität Paris lassen ebenfalls vermuten, daß während der kritischen Entwicklungsperiode in der Sehrinde Synapsen vom Hebb-Typ vorkommen, deren Eigenschaften aber noch nicht genau bekannt sind (siehe „Hirnentwicklung und Umwelt" von Wolf Singer, Spektrum der Wissenschaft, März 1985, Seite 48).

Wie die gleichzeitige neuronale Aktivität die Signalübertragung dauerhaft verändert, weiß man bisher nicht. Allerdings ist man sich einig, daß die postsynaptische Zelle irgendwie die Koinzidenz einlaufender Impulse erkennen und daraufhin ein entsprechendes Signal an alle gleichzeitig aktiven präsynaptischen Kontakte senden muß (ein Neuron hat in der Regel viele synaptische Eingänge).

Doch kann dies nicht alles sein. Schließlich werden während der Bildung der Augendominanz-Säulen synaptische Verbindungen, an denen nur asynchrone Signale eintreffen, abgeschwächt und gelöst. Demnach muß es auch einen Mechanismus für die aktivitätsabhängige synaptische Schwächung geben. Tatsächlich sind Synapsen, deren Übertragungsstärke sich bei asynchroner prä- und postsynaptischer Aktivität vermindert, im Hippocampus und im Kleinhirn gefunden worden. Nach den Ergebnissen der Experimente von Stryker und Strickland gibt es sie höchstwahrscheinlich auch in der Sehrinde.

Auf ganz ähnliche Weise werden synaptische Verbindungen modifiziert, wenn Motoneurone im Rückenmark mit ihren Zielmuskeln in Verbindung treten. Beim Erwachsenen erhält jede Muskelfaser ihre Befehle von nur einer Nervenzelle. Beim ersten Kontakt mit den Muskelfasern heften sich die Motoneurone jedoch zunächst an mehrere Fasern gleichzeitig. Erst später werden wie in der Sehrinde einige Verbindungen wieder gelöst, bis das fertige Verknüpfungsmuster entstanden ist. Untersuchungen haben gezeigt, daß dieses Lösen ein bestimmtes zeitliches Muster bei den Aktionspotentialen der Motoneurone erfordert.

Wieso spezifische raumzeitliche Muster der neuronalen Aktivität für die genaue Verschaltung erforderlich sind, läßt sich wieder mit dem Bild der Telephonleitungen zwischen benachbarten Häusern in entfernten Städten verdeutlichen. Um zu prüfen, ob die richtigen Verbindungen zustande gekommen sind, können zwei unmittelbare Nachbarn in der einen Stadt (im seitlichen Kniehöcker)

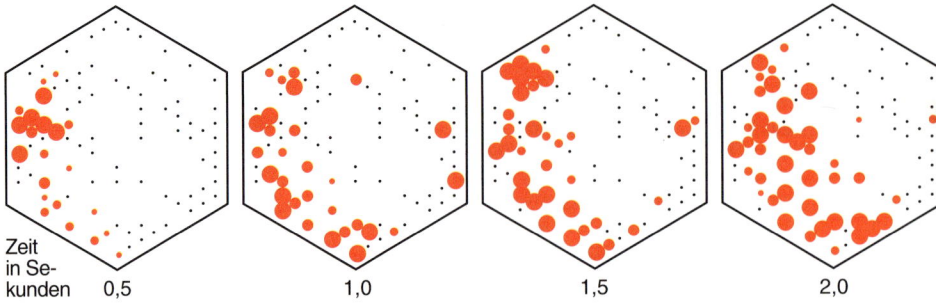

Bild 5: Die spontane elektrische Aktivität in der sich entwickelnden Netzhaut ist lokal synchronisiert. Dies zeigen Messungen mit einer hexagonalen Anordnung von Mikroelektroden (schwarze Punkte), die in Abständen von 0,5 Sekunden vorgenom-

gleichzeitig benachbarte Adressen in der anderen (der Sehrinde) anrufen. Wenn dann die Telephone in beiden Häusern zusammen klingeln, kann man sicher sein, daß die Nachbarschaftsbeziehungen bei der Verdrahtung erhalten geblieben sind.

Ist jedoch eine der benachbarten Zellen im seitlichen Kniehöcker fälschlicherweise mit einer ganz anderen Region der Schicht IV verbunden oder mit Teilen, die Signale aus dem anderen Auge erhalten, so wird sie – wenn überhaupt – nur selten gleichzeitig mit ihren Nachbarn ein Signal (einen Anruf) erhalten. Wegen dieser Unstimmigkeit wird die Verbindung geschwächt und schließlich gekappt.

Bildung augenspezifischer Schichten im seitlichen Kniehöcker

Die bisher geschilderten Forschungsergebnisse betreffen die Abwandlung synaptischer Verbindungen, nachdem das Tier laufen und sehen kann. Doch was geschieht in noch früheren Entwicklungsstadien? Können Mechanismen der axonalen Feinabstimmung schon wirksam werden, bevor das Gehirn überhaupt Gelegenheit hat, auf äußere Reize zu reagieren?

Meinen Mitarbeitern und mir schien die Bildung der Schichten im seitlichen Kniehöcker bei Katzenföten der geeignete Prozeß, um diese Frage zu untersuchen. Schließlich gibt es in der betreffenden Entwicklungsperiode noch keine Stäbchen und Zapfen. Können die Schichten ihre spezifische räumliche Zuordnung zum jeweiligen Auge aufbauen, obwohl noch keine Sehzellen zum Auslösen von Aktionspotentialen da sind?

Unseren Überlegungen zufolge müßte neuronale Aktivität, falls sie in diesen frühen Entwicklungsstadien erforderlich wäre, spontan in der Netzhaut oder ihr nachgeschalteten retinalen Nervenzellen entstehen – vielleicht sogar in den Gan-

glienzellen selbst. Da die gesamte synaptische Maschinerie für den Wettbewerb der Signale bereits existiert, könnte das Feuern retinaler Ganglienzellen durchaus zum Aufbau der Kniehöcker-Schichten beitragen. Wenn dies stimmt, sollte sich die Bildung augenspezifischer Schichten verhindern lassen, wenn man die Weiterleitung von Aktionspotentialen aus den Augen zum seitlichen Kniehöcker unterbindet.

Zu diesem Zweck implantierten Sretavan und ich in Zusammenarbeit mit Stryker spezielle Minipumpen, die Tetrodotoxin enthielten, in die Gebärmutter trächtiger Katzen. Dies geschah, kurz bevor sich normalerweise die Schichten in den seitlichen Kniehöckern beim Fötus auszubilden beginnen – also etwa in der sechsten Woche der Tragzeit. Zwei Wochen später überprüften wir die Wirkung der Dauerinfusion. Zu unserer großen Genugtuung zeigte sich, daß in Gegenwart von Tetrodotoxin die Bildung augenspezifischer Schichten in den seitlichen Kniehöckern unterblieben war. Zugleich vergewisserten wir uns anhand des Verzweigungsmusters einzelner Ganglienzell-Axone, daß das Tetrodotoxin nicht etwa nur einfach das normale Wachstum gehemmt hatte.

Tatsächlich zeigten die Axone sehr ausgeprägte Verzweigungsmuster. Allerdings enthielten sie statt örtlich eng umschriebener Endverzweigungen, wie sie in einem vergleichbaren Entwicklungsalter normal wären, über ihre gesamte Länge zahlreiche Äste. Offenbar hatte ohne Aktionspotentiale aus den Augen die unerläßliche Information für das Zurückziehen von Seitenästen und die Ausbildung von gezielten Endverzweigungen gefehlt.

Im Jahre 1988, als diese Experimente abgeschlossen waren, gelang Lucia Galli-Resta und Lamberto Maffei von der Universität Pisa (Italien) das außergewöhnliche technische Kunststück, Signale fötaler Ganglienzellen direkt aus der Gebärmutter abzuleiten. Dabei zeigte

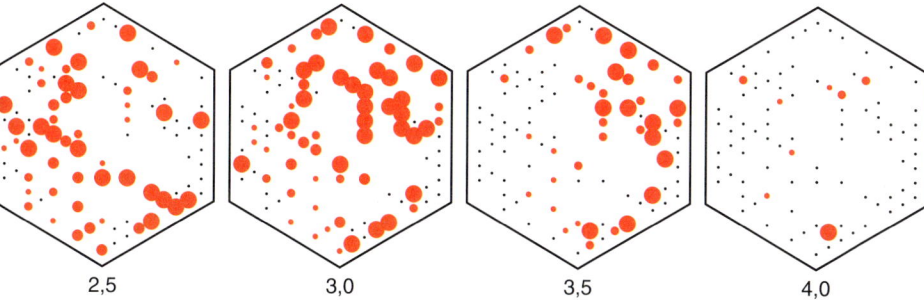

2,5   3,0   3,5   4,0

men wurden. **In jedem Diagramm sind Verteilung und Intensität der Aktionspotential-Salven (rote Punkte) einzelner Ganglienzellen eingetragen. Man sieht, wie sich eine Aktivitätswelle von links unten nach rechts oben über die Netzhaut ausbreitet.**

sich, daß die retinalen Ganglienzellen des unfertigen Auges tatsächlich schon in der Dunkelheit der Gebärmutter spontan Salven von Aktionspotentialen erzeugen können. In Verbindung mit unseren Ergebnissen ist diese Beobachtung ein starkes Indiz dafür, daß Aktionspotentiale nicht nur vorhanden, sondern auch nötig sind, damit die Ganglienzell-Axone aus beiden Augen sich voneinander absondern und augenspezifische Schichten bilden.

Dabei muß die raumzeitliche Verteilung der Ganglienzell-Aktivität allerdings gewissen Bedingungen genügen. Würden die Zellen nur rein zufällig feuern, könnte der Mechanismus des aktivitätsabhängigen Sortierens auf Korrelationsbasis nicht funktionieren. Vielmehr müssen benachbarte Ganglienzellen eines jeden Auges ihre Impulse jeweils möglichst zeitgleich abgeben, wohingegen Zellen in verschiedenen Augen nicht synchron aktiv werden dürfen. Eine weitere Voraussetzung ist, daß die Synapsen zwischen den retinalen Ganglienzellen und den Neuronen des seitlichen Kniehöckers funktionell vom Hebb-Typ sind: Sie sollten Korrelationen im Feuern von Axonen erkennen und sich entsprechend verstärken können.

Uns war klar, daß die Suche nach solchen Mustern spontanen Feuerns äußerst schwierig wäre. Man müßte gleichzeitig die elektrische Aktivität einer Vielzahl von Ganglienzellen in der heranreifenden Netzhaut überwachen – und zwar in der Phase, in der sich die augenspezifischen Schichten im seitlichen Kniehökker entwickeln. Ein wichtiger technischer Fortschritt führte uns jedoch ans Ziel. Im Jahre 1988 erfanden Jerome Pine und seine Mitarbeiter vom California Institute of Technology in Pasadena – unter ihnen der Doktorand Markus Meister – eine für Vielfachableitungen geeignete Apparatur. Sie besteht aus 61 Mikroelektroden, die in Form eines ebenen hexagonalen Musters angeordnet sind; jede kann die Aktionspotentiale eines

Neurons oder mehrerer benachbarter Nervenzellen erfassen. Als Meister an die kalifornische Stanford-Universität ging, um seine Arbeiten als Postdoktorand bei Denis Baylor fortzusetzen, nutzten wir dies zur Zusammenarbeit. Uns interessierte, ob sich mit seiner Elektrodenanordnung das spontane Feuern von Ganglienzellen der unreifen Netzhaut erfassen ließe.

Bei den entsprechenden Experimenten mußte dem Auge die gesamte Netzhaut entnommen und mit den Ganglienzellen nach unten auf das Elektrodengitter gelegt werden (dieses selbst in das Auge einzuführen wäre technisch unmöglich gewesen). Rachel Wong, die als Postdoktorandin aus Australien vorübergehend in meinem Labor arbeitete, gelang es, dieses empfindliche Gewebe vorsichtig herauszuschneiden und in speziell von ihr zusammengestellten Nährlösungen für mehrere Stunden funktionstüchtig zu halten.

Die elektrischen Ableitungen machten wir statt an Katzen dann allerdings an Frettchen; denn bei diesen reift die Netzhaut erst nach der Geburt, so daß man nicht mit Föten arbeiten muß. Wenn Netzhäute von neugeborenen Frettchen auf das Elektrodengitter gelegt wurden, konnten wir gleichzeitig die spontan erzeugten Aktionspotentiale von bis zu 100 Zellen ableiten. Dabei fanden wir die Ergebnisse bestätigt, die Lucia Galli-Resta und Maffei am lebenden Tier gewonnen hatten. Alle Zellen auf dem Elektrodengitter feuerten im Abstand von maximal fünf Sekunden in einem vorhersagbaren rhythmischen Muster. Zwischen den mehrere Sekunden dauernden Aktionspotential-Salven blieben die Zellen jeweils 30 Sekunden bis 2 Minuten lang stumm (Bild 6). Demnach ist die Aktivität von Ganglienzellen tatsächlich ohne äußeren Stimulus korreliert; und wie eine genauere Analyse ergab, ist diese Korrelation zwischen benachbarten Zellen stärker als zwischen weiter voneinander entfernten.

Spontane Aktivitätswellen

Noch bemerkenswerter ist, daß das räumliche Muster der Salven einer Aktivitätswelle ähnelt, die mit einer Geschwindigkeit von 0,1 Millimetern pro Sekunde über die Netzhaut läuft (Aktionspotentiale breiten sich in Axonen mit Myelinhülle eine Million Mal so schnell aus). Nach der Ruhepause entspringt jeweils an einer zufälligen Stelle eine neue Welle mit anderer Richtung (Bild 5). Wie wir feststellen konnten, treten diese spontanen retinalen Wellen während der gesamten Entwicklungsperiode auf, in der sich in den seitlichen Kniehöckern die augenspezifischen Neuronenschichten bilden, und verschwinden, kurz bevor das Auge zu sehen anfängt.

Im Prinzip wären diese Wellen also bestens geeignet, die erforderliche Korrelation zwischen der Aktivität benachbarter Ganglienzellen herzustellen. Zudem breiten sie sich langsam genug aus, daß nur in örtlich begrenzten Arealen und nicht in der gesamten Netzhaut gleichzeitig Aktivität herrscht. Durch ein derartiges Salvenmuster könnte die topographische Karte der Projektionen von Ganglienzell-Axonen auf die augenspezifischen Schichten noch verfeinert werden. Überdies dürften wegen der, wie es scheint, völlig zufälligen Ausbreitungsrichtung der Wellen Ganglienzellen in den beiden Augen kaum jemals synchron feuern – eine weitere Voraussetzung für die Bildung der Schichten.

In künftigen Experimenten wollen wir die Wellen unterbrechen, um zu sehen, ob sie tatsächlich mit dem Feinjustieren von Verknüpfungen zu tun haben. Ferner gilt es festzustellen, ob Zellen im seitlichen Kniehöcker das korrelierte Feuern benachbarter Ganglienzellen überhaupt erkennen und zur Modifikation der synaptischen Verbindungen nutzen können. Dafür spricht, daß mein Mitarbeiter Richard D. Mooney in Zusammenarbeit mit Daniel Madison von der Stanford-Universität eine langfristige Verstärkung der synaptischen Übertragung zwischen retinalen Ganglienzell-Axonen und Neuronen des seitlichen Kniehöckers in den relevanten frühen Entwicklungsphasen nachgewiesen hat. Allem Anschein nach können also, noch bevor das visuelle System voll funktionsfähig ist, Ganglienzellen spontan in geeigneten Mustern feuern, damit die für das normale Sehen nötigen Zellverknüpfungen entstehen.

Ist die Netzhaut ein Sonderfall, oder können andere Teile des Nervensystems gleichfalls in einer frühen Phase der Entwicklung ihre eigenen endogenen Aktivitätsmuster erzeugen? Nach vorläufigen Untersuchungen von Michael O'Dono-

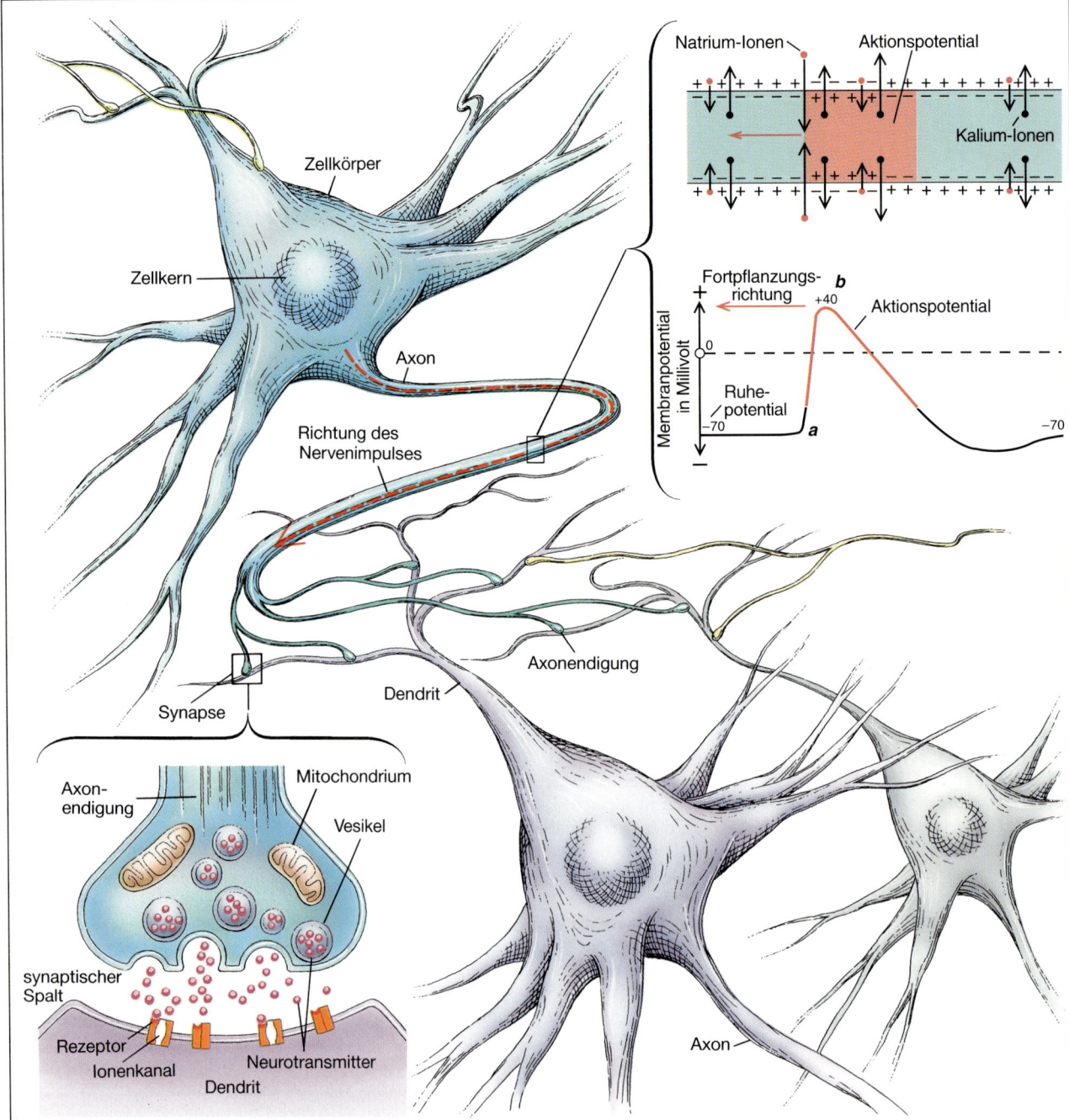

Zellkörper

Zellkern

Natrium-Ionen

Aktionspotential

Kalium-Ionen

Fortpflanzungs-richtung

b

+40

Aktionspotential

0

Membranpotential in Millivolt

Ruhe-potential

−70

a

−70

Axon

Richtung des Nervenimpulses

Axonendigung

Dendrit

Synapse

Axon-endigung

Mitochondrium

Vesikel

synaptischer Spalt

Rezeptor

Ionenkanal

Neurotransmitter

Dendrit

Axon

Wie Nervenzellen Informationen austauschen

Wird eine Nervenzelle voll erregt (türkis), so leitet sie Signale in Form elektrischer Impulse an andere Nervenzellen (violett) weiter. Diese Erregungswelle, das Aktionspotential, pflanzt sich über die als Axon bezeichnete lange Nervenfaser fort und wird an den Kontaktstellen zu nachgeschalteten Zellen in Form chemischer Signale übermittelt.

Bei einer Nervenzelle in Ruhe besteht zwischen Zellinnerem und Membranaußenseite ein elektrisches Potential, eine Ladungsdifferenz von etwa minus 70 Millivolt (das Innere ist relativ zum Äußeren negativ; siehe Kurve). Die Membran erhält diese Spannung aufrecht, indem sie – vereinfacht gesagt – Natrium-Ionen weitgehend den Eintritt verwehrt und Kalium-Ionen den Austritt ermöglicht. Die Stärke der Pfeile im Schema rechts oben deutet die Stärke der Ionenströme an. Wird ein Neuron erregt, so strömen mehr Natrium-Ionen ein (a); wird dabei eine bestimmte Schwelle überschritten, entsteht am Axonhügel, dem Ursprung der Faser am Zellkörper, ein Aktionspotential (rot). Das Mem-

branpotential kehrt sich dort schlagartig für kurze Zeit um (b). Infolge von Ladungsverschiebungen werden die jeweils davorliegenden Membranabschnitte der Nervenfaser für Natrium-Ionen ebenfalls durchlässiger; auf die Weise pflanzt sich das Aktionspotential über das Axon fort (rote Pfeile). An den axonalen Endigungen, also an der Senderseite einer Synapse, werden aus speziellen Bläschen chemische Botenstoffe als Überträger des Signals freigesetzt (links unten). Diese Transmittermoleküle diffundieren durch den schmalen synaptischen Spalt und heften sich auf der Empfängerseite an spezifische Rezeptoren (die synaptischen Eingänge können auf den Dendriten – den Verästelungen des Zellkörpers – liegen, aber auch auf anderen Abschnitten der nachgeschalteten Zelle). Infolge der Bindung öffnen sich auch hier Ionenkanäle, und wenn die nachgeschaltete Zelle stark genug erregt wird, feuert auch sie. Zur Veranschaulichung wurden einige Elemente, so auch die Ionenkanäle, überdimensional gezeichnet.

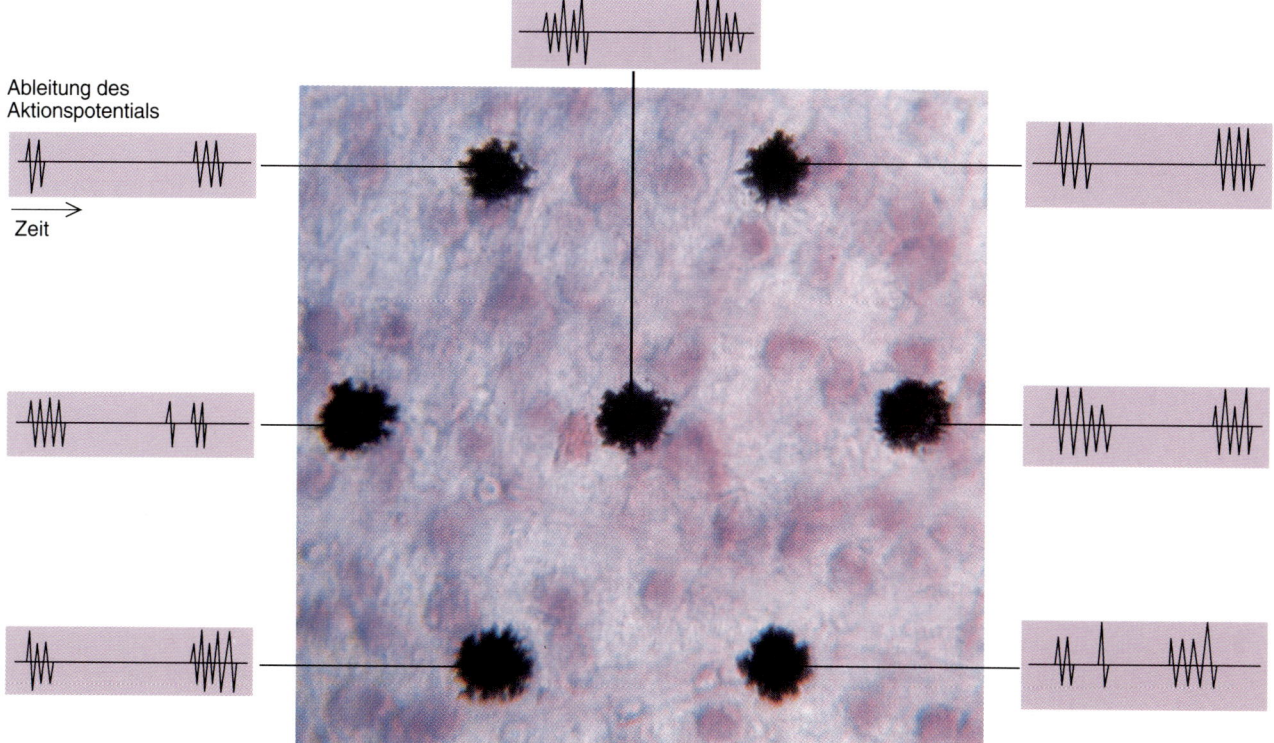

Ableitung des
Aktionspotentials

Zeit

Bild 6: Die Aktionspotentiale in der sich entwickelnden Netzhaut wurden hier mit Mikroelektroden aufgezeichnet, deren Position an den schwarzen Flecken erkennbar ist. Die Elektroden messen die schwachen extrazellulären Ströme, die fließen, sobald die Gan- **glienzellen (violett angefärbt) feuern. Die Ableitungen zeigen, daß alle Zellen etwa gleichzeitig Aktionspotentiale erzeugen und dann bis zum nächsten Impuls längere Zeit stumm sind. Die abgebildete Fläche repräsentiert ungefähr 3 Prozent der gesamten Netzhaut.**

van von den Nationalen Gesundheits-instituten der USA in Bethesda (Maryland) scheinen auch Motoneuronen aus dem Rückenmark sehr früh hochsynchronisiert zu feuern. Demnach dürfte dieses System gleichfalls spontan erzeugte Signale zum aktivitätsabhängigen Sortieren der Verbindungen verwenden. Wie beim Sehsystem würden dadurch die anfänglich diffusen Kontakte mit den Zielstrukturen säuberlich geordnet.

Daß für das Endstadium der Gehirnentwicklung neuronale Aktivität erforderlich ist, hat wesentliche Vorteile. Erstens erhält das heranreifende Nervensy-stem so innerhalb gewisser Grenzen die Möglichkeit der Modifikation und Feinabstimmung auf der Grundlage eigener Erfahrung, was ihm eine gewisse Anpassungfähigkeit verleiht. Bei höheren Wirbeltieren kann diese Feinjustierung eine längere Zeit beanspruchen und vom Fötal- bis weit in das Neugeborenenstadium hinein andauern. Nach der Geburt spielt sie etwa beim Sehsystem von Primaten eine wichtige Rolle beim Koordinieren der Signale aus den beiden Augen, durch das erst das beidäugige Sehen wie auch die stereoskopische Tiefenwahrnehmung möglich ist.

Zweitens bleibt durch die nachträgliche Feinababstimmung mittels neuronaler Aktivität die genetisch zu codierende Informationsmenge gering. Die Alternative wäre, jede Verknüpfung zwischen Nervenzellen durch molekulare Marker genau festzulegen. Angesichts der Myriaden von Verbindungen im Gehirn würde dies jedoch eine Unzahl von Genen erfordern. Eine große Herausforderung für die Zukunft wird es sein, die zellulären und molekularen Grundlagen der Regeln zur aktivitätsabhängigen Umgestaltung von Nervenverbindungen aufzudecken.

Alterndes Gehirn – alternder Geist

Gegen Ende der normalen Lebensspanne unterliegt das menschliche Gehirn dem Verschleiß bestimmter Neuronen und chemischen Modifikationen. Dennoch bedingen diese Veränderungen keineswegs bei allen Menschen merkliche mentale Einbußen.

Von Dennis J. Selkoe

William Shakespeare ließ in der Komödie „Wie es euch gefällt" den Edelmann Jacques sieben Altersstufen des Menschen beschreiben – die letzte mit diesen düsteren Worten:

„Der letzte Akt, mit dem die seltsam wechselnde Geschichte schließt, ist zweite Kindheit, gänzliches Vergessen . . ."

In ähnlicher Weise wie der schwermütige Jacques assoziieren auch viele von uns mit Altern das unerbittliche Nachlassen körperlicher und geistiger Leistungsfähigkeit, den unaufhaltsamen Niedergang zum Tod. Muß das Älterwerden aber wirklich mit einem schweren Verfall des Gehirns – und damit des Geistes – einhergehen?

Die Antwort lautet nein – auch wenn Forschungsarbeiten belegen, daß mit dem Schwinden der Jugend bestimmte Moleküle und Zellen im Gehirn immer mehr beeinträchtigt werden oder gänzlich ausfallen. Zweifellos können durch einige der Veränderungen, wenn sie ein kritisches Maß überschreiten, kognitive Fähigkeiten verlorengehen; doch weisen Verhaltensuntersuchungen darauf hin, daß ein langes Leben keineswegs mit zunehmender Geistesschwäche verbunden sein muß (Bild 1).

Wenn ältere Menschen tatsächlich schwachsinnig werden, so ist das häufig auf eine bestimmte Krankheit zurückzuführen, die den eigentlichen Alterungsprozeß rapide beschleunigt oder ihm überlagert ist. In den industrialisierten Ländern ist die Alzheimersche Krankheit die wichtigste Ursache der senilen Demenz, der Einbuße des Erinnerungs- und Denkvermögens. Andere Gründe sind beispielsweise multiple Schlaganfälle oder die Parkinsonsche Krankheit.

Für den Arzt ist es bislang nicht immer möglich zu unterscheiden, ob ein älterer Mensch an einer weniger gravierenden, relativ stabilen Form der Vergeßlichkeit leidet oder ob ein frühes Stadium der Alzheimerschen Krankheit oder einer anderen fortschreitenden Störung vorliegt. Aus den laufenden Forschungen zum normalen Alterungsvorgang und zu Geistesstörungen werden sich jedoch bald nicht nur feinere diagnostische Unterscheidungskriterien ergeben, sondern auch lindernde und vorbeugende Therapien. Das Ziel der meisten der daran beteiligten Wissenschaftler ist letztlich, die Hirnfunktion im Alter zu verbessern – und nicht unbedingt die Lebenserwartung zu erhöhen, wenngleich sich dies daraus ergeben könnte.

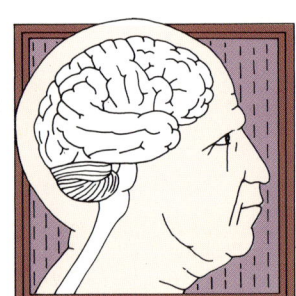

Betrachtet man die strukturellen und chemischen Veränderungen, wie sie für das gesunde alternde Gehirn typisch sind, so stellt man fest, daß sie genauso vielfältig sind wie das Gehirn selbst. Dieses besteht nicht nur aus verschiedenartigen Neuronen, die Signale empfangen, verarbeiten und übertragen, sondern auch aus unterschiedlichen Gliazellen, die bei der Versorgung und Reparatur von Neuronen mitwirken, sowie aus Blutgefäßen.

Bestimmte Untergruppen von Zellen und ganze Hirnareale sind gegenüber altersbedingten Schädigungen anfälliger als andere. Auch können Beginn, Art und Umfang der physischen Veränderungen wie auch deren Auswirkungen auf den Intellekt von Fall zu Fall beträchtlich variieren. Dennoch läßt sich mit einiger Sicherheit sagen, daß die meisten der strukturellen und chemischen Veränderungen, die ich im folgenden behandeln will, sich gegen Ende des mittleren Lebensabschnitts – also bei den Fünfzig- bis Siebzigjährigen – zu zeigen beginnen; bei den über Siebzigjährigen treten einige ausgeprägter hervor.

Es gibt wohl keinen gemeinsamen Mechanismus, der allen Formen der Seneszenz (der altersbedingten Fehlfunktion von Zellen und Molekülen) im Gehirn zugrunde liegt. Folglich scheint es auch wenig wahrscheinlich, daß die Wissenschaftler ein einzelnes, universell anwendbares Elixier finden werden, das jede Art von Verfall verzögern oder gar rückgängig machen könnte.

Bisher hat man die altersbedingten Veränderungen am eingehendsten an Nervenzellen untersucht; sie können sich im allgemeinen nach der Geburt nicht mehr teilen und somit nicht vermehren. Mit zunehmendem Alter verringert sich die Gesamtzahl der Neuronen im Gehirn, wenngleich nicht nach einem einheitlichen Schema (Bild 2). So gehen beispielsweise nur sehr wenige Nervenzellen aus den Bereichen des Hypotha-

Bild 1: Der irische Schriftsteller George Bernard Shaw (1856 bis 1950), der noch mit über neunzig Jahren mehrere Theaterstücke schrieb, war unter dem Eindruck seines dem Alkohol verfallenen Vaters zum Antialkoholiker, Nichtraucher und Vegetarier geworden. Eine gesunde Lebensweise könnte vielen Menschen helfen, auch im hohen Alter ihre geistigen Fähigkeiten zu bewahren. Die Forschung versucht, die molekularen Vorgänge des Alterns im Gehirn aufzuklären sowie lindernde und vorbeugende Therapien gegen einen krankhaften Verfall des Geistes zu entwickeln.

lamus verloren, welche die Sekretion bestimmter Hormone aus der Hypophyse – der Hirnanhangsdrüse – regulieren.

Im Gegensatz dazu verschwinden wesentlich mehr Zellen aus zwei Kernbereichen des Hirnstamms: dem schwarzen Kern (der *Substantia nigra*, einer Ansammlung von Zellen, die ein dunkles Pigment enthalten) und dem blauen Kern (dem *Locus coeruleus*, dessen Zellen bläulich durch das umliegende Gewebe schimmern). Bei der Parkinsonschen Krankheit kann die Anzahl der für die Feinmotorik zuständigen Zellen in diesen Regionen um etwa 70 Prozent abnehmen, was die Bewegungsfunktionen erheblich beeinträchtigt. Der Alterungsprozeß allein zerstört wesentlich weniger Neuronen, wenngleich es ältere Personen mit milden, parkinson-ähnlichen Symptomen – vermindertem geistiger und körperlicher Flexibilität, verlangsamtem Bewegungsablauf, gebeugter Haltung und schlurfendem Gang – geben kann, die bis zu 30 oder 40 Prozent ihrer dortigen Neuronen eingebüßt haben.

Teile des limbischen Systems, einschließlich des Hippocampus, unterliegen ebenso in veränderlichem Ausmaß einem Substanzverlust durch Zelltod. (Das limbische System, ein entwicklungsgeschichtlich alter Teil des Hirnmantels, ist wichtig für Lernvorgänge, Erinnerung und Emotionen.) Man schätzt, daß mit jedem Jahrzehnt der zweiten Lebenshälfte rund 5 Prozent der Hippocampus-Neuronen verschwinden – bis zum Lebensende insgesamt etwa 20 Prozent. Dabei ist der Verlust ungleichmäßig; manche Bereiche des Hippocampus sind davon kaum betroffen.

Auch wenn die Neuronen selbst überleben, können die Zellkörper und ihre Fortsätze, die Axone und Dendriten (die man gemeinsam auch als Neuriten bezeichnet), verkümmern. Neuronen haben jeweils ein einzelnes Axon, das Signale zu anderen, oft weit entfernten Nervenzellen weiterleitet. Die vielzähligen Dendriten bilden mit ihren stark verästelten Verzweigungen sogenannte Dendritenbäume, über die Signale von anderen Zellen empfangen werden.

Beim Altern verkümmern Zellkörper und Neuriten in mehreren Gehirnarealen, die für Lernen, Erinnerung, planvolles Handeln und andere komplexe intellektuelle Funktionen wichtig sind. Insbesondere große Neuronen in Bereichen des Hippocampus und der Großhirnrinde schrumpfen. Zudem können Zellkörper und Axone von speziellen, den Botenstoff Acetylcholin absondernden Neuronen degenerieren, die vom basalen Teil des Vorderhirns auf den Hippocampus und auf verschiedene Areale der Großhirnrinde projizieren. Acetylcholin ist einer von mehreren Neurotransmittern, mit deren Hilfe eine Nervenzelle Signale zu einer anderen übertragen kann.

Veränderungen innerhalb und außerhalb der Zellen

Nicht alle neuronalen Veränderungen sind zwangsläufig destruktiv. Manche stellen möglicherweise Versuche verbliebener Neuronen dar, den Verlust oder die Schrumpfung anderer Nervenzellen und

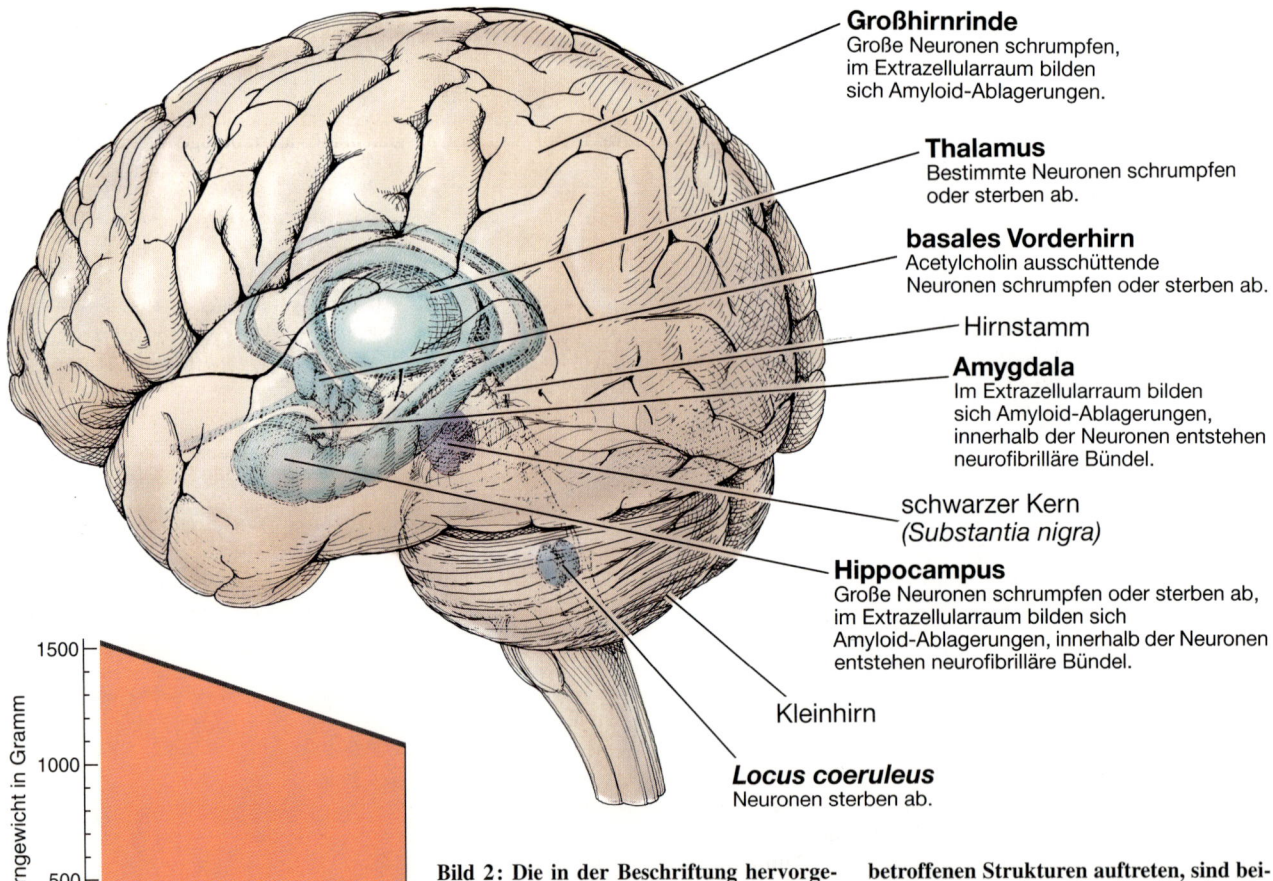

Großhirnrinde
Große Neuronen schrumpfen, im Extrazellularraum bilden sich Amyloid-Ablagerungen.

Thalamus
Bestimmte Neuronen schrumpfen oder sterben ab.

basales Vorderhirn
Acetylcholin ausschüttende Neuronen schrumpfen oder sterben ab.

Hirnstamm

Amygdala
Im Extrazellularraum bilden sich Amyloid-Ablagerungen, innerhalb der Neuronen entstehen neurofibrilläre Bündel.

schwarzer Kern
(Substantia nigra)

Hippocampus
Große Neuronen schrumpfen oder sterben ab, im Extrazellularraum bilden sich Amyloid-Ablagerungen, innerhalb der Neuronen entstehen neurofibrilläre Bündel.

Kleinhirn

Locus coeruleus
Neuronen sterben ab.

Gehirngewicht in Gramm (y-Achse: 0, 500, 1000, 1500)
Alter in Jahren (x-Achse: 20 30 40 50 60 70 80 90)

Bild 2: Die in der Beschriftung hervorgehobenen Gehirnstrukturen sind für Lernvorgänge, Gedächtnis und Urteilsvermögen wichtig (oben). Sie unterliegen im Alter zahlreichen anatomischen Veränderungen, welche die geistigen Fähigkeiten beeinträchtigen können; einige, die in der Regel nur in bestimmten Bereichen der betroffenen Strukturen auftreten, sind beispielhaft angegeben. Das Gewicht des Gehirns nimmt mit dem Alter ab (links). Robert D. Terry von der Universität von Kalifornien in San Diego, von dem die hier gezeigten Daten stammen, vermutet, daß diese Abnahme zum Teil auf die Schrumpfung großer Neuronen zurückzuführen ist.

ihrer Projektionen auszugleichen. So beobachteten Paul D. Coleman, Dorothy G. Flood und Stephen J. Buell vom Medizinzentrum der Universität Rochester (New York) zwischen dem mittleren Lebensabschnitt (gleichgesetzt mit dem 40. bis 59. Lebensjahr) und dem frühen Greisenalter (vom 70. Lebensjahr an) ein Nettowachstum von Dendriten in einigen Regionen von Hippocampus und Großhirnrinde; im hohen Greisenalter (also bei den Achtzig- bis Hundertjährigen) bildeten sich die Dendriten zurück (Bild 3). Diese Forscher nehmen an, daß das anfängliche Dendritenwachstum die Bemühungen besonders lebensfähiger Neuronen widerspiegele, den altersbedingten Ausfall ihrer Nachbarzellen zu kompensieren. Offenbar gelingt dies sehr alten Neuronen nicht mehr.

Untersuchungen an geschlechtsreifen Ratten zeigen ein ähnliches Wachstumsvermögen: In der Sehrinde sind längere und komplexere Dendriten nachweisbar, nachdem die Tiere visuell besonders stimulierenden Umgebungen ausgesetzt waren.

Solche Befunde sind ermutigend; sie weisen darauf hin, daß das Gehirn seine neuronalen Verknüpfungen selbst im fortgeschrittenen Alter in dynamischer Weise umzugestalten vermag und daß möglicherweise eine entsprechende Therapie diese sogenannte Plastizität unterstützen könnte. Inwieweit die im Alter entstehenden Dendriten funktionstüchtig sind, muß allerdings noch untersucht werden.

Auch das Innere eines Neurons unterliegt Veränderungen. So kann das Cytoplasma bestimmter Zellen des Hippocampus und anderer für Gedächtnis- und Lernvorgänge wichtiger Gehirnbereiche anfangen, sich mit Knäueln aus schraubenförmig gewundenen Proteinfäden zu füllen (Bild 4). Zwar nimmt man an, eine Häufung dieser neurofibrillären Bündel in diesen und anderen Hirnregionen trage zur Alzheimer-Demenz bei; die Bedeutung geringer Mengen im gesunden Gehirn ist aber noch nicht geklärt. Ihre altersbedingte Entwicklung scheint anzudeuten, daß die betroffenen Neuronen unter anderem deshalb ihre Signalübertragung verschlechtern, weil bestimmte Proteine – speziell die des Zellskeletts, des inneren Gerüsts der Zelle – chemisch modifiziert werden.

Ein weiteres Beispiel ist, daß sich das Zellplasma von Neuronen in vielen Bereichen des Gehirns mit unzähligen winzigen Körnern anreichert, die Lipofuszin – ein fluoreszierendes Pigment – enthalten. Diese Granula sind vermutlich die Überreste lipid-reicher innerer Membranen, die nicht vollständig abgebaut wur-

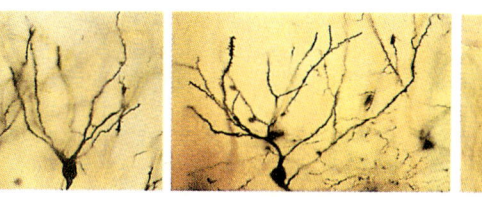

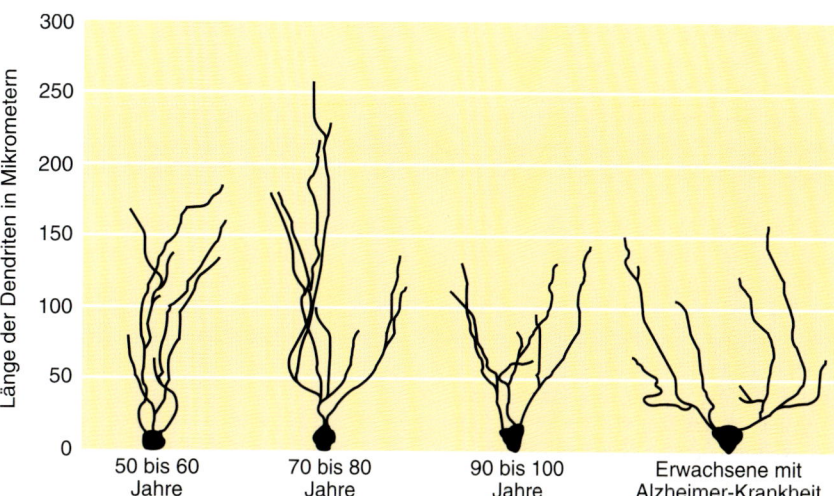

Bild 3: Neuronen und ihre sich verästelnden Dendriten lassen sich in Hirngewebeproben durch Einfärben sichtbar machen. In den Photos und der Graphik sind – von links nach rechts – Neuronen aus dem Hippocampus gesunder Menschen im Alter von 50 bis 60, 70 bis 80 und 90 bis 100 Jahren sowie eines Alzheimer-Patienten dargestellt. Dorothy G. Flood und Paul D. Coleman vom Medizinzentrum der Universität Rochester (New York) beobachteten, daß die mittlere Länge der Dendritenbäume bei gesunden Menschen etwa vom 50. bis zum 80. Lebensjahr zu- und erst im hohen Greisenalter abnimmt (unten). Dieses normale Wachstum könnte einen Versuch des Gehirns anzeigen, altersabhängige Verluste zu kompensieren. Dendriten von Alzheimer-Patienten weisen kein vergleichbares altersbezogenes Wachstum auf.

den. Doch sind sich die Forscher auch hier keineswegs darüber einig, ob die Lipofuszin-Granula die Zellen schädigen oder lediglich Begleiterscheinungen eines langen Lebens sind.

Die vermehrungsfähigen Gliazellen verändern sich ebenfalls mit zunehmendem Alter. Robert D. Terry von der Universität von Kalifornien in San Diego und andere Wissenschaftler fanden heraus, daß solche Zellen eines besonderen Typs, die faserhaltigen Astrocyten (Sternzellen), nach dem 60. Lebensjahr an Zahl und Größe stetig zunehmen. Welche Auswirkungen die Vermehrung dieser Zellen hat, die verschiedene neuronale und dendritische Wachstumsfaktoren absondern können, ist bislang nicht bekannt. Vielleicht sind auch hier Mechanismen in Gang, mit deren Hilfe das Gehirn die allmähliche strukturelle und zahlenmäßige Einbuße an Nervenzellen auszugleichen sucht.

Damit einher gehen Veränderungen in den Bereichen zwischen den Neuronen. Beim Menschen wie bei Affen, Hunden und bestimmten anderen Tieren bilden sich gewöhnlich in den Extrazellularräumen von Hippocampus, Großhirnrinde und weiteren Hirnarealen herdförmig

Protein-Ablagerungen, die senilen Plaques, in mäßiger Zahl. Sie entwickeln sich sehr langsam und bestehen vor allem aus Anhäufungen von Beta-Amyloid. Diese Moleküle reichern sich auch in den verstreuten Blutgefäßen dieser Regionen an sowie in den Hirnhäuten, den Bindegewebehüllen des Gehirns.

Man hat bisher nicht vollständig klären können, welche Zellen für die Proteinablagerungen verantwortlich sind und wie diese die benachbarten Nervenzellen bei gesunden älteren Menschen beeinflussen. Doch wurde die Forschung intensiviert, weil man bei Alzheimer-Patienten einen dramatischen Anstieg solcher Anhäufungen von Amyloidprotein gefunden hat.

Die Bedeutung der DNA

Die verschiedenen strukturellen Veränderungen im alternden Gehirn rühren ihrerseits von nachteiligen Veränderungen in der Aktivität und Konzentration von Molekülen her, ohne welche die Zellen nicht bestehen und funktionieren könnten. Einer der gängigsten Theorien zufolge altern Körperzellen, weil die

Erbsubstanz DNA (Desoxyribonuclein-säure; sie enthält die Gene) allmählich immer mehr geschädigt wird. Gene tragen in chemischer Form die Anweisungen, nach denen die Zellen Proteine herstellen. Von einem gewissen Punkt an, so die Vorstellung, würden sich infolge der DNA-Schäden jeweils wahlweise oder gleichzeitig Qualität und Quantität besonders wichtiger Proteine (beispielsweise bestimmter Enzyme) in den Zellen vermindern beziehungsweise Aktivität und Menge abträglicher Eiweißstoffe (etwa solcher, welche die Entwicklung von Krebs begünstigen) erhöhen.

Bis vor kurzem konzentrierte sich die Genforschung nahezu ausschließlich auf die DNA der Chromosomen im Zellkern, jener langen DNA-Stränge in Form einer Doppel-Helix, in denen die Gene für praktisch alle von Zellen produzierten Proteine gespeichert sind. Man fand, daß die enzymatischen Mechanismen, mit denen fehlerhafte Stellen in der Kern-DNA repariert werden, im hohen Alter und möglicherweise auch bei bestimmten Gehirnerkrankungen ineffizienter werden. Des weiteren gibt es Hinweise, daß mit zunehmendem Alter die Aktivität von Genen nicht mehr so strikt reguliert wird. Bei einem der in Frage kommenden Mechanismen könnte die schleichende Eliminierung von Methylgruppen ($-CH_3$) in bestimmten Bereichen der Chromosomen eine Rolle spielen (siehe Spektrum der Wissenschaft, August 1989, Seite 82). Eine Folge dieser Entmethylisierung ist, daß Gene, die abgeschaltet bleiben sollten, aktiv werden.

In den letzten Jahren kam aber auch der Verdacht auf, die DNA bestimmter Zellorganellen – der Mitochondrien – könnte ebenfalls zu Alterungserscheinungen des Gehirns beitragen. Mitochondrien sind sozusagen die innerzellulären Kraftwerke, welche die Zellen mit der nötigen Energie versorgen. Sie haben etwas eigene DNA, auf der die Bauanleitungen für 13 Proteine gespeichert sind, die der Energiegewinnung dienen. Falls sich in die Mitochondrien-DNA langsam Defekte einschleichen, können fehlerhafte Eiweißstoffe oder gänzlicher Produktionsausfall die Folge sein.

Für eine maßgebliche Rolle der Mitochondrien-DNA bei einigen der altersbedingten Veränderungen spricht, daß sie offensichtlich schadensanfälliger ist als die Erbsubstanz des Zellkerns. Einer der Gründe könnte sein, daß die Reparaturmechanismen in den Organellen weniger effektiv sind als im Kern. Zudem ist die Mitochondrien-DNA möglicherweise in besonderem Maße Angriffen von hoch-reaktiven, sauerstoffhaltigen Verbindungen ausgesetzt. Solche freien Radikale entstehen unablässig als Nebenprodukte der chemischen Reaktionen, mit denen die Mitochondrien Energie erzeugen, sowie auch bei anderen zellulären Prozessen und nach Einwirkung ionisierender Strahlung. Indem sie andere Moleküle oxidieren, verändern sie diese chemisch.

Des weiteren entdeckte man, daß im Gehirn von Ratten der Gehalt eines durch die mitochondriale DNA codierten Schlüsselenzyms – der Cytochromoxidase – mit dem Alter abnimmt. Auch konnten verschiedene Forscher im Gehirn gealterter Menschen sowie von Patienten mit bestimmten, im Alter häufiger werdenden Hirnerkrankungen wie der Parkinsonschen Krankheit spezielle Defekte in der Mitochondrien-DNA nachweisen.

Molekulare Veränderungen

Doch selbst wenn die meisten Mitochondrien- und Zellkern-Gene unverändert blieben und für angemessene Mengen normaler Proteine sorgten, könnte es durch nachfolgende chemische Modifikationen dieser aus meist Hunderten von Aminosäuren bestehenden Eiweißstoffe zu molekularen Fehlfunktionen kommen – zum Beispiel durch Oxidation bestimmter Aminosäuren, durch Glykosylierung (dem Ankoppeln von Seitenketten aus Kohlenhydraten) oder durch Quervernetzung (der Ausbildung starker Bindungen zwischen ganzen Proteinmolekülen). Solche Modifikationen sind nicht ungewöhnlich; sie ermöglichen den Proteinen vielfach erst ihre biologische Funktion. Andererseits gibt es zahlreiche Belege dafür, daß mit zunehmendem Alter immer mehr unpassende Abwandlungen auftreten. So erhöht sich beständig der Gehalt an oxidierten Proteinen in menschlichen Hautzellen (und auch in Gehirnzellen von Ratten – bei sehr alten Tieren können sie zwischen 30 und 50 Prozent des gesamten Zellproteins ausmachen). Die Zellen junger Erwachsener, die an der sehr seltenen vorzeitigen Vergreisung (Progerie) leiden, enthalten einen nahezu so hohen Anteil oxidierter Proteine wie sonst nur gesunde Achtzigjährige.

Besonders intensiv hat man Enzyme untersucht, die als Katalysator für viele der wichtigsten chemischen Reaktionen in den Zellen wirken. Einige, die beim Aufbau von Neurotransmittern oder deren Rezeptoren unerläßlich sind, verlieren mit fortschreitendem Alter an Wirksamkeit – Ursache könnten nachträgliche Modifikationen sein.

Besonders tragisch ist, daß ausgerechnet die Proteasen – diejenigen Enzyme also, die für den Abbau oxidierter und anderer Eiweißstoffe zuständig sind – ebenfalls oxidiert werden und an Wirksamkeit einbüßen. Noch schlimmer: Parallel dazu nimmt der Gehalt an Superoxid-Dismutasen sowie an Katalase ab. Diese Enzyme inaktivieren gewöhnlich die freien Radikale und schützen so verschiedene Arten von Molekülen vor oxidativen Schäden. Zumindest bei Ratten, so weiß man, werden sie im hohen Alter immer knapper.

John M. Carney von der Universität von Kentucky in Lexington und Robert A. Floyd von der Oklahoma-Stiftung für Medizinische Forschung und ihre Mitarbeiter fanden unlängst mit den ersten Belegen dafür, daß solche Oxidationsvorgänge geistige Fähigkeiten beeinträchtigen können. Beim Vergleich zwischen jungen und alten Wüstenrennmäusen entdeckten sie bei den älteren Tieren wesentlich mehr oxidierte Proteine. Damit ging ein Aktivitätsverlust bestimmter Schlüsselenzyme einher; zudem fiel es den älteren Mäusen schwerer, den Weg durch ein speichenförmig angelegtes Labyrinth zu meistern (Bild 6).

Als die Wissenschaftler den alten Mäusen N-tert-Butyl-α-Phenylnitron injizierten, das freie Sauerstoffradikale inaktiviert, verringerte sich die Menge oxidierter Proteine, und die Enzyme wurden wieder in dem für junge Tiere charakteristischen Maße aktiv. Im Labyrinth zeigten die behandelten Mäuse sogar wieder das gleiche Orientierungsvermögen wie ihre jungen Artgenossen. Wurde die Therapie unterbrochen, pendelten sich die Menge der oxidierten Proteine und die Enzym-Aktivität wieder auf die für Alttiere typischen Werte ein.

Andere Verbindungen im Gehirn als Proteine bleiben auch nicht verschont. So werden die langen Kohlenstoffketten, aus denen die Lipide der innerzellulären wie der äußeren Membranen bestehen, ebenfalls chemisch modifiziert, und zwar teils durch freie Radikale oxidiert; dadurch können sich die stoffliche Zusammensetzung der Membranen und damit deren Eigenschaften etwas ändern.

Zum Beispiel hat man eine altersbedingte Zunahme der Viskosität von Zellmembranen nachgewiesen, die sogenannte Synaptosomen umhüllen. (Dies sind Axonendigungen, die beim Speichern und Freisetzen von Neurotransmittern eine Rolle spielen; zu Untersuchungszwecken schert man sie ab, wonach sich die Zellmembran wieder vollständig schließt.) Altersabhängige Veränderungen kennt man desgleichen bei der Lipid-Zusammensetzung des Myelins, das die Axone einhüllt und elektrisch isoliert; das wiederum kann sich meßbar auf die Geschwindigkeit und Effizienz auswirken, mit der die Nervenfasern elektrische Impulse über große Entfernungen weiterleiten.

Befunde
an gesunden älteren Menschen

Die geschilderten molekularen Veränderungen sind nur eine Auswahl dessen, was man bisher am alternden Gehirn des Menschen und anderer Säuger beobachtet hat. Bei allen stellt sich aber das Problem, ob es sich um eine Ursache oder um eine Folge des Alterns handelt.

So gibt es zwar kaum Zweifel daran, daß die DNA im Laufe der Zeit gewisse Schäden erleidet; sind sie aber nun Anlaß für eine verstärkte Oxidation von Enzymen, oder verursacht umgekehrt die Oxidation ein Anhäufen von Defekten in der Erbsubstanz? Vermutlich ereignet sich beides interagierend. Denn haben erst einmal viele solcher Prozesse eingesetzt, regen sie zweifellos weitere an, wodurch eine komplexe Kaskade von Folgeereignissen in Gang kommt.

Gleichermaßen bedeutsam ist die Frage, welchen Einfluß diese vielfältigen anatomischen und physiologischen Alterseffekte auf den Geist haben. Für große Teile der Bevölkerung ist die Antwort darauf vage „möglicherweise nur einen sehr geringen". Denn solange man nicht bei einer Vielzahl gesunder Menschen kurz vor ihrem Tod die mentalen Fähigkeiten wissenschaftlich auslotet und diese Daten dann mit den strukturellen und chemischen Veränderungen in ihren Gehirnen in Beziehung setzt, werden sich die Zusammenhänge kaum aufklären lassen.

Wir wissen lediglich, daß bei Menschen, die nachweislich nicht an der Alzheimerschen Krankheit oder an anderen speziell das Gehirn betreffenden Störungen leiden, das Ausmaß der anatomischen und physiologischen Veränderungen eher gering ist. In vielen Studien zu altersbedingten neurochemischen Defiziten – etwa dem Aktivitätsverlust eines speziellen Enzyms oder der Abnahme bestimmter Proteine oder RNA-Moleküle – liegen die Meßergebnisse für ältere Menschen zwischen 5 und 30 Prozent niedriger als für junge Erwachsene. Der Verlust von Nervenzellen in verschiedenen Gehirnregionen bewegt sich in einer ähnlichen Spanne.

Zwar mag eine allmähliche Einbuße von 30 Prozent als recht hoch erscheinen, doch beeinflußt sie das Denkvermögen oft kaum. So weisen mittels Positro-

Demenz in den USA

Im Jahre 1992 wurde im Rahmen der Framingham-Studie, die regelmäßig den Gesundheitszustand einer großen Personengruppe in Abhängigkeit vom Alter bestimmt, die Verbreitung von Demenz (*a*) einschließlich der Alzheimerschen Krankheit (*b*) ermittelt. Eine Erhebung in Ost-Boston, die eine Forschergruppe unter Leitung von Denis A. Evans von der Medizinischen Fakultät der Harvard-Universität in Cambridge durchgeführt hat, ergab einen höheren Anteil an Alzheimer-Patienten in der Bevölkerung. Diese Abweichung beruht vermutlich auf einer engeren Definition der Krankheit in der Framingham-Studie. Doch wie andere Untersuchungen ordnet auch diese Studie die Alzheimersche Krankheit als Hauptursache für Demenzen im Alter ein (*c*). Einige mögliche Auslöser des geistigen Verfalls wie medikamentöse Behandlung, Depression, Vitamin-B_{12}-Mangel, chronischer Alkoholismus, manche Tumoren oder Infektionen des Gehirns, Blutgerinnsel im Gehirn sowie Stoffwechselstörungen (einschließlich Schilddrüsen-, Nieren- und Leberstörungen) sind bereits heute therapierbar.

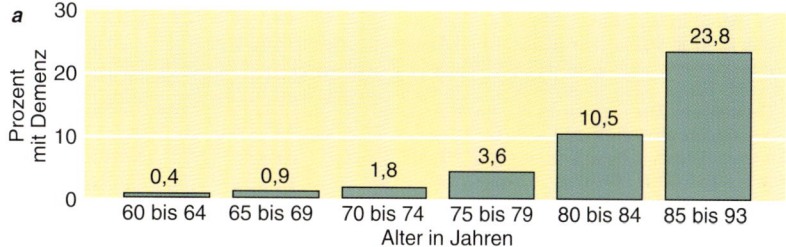

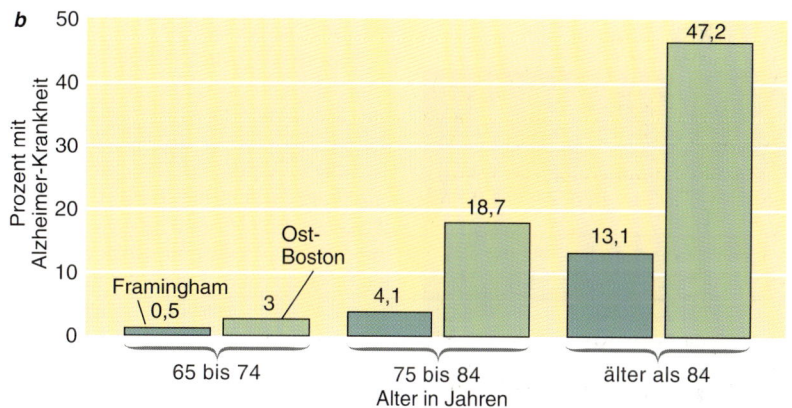

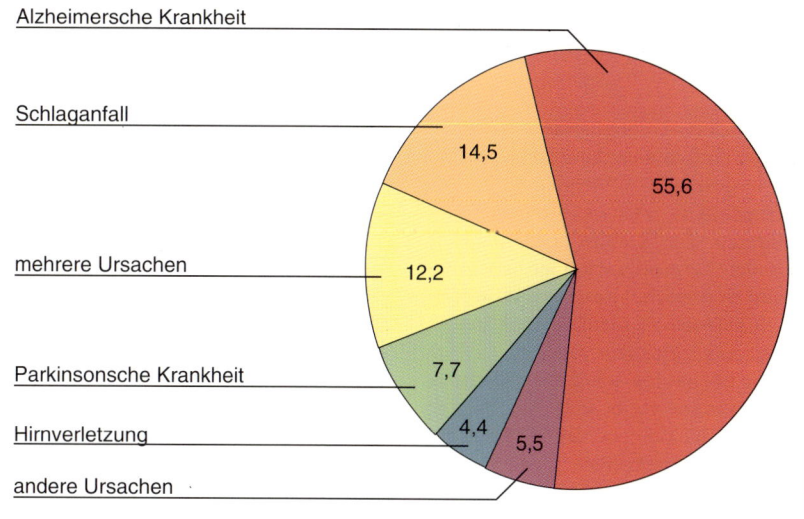

17

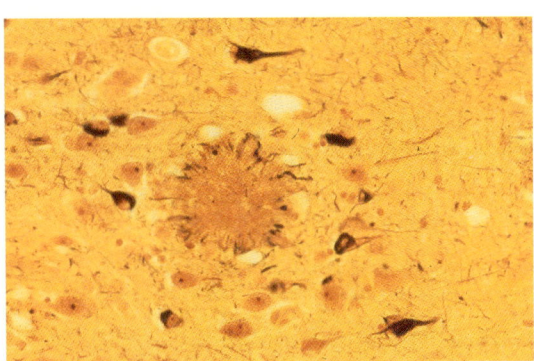

Bild 4: Diese Gewebeprobe aus dem Gehirn eines 69jährigen Mannes ist von den klassischen Läsionen der Alzheimerschen Krankheit übersät – senilen Plaques und neurofibrillären Bündeln. Die Plaque in diesem Ausschnitt (das große rundliche Gebilde in der Mitte) besteht aus Beta-Amyloid-Protein; die dunklen Schnörkel an ihrem Rand sind beschädigte Axone und Dendriten. Die neurofibrillären Bündel – verdrehte Proteinfäden, die das Cytoplasma ausfüllen – lassen mehrere Zellen schwarz aussehen (dunkle Klümpchen). Solche Plaques und Bündel treten zwar auch im Gehirn gesunder alter Menschen auf, aber in einem wesentlich geringeren Ausmaß und nur in begrenzten Regionen.

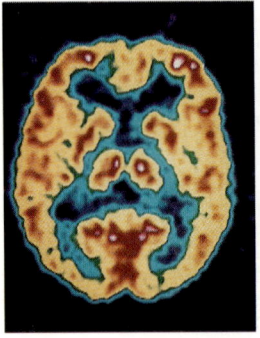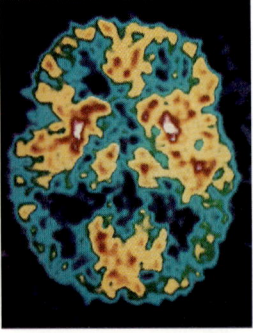

Bild 5: Die mittels Positronen-Emissions-Tomographie (PET) gewonnenen Aufnahmen von dem Gehirn eines gesunden älteren Erwachsenen (links) und dem eines Alzheimer-Patienten (rechts) unterscheiden sich auffällig. Die zahlreichen Dunkelfärbungen im rechten Bild weisen auf eine Beeinträchtigung der Gehirnaktivität hin.

nen-Emissions-Tomographie (PET) gewonnene Aufnahmen darauf hin, daß die Gehirne gesunder Achtzigjähriger nahezu ebenso aktiv sind wie die von Zwanzigjährigen. Das Gehirn scheint mithin wie andere Organe auch über beträchtliche physiologische Reserven zu verfügen, mit denen es kleinere funktionelle Verluste auszugleichen vermag.

Aus epidemiologischen und psychologischen Studien ergibt sich ein ähnliches Bild. Abschätzungen der Verbreitung von Demenz weichen zwar voneinander ab, aber selbst die erschreckendste – aufgrund einer Feldstudie von Dennis A.

Evans und seinen Kollegen von der Medizinischen Fakultät der Harvard-Universität in Cambridge – besagt, daß immerhin fast 90 Prozent aller über 65jährigen frei von Demenzerscheinungen sind. Im einzelnen berichtete dieses Team 1991, daß weniger als 5 Prozent der Testpersonen zwischen 65 und 74 Jahren Symptome einer Altersdemenz aufwiesen; bei den 75- bis 84jährigen waren es jedoch knapp 20, bei den über 84jährigen gar nahezu 50 Prozent (das Doppelte dessen, was manche andere Studien ergaben; siehe Kasten auf Seite 17). Mögen diese letzten Zahlen auch beunruhigend sein, so belegen sie doch, daß ein Großteil der Menschen im Alter von stärkerer geistiger Beeinträchtigung verschont bleibt.

Ähnliche Schlüsse lassen sich aus gezielten Untersuchungen der geistigen Leistungsfähigkeit ziehen. So fanden Arthur L. Benton, Daniel Tranel und Antonio R. Damasio vom Medizin-College der Universität Iowa in Iowa City, daß körperlich gesunde Siebzig- bis Neunzigjährige bei Gedächtnis-, Wahrnehmungs- und Sprachtests nur unwesentliche Schwächen zeigten.

Eine davon, darin stimmen viele Studien überein, ist eine Verlangsamung mancher kognitiver Verarbeitungsvorgänge. So mögen Menschen im Alter zwischen 70 und 80 Jahren sich nicht sofort an bestimmte Details eines zurückliegenden Ereignisses – etwa Ort und Datum – erinnern; doch häufig gelingt ihnen dies nach Minuten oder Stunden. Gibt man ihnen genügend Zeit in gelockerter Atmosphäre, schneiden die meisten Betagten bei den Tests kaum schlechter ab als Erwachsene jüngeren oder mittleren Alters. Je komplizierter jedoch eine Aufgabe ist (etwa die Lösung eines mathematischen Problems in mehreren Schritten), desto ungünstiger wird der Vergleich für Ältere.

Die zahlreichen Befunde verdichten sich allerdings zu einem vorsichtig optimistischen Gesamteindruck: Im Alter und bei guter Gesundheit dauert das Lernen und Erinnern zwar etwas länger, funktioniert aber ansonsten nahezu so gut wie in der Jugend (siehe Spektrum der Wissenschaft, Mai 1984, Seite 46).

Ursachen der Alzheimer-Krankheit

Allen physiologischen, epidemiologischen und psychologischen Erkenntnissen zufolge hängen solche leichten bis mäßigen Einbußen bei Erinnerungsvermögen und geistiger Verarbeitungsgeschwindigkeit wohl mit allmählich zunehmenden anatomischen und funktio-

nellen Veränderungen des Gehirns zusammen, wie sie üblicherweise im Alter eintreten. Im Gegensatz dazu ist die senile Demenz offensichtlich eine Folge spezifischerer und viel stärkerer Veränderungen in bestimmten Neuronengruppen und neuronalen Verschaltungen (Bild 5). Mithin liegen ihr Störungen mit eigenen Ursachen und Mechanismen zugrunde. In vielen Fällen läßt sich jedoch noch nicht eindeutig sagen, warum Menschen gerade im Alter besonders anfällig werden gegenüber verschiedenen Hirnleistungsstörungen.

Da die Alzheimer-Krankheit bei weitem die häufigste Ursache eines schweren geistigen Verfalls bei älteren Menschen ist, wollen wir kurz anhand der neuesten Forschungsergebnisse zusammenfassen, wie sie entsteht, warum sie gerade bei Älteren so verbreitet ist und wie sie schließlich einmal behandelt werden könnte. Erfreulicherweise werden auf diesem Gebiet neuerdings bemerkenswerte Fortschritte erzielt (siehe Spektrum der Wissenschaft, Januar 1992, Seite 56).

Dank der Anstrengungen vieler Laboratorien, in denen man Chemie und Molekularbiologie der Beta-Amyloid-Ablagerungen erforscht, läßt sich nun die erste spezifische molekulare Ursache dieser komplexen, sich so verheerend auswirkenden Störung angeben: Die Arbeitsgruppe um Alison M. Goate und John A. Hardy vom St. Mary's Hospital in London belegte 1991, daß es zumindest in einigen Fällen bestimmte Mutationen sind – und zwar in dem Gen, das Informationen für das Beta-Amyloid-Vorläufer-Protein (kurz Beta-APP nach englisch *beta-amyloid precursor protein*) enthält; andere Teams kamen inzwischen zu gleichartigen Befunden.

In der langen Aminosäurekette dieses Moleküls ist das Beta-Amyloid-Protein selbst enthalten, das sich im Gehirn der Erkrankten sowohl in senilen Plaques als auch in Amyloid-Ablagerungen an Gefäßwänden ansammelt. Die normalen Funktionen des Vorläufer-Proteins konnten bislang nicht entschlüsselt werden; aber es wird – wie sich gezeigt hat – von den meisten Körperzellen produziert. Auch wissen wir mittlerweile, daß seine mutierte Version auf irgendeine Weise die Ablagerung des Beta-Amyloid-Segments beschleunigt – und zwar sowohl im Extrazellularraum als auch in den Gefäßwänden. Dabei scheinen manche Mutationen diesen Vorgang stärker zu begünstigen als andere. Dies könnte zumindest teilweise erklären, warum die Krankheitssymptome bei einigen Menschen früher und bei anderen später auftreten.

Zu diesen neuen Erkenntnissen hat auch die Forschung zum Down-Syndrom wesentlich beigetragen. Menschen mit diesem Krankheitsbild – früher weithin als Mongolismus bekannt – haben statt der üblichen zwei Kopien von Chromosom 21 deren drei in ihrem Erbgut; Chromosom 21 ist aber dasjenige, auf dem sich das Beta-APP-Gen befindet. Typisch für das Down-Syndrom ist, daß sich bei den Betroffenen stets in der vierten und fünften Lebensdekade unzählige senile Plaques und neurofibrilläre Bündel bilden. Neuropathologische Untersuchungen von sehr früh an der Krankheit Gestorbenen ergaben aber, daß einige amorphe Ablagerungen von Amyloid-Protein bereits im Teenageralter entstehen können – Jahrzehnte bevor sich voll entwickelte senile Plaques und neurofibrilläre Bündel sowie klinische Symptome einer Demenz zeigen. Dieser erhellende Befund belegt zusammen mit der Entdeckung von Beta-APP-Gen-Mutationen bei Patienten mit vererbter Alzheimer-Krankheit, daß die Ablagerung von Amyloid-Protein zumindest in einigen Fällen – wenn nicht gar in allen – maßgeblich ein Auslöser der Alzheimerschen Krankheit sein kann.

Niemand weiß genau, wie das anfänglich reaktionsträge Protein in langer Frist derart tiefgreifende strukturelle und biochemische Veränderungen in Axonen, Dendriten, Nervenzellkörpern und Gliazellen hervorrufen kann, die bei Alzheimer-Patienten den geistigen Verfall bewirken. Vielleicht bleibt das Protein selbst passiv, bindet aber, während es sich über viele Jahre hinweg anreichert, andere Molekülarten mit ein, die in der Folge die benachbarten Neuronen und Gliazellen angreifen. Einer anderen Hypothese zufolge könnte das Amyloid-Protein, nachdem es eine kritische Konzentration erreicht hat, die umliegenden Nerven- und Gliazellen direkt schädigen oder diese gegenüber subtilen schädlichen Prozessen anfälliger machen.

Die Arbeit verschiedener Neuroanatomen hat jedenfalls gezeigt, daß die Ablagerung des Amyloid-Proteins zusammen mit dem Auftreten neurofibrillärer Bündel und anderer struktureller Veränderungen in Neuronen und ihren Fortsätzen zu immer mehr Unterbrechungen derjenigen neuronalen Schaltkreise beiträgt, die für Gedächtnis- und Denkprozesse wichtig sind. Über Jahre hinweg scheinen das limbische System, das – wie erwähnt – auch Emotionen vermittelt, und die für Assoziationen zuständigen Bereiche der Hirnrinde, die für die Organisation mentaler Prozesse unerläßlich sind, ihre Verbindungen zu anderen neuronalen Bereichen mehr und mehr zu verlieren. Diese Entkopplung trägt mit zu der Verschlechterung von Gedächtnis, Urteilsvermögen, Abstraktionsfähigkeit und Sprache bei – Symptomen, die von Alzheimer-Patienten nur allzu bekannt sind. Da die meisten motorischen und sensorischen Funktionen bis in späte Krankheitsstadien hinein verschont bleiben, geraten diese Patienten zumeist in einen tragischen Zustand, in dem sie zwar laufen, sprechen und essen können, die Welt um sich herum aber nicht mehr verstehen.

Mögliche verzögernde Maßnahmen

Trotz der jüngsten Fortschritte in der Alzheimer-Forschung bleiben noch viele wichtige Probleme zu lösen: Auf welche Weise bewirken Mutationen im Beta-APP-Gen eine gegenüber normal altern den Menschen beschleunigte Amyloid-Ablagerung? Weshalb bleibt eine solche Ablagerung weitgehend auf das Gehirn beschränkt, wenn doch praktisch alle Gewebe den Amyloid-Vorläufer synthetisieren? Welche Zellen sind es genau, die die verheerenden Amyloid-Fragmente nach außen abgeben? Weshalb reagieren manche Neuronen in gewissen Hirnregionen – etwa im Hippocampus – so empfindlich darauf, während andere Areale wie das Kleinhirn nicht oder nur wenig beeinflußt werden? Und die wichtigste Frage: Wie kann man der persönlichkeitsvernichtenden Zerstörung Einhalt gebieten?

Ebenso gilt es zu klären, wie man einem anderweitigen geistigen Abbau im Alter entgegenwirken oder ihn gar beheben kann. Daß wohl kein einzelner Wirkstoff hilft, belegen Ergebnisse zahlreicher klinischer Tests mit Vitaminen, Mineralstoffen und verschiedenen anderen Substanzen, von denen man glaubt, sie förderten biochemische Reaktionen im Gehirn oder verbesserten die Blutversorgung. Diese Stoffe konnten sowohl bei erkrankten als auch bei gesunden älteren Menschen die kognitiven Fähigkeiten nicht oder nur unwesentlich verbessern.

Eine Art vernünftiges Hausmittel wäre hingegen, sich körperlich fit zu halten. Robert E. Dustman und seine Kollegen von der Universität von Utah in Salt Lake City sowie andere Wissenschaftler zeigten auf, daß ältere Menschen, die regelmäßig Gymnastik treiben, bei kognitiven Tests besser abschnitten als unsportliche Gleichaltrige mit überwiegend sitzender Lebensweise.

Ich rate zudem, auf Genußmittel wie Alkohol zu verzichten, welche die Aktivität des Nervensystems beeinflussen;

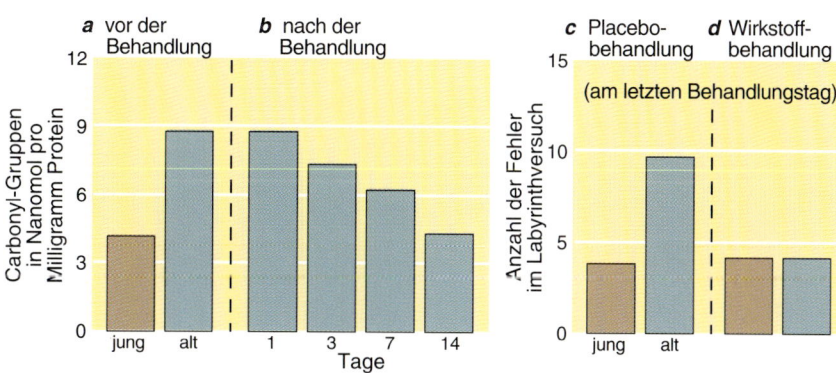

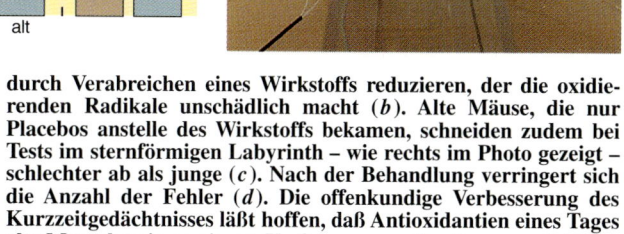

Bild 6: Proteinchemische Messungen im Gehirn von Wüstenrennmäusen lassen vermuten, daß bestimmte altersgekoppelte Veränderungen reversibel sein könnten. John M. Carney von der Universität Kentucky und Robert A. Floyd von der Medizinischen Forschungsstiftung in Oklahoma glauben, die Zahl von Carbonylgruppen an Gehirnproteinen (ein Indikator für Proteinoxidation) sei bei alten Mäusen (grauer Balken in *a*) üblicherweise höher als bei jungen (braun). Der oxidierte Anteil läßt sich aber durch Verabreichen eines Wirkstoffs reduzieren, der die oxidierenden Radikale unschädlich macht (*b*). Alte Mäuse, die nur Placebos anstelle des Wirkstoffs bekamen, schneiden zudem bei Tests im sternförmigen Labyrinth – wie rechts im Photo gezeigt – schlechter ab als junge (*c*). Nach der Behandlung verringert sich die Anzahl der Fehler (*d*). Die offenkundige Verbesserung des Kurzzeitgedächtnisses läßt hoffen, daß Antioxidantien eines Tages alte Menschen in gewissem Umfang vor seniler Demenz schützen.

auch sollten Ärzte älteren Personen nur mit Bedacht solche Medikamente verordnen, die auf das Gehirn wirken. Es gibt zahlreiche experimentelle und klinische Belege dafür, daß Menschen etwa ab dem 60. Lebensjahr besonders empfindlich gegenüber Benzodiazepinen (zum Beispiel im Beruhigungsmittel Valium enthalten) und vielen anderen Substanzen sind, die eine dämpfende oder stimulierende Wirkung auf das Zentralnervensystem haben. Im Vergleich zu jungen Erwachsenen nimmt bei älteren Menschen durch die Einnahme solcher Stoffe die Fähigkeit zu schlußfolgerndem Denken wesentlich stärker ab; zudem sprechen sie schon auf geringere Dosen an, und die Wirkung entfaltet sich länger. Solche unerwünschten Auswirkungen auf kognitive Prozesse zeigen sich besonders ausgeprägt bei Menschen, die bereits an einer krankhaft bedingten Demenz leiden.

Die Wissenschaftler sind sich indes noch uneins, ob ein Erhalt geistiger Regsamkeit oder ein spezielles „Hirn-Jogging" vor mentalem Abbau im Alter bewahren kann. Leider gibt es hierzu bislang keine schlüssigen Daten.

Ähnlich ungeklärt ist der Wert von Diäten. Einerseits kann eine ausgewogene, aber sehr kalorienarme Kost bei einer Reihe niederer Säugetiere nachweislich viele altersbedingte Erkrankungen verzögern und die Lebensspanne verlängern. In mehreren Untersuchungen fanden sich dann bei Ratten im Alter weniger neurochemische Veränderungen im Gehirn als bei reichlicher ernährten Artgenossen; auch lernten sie als Alttiere besser, sich in einem Labyrinth zurechtzufinden. Ähnliche Erfahrungen machten Alan Peters und seine Kollegen von der Medizinischen Fakultät der Universität Boston, als sie Ratten mit einer äußerst kalorienarmen Diät aufzogen. Viele der Tiere wurden vier Jahre alt, etwa ein Jahr älter als gewöhnlich. Es

zeigte sich, daß bei ihnen erst in einem höheren Alter Neuronen verschwanden und verschiedene altersbedingte Veränderungen an Nerven- und Gliazellen auftraten als bei solchen der Kontrollgruppe.

Andererseits verdeutlicht die Tatsache, daß sich diese Veränderungen letztlich doch entwickelten, daß eine kalorienbewußte Ernährung die Seneszenz des Gehirns zwar hinauszögern, nicht aber aufhalten kann. Über welche Mechanismen eine solche Diät die Lebenszeit von Versuchstieren verlängert, ist noch unklar. Ebensowenig ist bekannt, wie stark derartige Maßnahmen beim Menschen den geistigen Verfall verlangsamen könnten. Wenn überhaupt, wären sie aber wohl nur dann erfolgreich, wenn man sich den größten Teil seines Lebens daran hielte. Bei älteren Menschen könnte ein plötzlicher, drastischer Nährstoffmangel sogar Symptome von Demenz auslösen, so daß eine Kalorienbeschränkung ohne ärztliche Anleitung und Aufsicht äußerst riskant wäre.

Eine auch im Wortsinne wesentlich schmackhaftere Alternative zu solch einschneidender Beschränkung beim Essen könnte eventuell die dauerhafte Einnahme von Antioxidantien wie etwa Vitamin E darstellen. Von diesem Vitamin weiß man, daß es bei Nagetieren die Lebenserwartung zu erhöhen und einige systemische – den ganzen Organismus betreffende – Alterserkrankungen zu verzögern vermag. Allerdings wurde sein Nutzen für das alternde menschliche Gehirn bislang nicht nachgewiesen.

Einstweilen bleibt als beste Strategie, zunächst die molekularen Vorgänge zu entschlüsseln, die Demenzen zugrunde liegen, und dann Medikamente zu entwickeln, die einen oder mehrere kritische Schritte des krankhaften Geschehens blockieren.

Bei der Alzheimerschen Krankheit beispielsweise könnte dies letztlich bedeuten, die Enzyme zu hemmen, die das Beta-Amyloid-Protein aus seinem Vorläufermolekül freisetzen, den Übertritt des Amyloid-Proteins in das Gehirngewebe zu verhindern oder den neurotoxischen und entzündlichen Prozessen vorzubeugen, die das Protein offensichtlich in Gang setzt. Auf solche Weise ließen sich vielleicht auch ältere Patienten behandeln, die lediglich unter mäßiger Vergeßlichkeit leiden, weil die für Alzheimer-Erkrankungen typischen Amyloid-Plaques und neurofibrillären Bündel sich auch während des normalen Alterns – wenngleich in geringerem Umfang – gerade in den Gehirnarealen bilden, die für Lernen und Gedächtnis wichtig sind. Derzeit werden auch einige Therapien zur Vorbeugung gegen die Parkinsonsche Krankheit sowie zur Vorbeugung und Behandlung von Schlaganfällen untersucht (siehe Spektrum der Wissenschaft, September 1991, Seite 58).

Während der nächsten drei Jahrzehnte wird die eingehende molekulare und klinische Erforschung des alternden Gehirns weiter ins öffentliche Interesse rücken, denn in den entwickelten Ländern wird der Anteil sehr alter Menschen an der Bevölkerung enorm steigen (siehe Spektrum der Wissenschaft, Januar 1989, Seite 49). Therapien gegen die senile Demenz würden uns, so wir dazugehören, zweifellos dabei helfen, auch jenseits des 80. Lebensjahres unabhängig zu bleiben und Freude am Leben zu haben, statt als Pflegefälle eine Last zu sein.

Eine solche Generation von rüstigen und regen alten Menschen wird aller Wahrscheinlichkeit nach einen großen soziologischen und ökonomischen Wandel mit sich bringen, dessen man sich mit Energie und Kreativität annehmen muß. Aber dann hätte die Gesellschaft dafür auch eine unschätzbare Hilfe: eben den wachen Geist und die Weisheit vieler ihrer ältesten Mitglieder.

Physiologie und Simulation der Geruchswahrnehmung

Fast augenblicklich setzt das Gehirn Meldungen der Sinnesorgane in bewußte Wahrnehmungen um. Wesentlich für dieses blitzartige Erkennen scheint die chaotische, kollektive Aktivität von Millionen Nervenzellen zu sein.

Von Walter J. Freeman

Im selben Augenblick, in dem wir das Gesicht eines berühmten Schauspielers erblicken, den Duft einer Lieblingsspeise einziehen oder die Stimme eines Freundes hören, haben wir das Wahrgenommene auch schon erkannt. Nur Sekundenbruchteile nach der Reizung von Augen, Nase, Ohren, Zunge oder Haut wissen wir, daß es sich um vertraute Dinge handelt, und sind uns klar darüber, ob sie angenehm oder gefährlich sind. Wie kann dieses Erkennen – Psychologen sprechen von präattentiver Wahrnehmung – derart schnell und genau erfolgen, obwohl die Reize höchst komplex sind und meist in ganz unterschiedlichen Situationen auftreten?

Über die ersten Schritte bei der Analyse von Sinnesreizen durch die Großhirnrinde (die äußere Hirnschicht) wissen wir recht genau Bescheid. Wie aber erbringt das Gehirn Leistungen, die über das reine Feststellen einzelner Merkmale von Objekten hinausgehen? Wie verbindet es Sinneswahrnehmungen mit früheren oder erwarteten Eindrücken, so daß es den Reiz selbst und seine Bedeutung für die jeweilige Person erkennt? An Antworten auf solche viel schwierigeren Fragen tastet sich die Forschung erst jetzt langsam heran.

Meine Arbeitsgruppe an der Universität von Kalifornien in Berkeley untersucht seit mehr als 30 Jahren Wahrnehmungsprozesse. Unsere Ergebnisse deuten immer klarer darauf hin, daß allein mit der Kenntnis der Eigenschaften einzelner Nervenzellen (Neuronen) Wahrnehmung nicht zu erklären ist: Dieser sozusagen mikroskopische Forschungsansatz, der gegenwärtig in den Neurowissenschaften dominiert, greift ent-schieden zu kurz. Nach unseren Erkenntnissen beruht Wahrnehmung vielmehr auf der gleichzeitigen, gemeinschaftlichen Aktivität von Millionen Nervenzellen, die über weite Bereiche der Großhirnrinde verteilt sind. Eine solche übergreifende Aktivität läßt sich aber nur erkennen, messen und erklären, wenn man dem mikroskopischen Ansatz eine makroskopische Betrachtungsweise an die Seite stellt.

Das ist ähnlich wie in der Musik. Um ein Chorstück in seiner ganzen Schönheit zu erfassen, reicht es eben nicht, sich die einzelnen Stimmen nacheinander vorsingen zu lassen. Vielmehr muß man alle Sänger gemeinsam hören, wie sie aufeinander reagieren und ihre Stimmen und Einsätze einander anpassen.

Ein zweites wichtiges Ergebnis unserer Untersuchungen ist die Entdeckung, daß im Gehirn statt genau geregelter Abläufe vielmehr eine Art von Chaos herrscht: ein komplexes Verhalten, das als zufällig erscheint, tatsächlich jedoch eine versteckte Ordnung aufweist. Besonders deutlich manifestiert sich dieses Chaos in der Neigung riesiger Gruppen von Neuronen, auf die kleinste eintreffende Erregung hin plötzlich als Ganzes von einem komplexen Aktivitätsmuster in ein anderes überzuwechseln.

Dieses synchrone Umschlagen ist ein Hauptkennzeichen vieler chaotischer Systeme. Statt die Funktion des Gehirns zu stören, macht es im Gegenteil – so unsere Überzeugung – Wahrnehmung überhaupt erst möglich. Außerdem vermuten wir, daß Chaos die Basis dafür bildet, daß das Gehirn flexibel auf die Außenwelt zu reagieren und neuartige Aktivitätsmuster zu erzeugen vermag – zum Beispiel solche, die wir als überraschende Einfälle erleben.

Ungeachtet der gleichsam globalen Natur der Wahrnehmung muß man, um sie im einzelnen zu verstehen, freilich auch die Eigenschaften der daran beteiligten Neuronen kennen. Bei den entsprechenden Untersuchungen haben sich meine Mitarbeiter und ich auf das Riechsystem konzentriert.

Das Riechsystem

Seit Jahren kennt man die grundlegenden Vorgänge beim Riechen. Wenn die Moleküle eines Duftstoffs in die Nasengänge eines Tiers oder Menschen geraten, werden sie von einigen wenigen aus der immensen Zahl vorhandener Rezeptorneuronen festgehalten, die jeweils bevorzugt auf bestimmte Duftstoffarten ansprechen. Die erregten Zellen erzeugen Aktionspotentiale, das heißt elektrische Impulse, die über bestimmte Zellfortsätze – die Nervenfasern oder Axone – zu einem Rindengebiet wandern, das als Riechkolben (*Bulbus olfactorius*) bezeichnet wird (Bild 2 rechts). Die Zahl der aktivierten Rezeptoren zeigt an, wie stark der Reiz ist, und ihre Lage innerhalb der Nase enthält Informationen über die Art des Geruchs.

Jeder Geruch wird somit als ein räumliches Muster aktivierter Rezeptoren dargestellt und als solches an den Riechkolben übermittelt. Dieser analysiert die einlaufenden Muster und bildet daraus eine eigene Botschaft, die er über Axone an einen anderen Teil des Riechsystems schickt, den man Riechrinde oder olfaktorischen Cortex nennt. Von dort werden neue Signale an viele weitere Hirnteile übermittelt – nicht zuletzt an die sogenannte entorhinale Rinde, wo sie mit den Signalen anderer Sinnessysteme verknüpft werden. Daraus ergibt sich eine umfassende, sinntragende Wahrnehmung, eine sogenannte Gestalt, die für jedes Wesen einzigartig ist.

Erkennt beispielsweise ein Hund den Geruch eines Fuchses, so erinnert er sich möglicherweise sogleich an einen wohlschmeckenden Happen und erwartet, etwas in den Magen zu bekommen.

Bei einem Kaninchen weckt der gleiche Geruch dagegen vermutlich Erinnerungen an Gejagtwerden und Todesangst.

So wertvoll diese Erkenntnisse für das Verständnis des Riechvorgangs sind, lassen sie doch zwei wichtige Punkte ungeklärt. Der eine betrifft das klassische Problem der Trennung von Vorder- und Hintergrund: Wie unterscheidet das Gehirn einen Geruch von all den anderen, die daneben auftreten? Der zweite offene Punkt ist, wie das Gehirn über gleichwertige Rezeptoren

zu generalisieren vermag; denn durch die Verwirbelung des Luftstroms in der Nase werden während jedes Atemzugs nur wenige – und immer andere – der auf den Duftstoff ansprechenden Rezeptoren erregt. Wie erkennt das Gehirn, daß die Signale von unterschiedlichen Rezeptorgruppen alle auf den gleichen Reiz zurückgehen? Aus unseren Untersuchungen beginnen sich erste Antworten auf beide Fragen abzuzeichnen.

Viele unserer Erkenntnisse stammen aus der intensiven Erforschung des

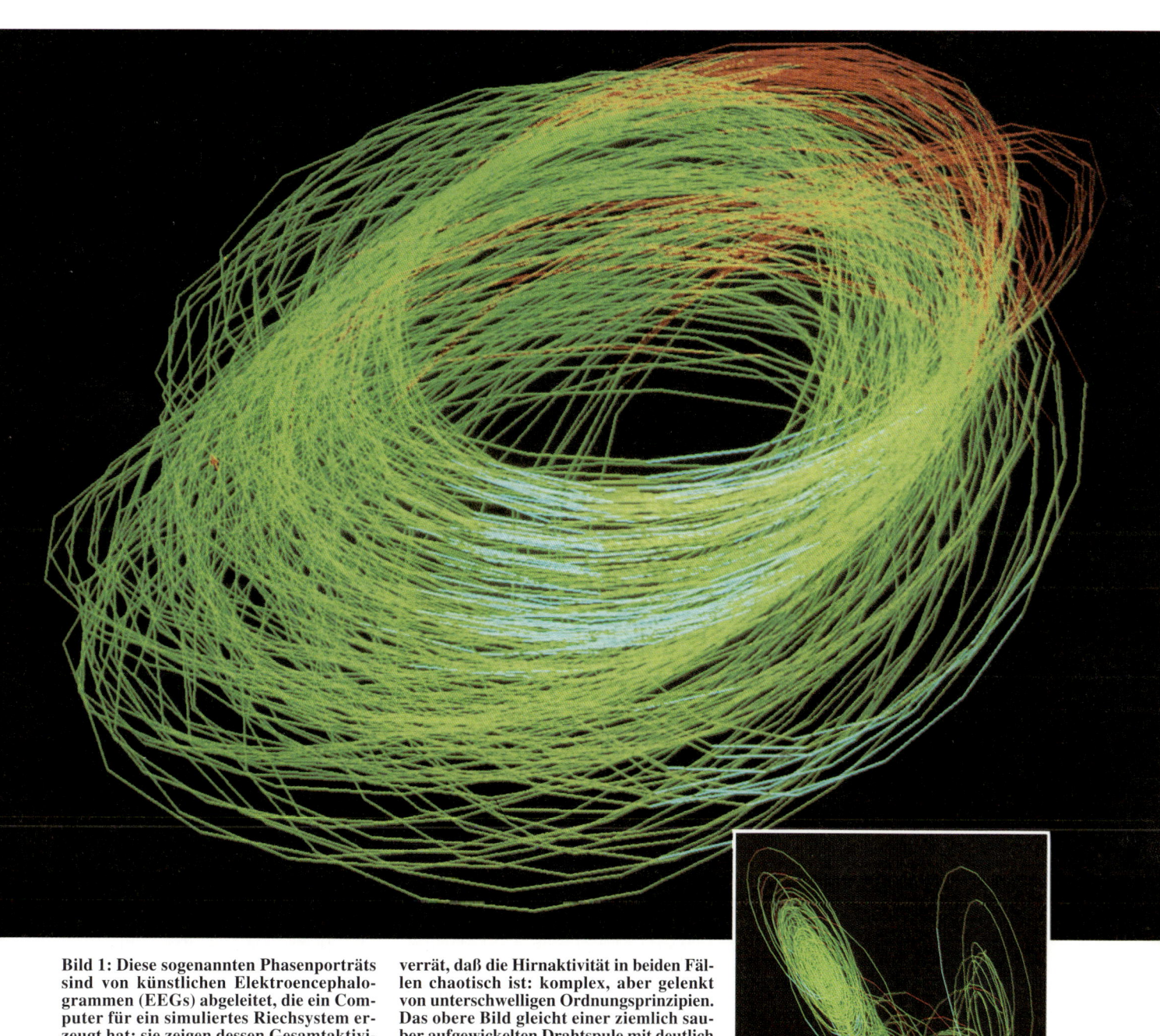

Bild 1: Diese sogenannten Phasenporträts sind von künstlichen Elektroencephalogrammen (EEGs) abgeleitet, die ein Computer für ein simuliertes Riechsystem erzeugt hat; sie zeigen dessen Gesamtaktivität im Ruhezustand (rechts) und bei der Wahrnehmung eines bekannten Eingangssignals, quasi eines Geruchs (oben). Ihre Ähnlichkeit mit unregelmäßigen, aber nicht völlig strukturlosen Drahtknäueln verrät, daß die Hirnaktivität in beiden Fällen chaotisch ist: komplex, aber gelenkt von unterschwelligen Ordnungsprinzipien. Das obere Bild gleicht einer ziemlich sauber aufgewickelten Drahtspule mit deutlich voneinander abgegrenzten Farbbereichen. Beides legt den Schluß nahe, daß EEGs des Riechsystems beim Riechen einen höheren Ordnungsgrad aufweisen – eher periodisch erscheinen – als im Ruhezustand.

Riechkolbens. So zeigte sich, daß an einer Geruchswahrnehmung stets alle Bulbus-Neuronen mitwirken. Die wesentliche Information über den Reiz steckt also in einem bestimmten Aktivitätsmuster des gesamten Riechkolbens und nicht in der Reaktion einiger merkmal-erkennender Neuronen, die etwa ein fuchsähnlicher Geruch erregt hat.

Zudem ist diese kollektive neurale Aktivität zwar für den Duftstoff charakteristisch, aber nicht allein durch ihn bestimmt. Ein grundlegendes Funktionsprinzip des Riechkolbens ist das der Selbstorganisation; dabei hängt die Gesamtaktivität in hohem Maße von internen Faktoren ab, zu denen auch die Empfindlichkeit der Neuronen gegenüber einlaufender Erregung zählt.

Informationen aus dem Elektroencephalogramm

Die Experimente, mit denen wir die kollektive Aktivität entdeckten, waren von der Idee her einfach. Wir konditionierten Versuchstiere, vorwiegend Kaninchen, verschiedene Duftstoffe mit der Bereitstellung von Wasser oder Nahrung zu assoziieren, so daß sie beim Erkennen dieser Duftstoffe mit Leck- oder Kaubewegungen reagierten. Bevor wir mit dem Training begannen, befestigten wir ein Bündel aus 60 bis 64 Elektroden rasterartig über einem großen Bereich der Oberfläche des Riechkolbens.

Mit dieser Apparatur konnten wir beim Training und unmittelbar danach, während die Tiere manchmal bekannte, manchmal unbekannte Gerüche wahrnahmen, simultan 60 bis 64 Elektroencephalogramm-Spuren aufzeichnen. Jede solche EEG-Spur zeigt den mittleren Erregungszustand einer Gruppe von Neuronen, die in einer fest umrissenen Cortexschicht direkt unter der Elektrode liegen. Ein verstärkter Ausschlag der wellenförmigen Kurve läßt eine Zunahme, ein verringerter eine durch Hemmung verursachte Abnahme der Erregung erkennen.

Die EEGs dürfen nicht mit Ableitungen von Impulsen verwechselt werden, die einzelne Axone oder Gruppen von Neuronen abfeuern. Allerdings besteht durchaus ein Zusammenhang zwischen einer EEG-Spur und dem Impulsmuster benachbarter Neuronen innerhalb eines bestimmten, winzigen Abschnitts der Hirnrinde. Im Grunde enthalten EEG-Kurven die gleichen Informationen, auf deren Grundlage auch Neuronen gewissermaßen entscheiden, ob sie feuern sollen oder nicht; nur zeichnet das EEG diese Informationen für Tausende von Zellen gleichzeitig auf.

Um genauer zu verstehen, was das EEG zeigt, sind einige Detailkenntnisse über die Arbeitsweise von Neuronen hilfreich (Bild 3). Diese empfangen unablässig elektrische Impulse von den Axonendigungen von Tausenden anderer Nervenzellen. Als Empfangsstellen dienen dabei spezielle Verbindungen, die Synapsen; sie liegen üblicherweise an Zellfortsätzen, die man als Dendriten bezeichnet. Bestimmte einlaufende Impulse erzeugen in den Dendriten der Empfängerzelle erregend wirkende, andere hemmend wirkende Stöße elektrischer Ströme. Diese dendritischen Ströme, die sich in ihrer Polarität unterscheiden, werden durch den Zellkörper (er enthält den Zellkern) zum Axonhügel am Anfang des Axons geleitet (Bild 4).

Dort durchqueren sie die Zellmembran und gelangen in den Extrazellulärraum. Dabei bestimmt die Zelle die Gesamtstärke der Ströme (ausgedrückt als Änderungen der Spannung zwischen beiden Seiten der Membran), indem sie im wesentlichen einfach erregende Ströme addiert und hemmende abzieht. Liegt das Ergebnis dieser Berechnung über einem Schwellenwert, feuert die Zelle ihrerseits, das heißt schickt einen Impuls durch ihr Axon.

Durch einen ähnlichen Mechanismus werden auch beim EEG die an den Dendriten erzeugten Ströme aufsummiert – allerdings erst nach Verlassen der Zelle. Da der Extrazellulärraum von den Strömen Tausender von Zellen durchquert wird, repräsentieren die EEG-Aufzeichnungen den Erregungszustand ganzer Neuronengruppen und nicht einzelner Nervenzellen.

Aufschlußreiche Salven

Die bei unseren Experimenten gemachten parallelen EEG-Aufzeichnungen der rasterartig angeordneten Elektroden scheinen auf den ersten Blick ebenso unvorhersagbar und unregelmäßig wie freihändige Kritzeleien. Bei genauerem Hinsehen allerdings erkennt man durchaus wichtige wahrnehmungsbezogene Details.

EEG-Kurven schwingen grundsätzlich mehr oder weniger stark auf und ab, wobei der Verlauf dieser Schwingungen gewöhnlich sehr unregelmäßig ist. Atmet ein Tier jedoch einen vertrauten Geruch ein, so läßt sich etwas beobachten, was wir als Salve (englisch *burst*) bezeichnen: Die Wellen sämtlicher Elektroden eines Rasterbündels werden für wenige Schwingungsperioden plötzlich regelmäßiger und geordneter – bis das Tier wieder ausatmet (Bild 5). Dabei haben sie oft eine höhere Amplitude (Ausschlaghöhe) und Frequenz (Ausschlaghäufigkeit) als normalerweise.

Die Salvenwellen werden häufig 40-Hertz-Wellen genannt, was unterstellt, sie würden ungefähr 40mal in der Sekunde auf- und abschwingen. Da die Frequenz tatsächlich jedoch von 20 bis 90 Hertz reichen kann, spreche ich in Anlehnung an den Ausdruck für hochfrequente Röntgenstrahlen lieber von Gamma-Wellen.

Daß die Salven eine gemeinschaftliche, sich wechselseitig beeinflussende Aktivität widerspiegeln, geht aus den EEG-Kurven nicht unmittelbar hervor. Die entsprechenden Abschnitte in den einzelnen, simultan aufgezeichneten EEG-Spuren eines Elektrodenbündels unterscheiden sich nämlich durchaus in ihrer Form. Aber wenn wir unsere Computer bei der Suche nach einem Muster genügend strapazieren, gelingt es uns dennoch, aus dem undurchschaubaren Signalhintergrund Anzeichen für ein kollektives Verhalten herauszufiltern.

So läßt sich in jedem Satz simultan aufgenommener Salven eine gemeinsame Wellenform – die sogenannte Trägerwelle – erkennen: ein übereinstimmendes Muster von Ausschlägen, das in allen Kurven enthalten ist (Bild 7 links). Die durchschnittliche Amplitude dieser Ausschläge variiert zwar innerhalb der Gruppe – teils ist die Trägerwelle flach, teils steil –, aber alle diese Wellen verlaufen in ihren Auf- und Abwärtsbewegungen fast synchron. Diese synchronen Bereiche umfassen ein bis drei Viertel der Gesamtaktivität der Neuronen im Bereich einer Elektrode.

Überraschenderweise ist es allerdings nicht die besondere Form der Trägerwelle, die verrät, um welchen Geruch es sich handelt; denn mit jedem Atemzug des Tiers verändert sich die Welle, auch wenn der Duftstoff derselbe bleibt. Zuverlässig zu erkennen ist ein Duftstoff vielmehr am räumlichen Muster der Trägerwellenamplituden über den gesamten Riechkolben hinweg.

Ein solches Muster erhält man, wenn man die durchschnittliche Amplitude der an den einzelnen Elektroden registrierten Trägerwellen in eine entsprechende rasterförmige Darstellung der Kolbenoberfläche einträgt und Orte gleicher Amplitude miteinander verbindet. Das resultierende Konturdiagramm erinnert an eine Landkarte mit Höhenlinien, welche die Umrisse von Bergen und Tälern widerspiegeln (Bild 7 rechts). Solange wir das Training unserer Tiere nicht ändern, erscheint beim Riechen

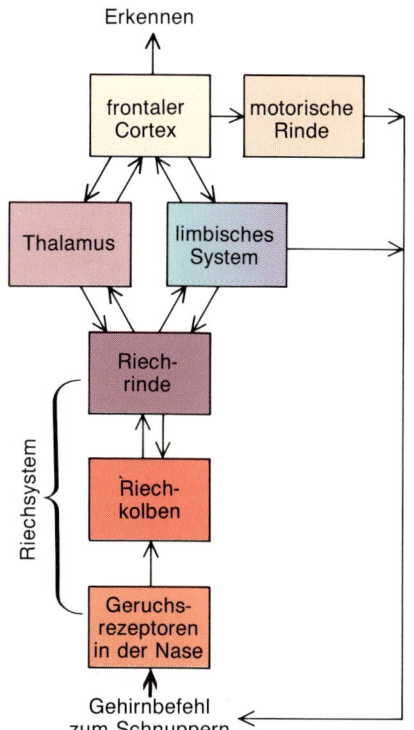

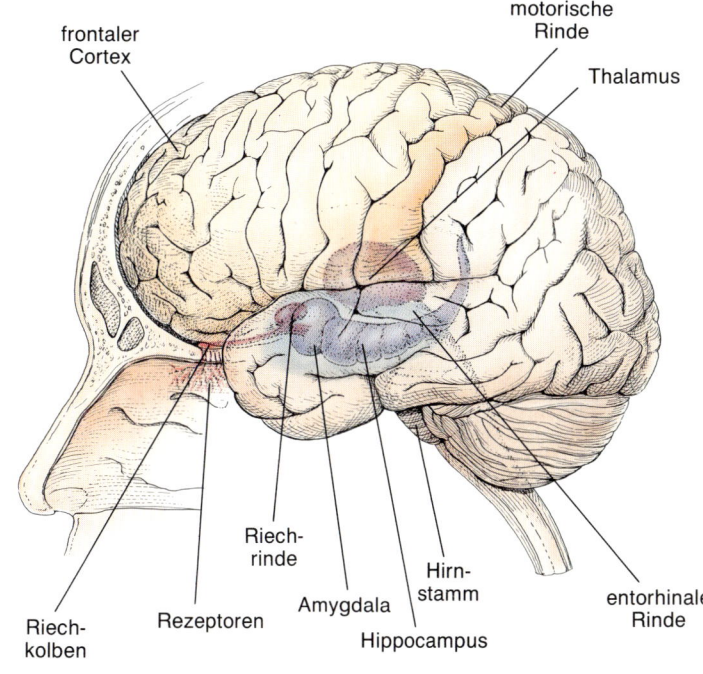

Bild 2: Die Wechselwirkung zwischen Riechrinde und Riechkolben sowie Rückkopplungen mit anderen Hirnteilen (links) sind entscheidend für die Aufrechterhaltung und Steuerung des Chaos im Riechsystem. Ausgangspunkt der Geruchswahrnehmung ist die selbstorganisierte Aktivität des limbischen Systems (eines Hirnteils, zu dem unter anderem der entorhinale Cortex, der Hippocampus und die Amygdala gehören und das am Erzeugen von Gefühlen und an Gedächtnisprozessen beteiligt ist). Als Ergebnis dieser Aktivität geht ein Befehl an das motorische System, einen Schnuppervorgang einzuleiten. Zugleich verbreitet das limbische System eine sogenannte Reafferenz-Meldung, die alle Sinnessysteme in Bereitschaft versetzt, auf neue Informationen zu reagieren. Die infolge des Schnupperns eingehenden Signale der Geruchsrezeptoren gelangen über Riechkolben und Riechcortex (rechts), wo sie jeweils verarbeitet und gebündelt werden, zurück ins limbische System und werden dort – unter anderem durch Kombination mit den Botschaften anderer Sinnesorgane – mit Bedeutung versehen, ehe man sie schließlich im frontalen Cortex bewußt wahrnimmt.

eines bestimmten Duftstoffs trotz unterschiedlicher Form der Trägerwelle stets das gleiche Amplitudenprofil.

Solche Konturdiagramme machen deutlich, daß für den Wahrnehmungsprozeß der Riechkolben als Ganzes aktiv sein muß. Zugleich zeigen sie, daß auch der Bulbus schon daran beteiligt ist, Geruchsreizen eine Bedeutung beizumessen. Das zu einem bestimmten Duftstoff gehörende Amplitudenprofil verändert sich nämlich drastisch, wenn man die damit gekoppelte Verstärkung (Belohnung) ändert oder das Tier auf einen anderen Duftstoff konditioniert (Bild 8). Würde der Riechkolben keine Erfahrungen in die Wahrnehmung einfließen lassen, müßte das Profil auch bei Umkonditionierung des Reizes immer gleich bleiben.

Die Bedeutung von Nervenzellverbänden

Unseres Erachtens bilden Verbände (englisch *assemblies*) von Nervenzellen ein entscheidendes Speicherreservoir für gelernte Assoziationen und spielen zu-

gleich eine wesentliche Rolle beim Auslösen der kollektiven Salven im Riechkolben. Ein solcher hypothetischer Verband setzt sich aus Neuronen zusammen, die während eines Lernvorgangs gleichzeitig erregt worden sind.

Vor mehr als 20 Jahren machten meine Mitarbeiter und ich bereits eine für diese Theorie wichtige Entdeckung. Wenn wir Versuchstiere darauf konditionierten, verschiedene Geruchsreize mit Ereignissen wie der Fütterung zu verbinden, wurden bestimmte synaptische Kontakte zwischen Neuronen innerhalb von Riechkolben und Riechrinde selektiv verstärkt. Dieser Effekt kommt dadurch zustande, daß die Empfindlichkeit der postsynaptischen Zellen gegenüber einlaufenden, erregenden Signalen ansteigt, so daß diese einen stärkeren dendritischen Strom hervorrufen, als wenn das Tier nicht trainiert worden wäre. Man spricht auch von Signalausbeute (englisch *gain*) und definiert sie allgemein als das Verhältnis von Output zu Input, in diesem Falle also als Quotient aus der Summe der dendritischen Ströme und der Anzahl der eintreffenden Signale.

Wohlgemerkt, nicht die Synapsen zwischen den Axonen sensorischer Neuronen (wie Geruchsrezeptoren) und den davon erregten, nachgeschalteten Nervenzellen (zum Beispiel im Riechkolben) werden verstärkt; vielmehr erhöht sich die Signalausbeute an solchen Synapsen, die als Querverschaltungen zwischen Neuronen dienen, die während des Lernvorgangs gleichzeitig (durch sensorische Neuronen) erregt werden. Die Nervenzellen im Riechkolben sind nämlich ebenso wie die in der Riechrinde vielfach untereinander verknüpft.

Eine solche Verstärkung hat bereits 1949 der Physiologe Donald Hebb von der McGill-Universität in Montreal in einer heute weithin anerkannten Regel postuliert. Danach werden Synapsen zwischen gemeinsam feuernden Neuronen verstärkt, sofern ihre synchrone Aktivität mit einer Belohnung einhergeht. (Heute weiß man, daß an der synaptischen Verstärkung modulierende Substanzen beteiligt sind, die der Hirnstamm während der Konditionierung in Riechkolben und Hirnrinde freisetzt.)

Aus unseren Forschungsergebnissen schließen wir, daß sich beim Belohnen

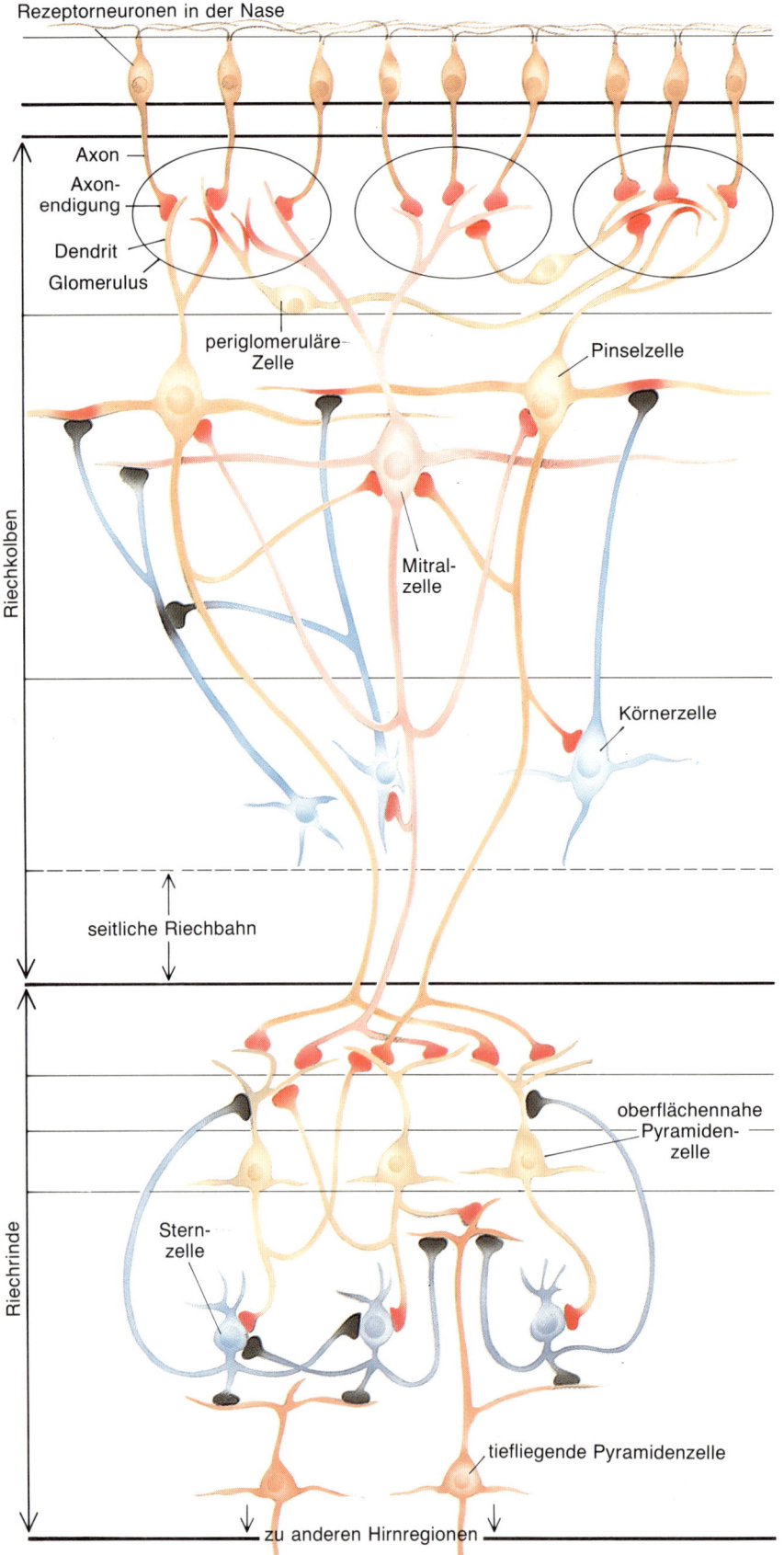

Rezeptorneuronen in der Nase

Axon
Axonendigung
Dendrit
Glomerulus

periglomeruläre Zelle

Pinselzelle

Riechkolben

Mitralzelle

Körnerzelle

seitliche Riechbahn

Riechrinde

oberflächennahe Pyramidenzelle

Sternzelle

tiefliegende Pyramidenzelle

zu anderen Hirnregionen

Bild 3: Die Neuronen des Riechsystems tauschen über ein dichtes, weitverzweigtes Netz von Synapsen Informationen aus. Synapsen sind Verbindungsstellen, an denen Signale von einem Neuron zum nächsten fließen. Normalerweise werden die **Signale von den Axonen (langgestreckten Nervenfasern) auf die Dendriten (baumartig verzweigte Fortsätze) übertragen. Die umfassende Verschaltung ergibt eine meist kollektive Aktivität. Erregende Neuronen sind orange, hemmende blau gezeichnet.**

des Versuchstiers für das Erkennen eines Duftstoffs ein eigener, auf diesen Geruch spezialisierter Verband aus Neuronen bildet, die durch Verstärkung ihrer synaptischen Verbindungen miteinander verknüpft werden. Wann immer fortan die bekannten Erregungsmuster in einem beliebigen Ausschnitt dieses Zellverbands auftreten, können erregende Signale, die sich über die entsprechenden Hebb-Synapsen bevorzugt ausbreiten, in kürzester Zeit den gesamten Verband aktivieren. Dieser prägt dann seinerseits auch dem übrigen Riechkolben ein bestimmtes Aktivitätsmuster auf.

Wenn unsere Hypothese zutrifft, läßt sich mit den Nervenzell-Assemblies sowohl die Trennung zwischen Vorder- und Hintergrund als auch die Generalisierung über gleichwertige Rezeptoren erklären. Die Trennung käme dadurch zustande, daß der Verband jene Reize bevorzugt fortleitet, welche die in den Hebb-Synapsen gespeicherte Erfahrung als besonders wichtig für das Individuum ausweist. Und die Generalisierung würde erreicht, weil der Verband gewährleistet, daß sich die von einer beliebigen Untergruppe von Rezeptoren gelieferten Informationen – unabhängig von deren Lage in der Nase – sofort über den gesamten Verband und von dort über den restlichen Riechkolben ausbreiten.

Sensibilisierung

So wichtig Nervenzellverbände für die Wahrnehmung sind – für sich allein vermögen sie allerdings noch keine kollektiven Aktivitätsausbrüche im gesamten Riechkolben zu erzeugen. Damit ein Duftstoff eine Salve auslösen kann, muß außer den zum Verband gehörenden Neuronen auch der Riechkolben als Ganzes sensibilisiert sein. Erst dann ist eine starke Reaktion auf einlaufende Signale möglich.

Dementsprechend vervollständigen zwei wichtige Vorgänge die durch die Bildung von Hebb-Synapsen erreichte Sensibilisierung. Beide verändern nicht die Stärke von Synapsen, sondern die Empfindlichkeit des Axonhügels. In diesem Falle entspricht die Signalausbeute also dem Verhältnis aus der Anzahl der abgegebenen Impulse (dem Output) zur Summe der dendritischen Ströme (dem Input). Die Gesamtausbeute ist dann gleich dem Produkt aus der Signalausbeute an den Synapsen und der an den Axonhügeln.

Der erste sensibilisierende Einfluß besteht in Wachsamkeit. Unsere Experimente zeigen, daß die Signalausbeute in

Nervenzellkollektiven des Riechkolbens und Riechhirns zunimmt, wenn die Tiere hungrig, durstig, bedroht oder sexuell ansprechbar sind (Bild 9). Für diese Form der Sensibilisierung scheinen Axone aus anderen Hirnregionen verantwortlich zu sein, die modulierende Substanzen (andere als die an der Bildung von Hebb-Synapsen beteiligten) freisetzen.

Der zweite sensibilisierende Stimulus sind die einlaufenden Signale selbst. Reizt man Neuronen der Hirnrinde, dann erhöht sich ihr Output: Jedes weitere Signal, das eintrifft, während die Rindenneuronen noch erregt sind, steigert ihre Signalabgabe merklich. Offensichtlich erhöht also vermehrter Signaleingang die Signalausbeute. Dies gilt für einen weiten Bereich von Input-Raten. Einerseits werden zwar überhaupt keine Impulse abgefeuert, wenn der Nettoinput stark hemmend ist, und andererseits können die Neuronen bei sehr hohem

Erregungsniveau, wenn sie bereits mit maximaler Geschwindigkeit feuern, die Signalabgabe auch bei zunehmendem Input nicht noch weiter steigern. Im gesamten Bereich dazwischen aber folgt der Impulsausgang einer logistischen oder sigmoiden (S-förmig ansteigenden) Kurve, deren Steigung die Signalausbeute angibt (Bild 9).

Daß die Signalausbeute mit der Erregung zunimmt, ist eine besonders bemerkenswerte Entdeckung. Bei den meisten Nervennetzmodellen schreibt man ihr nämlich in ruhenden Neuronen den höchsten Wert zu; durch Hemmung wie auch Erregung soll sie sich verringern, damit die Stabilität des Netzes stets gewahrt bleibt. Diese Annahme wird jedoch der Situation im Gehirn nicht gerecht, weil sie den Nervennetzen keine Möglichkeit zu solch explosiven Veränderungen gibt, wie sie im Riechkolben und im Riechhirn in Form der Salven tatsächlich auftreten.

Insgesamt ergibt sich also folgendes Bild. Nur wenige Rezeptoren leiten die Geruchsinformation eines Duftstoffs an eine noch kleinere Zahl von Zellen im Riechkolben weiter. Handelt es sich um einen bekannten Geruch und ist der Bulbus durch Wachsamkeit entsprechend sensibilisiert, dann breitet sich die Information erst einmal blitzartig über den Nervenzellverband aus. Dabei greift die in einem Teil des Verbands eingehende Erregung über die Hebb-Synapsen zunächst auf andere Assembly-Bereiche über. Anschließend wirken diese Bereiche auf den ersten erregend zurück, erhöhen dabei dessen Signalausbeute, und so weiter. Dadurch schaukelt sich die eintreffende Erregung sehr schnell zu einem Schwall kollektiver Aktivität im gesamten Verband auf. Die Aktivität des Verbands erfaßt dann ihrerseits den gesamten Bulbus und zündet auf diese Weise eine vollentwickelte Salve.

Daraufhin schickt der Riechkolben über parallel verlaufende Axone gleichzeitig eine Art gemeinsames Votum an den Riechcortex. Der muß es dann von der Hintergrundaktivität aus weiterer Reizen unterscheiden, die fortwährend aus dem Riechkolben und anderen Hirngebieten eintreffen. Wiederum erhebt sich die Frage, wie das gelingt.

Zweifellos hängt die Antwort mit der Verschaltung von Bulbus und Riechcortex zusammen (Bild 3). Die vom Riechkolben erzeugten Impulsketten laufen gleichzeitig über parallele Axone zum Cortex. Jedes Axon ist vielfach verzweigt und überträgt Impulse auf viele tausend Neuronen überall im Riechcortex. Umgekehrt laufen bei jedem Zielneuron Signale von Tausenden von Bulbus-Zellen ein.

Die synchronisierte Trägeraktivität der einlaufenden Impulsketten hebt sich vermutlich deshalb aus dem allgemeinen Signalgewirr heraus, weil sich die koordinierten Signale aufsummieren. Nicht-synchronisierte Eingangssignale, die nicht mit der Trägerfrequenz und -phase übereinstimmen, löschen sich dagegen weitgehend aus. Jedes Empfänger-Neuron in der Riechrinde nimmt daher einen Teil des gemeinschaftlichen Riechkolben-Signals auf und leitet die summierten Signale simultan an Tausende von Nachbarzellen weiter.

Als Reaktion darauf erzeugen die hochgradig vernetzten Rindenneuronen, die ihrerseits Nervenzellverbände gebildet haben, spontan eigene kollektive Salven. Die zugehörige Trägerwelle und das räumliche Amplitudenmuster unterscheiden sich allerdings von denen im Bulbus. Im Grunde wirkt der Umweg über den Riechkolben wie ein Filter:

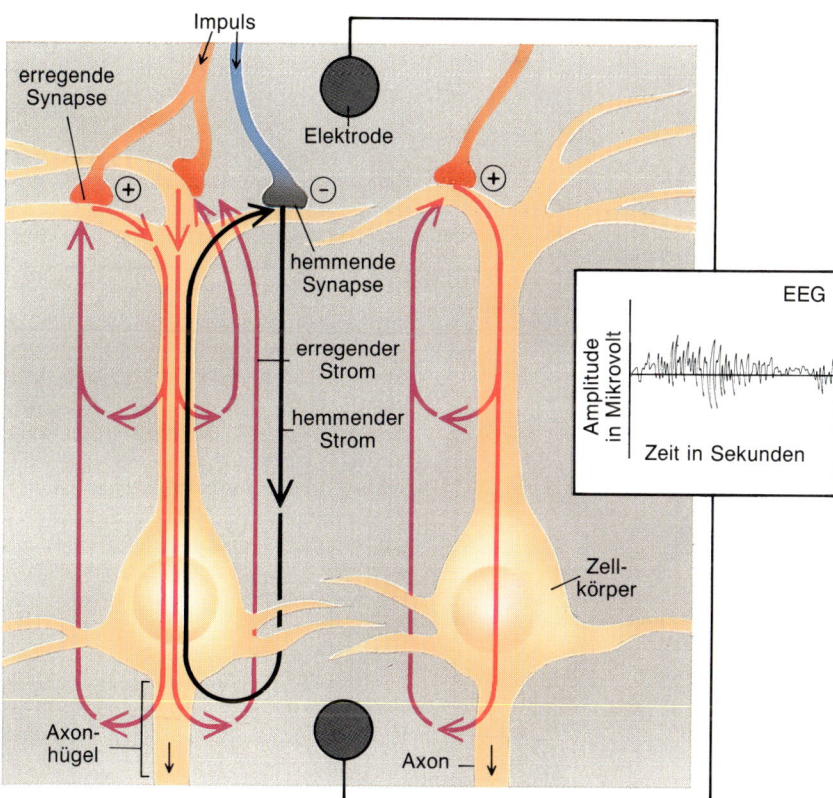

Bild 4: In EEG-Wellen spiegelt sich die durchschnittliche Erregung einer Gruppe von Nervenzellen wider. Erregende Signale, die an einer Synapse eintreffen, erzeugen elektrische Ströme. Diese fließen innerhalb der Empfängerzelle die Dendriten entlang in Richtung Axon, durch die Zellmembran in den Extrazellulärraum und wieder zurück zur Synapse (rote Pfeile). Die von hemmenden Eingangssignalen erzeugten Ströme kreisen dagegen in umgekehrter Richtung (schwarze Pfeile). Am Axonhügel summiert die Zelle die Stromstärken (genauer: die dazu proportionalen Änderungen der an der Membran anliegenden Spannung) und schickt, wenn die Summe einen bestimmten Grenzwert übersteigt, Impulse das Axon entlang. Mit Elektroden auf der Hirnoberfläche lassen sich die dendritischen Ströme messen, nachdem sie die Zellen verlassen haben. Das auf diese Weise erhaltene EEG zeigt die Erregung ganzer Zellgruppen und nicht von Einzelzellen an, weil durch den Extrazellulärraum, von dem das EEG abgeleitet wird, die Ströme Tausender von Zellen fließen.

Dabei wird das Rauschen in den Rezeptorsignalen eliminiert und nur die ihnen gemeinsame, quasi geläuterte Botschaft an die Riechrinde weitergegeben. Genau wie eine Salve im Bulbus sicherstellt, daß eine einheitliche Botschaft den Cortex erreicht, sorgt vermutlich auch die übergreifende Salve im Cortex dafür, daß sich dessen Botschaft vom allgemeinen Signalgewirr abhebt, wenn sie in andere Hirnabschnitte gelangt.

Das Chaos kommt ins Spiel

Viele Gründe sprechen für unsere bereits zu Anfang geäußerte Auffassung, daß die Hirnaktivität während der Sal-

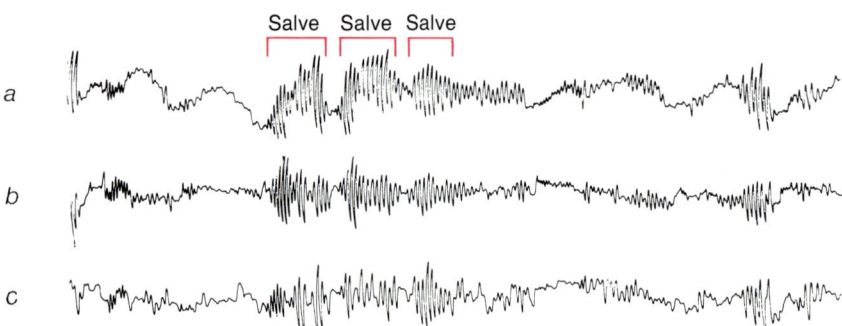

Bild 5: EEG-Kurven, die gleichzeitig aus dem Riechkolben (*a*), sowie dem vorderen (*b*) und hinteren Abschnitt (*c*) des Riechcortex der Katze abgeleitet wurden, zeigen flache, niederfrequente Wellen, die von „Salven" (*bursts*) unterbrochen sind: starken, raschen Ausschlägen mit Amplituden von ungefähr 100 Mikrovolt. Derartige Salven entstehen beim Wahrnehmen von Gerüchen in der kurzen Zeitspanne zwischen Ein- und Ausatmen und dauern jeweils lediglich wenige Sekundenbruchteile.

ven und in den Zwischenphasen nicht rein zufällig, sondern chaotisch sei. Bevor ich jedoch auf diese Gründe näher eingehe, möchte ich genauer erklären, was Chaos bedeutet.

Auf die Gefahr hin, zu stark zu vereinfachen, verdeutliche ich den Unterschied zwischen Chaos (im Sinne der modernen mathematisch-physikalischen Chaostheorie) und völliger Unordnung gerne anhand des Vergleichs zwischen dem Gewimmel von Berufspendlern auf einem Bahnhof zur Stoßzeit und einer großen, in Panik geratenen Menschenmenge. Einem Beobachter, der noch nie einen Bahnhof betreten hat, mag es erscheinen, als würden die Menschen dort ziellos durcheinanderrennen. Das Verhalten der Pendler ist jedoch insofern

nur chaotisch statt völlig regellos, als sich unter der verwirrend komplexen Oberfläche durchaus eine Ordnung verbirgt: Jeder Pendler hastet zu einem ganz bestimmten Zug. Dabei ließen sich die Pendlerströme ganz einfach umlenken, indem man über Lautsprecher einen Gleiswechsel ankündigte. Demgegenüber ist die Massenpanik ein Zufallsprozeß: Die verstörte Menschenmenge würde einer Ansage keinesfalls gemeinschaftlich Folge leisten.

Einer der überzeugendsten frühen Hinweise auf Chaos im Gehirn war die Beobachtung, daß eine aperiodische (sich nicht wiederholende) Trägerwelle überall im Riechkolben auftritt. Diese erscheint nicht nur in den Ausbruchsphasen, sondern auch dazwischen – und zwar selbst dann, wenn es außerhalb des Bulbus überhaupt keinen Reiz gibt, der die kollektive Aktivität auslösen könnte. Aktivität ohne externen Auslöser aber muß vom Riechkolben selbst hervorgebracht sein. Diese Fähigkeit zur Selbstorganisation ist ein typisches Merkmal chaotischer Systeme (siehe „Chaos" von James B. Crutchfield, J. Doyne Farmer, Norman H. Packard und Robert S. Shaw, Spektrum der Wissenschaft, Februar 1987).

Ein weiterer Hinweis auf Chaos war, daß die Nervenzellkollektive in Bulbus und Cortex augenscheinlich fähig sind, fast übergangslos und in ihrer Gesamtheit in den Ausbruchszustand hinein- und wieder zurückzuspringen. Plötzliche Zustandsänderungen bezeichnen Physiker als Phasenübergänge, während Mathematiker von Bifurkationen sprechen, wenn sich ein Attraktor eines rückgekoppelten Systems (den man physikalisch mit einem Zustand gleichsetzen kann) unvermittelt aufspaltet. Doch unabhängig von der Benennung sind dramatische Änderungen als Reaktion auf schwache Auslöser jedenfalls ein weiteres Kennzeichen chaotischer Systeme.

Noch mehr Hinweise auf Chaos ergaben sich, als wir für das Riechsystem als Ganzes – Bulbus, Cortex und die Verbindungen dazwischen sowie die zugehörigen sensorischen Eingänge – Computermodelle entwickelten. Wir simulierten seine Gesamtaktivität, indem wir Systeme gewöhnlicher Differentialgleichungen lösten, welche die Dynamik abgegrenzter Gruppen von Neuronen beschreiben.

Zuerst wiesen wir nach, daß das Modell das Verhalten des Riechsystems tatsächlich exakt reproduzierte. So löste schon ein einziger Impuls als Eingabe (was der Reizung weniger Geruchsrezeptoren entspricht) in dem künstlichen

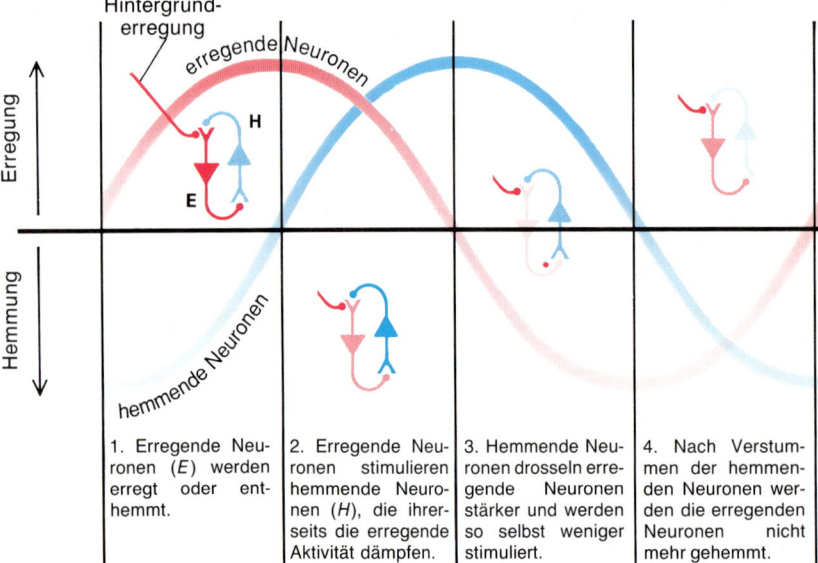

1. Erregende Neuronen (*E*) werden erregt oder enthemmt.

2. Erregende Neuronen stimulieren hemmende Neuronen (*H*), die ihrerseits die erregende Aktivität dämpfen.

3. Hemmende Neuronen drosseln erregende Neuronen stärker und werden so selbst weniger stimuliert.

4. Nach Verstummen der hemmenden Neuronen werden die erregenden Neuronen nicht mehr gehemmt.

Bild 6: Die Amplituden von EEG-Kurven schwanken auf Grund von negativen Rückkopplungen zwischen Gruppen erregender und hemmender Nervenzellen. Im sensibilisierten Zustand können die Neuronen einer solchen Gruppe auch auf schwache Signale mit einer Salve starker Oszillationen reagieren. In den Diagrammen sind die vier Stadien eines Rückkopplungszyklus dargestellt. Dunkle Färbung bedeutet starke, helle dagegen schwache Aktivität der entsprechenden Gruppe von Nervenzellen.

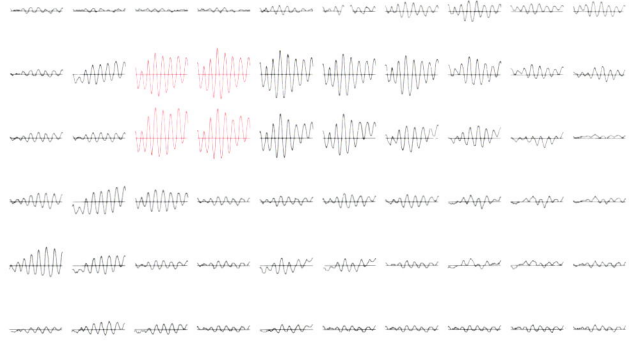 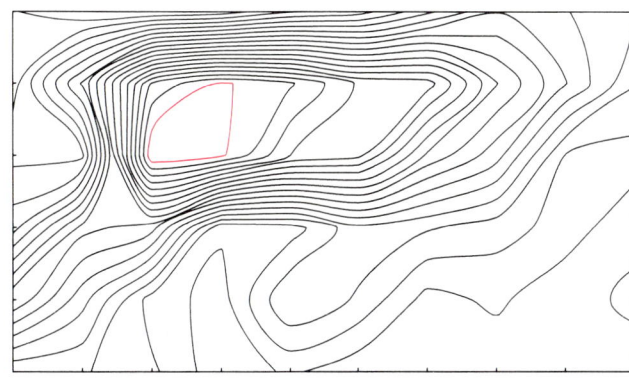

Bild 7: In den 60 Spuren eines EEGs von der Riechrinde eines Kaninchens, das gerade einen Geruch erkennt, zeigt sich eine nahezu identische gemeinsame Trägerwelle, die nur in der Gesamt-Amplitude variiert (links). Ihre Form gibt über die Art des Geruchs allerdings keinen Aufschluß. Diese Information steckt im räumlichen Amplitudenmuster der gesamten Cortexoberfläche, das sich – ähnlich wie die Topographie einer Gegend auf Landkarten – als Höhenprofil darstellen läßt (rechts). Die farbige Linie verbindet die höchsten Amplitudenwerte miteinander; die darauffolgenden Linien entsprechen zunehmend kleineren Amplituden.

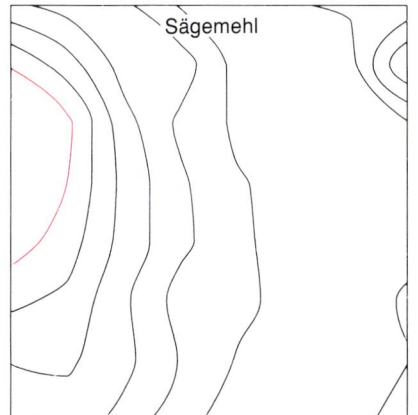  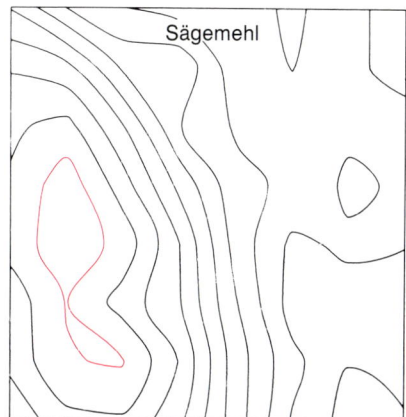

Bild 8: Das Höhenliniendiagramm eines Geruchs ändert sich beim Konditionieren auf einen neuen Geruch. Nachdem einem Kaninchen beigebracht worden war, den Geruch von Sägemehl mit der Erwartung zu verbinden, daß es einen Leckerbissen erhält, zeigte das Riechkolben-EEG beim Wahrnehmen dieses Geruchs reproduzierbar ein bestimmtes Amplitudenprofil (links). Anschließend wurde das Tier auf den Geruch von Bananen konditioniert, wobei es dafür ein eigenes Amplitudenprofil im Riechkolben entwickelte (Mitte). Brachte man es nun erneut in Kontakt mit Sägemehl, ergab sich für diesen altvertrauten Geruch ein verändertes Konturdiagramm (rechts). Dies zeigt, daß die Aktivität des Bulbus weniger durch den Reiz selbst als durch die Erfahrung des Tiers in Verbindung damit bestimmt ist; sonst nämlich hätte der Geruch von Sägemehl immer das gleiche Höhenliniendiagramm ergeben.

System eine dauerhafte Aktivität aus – ganz ähnlich derjenigen, die sich in aperiodischen Bulbus-EEGs widerspiegelt. Nachdem wir das Modell gleichsam darauf trainiert hatten, bestimmte Eingangssignale – äquivalent zu Duftstoffen im natürlichen System – zu erkennen, reagierte der simulierte Riechkolben auf diese Signale mit Aktivitätsausbrüchen. Dabei ergaben die Amplituden der den Salven gemeinsamen Trägerwellen reproduzierbare, charakteristische Konturdiagramme.

Doch die Übereinstimmung mit der Wirklichkeit ging noch weiter. Wenn wir das Wahrnehmungsrepertoire unseres simulierten Wesens um ein neues Duftstoff-Äquivalent ergänzten, erzeugte es ein globales Amplitudenprofil, an dem dieses eindeutig erkennbar war. Gleichzeitig änderten sich – ganz wie man es von einem echten assoziativen

Gedächtnis erwarten würde – die Konturdiagramme der anderen, bereits bekannten Duftstoffe. Das gleiche hatten wir ja auch bei Versuchstieren beobachtet, wenn wir sie auf neue Stimuli konditionierten.

EEGs von einem simulierten Riechsystem

Dieses Computer-Riechsystem lieferte nun weitere Anzeichen für die Existenz von Chaos. Sie ergaben sich, als wir das Modell so weit gebracht hatten, künstliche EEGs von ausgedehnten Aktivitätsphasen mit einer Reihe von Salven und den ruhigen Intervallen dazwischen zu erzeugen. Diese simulierten EEGs dauerten länger als die echten. Daher konnten wir sogenannte Phasenporträts des zu erwartenden Verhaltens

des Riechsystems erstellen, und zwar sowohl während der Salven als auch in den Phasen dazwischen.

Solche Porträts zeigen dem Eingeweihten auf einen Blick, ob die Aktivitäten chaotisch sind oder nicht. Wie man sie erhält und warum sie die globale Aktivität des Riechsystems getreu widerspiegeln, ist zu kompliziert, um es hier im einzelnen zu erläutern. Für Leser, die sich damit auskennen, möchte ich trotzdem unser Vorgehen skizzieren.

Wir stellten die Porträts in einem dreidimensionalen Gitter dar und gaben die vierte Dimension durch ein Farbspektrum wieder. Jede der drei Achsen repräsentierte dabei die EEG-Amplitude an irgendeinem Ort des Riechsystems, etwa im Bulbus oder in einem Abschnitt der Riechrinde, und das Farbspektrum verschlüsselte die Höhe der EEG-Wellen aus einem vierten Teilbereich; blau stand dabei für eine niedrige und rot für eine hohe Amplitude.

Vier simultan gemessene Amplitudenwerte bildeten also die Raumkoordinaten und die Farbe des zuerst eingetragenen Punktes. Die an den gleichen Stellen eine tausendstel Sekunde später gemessenen Amplitudenwerte ergaben den zweiten Punkt. Beide Punkte verbanden wir durch eine Linie in der Farbe des ersten Punktes. Anschließend trugen wir den dritten Punkt ein und so weiter. Das so erhaltene Bild drehten wir schließlich im Raum, um den aufschlußreichsten Blickwinkel herauszufinden.

Diese Darstellungen erinnern an lose gewickelte Drahtschleifen in verschiedenen Formen und Farben (Bild 1). Genau das aber ist ein Hinweis auf das Wirken von Chaos. Wäre das Verhalten des simulierten Riechsystems rein vom Zufall bestimmt, würden sich keine zusammenhängenden Figuren ergeben, sondern nur wahllos verstreute Punkte, wie Schnee auf einem Fernsehschirm nach Sendeschluß. Verhielte sich das System andererseits völlig vorhersagbar, hätten wir einfachere Formen erhalten, die vielleicht einer Spirale, einem gefalteten Kreis oder einem Torus (Reifen) ähnelten.

Die von uns entdeckten Formen verkörpern sogenannte chaotische Attraktoren. Jeder Attraktor entspricht dem Verhalten des Systems unter dem Einfluß eines bestimmten Eingangssignals, etwa eines vertrauten Duftstoffs. Die Bilder lassen vermuten, was bei einem Wahrnehmungsvorgang geschieht: Das dynamische System springt explosionsartig aus dem Einzugs- oder Sogbereich eines chaotischen Attraktors in den eines anderen. Ein solcher Einzugsbereich ist der Satz von Anfangsbedingungen, aus denen heraus das System ein bestimmtes Verhalten annimmt. Um ein grobes, stark vereinfachtes Bild zu gebrauchen, bildet für einen Ball in einer Schüssel beispielsweise der Schüsselboden einen (allerdings nicht chaotischen) Attraktor und die Schüsselwand dessen Einzugsbereich. Bei unseren Experimenten wäre der Sogbereich eines jeden Attraktors durch jene Rezeptorneuronen definiert, die beim Training aktiviert worden sind und sich zu dem zugehörigen Neuronenverband zusammengeschlossen haben.

Wir glauben, daß in Riechkolben und Riechcortex zahlreiche chaotische Attraktoren vorgebildet sind – einer für jeden Duftstoff, den ein Mensch oder Tier unterscheiden kann. Wann immer ein neuer Geruch irgendwie Bedeutung erlangt, kommt ein weiterer Attraktor hinzu, und alle anderen werden leicht abgewandelt.

Ursache und Bedeutung des Chaos im Gehirn

Die Entdeckung von Chaos beantwortet nicht automatisch auch die Frage nach seinem Ursprung. Wir vermuten, daß im Gehirn dann Chaos entsteht, wenn zwei oder mehr Areale, beispielsweise also Bulbus und Riechcortex, mindestens den folgenden beiden Bedingungen genügen: Sie erregen einander so stark, daß keiner völlig zur Ruhe kommen kann, und sie vermögen sich dennoch nicht auf eine gemeinsame Schwingungsfrequenz einzupendeln. Eine Art Tauziehen zwischen den Teilbereichen würde die Empfindlichkeit und Anfälligkeit des Systems für Störungen erhöhen und damit das Auftreten von Chaos begünstigen. Für die Bedeutung der Wechselwirkung zwischen Riechkolben und -cortex spricht vor allem, daß die Entkopplung beider Hirnabschnitte das Chaos zum Verschwinden bringt – beide Teile werden abnorm stabil und ruhig.

Wie erwähnt, erhöhen auch modulierende Substanzen, die das Gehirn andernorts produziert und in das Riechsystem freisetzt, dessen Empfindlichkeit gegenüber eintreffenden Signalen, indem sie entweder die Bildung der Hebb-Synapsen in Nervenzellverbänden fördern oder die allgemeine Wachsamkeit steigern. Weil also verschiedene Einflüsse einen Zustand hoher Empfindlichkeit aufrechterhalten, genügen selbst schwächste Signale – ein Hauch, ein Flüstern, ein Schimmer –, um grundlegende, kollektive Zustandsänderungen herbeizuführen.

Denkbar wäre, daß Chaos, so wie wir es beobachtet haben, nur eine unvermeidliche Begleiterscheinung der Komplexität des Gehirns mit seiner Unzahl von Verschaltungen ist. Nach unseren Befunden scheint jedoch mehr dahinter zu stecken. Statt Nebenprodukt könnte das kontrollierte Chaos in Wahrheit die entscheidende Eigenschaft sein, die Gehirne von Computern mit künstlicher Intelligenz (oder was man dafür ausgibt) unterscheidet.

Ein denkbarer weitreichender Vorteil eines chaotisch organisierten Gehirns wäre, daß solche Systeme unablässig neue Aktivitätsmuster produzieren. Unseres Erachtens sind derartige Muster von entscheidender Bedeutung für die Bildung neuer Nervenzellverbände. Allgemeiner ausgedrückt: Die Fähigkeit zum Erzeugen von Aktivitätsmustern ist möglicherweise die Grundlage jeglicher Einsicht und befähigt unser Gehirn, immer wieder jene neuen Hypothesen aufzustellen, die für das Lösen eines Problems durch Versuch und Irrtum erforderlich sind.

Auch in anderen Hirnpartien scheint nach unseren Befunden chaotisches Verhalten weit verbreitet. Das beweist zwar noch nicht, daß alle Sinnessysteme wie das Riechsystem funktionierten. Dennoch glauben wir, daß sie es tun.

Immerhin haben wir und andere Wissenschaftler Gamma-Salven von großen Bereichen der Großhirnrinde aufgezeichnet, die am Erkennen von Bildern mitwirken. Wie beim Riechsystem gehen bekannte visuelle Reize mit spezifischen Amplitudenprofilen gemeinsamer Trägerwellen einher. Ich wage zu be-

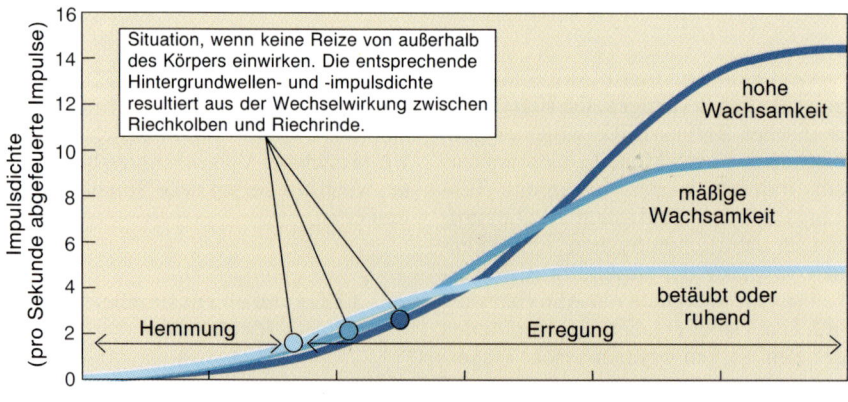

Bild 9: Das Verhältnis zwischen Signaleingang (Wellendichte) und Signalausgang (Impulsdichte) an den Axonhügeln einer Gruppe von Neuronen läßt sich durch S-förmige Sigmoidkurven darstellen. (Die Diagramme gelten nicht für einzelne Nervenzellen.) Die Kurven sind um so steiler, je wachsamer das betreffende Tier ist. Offenbar nimmt also die Empfindlichkeit gegenüber einem eintreffenden Signal, die auch Signalausbeute genannt wird und gleich der lokalen Steigung der Kurve ist, mit der Wachsamkeit zu. Zugleich steigt sie aber auch mit dem Erregungsgrad selbst – also dann, wenn bereits erregte Neuronen (diejenigen an den Kreisen und rechts davon) noch stärker stimuliert werden. Dieser vom Signaleingang abhängige Anstieg der Signalausbeute ist eine Voraussetzung für die Entstehung von Salven.

haupten, daß man bei Menschen, die eines der bekannten mehrdeutigen Kippbilder mit austauschbarem Vorder- und Hintergrund betrachten und dabei bald das eine und bald das andere Objekt wahrnehmen, entsprechend alternierende Amplitudenprofile feststellen wird.

Die Dynamik des Wahrnehmungsprozesses

Langsam beginnt in meinem Kopf eine allgemeine Vorstellung von der Dynamik des Wahrnehmungsprozesses Gestalt anzunehmen (Bild 2 links). Ausgangspunkt aller Wahrnehmung ist das stete Streben des Gehirns, sich Informationen zu beschaffen – hauptsächlich dadurch, daß es seinen Träger anweist, zu schauen, zu hören und zu riechen. Dieses Informationsbedürfnis resultiert aus der selbstorganisierten Aktivität des limbischen Systems (eines Hirnteils, zu dem auch der entorhinale Cortex gehört und von dem man vermutet, daß es am

Erzeugen von Gefühlen und an Gedächtnisprozessen beteiligt ist).

Als Ergebnis dieser Aktivität geht ein Befehl zur Informationsbeschaffung an das motorische System. Anschließend verbreitet das limbische System eine sogenannte Reafferenz-Meldung, die alle Sinnessysteme in Bereitschaft versetzt, auf neue Informationen zu reagieren.

Und das tun sie dann auch, wobei sich jedes Neuron in einer bestimmten Region an einer kollektiven Aktivität – einer Salve – beteiligt. Die synchronen Aktivitäten in den einzelnen sensorischen Systemen werden schließlich zurück ins limbische System übertragen und dort zu einer Gestalt kombiniert. Anschließend wird innerhalb von Sekundenbruchteilen die nächste Informationssuche gestartet und eine entsprechende Reafferenz-Meldung an die Sinnessysteme geschickt.

Vielleicht ist Bewußtsein das subjektive Erleben dieses sich immerzu wiederholenden Vorgangs aus motorischer Aktivierung, Reafferenz und Wahrnehmung. In diesem Falle könnte das Ge-

hirn jeweils auf der Grundlage zurückliegender Handlungen, sensorischer Informationen und ihrer Zusammenfassung zur Wahrnehmung neue Aktionen planen und vorbereiten.

Ein Wahrnehmungsakt besteht also nicht im Kopieren eines eingehenden Sinnesreizes. Er ist vielmehr ein Schritt in einer Entwicklung, die das Gehirn vollzieht, während es seine Fähigkeiten erweitert, sich umgestaltet und in einer Weise in die äußere Welt hineinwirkt, daß sie sich für das Individuum positiv verändert.

Von dem englischen Dichter und Maler William Blake (1757 bis 1827) stammt der Satz: „Wären die Pforten der Wahrnehmung vom Schmutz befreit, alles erschiene dem Menschen so, wie es ist – grenzenlos." Doch wäre dies gar nicht erstrebenswert. Denn ohne die schützenden Pforten der Wahrnehmung – also ohne die selbstkontrollierte chaotische Aktivität der Hirnrinde, aus der Wahrnehmungen entspringen – würde die Grenzenlosigkeit Mensch und Tier schlicht überwältigen.

Das geistige Abbild der Welt

Indem das Gehirn die Einzelattribute der einlaufenden
visuellen Information analysiert und integriert, erschafft es sich ein Bild der Außenwelt.
Seltene Formen der Blindheit verraten, wie sich Störungen oder gar ein Ausfall
bestimmter Cortex-Abschnitte auf die Welt im Kopf auswirken.

Von Semir M. Zeki

Die Erforschung des Sehsystems tangiert unmittelbar die höchst komplizierte philosophische Grundfrage, wodurch und wie präzise wir Erkenntnisse über die Außenwelt gewinnen können. Die visuellen Reize, die das Gehirn in Form von Nervenimpulsen erreichen, stellen keinen eindeutig definierten Code dar, der nur entschlüsselt werden müßte. Zum Beispiel ändert sich die Wellenlänge des Lichts, das von einer Oberfläche reflektiert wird, mit der Beleuchtung, und trotzdem vermag das Gehirn dieser Oberfläche eine gleichbleibende Farbe zuzuordnen. Das Bild, das die gestikulierende Hand eines Redners auf unsere Netzhaut wirft, wandelt sich in jedem Augenblick; dennoch erkennt das Gehirn darin unbeirrt eine Hand. Und es läßt sich in der Regel auch nicht über die wahre Größe eines Gegenstandes täuschen, obwohl dessen Netzhautbild mit zunehmender Entfernung immer kleiner wird.

Die Aufgabe des Gehirns ist es also, aus dem sich immerzu ändernden Datenfluß die konstanten und objektiven Merkmale des betrachteten Gegenstandes herauszufiltern. Wahrnehmung ist untrennbar mit Interpretation verknüpft. Um festzustellen, was es sieht, kann das Gehirn sich nicht damit begnügen, die Netzhautbilder zu analysieren, sondern muß aus sich heraus die visuelle Außenwelt rekonstruieren.

Dazu hat sich ein höchst komplizierter neuraler Mechanismus entwickelt, der so unvorstellbar effizient ist, daß es eines Jahrhunderts Hirnforschung bedurfte, bevor man auch nur eine Ahnung von der Vielzahl seiner Komponenten erhielt. Selbst als die Untersuchung von Hirnleistungsstörungen erste Einblicke in die Eigentümlichkeiten der visuellen Wahrnehmung ermöglichte, verwarfen Neurologen die erstaunlichen Schlußfolgerungen für die Funktion des Sehsystems anfangs als zu unwahrscheinlich.

Das Geheimnis dieser biologischen Maschinerie ist eine komplizierte Arbeitsteilung. Anatomisch zeigt sie sich darin, daß bestimmte Regionen und Teilregionen der Hirnrinde auf einzelne visuelle Funktionen spezialisiert sind; für den Pathologen äußert sie sich in der Unfähigkeit von Patienten, bestimmte Aspekte der visuellen Welt zu erkennen, wenn die dafür zuständigen Cortex-Areale geschädigt sind. Paradoxer-

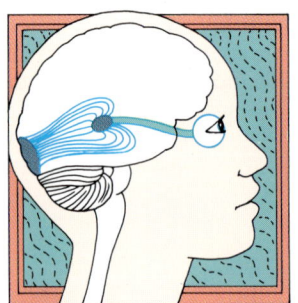

weise bemerken wir normalerweise nichts von dieser Arbeitsteilung und Spezialisierung. Um den visuellen Cortex zu verstehen, müssen wir also herausfinden, wie seine Komponenten zusammenarbeiten, damit sich uns ein einheitliches Bild unserer Umwelt darbietet, das keinerlei Hinweis auf die Funktionsweise der einzelnen Komponenten mehr enthält.

Dieses moderne Konzept des Sehsystems hat sich erst in den letzten zwei Jahrzehnten herauskristallisiert. Seit die Neurologen im späten 19. Jahrhundert das Gehirn systematisch zu erforschen begannen, stellten sie sich seine Arbeitsweise zunächst lange Zeit ganz anders vor. Fälschlich davon ausgehend, daß das von einem Objekt reflektierte oder abgestrahlte Licht einen visuellen Code darstelle, glaubten sie, daß der Gegenstand auf der Netzhaut wie auf einer photographischen Platte abgebildet und dieses Abbild dem visuellen Cortex übermittelt würde, der die codierte Information einfach entschlüssle. In dieser Decodierung bestünde das Sehen. Das Verstehen dessen, was man sah, also die Deutung der empfangenen Eindrücke und das Erkennen von Objekten, dachte man sich als einen davon unabhängigen Vorgang, bei dem das Gehirn das Gesehene mit ähnlichen, früher empfangenen Eindrücken vergliche.

Dieser Sicht der Hirnfunktion, die noch bis Mitte der siebziger Jahre vorherrschte, lag ein bestimmtes philosophisches Weltbild zugrunde, auch wenn ihre Verfechter sich das nie eingestanden. Sehen und Verstehen waren danach getrennte Funktionen, die an verschiedenen Stellen der Hirnrinde stattfinden sollten. Woher diese dualistische Auffassung stammt, ist schwer zu sagen, doch erinnert sie an die Überzeugung Immanuel Kants (1724 bis 1804), daß Wahrnehmen und Verstehen zwei grundverschiedene Fähigkeiten seien, wobei ersteres ei-

Bild 1: Beim Betrachten eines Gemäldes analysieren getrennte Areale der Sehrinde dessen visuelle Attribute wie Farbe, Form und Bewegung. Sehen und Verstehen sind das Produkt synchroner Nervenaktivität in diesen Cortex-Arealen und als solches untrennbar miteinander verbunden. Ohnehin gilt, daß die Welt, wie wir sie wahrnehmen, eine Konstruktion unseres Gehirns ist.

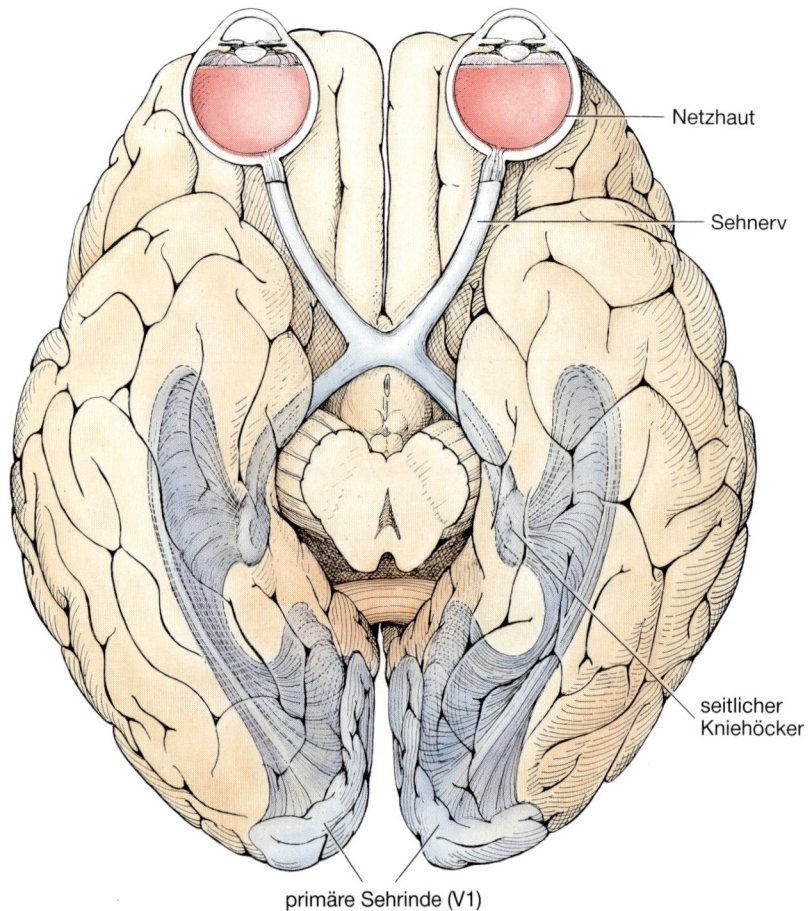

Netzhaut

Sehnerv

seitlicher
Kniehöcker

primäre Sehrinde (V1)

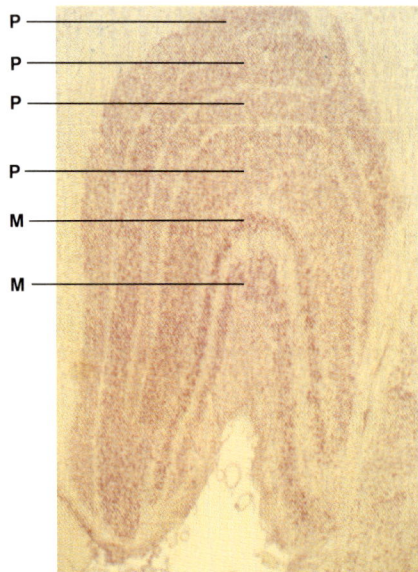

Bild 2: Die anatomische und funktionelle Untergliederung des Sehsystems bildet die physische Grundlage des Sehens. Die meisten Verbindungen zwischen der Netzhaut und der Sehrinde am hinteren Pol des Gehirns verlaufen über den seitlichen Kniehöcker. Im Querschnitt zeigt diese Zwischenhirnstruktur sechs Schichten (oben), von denen zwei aus großen und vier aus kleinen Nervenzellen bestehen und entsprechend als magno- (M) und parvozelluläre Schichten (P) bezeichnet werden. Sie bilden zwei getrennte Informationskanäle.

nen passiven und letzteres einen aktiven Vorgang darstelle.

Die Hirnforscher sahen ihre Hypothese dadurch bestätigt, daß die Netzhaut fast ausschließlich mit einem einzigen Gebiet des Cortex verbunden ist: der primären Sehrinde, auch Streifenfeld (*Area striata*) oder V1 genannt. Bei dieser Verbindung sind sogar weitgehend die topographischen Beziehungen gewahrt: V1 enthält praktisch eine Karte der Netzhaut. Als Schaltstation zwischen beiden liegt im Zwischenhirn der seitliche Kniehöcker (*Corpus geniculatum laterale*), der in sechs Zellschichten gegliedert ist (Bild 2). Die vier oberen enthalten Neuronen mit relativ kleinem Zellkörper, weshalb man sie als parvozelluläre Schichten bezeichnet; die beiden unteren mit ihren größeren Neuronen heißen dagegen magnozelluläre Schichten.

Schon um die Jahrhundertwende äußerte der Neurologe Salomon Eberhard Henschen (1847 bis 1930) von der Universität Uppsala (Schweden) die Vermutung, daß die Funktion der großen Zellen das „Sammeln" von Licht sei, während die kleinen die Farbe des einfallenden Lichts registrierten. Mit diesem grundlegend neuen Gedanken, daß die anatomische Untergliederung funktionell bedeut-

sam sei, nahm er eine wesentliche Erkenntnis der letzten Jahre vorweg.

Insgesamt aber blieb auch Henschen den Vorstellungen seiner Zeit verhaftet. Andere Neurologen hatten damals herausgefunden, daß eine Schädigung in der primären Sehrinde (oder an irgendeinem Punkt der Nervenverbindung zwischen Netzhaut und Sehrinde) absolute Blindheit in einem Bereich des Gesichtsfeldes hervorruft, der in Größe und Ort genau mit der Läsion (oder der Zielregion der lädierten Bahnen) in V1 übereinstimmt. Diese Beobachtung veranlaßte Henschen, die V1-Region als „corticale Netzhaut" zu bezeichnen – als den Ort, an dem das Sehen stattfinde.

Ebenfalls im späten 19. Jahrhundert hatte der deutsche Psychiater Paul Emil Flechsig (1847 bis 1929), seit 1882 Professor an der Universität Leipzig, gezeigt, daß bestimmte Regionen des Cortex – unter ihnen V1 – schon bei der Geburt eine ausgereifte Zellstruktur haben, während die Umgebung von V1 und andere Rindenbereiche sich noch fortentwickeln – so, als reiften sie erst durch den Erwerb von Erfahrungen. Für Flechsig und die meisten seiner Kollegen stand damit fest, daß V1 „die Eintrittspforte der Sehstrahlung in das Organ der

Psyche" sei, während in den umgebenden Regionen, den „Cogitationszentren", höhere „psychische" Funktionen des Sehens residierten. Flechsigs Theorie stützte sich auf ziemlich fragwürdige Befunde, wonach Läsionen in diesem sogenannten visuellen „Assoziationscortex" – anders als solche in V1 – angeblich „Seelenblindheit" hervorriefen; davon Betroffene sollten Objekte zwar sehen, aber nicht mehr erkennen können.

Die funktionelle Spezialisierung der Sehrinde

Überraschenderweise waren es Untersuchungen an diesem visuellen Assoziationscortex, die schließlich das dualistische Konzept der Organisation des Sehsystems erschütterten. In den siebziger Jahren ergaben Studien, die John M. Allman und Jon H. Kaas von der Universität von Wisconsin in Madison an Nachtaffen sowie ich an Makaken durchführten, daß der visuelle Assoziationscortex – inzwischen richtiger als prästriäre Sehrinde bezeichnet – aus mehreren verschiedenen Bereichen besteht, die von V1 durch ein weiteres Areal, V2, getrennt sind (Bild 3). Eine Wende in den Vorstellungen darüber, wie das Gehirn ein visuelles Bild erschafft, brachte kurz darauf der von mir geführte Nachweis, daß diese Areale auf verschiedene Aufgaben spezialisiert sind.

Bei meinen physiologischen Versuchen präsentierte ich Makaken eine Vielzahl von Reizen (Farben, Linien verschiedener Orientierung und Punkte, die sich in alle möglichen Richtungen bewegten) und zeichnete mit Elektroden die Aktivität von Neuronen in der prästriären Sehrinde auf. Dabei stellte sich heraus, daß alle Neuronen in jenem Rindenareal, das als V5 bezeichnet wird, auf Bewegung reagieren – die meisten richtungsspezifisch –, wogegen die Farbe des bewegten Objekts keinerlei Rolle spielt. Demnach ist das Areal V5 offenbar auf die Bewegung eines optischen Reizes spezialisiert. (Die neuroanatomische Terminologie ist nicht immer einheitlich; manche Kollegen benutzen statt V5 die Bezeichnung MT – für mediotemporales Areal.)

Dagegen reagieren, wie sich herausstellte, die allermeisten Neuronen in einem anderen Areal, V4, in gewissem Grade selektiv auf Licht bestimmter Wellenlänge; außerdem sprechen viele von ihnen auch spezifisch auf die für die Formerkennung wichtige Orientierung von Linien an. Formspezifität zeigen auch so gut wie alle Zellen in zwei benachbarten Arealen, V3 und V3A; doch sind sie wie die in V5 größtenteils farbunempfindlich.

Diese Ergebnisse generalisierte ich in den frühen siebziger Jahren zum Konzept der funktionellen Spezialisierung in der Sehrinde, wonach Farbe, Form, Bewegung und möglicherweise noch andere Merkmale visueller Reize getrennt

verarbeitet werden. Da der Input der spezialisierten Areale überwiegend aus V1 kommt, folgte zwangsläufig, daß auch V1 eine spezifische Funktion hat – und ebenso V2, das seine Signale aus V1 erhält und mit denselben spezialisierten Arealen verbunden ist. Die beiden Regionen müssen wie eine Art Postamt die verschiedenen Signale auf die richtigen Areale verteilen.

Dieses Konzept wurde in den letzten Jahren durch neue Methoden der Gewebefärbung in Kombination mit physiologischen Untersuchungen eindrucksvoll bestätigt. Ferner gelang es mit diesen Verfahren, die Leitungsbahnen von V1 zu allen Arealen der prästriären Sehrinde zu verfolgen.

Mit der Positronen-Emissions-Tomographie (PET) können die Neurophysiologen neuerdings die erhöhte Durchblutung kleiner Cortex-Abschnitte beim Ausführen bestimmter Aufgaben messen. Zusammen mit meinen Kollegen am Hammersmith-Hospital in London habe ich diese zunächst an Affen erprobte Methode auch auf das menschliche Gehirn angewandt (Bild 4). Wir stellten fest, daß bei normalsichtigen Menschen, die ein Bild aus farbigen, rechteckigen Flächen nach Art der Gemälde des niederländischen Malers Piet Mondrian (1872 bis 1944) betrachten (vergleiche Bild 1), die Durchblutung am stärksten in einer langgestreckten Windung namens *Gyrus fusiformis* steigt. Dieses Gebiet entspricht dem V4-Areal bei Makaken. Zeigt man den Versuchspersonen jedoch ein bewegtes schwarzweißes Schachbrettmuster, wird ein weiter seitlich gelegenes, deutlich von V4 getrenntes Areal am stärksten durchblutet, das wir entsprechend human-V5 genannt haben.

Vier Verarbeitungssysteme

Dieser Nachweis einer getrennten Verarbeitung von Bewegung und Farbe macht klar, daß auch in der menschlichen Sehrinde die einzelnen Areale spezielle Funktionen haben. Interessant ist, daß beide Arten der Stimulierung zugleich in V1 (und möglicherweise im benachbarten V2) die Durchblutung steigen lassen. Wie beim Affengehirn müssen diese Felder also an der Verteilung der Signale auf die verschiedenen Areale der prästriären Sehrinde beteiligt sein.

Ihre strukturelle und funktionelle Organisation liefert dabei den Schlüssel zum Verteilungsmechanismus (Bild 5). Areal V1 enthält ohnehin ungewöhnlich viele Zellschichten (daher auch die Bezeichnung Streifenfeld), doch macht eine Färbetechnik, die erstmals Margaret Wong-Riley vom Medizinischen College von Wisconsin in Milwaukee angewandt hat, eine zusätzliche Untergliederung sichtbar. Gewisse Zellorganellen, die Mitochondrien, enthalten ein Enzym namens Cytochrom-Oxidase, das für die Energiegewinnung der Zelle nötig ist. Färbt man nun einen Cortex-Abschnitt mit einer Substanz, die spezifisch auf dieses Enzym reagiert, lassen sich die Zellen mit der höchsten Stoffwechselaktivität identifizieren.

Dabei zeigen sich charakteristische Zellsäulen, die von der Oberfläche der grauen Hirnrinde bis zur weißen Substanz – den darunterliegenden Nervenfasern – verlaufen. Auf einem Schnitt parallel zur Oberfläche erscheinen sie als stark angefärbte Flecken, die nach dem entsprechenden englischen Wort als Blobs bezeichnet werden; dazwischen liegen weniger stark gefärbte Interblob-

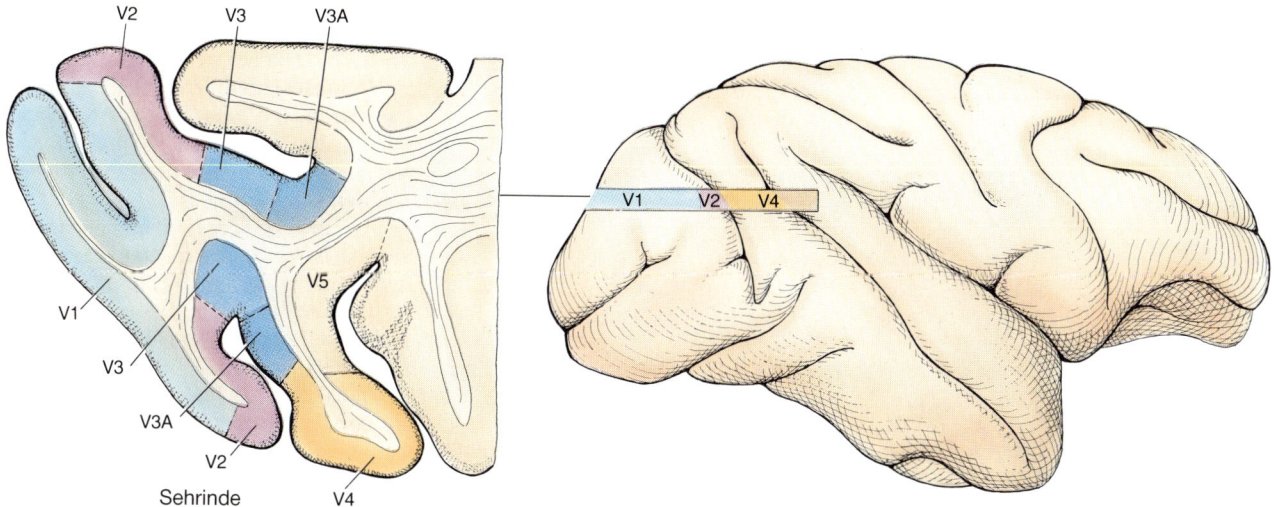

Bild 3: Die Sehrinde von Makaken ist gut erforscht. Auf einem Querschnitt (links) durch das Affengehirn (rechts) längs der an- gezeigten Ebene sind ein Teil der primären Sehrinde (V1) und einige Areale im prästriären visuellen Cortex (V2 bis V5) markiert.

Regionen. Margaret S. Livingstone und David H. Hubel von der Medizinischen Fakultät der Harvard-Universität in Cambridge (Massachusetts) haben herausgefunden, daß in den Blobs von V1 farb- und in den Interblob-Regionen formspezifische Zellen konzentriert sind.

Besonders stark ausgeprägt sind die Zellsäulen in der zweiten und dritten Schicht von V1, deren Input von den parvozellulären Schichten des seitlichen Kniehöckers stammt. Die Zellen in diesen Kniehöcker-Schichten reagieren mit einer hohen, lange anhaltenden Aktivität auf visuelle Reize und sind großenteils farbempfindlich.

Dagegen erhält die Schicht 4B von V1 ihren Input aus den magnozellulären Schichten des seitlichen Kniehöckers, deren Zellen nur mit einer kurzen Aktivität auf Reize reagieren und größtenteils nicht farbempfindlich sind. Die Axone (Nervenfasern) aus Schicht 4B ziehen zu den Arealen V5 und V3. Dabei liegen die mit V5 verbundenen Zellen jeweils in kleinen Gruppen zusammen, die von Zellen mit anderen Zielarealen getrennt sind. Insgesamt also deutet der Aufbau der Schicht 4B von V1 darauf hin, daß bestimmte Teile davon auf die Wahrnehmung von Bewegung spezialisiert und räumlich von Bereichen getrennt sind,

die mit anderen visuellen Attributen zu tun haben.

Wie V1 ist auch V2 hinsichtlich der Stoffwechselaktivität gegliedert. Hier besteht das Anfärbemuster jedoch aus dicken und dünnen Streifen, die durch blassere Zwischenbereiche getrennt sind. Untersuchungen von Edgar A. DeYoe und David C. Van Essen vom California Institute of Technology in Pasadena sowie von Stewart Shipp vom University College in London und mir haben gezeigt, daß in den dünnen Streifen farbempfindliche Zellen konzentriert sind, in den dicken dagegen solche, die auf gerichtete Bewegung reagieren. Formspezifische Zellen findet man sowohl in den dicken als auch in den blassen Streifen.

Demnach enthalten V1 und V2 gewissermaßen Sortierfächer, in denen die verschiedenen Signale zusammenlaufen, bevor sie an die spezialisierten visuellen Areale weitergeleitet werden. Die Zellen in diesen Sortierfächern haben kleine rezeptive Felder, was bedeutet, daß sie ausschließlich auf Reize aus einem eng begrenzten Bereich der Netzhaut reagieren; und auch von diesen Reizen registrieren sie jeweils nur einen einzigen Aspekt. Es scheint also, als würde in V1 und V2 stückweise das gesamte Gesichtsfeld analysiert.

Nach diesen Befunden sind vier parallel arbeitende Systeme für verschiedene Attribute des visuellen Reizes zuständig – eines für Bewegung, eines für Farbe und zwei für die Form (Bild 5). Hinsichtlich der rechnerischen Auswertung dürften sich das Bewegungs- und das Farbsystem am meisten unterscheiden. Die zentrale Verarbeitungsstelle für das Bewegungssystem ist Areal V5; die zugehörigen Signale laufen von der Netzhaut über die magnozellulären Schichten des seitlichen Kniehöckers zu Schicht 4B von V1 und von dort entweder direkt oder über die dicken Streifen von V2 nach V5. Dagegen gelangt der Input des in V4 lokalisierten Farbsystems über die parvozellulären Schichten des Kniehökkers zu den Blobs von V1 und erreicht von dort direkt oder über die dünnen Streifen von V2 sein Ziel.

Von den beiden Formerkennungssystemen ist eines eng mit der Farbwahrnehmung verbunden und das andere völlig farbunempfindlich. Ersteres residiert in V4 und erhält seinen Input über die parvozellulären Schichten des seitlichen Kniehöckers, die Interblob-Region von V1 und die blassen Streifen von V2. Das zweite ist in V3 lokalisiert und mehr auf dynamische Formerkennung, das heißt die Identifizierung bewegter Objekte, spezialisiert. Sein Input läuft über die magnozellulären Schichten des seitli-

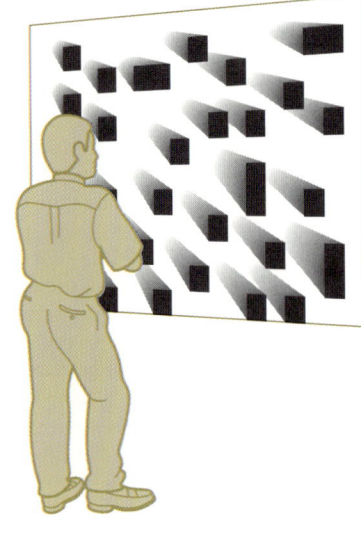

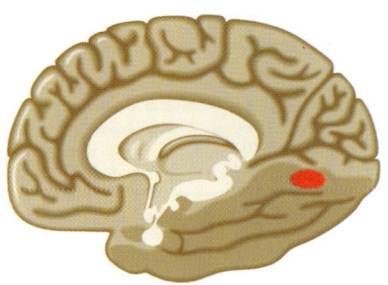
V4 aktiv (Scheitelschnitt)

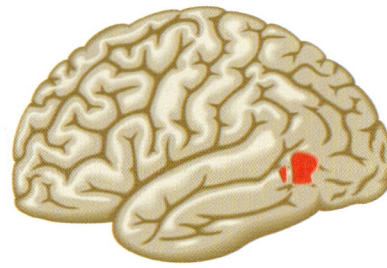
V5 aktiv (Seitenansicht)

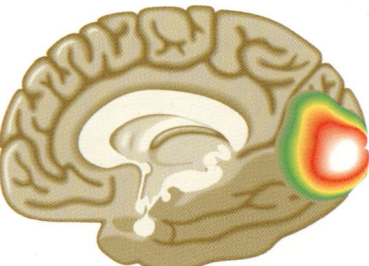
V1 und V2 aktiv (Scheitelschnitt)

Bild 4: Verschiedene Bilder stimulieren, wie man durch Messen der lokalen Durchblutung feststellen kann, jeweils andere Regionen der Sehrinde. Ein buntes Gemälde im Stil des Malers Piet Mondrian (1872 bis 1944) löst eine starke Aktivität im Areal V4 aus. Ein bewegtes Schwarzweißbild dagegen erregt Areal V5. Beide Arten von Reizen aktivieren auch die Areale V1 und V2, deren Funktion weniger spezifisch ist und beispielsweise im Verteilen der Signale auf andere Cortex-Regionen besteht.

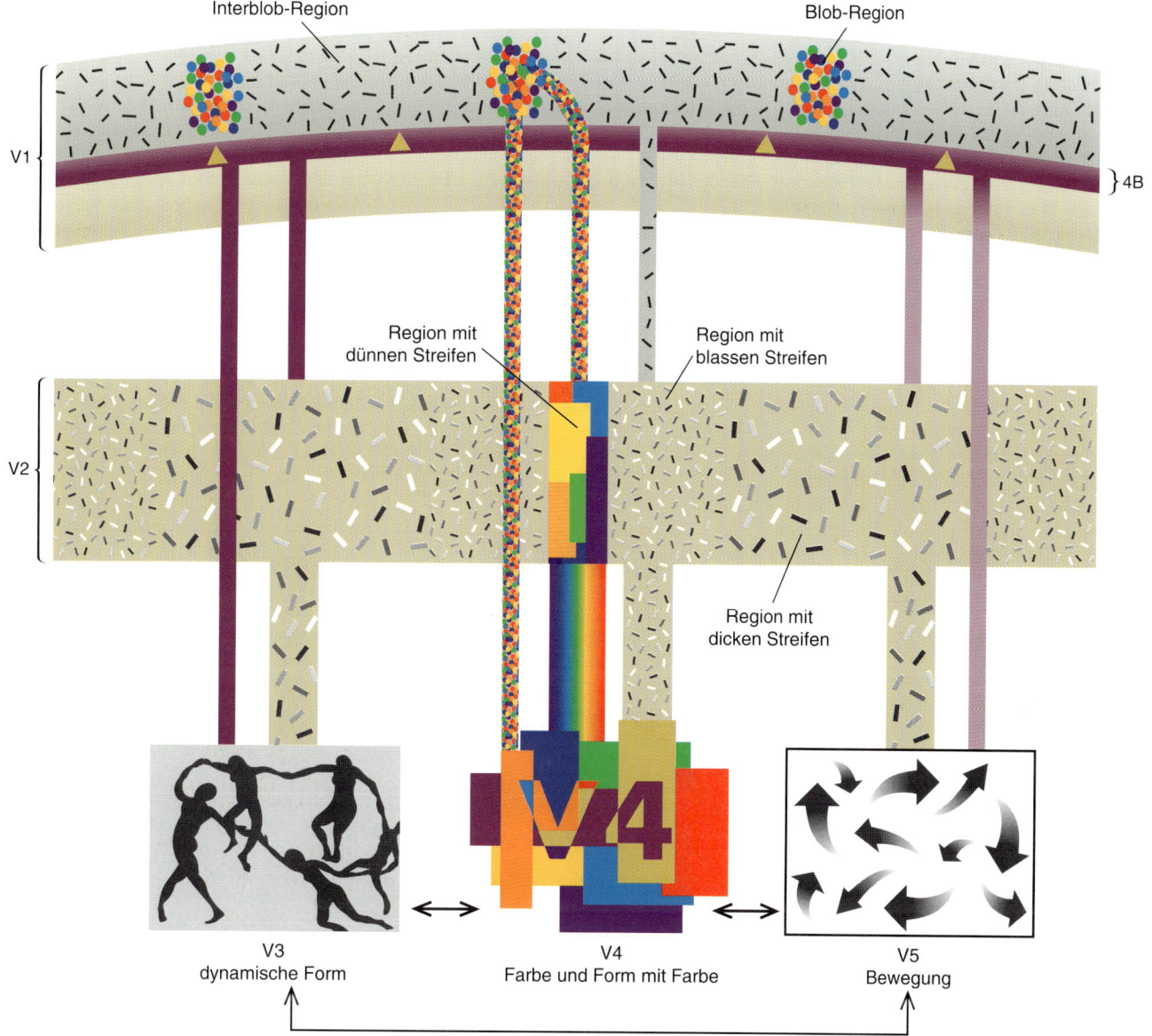

Interblob-Region

Blob-Region

V1

4B

Region mit
dünnen Streifen

Region mit
blassen Streifen

Region mit
dicken Streifen

V2

V3
dynamische Form

V4
Farbe und Form mit Farbe

V5
Bewegung

Bild 5: Vier getrennte Nervenbahnen für die Signalübermittlung in der Sehrinde wurden bisher identifiziert. Farbe wird wahrgenommen, wenn farbspezifische Zellen in den sogenannten Blobs von V1 Signale an V4 und die dünnen Streifen von V2 senden, die ihrerseits mit V4 verbunden sind. Der Wahrnehmung von Form zusammen mit Farbe dient die Verbindung von den Interblob-Regionen in V1 über die blassen Streifen in V2 zum Areal V4. Zellen in Schicht 4B von V1 senden direkt sowie über die dicken Streifen von V2 Signale an die Areale V3 und V5; dort wird die visuelle Information auf Bewegung und bewegte Formen analysiert.

chen Kniehöckers zu Schicht 4B von V1 und wird von dort direkt oder über die dicken Streifen von V2 nach V3 geleitet.

Obwohl diese vier Systeme klar voneinander abgrenzbar sind, läßt die Anatomie der Areale V1 und V2 viele Möglichkeiten der Kommunikation zwischen den verschiedenen Sortierfächern offen. Außerdem bestehen zwischen den spezialisierten visuellen Arealen direkte Verbindungen, die den Austausch von Informationen zulassen. So vermischen sich die Signale der parvozellulären und magnozellulären Schichten teilweise, wovon die prästriären visuellen Areale bei der Ausübung ihrer Funktion auf verschiedene Weise Gebrauch machen.

Aufschlußreiche Formen
von Blindheit

Diese bemerkenswerte Aufteilung in verschiedene Funktionskreise spiegelt sich auch in den Ausfallserscheinungen bei gewissen Erkrankungen oder Verletzungen der Sehrinde wider. Läsionen in bestimmten Arealen verursachen spezifische Sehbehinderungen, die – auch wenn sie nicht mit völliger Erblindung zu vergleichen sind – schwer genug sein können, die Betroffenen in Depression und Verzweiflung zu stürzen. So hat eine Läsion im Areal V4 völlige Farbenblindheit (Achromatopsie) zur Folge: Die Patienten nehmen nur noch Grautöne wahr.

Anders als bei gewöhnlicher Farbenblindheit, bei der das Farbenspektrum lediglich mehr oder weniger eingeschränkt ist, können die Betroffenen nicht nur keinerlei Farben sehen und unterscheiden, sondern sich auch keine Farbe mehr vorstellen oder aus der Zeit vor der Erkrankung in Erinnerung rufen. Dagegen nehmen sie Form, Tiefe und Bewegung korrekt wahr, sofern beide Netzhäute und V1-Areale unversehrt geblieben sind.

Ganz ähnlich erzeugt eine Läsion im Areal V5 eine Akinetopsie, bei der die Patienten bewegte Objekte weder sehen noch sich vorstellen können. Sie mögen ein ruhendes Objekt noch gut erkennen – sobald es sich relativ zu ihnen bewegt, verschwindet es für sie. Die anderen Aspekte eines visuellen Reizes nehmen sie hingegen normal wahr.

Da auch Form und Farbe in der Hirnrinde getrennt verarbeitet werden, mag es ein wenig überraschen, daß noch nie von einem kompletten Ausfall ausschließlich des Formsehens berichtet wurde. Das läßt sich zum Teil damit erklären, daß zum Ausschalten beider Formsysteme gleich zwei Areale, nämlich V3 und V4, zerstört werden müßten. Da V3 einen Ring um V1 und V2 bildet, würde eine Läsion, die groß genug wäre, die Areale V3 und V4 komplett auszuschalten, fast mit Sicherheit auch V1 nicht verschonen und daher völlige Blindheit verursachen.

Manche Patienten mit Läsionen in der prästriären Sehrinde leiden unter einer gewissen Beeinträchtigung des Formerkennens, oft verbunden mit Achromatopsie. Diese Menschen können Formen gewöhnlich viel schwerer identifizieren, wenn die Objekte still stehen, als wenn sie in Bewegung sind. Häufig ziehen sie Fernsehen dem Betrachten der realen Welt vor; denn auf dem Bildschirm überwiegen die bewegten Bilder. Um stationäre Objekte besser erkennen zu können, behelfen sie sich oft damit, daß sie den Kopf hin und her drehen. Dies alles weist darauf hin, daß ihnen zur Formwahrnehmung nur noch das dynamische System von V3 zur Verfügung steht.

Die funktionelle Spezialisierung in der Sehrinde äußert sich auch in einem Syndrom, das ich als Chromatopsie (Farbensehen) der Kohlenmonoxidvergiftung bezeichnet habe. Diese Störung wurde vereinzelt, doch insgesamt gar nicht so selten, in der medizinischen Literatur beschrieben, aber nie ernsthaft untersucht, bevor die spezifische Arbeitsteilung im Sehsystem entdeckt war. Menschen, die eine schwere Rauchvergiftung überlebt haben, tragen meist eine diffuse Schädigung des Cortex davon, da das Einatmen von Kohlenmonoxid die Versorgung des Gewebes mit Sauerstoff beeinträchtigt. Oft ist auch die Sehfunktion in jeder Hinsicht schwer gestört – mit einer Ausnahme: Farben werden noch fast oder genau so gut wahrgenommen wie zuvor. Daher versuchen solche Patienten – oft mit wenig Erfolg – alle Gegenstände anhand dieser einzigen visuellen Information zu erkennen, über die sie noch verfügen. So kann es vorkommen, daß sie alle blauen Objekte als „Meer" bezeichnen.

Die genaue Ursache dieses merkwürdigen ausschließlichen Farbensehens ist nicht sicher bekannt. Die stark färbbaren, stoffwechselaktiven Blobs in V1 und die dünnen Streifen in V2 werden jedoch von ungewöhnlich vielen Blutgefäßen versorgt. Da sie wegen dieser starken Durchblutung von einem Sauerstoffmangel weniger betroffen sind, bleiben sie wahrscheinlich weitgehend verschont.

Wenn Blinde sehen

Nachdem wir nun wissen, daß ein totaler Ausfall von V1 die Verarbeitung visueller Informationen gänzlich unterbindet und eine Schädigung der spezialisierten Areale den zugehörigen Aspekt der visuellen Welt dem geistigen Zugriff verschließt, erhebt sich die Frage, was geschähe, wenn Signale vom seitlichen Kniehöcker an V1 vorbei direkt zu den spezialisierten Arealen gelangten. Tatsächlich bietet die Natur selbst dazu Fallbeispiele, und das resultierende Phänomen gewährt weitere wichtige Einsichten in die Funktion der Sehrinde.

Dabei handelt es sich um das sogenannte Blindsehen; es wurde zuerst von Ernst Pöppel und seinen Mitarbeitern an der Ludwig-Maximilians-Universität München beschrieben und später von Lawrence Weiskrantz und etlichen Kollegen an der Universität Oxford eingehend untersucht. Die betroffenen Patienten sind wegen der Zerstörung von Areal V1 völlig blind. Fordert man sie jedoch auf, einfach zu raten, können sie sehr wohl eine Vielzahl visueller Reize auseinanderhalten. Beispielsweise vermögen sie Bewegungen in verschiedenen Richtungen oder Farben zu unterschei-

Wie die Welt bei beschädigter Sehrinde aussieht

Läsionen in bestimmten Bereichen der Hirnrinde können seltsame Formen von Blindheit hervorrufen, bei denen die Patienten nur ein Merkmal der visuellen Welt wie Farbe, Form oder Bewegung nicht mehr wahrnehmen. Zeichnungen, die einige dieser Patienten angefertigt haben, vermitteln einen Einblick in ihre Sicht der Welt und liefern zugleich Informationen über die Funktionsweise der Sehrinde selbst.

Ein Patient, bei dem die Farbkanäle in der Hirnrinde beschädigt waren, konnte keinerlei Farbe mehr wahrnehmen. In seinen Zeichnungen haben Banane, Tomate und Blätter die gleichen Farben.

Dieser Patient hatte von einem Schlaganfall eine Läsion der prästriären Sehrinde davongetragen, die seine Fähigkeit zur Formwahrnehmung beeinträchtigte. Er konnte eine Zeichnung sehr genau kopieren, in den Linien aber nicht die Londoner St.-Pauls-Kathedrale erkennen.

den. Ihre diesbezüglichen Fähigkeiten sind zwar begrenzt und nicht unbedingt zuverlässig, aber sie erzielen bessere Ergebnisse, als durch bloße Zufallstreffer möglich wäre. Dabei ist ihnen allerdings nicht bewußt, daß sie etwas gesehen haben, und oft zeigen sie sich überrascht, daß sie so gut „raten" können.

Grundlage dieses Unterscheidungsvermögens ist, wie Masao Yukie vom Metropolitan-Institut für Neurowissenschaften in Tokio und Wolfgang Fries von der Universität München herausgefunden haben, mit ziemlicher Sicherheit ein kleiner Anteil von Nervenbahnen, die vom seitlichen Kniehöcker direkt zur prästriären Sehrinde ziehen. Möglicherweise spielen allerdings auch noch unentdeckte tiefere – subcorticale – Verbindungen zu den spezialisierten visuellen Arealen eine Rolle. Jedenfalls besteht guter Grund zu der Annahme, daß bei blindsehenden Patienten visuelle Signale die prästriäre Sehrinde erreichen.

Solche Menschen sehen, ohne das Gesehene zu verstehen. Weil es ihnen nicht bewußt wird, nehmen sie es nicht zur Kenntnis. Ihr Sehvermögen, das sich allein unter besonderen Laborbedingungen nachweisen läßt, ist für sie also völlig nutzlos. Demnach kann die Sehrinde nur mit einem funktionsfähigen Areal V1 ihre Aufgabe erfüllen, ein geistiges Abbild der Umwelt zu erschaffen. Die zentrale Rolle von V1 (und entsprechend auch von V2) könnte darauf beruhen, daß dort die Information für die Feinauswertung in den spezialisierten Arealen aufbereitet

wird oder das Resultat dieser Auswertung dorthin zurückgelangt.

Die medizinische Literatur enthält viele Fallbeschreibungen, die erhellen, wie die Vorarbeit von V1 und V2 direkt zur Wahrnehmung beitragen könnte. So wird bei einer bestimmten Läsion in V5 zwar die Richtung oder Koordination von Bewegungen nicht mehr erkannt; doch sind sich die Patienten, wie Robert F. Hess und seine Mitarbeiter an der Universität Cambridge herausgefunden haben, immerhin bewußt, daß eine Bewegung stattfindet – vermutlich, weil Neuronen in V1 und V2 (und möglicherweise noch in anderen Arealen mit magnozellulärem Input) entsprechende Signale abgeben. Ganz ähnlich war es im Falle eines Patienten mit Farbenblindheit we-

Wenn ein achromatopsischer (farbenblinder) Patient ein Bild aus bunten Flächen in der Art eines Gemäldes von Mondrian (links) nach- zeichnete, gab er die Formen getreu wieder, kolorierte die Flächen aber anders als im Original (rechts).

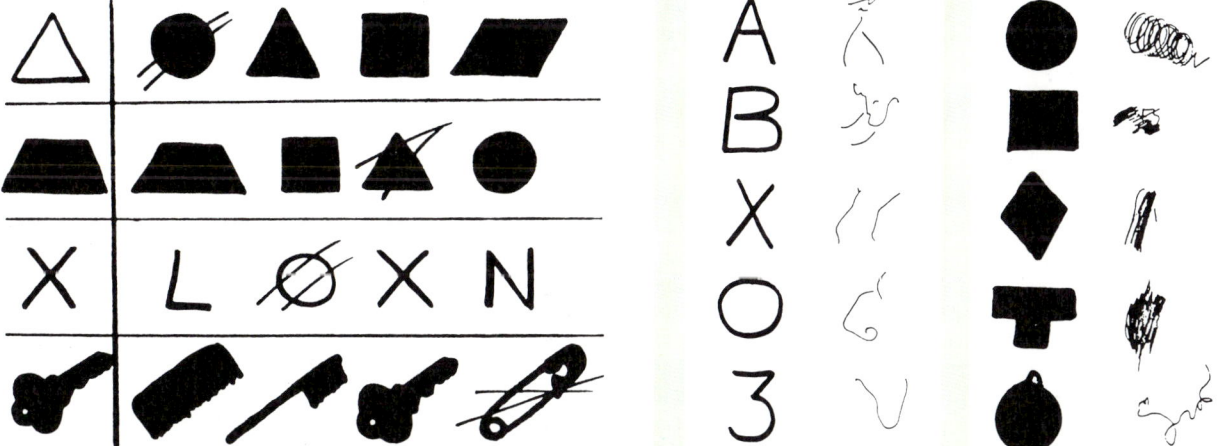

Dieser Patient hatte durch Kohlenmonoxid-Vergiftung einen Hirnschaden erlitten, der seine Fähigkeit zur Formwahrnehmung beeinträchtigte. Links sollte er ankreuzen, welche der vier zur Auswahl stehenden Figuren mit einer vorgegebenen identisch ist. Zu dieser Zuordnung war er offensichtlich nicht mehr imstande. Rechts zeigt sich seine Unfähigkeit, selbst einfache Formen nachzuzeichnen.

gen einer Läsion in V4, den ich und Fries untersucht haben: Er konnte Licht verschiedener Wellenlänge unterscheiden, weil das Areal V1 bei ihm noch größtenteils intakt war, diese Wellenlängeninformation aber nicht mehr als Farbe interpretieren.

Aufschlußreich ist auch ein Vergleich der jeweils noch verbliebenen Fähigkeiten zur Formerkennung bei zwei Patienten mit gleichsam komplementären Cortex-Läsionen (siehe Kasten auf den Seiten 38 und 39). Bei dem einen ist die Hirnrinde durch eine Kohlenmonoxidvergiftung diffus geschädigt und auch das Areal V1 teilweise abgestorben. Er hat allergrößte Schwierigkeiten, selbst einfache Formen wie geometrische Figuren und Buchstaben nachzuzeichnen, weil das formerkennende System von V1 kaum noch funktioniert.

Bei dem anderen Patienten ist durch einen Schlaganfall die prästriäre Sehrinde weitgehend zerstört worden, das Areal V1 aber verschont geblieben. Er vermag zum Beispiel eine Skizze der Londoner St.-Pauls-Kathedrale besser und genauer zu kopieren als die meisten gesunden Menschen – wenngleich er dazu sehr lange braucht. Aber dieser Patient weiß nicht im geringsten, was er gezeichnet hat. Durch die intakte Funktion von V1 kann er die einzelnen Elemente einer Form, wie Winkel und einfache Figuren, erkennen und Linie für Linie kopieren. Die Schädigung der prästriären Sehrinde hindert ihn jedoch daran, die Details zu einem Ganzen zusammenzufügen und es als Darstellung eines Gebäudes zu erkennen. Er sieht und versteht nur mehr das, was die begrenzte Leistungsfähigkeit der noch intakten Systemkomponenten zuläßt.

Die Restfähigkeiten solcher Patienten offenbaren ein wichtiges Organisationsprinzip der Sehrinde: Keines der Sehfelder, auch nicht die als Sortierfächer dienenden Areale V1 und V2, ist eine bloße Relaisstation zur Weiterleitung von Signalen an andere Regionen. Jeder Teil dieses Systems setzt vielmehr die ankommende Information aktiv um und trägt konkret, wenn auch nur bruchstückhaft, zur bewußten Wahrnehmung bei.

Die Integration der Teilaspekte

Wie aber arbeiten die funktionsspezifischen Areale zusammen, damit ein einziges, konsistentes Bild der Umwelt ersteht? Eine naheliegende Idee wäre, daß sie das Ergebnis ihrer Operationen an ein übergeordnetes Areal weiterleiten, das die einlaufenden Informationen dann zu einem Ganzen zusammensetzt. Philoso-

phisch betrachtet, wird das Problem damit aber nicht gelöst, sondern nur verlagert; als nächstes wäre nämlich zu fragen, wer oder was dieses zusammengesetzte Bild betrachtet und wie das geschieht. Davon abgesehen, gibt es nach allem, was wir über die Anatomie des Cortex wissen, kein einzelnes übergeordnetes Zentrum, an das alle vorgeschalteten Areale exklusiv ihre Signale senden könnten. Statt dessen kommunizieren die verschiedenen Areale untereinander, entweder direkt oder auf dem Umweg über andere Felder.

So gibt es zum Beispiel eine direkte Verbindung zwischen V4 und V5, über die Informationen hin und her laufen. Von beiden Arealen ziehen außerdem Axone in parietale und temporale Rindenbereiche (zum Scheitel- und zum Schläfenlappen), münden dort allerdings – wie Arbeiten von mir und meinen Kollegen ergeben haben – jeweils in eigene, getrennte Zielregionen, so daß ihre Signale praktisch nirgendwo direkt zusammenlaufen. Es ist, als wollte der Cortex die Trennung der spezifischen visuellen Signale beibehalten – gleiches beobachtet man auch beim Gedächtnis und in anderen Funktionsbereichen (siehe den Beitrag von Patricia Goldman-Rakic auf Seite 68). Falls die Signale im Scheitel- und Schläfenlappen dennoch zusammengeführt würden, müßte dies durch eine Vernetzung an Ort und Stelle geschehen.

Zweifellos ist die Integration der vom Sehsystem empfangenen Information zu einem einheitlichen Bild der Umwelt eine formidable Aufgabe. Sie erfordert zum einen eine umfangreiche Vernetzung der vier parallelen Subsysteme durch anatomische Leitungsbahnen auf allen Ebenen; denn jeder Verarbeitungsschritt trägt seinen Teil zur Wahrnehmung bei. Außerdem aber sind einige äußerst schwierige Probleme zu lösen. Um etwa eine gleichgerichtete Bewegung zu erkennen, muß das Gehirn bestimmen, welche Merkmale im Gesichtsfeld sich mit gleicher Geschwindigkeit in dieselbe Richtung bewegen. Die bewegungsempfindlichen Zellen in den spezialisierten Arealen können solche Vergleiche anstellen, weil sie größere rezeptive Felder haben als die entsprechenden vorgeschalteten Neuronen in V1.

Größere rezeptive Felder bedeuten aber, daß sich einzelne Reize innerhalb des Feldes nicht mehr so genau lokalisieren lassen. Damit das Gehirn die integrierte Information räumlich auswerten kann, muß sie also an ein Areal weitergeleitet werden, in dem die Netzhaut und damit das Gesichtsfeld topographisch möglichst präzise abgebildet ist. Unter allen visuellen Arealen enthält V1, ge-

Bild 6: Das Kanizsa-Dreieck ist ein imaginäres Gebilde, dessen nur teilweise vorhandene Konturen ein normal funktionierender visueller Cortex selbsttätig ergänzt. Solche optischen Täuschungen vermitteln interessante Einblicke in die Funktionsweise des Sehsystems. In diesem Falle zeigte sich, daß erst Areal V2 und nicht bereits V1 die imaginären Konturen signalisiert.

folgt von V2, die genaueste Netzhautkarte. Die spezialisierten Areale müssen demnach Information zurück nach V1 und V2 senden, damit die Ergebnisse des Vergleichs im Gesichtsfeld lokalisiert werden können.

Zu einem vorgeschalteten Areal zurückführende Verbindungen sind auch erforderlich, um Widersprüche aufzulösen, die sich ergeben können, wenn Neuronen verschiedener Spezifität auf ein und denselben Reiz reagieren. Ein schönes Beispiel für einen solchen Widerspruch ist die Reaktion von Neuronen in V1 und V2 auf die imaginären Konturen im Kanizsa-Dreieck (Bild 6).

Bei dieser bekannten optischen Täuschung nimmt eine normale Versuchsperson in der Mitte des Bildes ein Dreieck wahr, obwohl dessen Seiten nur teilweise durch Konturen angedeutet sind; um die Zeichnung zu einem plausiblen Muster zu ergänzen, erzeugt das Gehirn Linien, wo keine sind. Rüdiger von der Heydt und Esther Peterhans von der Zürcher Universitätsklinik haben gezeigt, daß die formspezifischen Zellen in V1 dieser Täuschung nicht erliegen und keine imaginären Linien signalisieren; das tun erst die nachgeschalteten V2-Zellen. Diese erhalten zwar ihren Input von V1, doch da sie größere rezeptive Felder haben und die eingehenden Daten genauer analysieren, sehen sie die Zeichnung gleichsam von höherer Warte und lassen sich so dazu verleiten, auf die Existenz der nicht vorhandenen Linien zu schließen. Damit der Konflikt zwischen den beiden Arealen gelöst werden kann, muß es Verbindungen von V2 zurück nach V1 geben.

Eine andere Schwierigkeit beim Erzeugen eines Gesamtbildes ist die richtige Verknüpfung der zusammengehörigen Einzelsignale. Nervenzellen, die auf dasselbe Objekt innerhalb des Gesichtsfelds reagieren, sind vermutlich über das gesamte V1-Areal verteilt. Irgendein Mechanismus muß ihre Signale verknüpfen, damit diese nicht behandelt werden, als stammten sie von verschiedenen Objekten. Das Problem wird noch heikler, wenn Neuronen in verschiedenen Arealen auf unterschiedliche Attribute ein und desselben Objekts reagieren.

Eine mögliche Lösung wäre, daß die Zellen synchron feuern. Tatsächlich fanden Wolf J. Singer und seine Mitarbeiter am Max-Planck-Institut für Hirnforschung in Frankfurt am Main bei Zellen, die anatomisch miteinander verbunden sind, eine solche synchrone Reaktion – zumindest bis zu einem gewissen Grade (siehe den folgenden Beitrag auf Seite 42). Allerdings erhebt sich dann die Frage, wer oder was für die synchrone Aktivität sorgt. Rückläufige Verbindungen böten zumindest eine teilweise Erklärung, weil sie einem Areal Rückmeldungen an die Regionen erlauben, von denen es Informationen erhalten hat.

Rückläufige Verbindungen

Wegen dieser Probleme haben meine Mitarbeiter und ich die Theorie einer mehrstufigen Integration entwickelt. Danach erfolgt die Vereinigung der Teilaspekte nicht in einem einzigen Schritt, indem Teilinformationen in einem übergeordneten Areal zusammenlaufen; und sie wird auch nicht aufgeschoben, bis alle visuellen Areale ihre Teiloperationen ausgeführt haben. Vielmehr finden Wahrnehmen und Erkennen der sichtbaren Umwelt gleichzeitig statt.

Anatomisch stellt eine mehrstufige Integration hohe Anforderungen – müssen doch sowohl zwischen allen spezialisierten Arealen als auch zwischen ihnen und den Arealen V1 und V2, von denen sie ihre Signale erhalten, rückläufige Verbindungen bestehen. Unsere Untersuchungen deuten darauf hin, daß dies tatsächlich der Fall ist.

Die rückläufigen Verbindungen nach V1 und V2 unterscheiden sich dabei grundlegend von denen, über die die Ausgangssignale an die spezialisierten Areale gelangen. Bei den Vorwärtsprojektionen ziehen Bündel von Axonen aus räumlich getrennten Gruppen von Nervenzellen in V1 und V2 zu Neuronen entsprechender Spezifität in den einzelnen Arealen. Die Rückwärtsprojektionen dagegen verlaufen unspezifisch kreuz und quer. Während zum Beispiel V5 seinen Input ausschließlich von ganz bestimmten Zellgruppen in Schicht 4B von V1 erhält, ist der rückläufige Signalstrom von V5 nach Schicht 4B diffus und richtet sich an alle Zellen – auch an jene, deren Axone nach V3 ziehen.

Das Rückmeldesystem erfüllt hier also drei verschiedene Zwecke zugleich: Es ermöglicht, die in zwei getrennten Kanälen verarbeiteten Signale für Form und Bewegung zusammenzufassen und zu synchronisieren, Bewegungsinformation auf ein Areal mit präziser topographischer Netzhautkarte rückzuprojizieren und schließlich Bewegungsinformation aus V5 der für V3 bestimmten Forminformation beizumischen.

Ganz ähnlich verhält es sich bei V2. Während, um obiges Bild aufzugreifen, die Post von V2 säuberlich getrennt aus einzelnen Sortierfächern an die vorgesehenen Adressen in den spezialisierten Arealen abgeht, hat die zurücklaufende Information die Form von Streuprospekten: Die Rückmeldungen von V4 gehen nicht nur an die dünnen und blassen Streifen, aus denen der Input für V4 stammt, sondern auch an die dicken. So können über dieses Rückmeldenetz Signale über Form, Bewegung und Farbe zusammengefaßt werden.

Mehr und mehr hat sich gezeigt, daß das gesamte Netz von Verbindungen innerhalb der Sehrinde, einschließlich der rückläufigen Bahnen nach V1 und V2, voll funktionsfähig sein muß, damit wir die Umwelt in allen Facetten erkennen können. Wie das Phänomen des Blindsehens zeigt, scheint ein solches Erkennen jedoch zu erfordern, daß das Wahrgenommene auch ins Bewußtsein dringt. Da Bewußtsein also offenbar wesentlich zu einem funktionierenden Sehapparat dazugehört, lassen sich die visuellen Gehirnfunktionen wohl erst wirklich verstehen, wenn auch dieses tiefste Geheimnis des menschlichen Geistes wenigstens ansatzweise enträtselt ist (siehe den Beitrag von Francis Crick und Christof Koch auf Seite 162).

Die letzten zwei Jahrzehnte haben viele erstaunliche Einblicke in das Sehsystem des Menschen gebracht und unsere Vorstellungen über die Funktionsweise des visuellen Gehirns radikal verändert. Wir wissen heute, daß Sehen sich vom Verstehen ebensowenig trennen läßt wie das Erkennen der visuellen Umwelt vom Bewußtsein. Tatsächlich ist Bewußtsein eine von selbst hinzugekommene – emergente – Eigenschaft jenes komplizierten neuralen Organs, zu dem sich das Gehirn im Verlaufe der Stammesgeschichte entwickelt hat, damit sein Träger die Umwelt, in der er sich behaupten muß, immer genauer erkennt. So führt uns die Erforschung des Sehsystems unweigerlich zum Kern allen wissenschaftlichen Bemühens: dem Streben des Menschen nach Erkenntnis seiner selbst und seiner wahren Natur.

Bildung repräsentationaler Zustände im Gehirn

Neue Forschungsergebnisse deuten darauf hin, daß Nervenzellen in
der Hirnrinde durch synchrone Entladungen zu ausgedehnten Verbänden zusammengefaßt
werden, die gesehene Objekte neuronal repräsentieren.

Von Andreas K. Engel, Peter König und Wolf Singer

Wie man heute annimmt, beruhen fast alle kognitiven Funktionen auf einer parallelen Verarbeitung von Informationen, an der stets viele Hirnareale beteiligt sind. Insbesondere mehren sich die Hinweise, daß neuronale Repräsentationen der Außenwelt – also jene Aktivitätsmuster, in denen das Gehirn die erhaltenen Informationen darstellt und speichert – nie strikt lokalisiert, sondern hochgradig verteilt sind.

Das Sehsystem bietet ein inzwischen gut untersuchtes Beispiel für diese Art der Verarbeitung. Bei einigen Affenarten sind bereits mehr als 30 Hirnrindenareale beschrieben worden, in denen sich Nervenzellen durch visuelle Reize aktivieren lassen; beim Menschen dürften es mindestens ebenso viele sein.

Dabei scheinen sich diese Areale bis zu einem gewissen Grad die Arbeit zu teilen: In einigen sprechen die Neuronen vor allem auf die Farbe eines Objektes an, in anderen hingegen bevorzugt auf seine Bewegungsrichtung oder die Orientierung seiner Konturen; überdies erfassen sie meist nur einen begrenzten Ausschnitt des Gesichtsfeldes, den man als ihr rezeptives Feld bezeichnet (siehe den vorherigen Artikel von Semir M. Zeki auf Seite 32).

Wahrscheinlich werden daher gesehene Gegenstände nicht – wie eine Mehrzahl der Forscher noch bis vor wenigen Jahren glaubte – durch das Feuern einzelner oder sehr weniger Nervenzellen repräsentiert, sondern durch große, über weite Hirnbereiche verteilte Neuronenverbände (Spektrum der Wissenschaft, Juni 1988, Seite 54).

Damit stellt sich allerdings die Frage, auf welche Weise solch weit verteilte Zellen zu einem Ensemble verbunden, die neuronalen Prozesse also zu einem kohärenten Ganzen zusammengefaßt werden – es gibt nämlich keine Stelle im Gehirn, an der die verschiedenen Informationsflüsse zusammenlaufen, kein Zentrum, das mit all den visuellen Arealen verschaltet wäre. Dieses sogenannte Bindungsproblem verschärft sich noch dadurch, daß unter natürlichen Bedingungen ein Objekt niemals isoliert im Gesichtsfeld erscheint, sondern stets in ein Umfeld, einen Hintergrund, eingebettet ist (Bild 1). Dieser enthält ebenfalls Reize, die in den verschiedenen visuellen Arealen merkmalssensitive Neuronen aktivieren. Die Repräsentation einer visuellen Szene erfordert daher in der Regel mehrere Ensembles, und es wird schwierig zu entscheiden, welchem davon ein gegebenes Neuron angehört. Die richtige Zuordnung verlangt nach einem Mechanismus, der in der Vielzahl aktivierter Zellen selektiv diejenigen kennzeichnet, die auf ein und dasselbe Objekt antworten.

Gleichzeitigkeit als Bindemittel

Ein attraktiver Vorschlag zur Lösung des Bindungsproblems stammt von Christoph von der Malsburg, der nun an der Ruhr-Universität Bochum tätig ist. Seiner Anfang der achtziger Jahre veröffentlichten Hypothese zufolge könnten räumlich verteilte Neuronen durch Synchronisation ihrer Entladungen zu Ensembles zusammengefaßt werden: Die Zellen sollten immer dann gleichzeitig feuern, wenn sie auf dasselbe Objekt im Gesichtsfeld reagieren; weitere Neuronen, die auf einen bestimmten anderen gesehenen Gegenstand ansprechen, müßten ihnen gegenüber zeitlich unkorreliert antworten, ihre Entladungen wären aber untereinander ebenfalls wieder synchron (nur eben in einem anderen, eigenen Rhythmus).

Eine solche Gleichzeitigkeit neuronaler Entladungen wäre genau das zu fordernde selektive Etikett, weil sie eindeutig spezifizieren würde, welche merkmalssensitiven Zellen jeweils in ein bestimmtes Ensemble eingebunden sind – welche Merkmale also zusammengehören. Damit wäre es möglich, mehrere Objekte zu repräsentieren, ohne daß es zu falschen Bindungen zwischen Merkmalen kommen könnte. Vor allem deswegen scheint ein solches Zeitcodierungsmodell anderen Mechanismen, die man zur Lösung des Bindungsproblems vorgeschlagen hat, überlegen zu sein (siehe Kasten auf den Seiten 44 und 45).

Inzwischen weisen Experimente darauf hin, daß der postulierte zeitliche Bindungsmechanismus im Gehirn existiert. Ausgangspunkt dafür war eine Entdeckung von Charles Gray – jetzt am Salk-Institut in San Diego (Kalifornien) –, die er während eines Forschungsaufenthalts vor rund fünf Jahren bei uns am Max-Planck-Institut für Hirnforschung in Frankfurt gemacht hatte. Für frühere neurophysiologische Untersuchungen war es meist zweckmäßig, eine Elektrode zu haben, welche nur die Signale einer einzelnen Zelle ableitete. Mit einer Elektrode größerer Reichweite beobachtete Gray hingegen, daß eng benachbarte Nervenzellen in der Sehrinde von Katzen dazu neigen, synchrone Salven von Aktionspotentialen zu feuern, wenn sie mit geeigneten Lichtreizen aktiviert werden (Bild 2). Da sich die Salven rhythmisch dreißig- bis siebzigmal pro Sekunde wiederholen, bezeichnete er dieses Aktivitätsmuster einer solchen kohärent aktiven Neuronengruppe als Oszillation.

Unsere Vermutung war nun, daß nicht nur solche direkten Nachbarn, sondern auch weiter verteilt liegende Nervenzellen ihre Aktivität synchronisieren können. Und eben das tun sie – wie gleichzeitige Ableitungen an getrennten Neuronengruppen im primären Sehareal er-

gaben – selbst über Entfernungen von mehreren Millimetern noch häufig. Ähnliches stellte ein Team um Reinhard Eckhorn an der Universität Marburg fest, das die gleichen neuronalen Oszillationen beobachtet hatte.

Selbst Nervenzellen, die in verschiedenen visuellen Arealen liegen, können, wie wir nachwiesen, sich derart abstimmen. Da – wie eingangs erwähnt – verschiedene Areale wahrscheinlich unterschiedliche Merkmale eines Objekts verarbeiten, könnte diese Art der Synchronisation sehr wichtig sein, um ein Objekt als kohärentes Ganzes im Gehirn zu repräsentieren.

Darüber hinaus ist auch eine Synchronisation zwischen den beiden Hälften des Gehirns zu erwarten. Bekanntlich kreuzen sich die Sehnerven partiell, so daß Information aus dem linken Gesichtsfeld beider Augen in der rechten Hirnhälfte verarbeitet wird und umgekehrt. In der Tat zeigte sich, daß Sehrinden-Neuronen beider Hemisphären durch korrelierte Aktivität zu einem

kohärenten Ensemble zusammengefaßt werden können – ein weiterer Beleg für die große Reichweite dieses zeitlichen Bindungsmechanismus.

Von besonderer Bedeutung ist schließlich unser kürzlich erbrachter Nachweis, daß die Synchronisation tatsächlich davon abhängt, ob Neuronen auf dasselbe Objekt reagieren oder nicht. So fanden wir, daß zwei Gruppen von Nervenzellen mit unterschiedlichen rezeptiven Feldern – die also auf unterschiedliche Bereiche im Gesichtsfeld ansprechen – ihre Entladungen dann synchronisierten, wenn sich ein einziger balkenförmiger Lichtreiz durch beide rezeptiven Felder bewegte. Dieselben Zellen feuerten jedoch völlig asynchron, wenn wir sie durch zwei unabhängige, sich in verschiedene Richtungen bewegende Lichtbalken aktivierten.

Obwohl all diese Versuche an narkotisierten Katzen durchgeführt wurden, wissen wir inzwischen, daß die gleichen Phänomene auch im wachen, normal arbeitenden Gehirn auftreten. So hat unser

Bild 1: Sehen Sie den Dalmatiner? Damit wir auf diesem Photo von Ronald James einen gescheckten Hund von einem ebenfalls fleckigen Hintergrundmuster unterscheiden können, muß unser Sehsystem die lokalen Merkmale der Objekte korrekt zusammensetzen. Dieses sogenannte Bindungsproblem ließe sich hier leichter lösen, wenn das Tier davonliefe: Dann würde sich eine Teilmenge der Flecken kohärent bewegen und sich so als Figur schlagartig von jenen Flecken abheben, die den Hintergrund bilden. Vor wenigen Jahren entdeckte synchrone Oszillationen in der Hirnrinde könnten erklären, wie die Merkmalsbindung bewerkstelligt wird.

Kollege Andreas Kreiter kürzlich an wachen trainierten Affen nachgewiesen, daß es in deren Sehrinde sehr ähnliche Oszillationen gibt und daß die Synchronisation räumlich getrennter Zellpopulationen hier ebenfalls von der Konfiguration der dargebotenen Reize abhängt.

Insgesamt stützen die bisherigen Ergebnisse von der Malsburgs Hypothese. Wie es scheint, können Nervenzellen, die jeweils nur auf lokale Merkmale eines Objekts reagieren, durch synchrones Feuern – selbst über Arealgrenzen hinweg – geordnete Repräsentationen bilden. Wenn aber Gleichzeitigkeit sozusagen das Ordnungsmerkmal ist, das räumlich getrennte Nervenzellen zu einem Ensemble verbindet, welche besondere Rolle kommt dann dem oszillatorischen Feuerverhalten der kohärent aktiven Zellgruppe zu (Bild 2)?

Wozu Oszillationen?

Die Frage erhebt sich insbesondere deshalb, weil das Auftreten der Oszillationen nicht von bestimmten Eigenschaften der visuellen Reize – wie etwa ihrer Orientierung oder Bewegungsgeschwindigkeit – abhängt, und es daher unwahrscheinlich ist, daß der Rhythmus der Aktionspotential-Salven selbst für besondere Objekteigenschaften codiert.

Das oszillatorische Feuern scheint aber einige Vorteile dafür zu bieten, die als Bindemittel benötigte Gleichzeitigkeit zwischen getrennten Neuronengruppen überhaupt herzustellen. Zum einen eignen sich diese Aktivitätsmuster gerade wegen der deutlichen Pausen zwischen den Salven besonders gut, um Zeitbeziehungen zwischen verschiedenen Zellpopulationen zu definieren. Zum anderen lassen sich in einem Netzwerk mit oszillatorischem Verhalten dessen Elemente auch dann miteinander synchronisieren, wenn die sie verknüpfenden Leitungsbahnen erhebliche Verzögerungszeiten aufweisen. Wie Computersimulationen an unserer Abteilung überdies zeigen, kann man in solchen Netzwerken selbst Zellen in Gleichtakt bringen, die gar nicht direkt miteinander gekoppelt sind (Bild 3). Ohne oszillatorisches Feuerverhalten ist dies nicht ohne weiteres möglich.

Obwohl die geschilderten Befunde die Hypothese der Zeitcodierung bereits in entscheidenden Punkten bestätigen und darauf hindeuten, daß repräsentationale Zustände im Gehirn tatsächlich durch Synchronisation gebildet werden können, sind wichtige Fragen noch ungelöst. Unklar ist beispielsweise, wie andere Hirnstrukturen Ensembles aus synchron

Das Bindungsproblem in neuronalen Netzen

Wenn mehrere Objekte gleichzeitig im Gehirn oder in einem künstlichen neuronalen Netz repräsentiert werden sollen, müssen die zu einem Objekt gehörenden Merkmale irgendwie als zusammengehörig kenntlich sein. Dieses Bindungsproblem läßt sich an einem sehr einfachen System aus nur vier künstlichen Neuronen erläutern, die auf jeweils andere Merkmale selektiv ansprechen: einem Rot- und einem Grün-Detektor für die Farbe, einem Dreieck- und einem Viereck-Detektor für die Form (im Gehirn freilich gibt es keine „Formdetektoren").

Erscheint nur ein einziges passendes Objekt im Gesichtsfeld, ist der Zustand des Netzwerks ohne Schwierigkeiten interpretierbar: Die Kombination angeschalteter Detektoren beschreibt – repräsentiert – das Gesehene korrekt und eindeutig (a).

Problematisch wird es jedoch dann, wenn durch zwei verschiedene Objekte alle vier Zellen des Netzwerks aktiviert werden (b). Aus dessen Zustand läßt sich nun nicht mehr erkennen, in welcher Kombination die Merkmale jeweils aufgetreten sind: Es könnten ein rotes Dreieck und ein grünes Viereck gewesen sein, aber auch ein grünes Dreieck und ein rotes Viereck. Ein zusätzlicher Mechanismus ist also nötig, um die Zuordnung der Merkmale in einem solchen neuronalen Netz zu spezifizieren – das heißt, die aktiven Detektoren so zusammenzufassen, daß die korrekten Repräsentationen resultieren.

Der untere Teil des Schemas zeigt Lösungsstrategien für das Bindungsproblem. Eine Möglichkeit wäre, in das Netzwerk Zellen einzufügen, die auf Kombinationen von Merkmalen selektiv reagieren (c), also beispielsweise eine Rot-Dreieck-Zelle oder eine Grün-Viereck-Zelle, die von den entsprechenden Merkmalsdetektoren der ersten Verarbeitungsstufe aktiviert werden. Die Repräsentation von Objekten durch solche spezifischen Zellen, für die sich unter Neurobiologen die Bezeichnung „Großmutterzellen" eingebürgert hat, erweist sich jedoch als sehr unökonomisch, da für jede nur denkbare Konstellation von Merkmalen eine eigene Zelle erforderlich wäre. Angesichts unserer realen hochkomplexen Umwelt wirft dies unüberwindbare kombinatorische Probleme auf.

Man könnte das Bindungsproblem auch dadurch zu umgehen versuchen, daß man Verbände von Merkmalsdetektoren, die verschiedene Objekte repräsentieren, im Netzwerk räumlich voneinander trennt (d); mit einer solchen Orts-

codierung sind Muster deshalb nicht verwechselbar, weil sie getrennt repräsentiert werden. Diese Strategie wirft jedoch ebenfalls kombinatorische Probleme auf. Überdies wird die Eindeutigkeit der Merkmalszuordnung mit einem Mangel an Flexibilität erkauft: Im hier gezeigten Zustand könnte unser einfaches Modell zum Beispiel keine roten Vierecke mehr repräsentieren.

Eine dritte und vieldiskutierte Möglichkeit, die Zuordnung von Merkmalen im neuronalen Netzwerk zu spezifizieren, besteht darin, bestimmte Zellen, die Bestandteile desselben Objekts repräsentieren, über ihre synaptischen Schaltstellen selektiv miteinander zu koppeln (e). Die Verfechter dieses Modells nehmen an, daß sich diese Kopplung durch assoziatives Lernen gemäß der Hebb-Regel ausbildet. Benannt ist sie nach dem kanadischen Physiologen Donald Hebb und besagt, daß sich die synaptische Übertragung zwischen einem vor- und einem nachgeschalteten Neuron verstärkt, wenn beide mehrfach gleichzeitig aktiviert werden (siehe den Beitrag von Eric R. Kandel und Robert D. Hawkins auf der Seite 114). Einer der Nachteile des Modells besteht aber darin, daß sich neue unerwartete Merkmalskombinationen nur schwer repräsentieren lassen; dazu muß erst durch erneute Lernprozesse die Übertragungsstärke der synaptischen Verbindungen im Netzwerk verändert werden.

Das Zeitcodierungsmodell, das wir hier nun vorschlagen, nimmt an, daß Merkmalsdetektoren, die auf dasselbe Objekt reagieren, synchron aktiv sind (f). Ein rotes Dreieck würde also dadurch repräsentiert, daß der Rot- und der Dreieck-Detektor gleichzeitig feuern. Die Entladungen beider sind aber nicht mit denen des Grün- und des Viereck-Detektors korreliert, die ihrerseits durch synchrone Aktivität das grüne Quadrat repräsentieren. Ein solcher Mechanismus könnte das Bindungsproblem lösen, ohne die Flexibilität des Systems unnötig einzuschränken: Durch Änderung der zeitlichen Korrelationen lassen sich rasch neue Repräsentationen bilden, ohne daß die Übertragungsstärke synaptischer Verbindungen verändert werden müßte. Aus diesem Grund ist das Modell auch sehr ökonomisch: Neue Objekte lassen sich repräsentieren, ohne daß neue Zellen in das Netzwerk eingebracht werden müßten. Die gepunkteten Linien stellen Verbindungen dar, welche die Synchronisation der Zellen in verschiedenen Kombinationen vermitteln können.

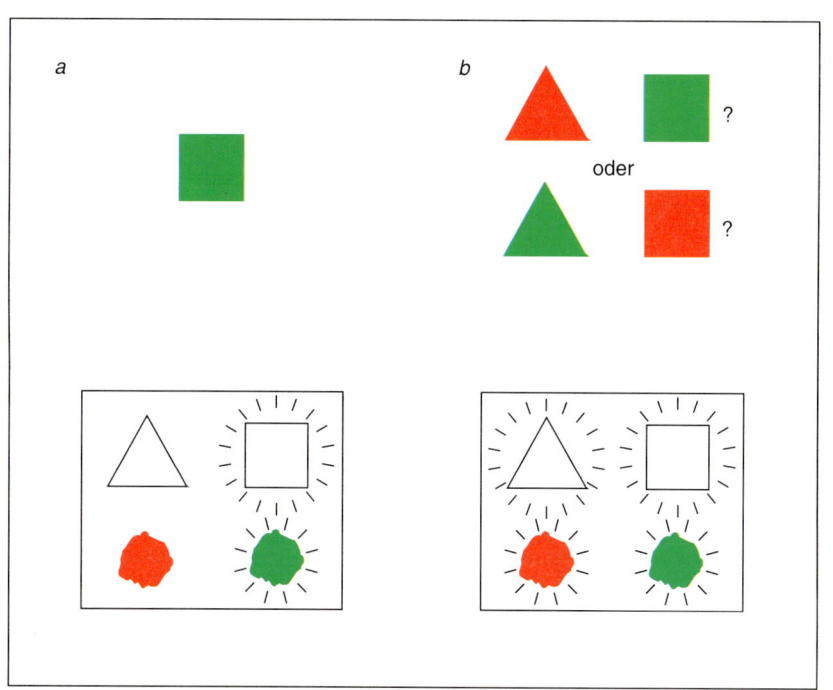

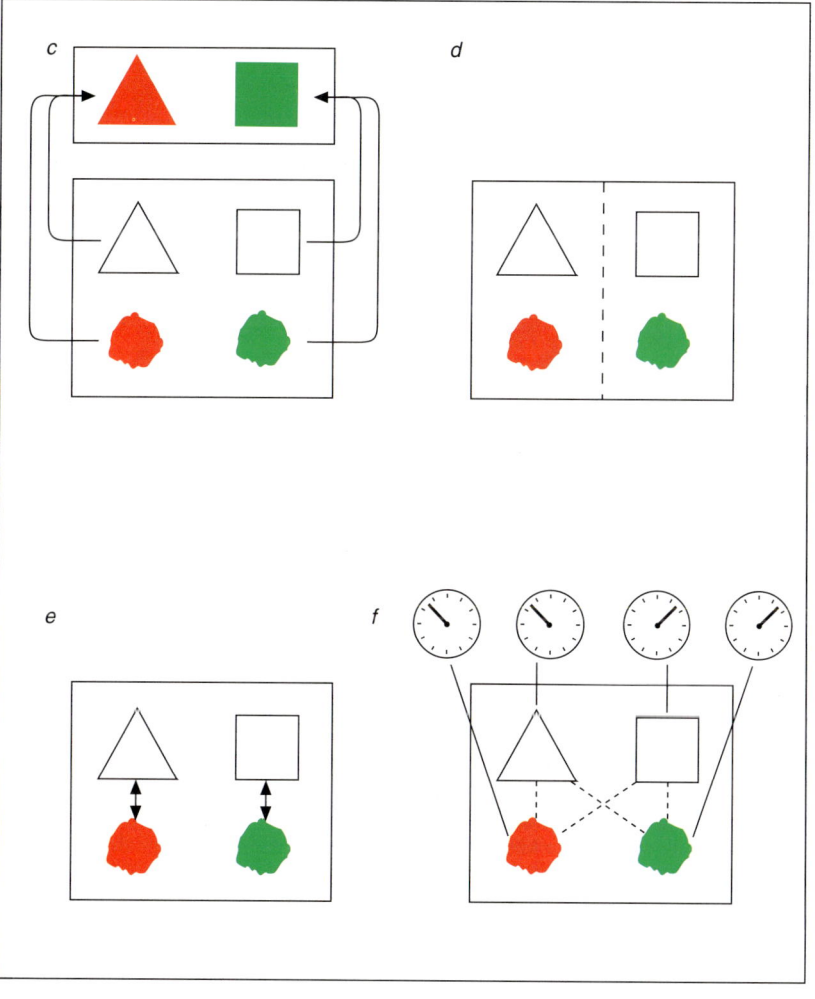

feuernden Nervenzellen erkennen, wie also zeitliche Muster im Sehsystem Vorgänge in anderen Hirnbereichen beeinflussen könnten, die dann beispielsweise eine Reaktion auf das Gesehene in Gang setzen.

Erste Hinweise darauf, daß die zeitlichen Korrelationen tatsächlich vom Gehirn für den Wahrnehmungsvorgang benutzt werden, ergeben sich aus einer gemeinschaftlichen Arbeit mit unserem Kollegen Pieter Roelfsema an Katzen, die mit einem Auge einwärts schielen. Das abweichende Auge entwickelt bei einigen dieser Tiere eine sogenannte Schiel-Amblyopie. Sie äußert sich unter anderem darin, daß ein solches Tier in einem bestimmten Verhaltenstest mit seinem fehlstehenden Auge keine feinen Schwarz-Weiß-Streifenmuster mehr von einer einförmig grauen Fläche unterscheiden kann; mit seinem normalen Auge vermag es das hingegen.

Wie sich zeigte, antworten die einzelnen Neuronen in der Hirnrinde solcher Katzen völlig normal. Jedoch ist die Synchronisation zwischen jenen Zellen, die ihre Information vom schielenden Auge erhalten, gestört – und ebenso ihre Synchronisation mit den Neuronen, die ihren Input vom normalen Auge bekommen; unter letzteren aber ist die zeitliche Kopplung nicht beeinträchtigt. Daß die im Verhalten des Tieres nachweisbare Wahrnehmungsstörung mit einem solchen selektiven Mangel einhergeht, deutet darauf hin, daß die Synchronisation von Neuronen der Hirnrinde für die Informationsverarbeitung tatsächlich von großer Bedeutung ist.

Gestützt wird dies auch durch Untersuchungen an anderen Hirnbereichen. So wies kürzlich die Gruppe um Eberhard Fetz an der Universität von Washington in Seattle synchrone Oszillationen im somatosensorischen und motorischen System von Affen nach (die somatosensorische Rinde wird auch – nach ihrer Aufgabe – als Körperfühlsphäre bezeichnet). Sehr ähnliche Synchronisationsphänomene hat Walter Freeman an der Universität von Kalifornien in Berkeley überdies im Riechsystem beobachtet (siehe seinen Beitrag auf Seite 22). Und Christo Pantev und seine Mitarbeiter an der Universität Münster haben mittels Magnet-Enzephalographie, bei der in der Hirnrinde entstehende Magnetfelder mit einer räumlichen Auflösung von wenigen Millimetern aufgezeichnet werden, synchrone Oszillationen großer Neuronenverbände beispielsweise auch im menschlichen Hörsystem festgestellt.

Wie die Vielzahl neuer einschlägiger Publikationen zeigt, hat die Hypothese der Zeitcodierung zahlreiche Forscher-

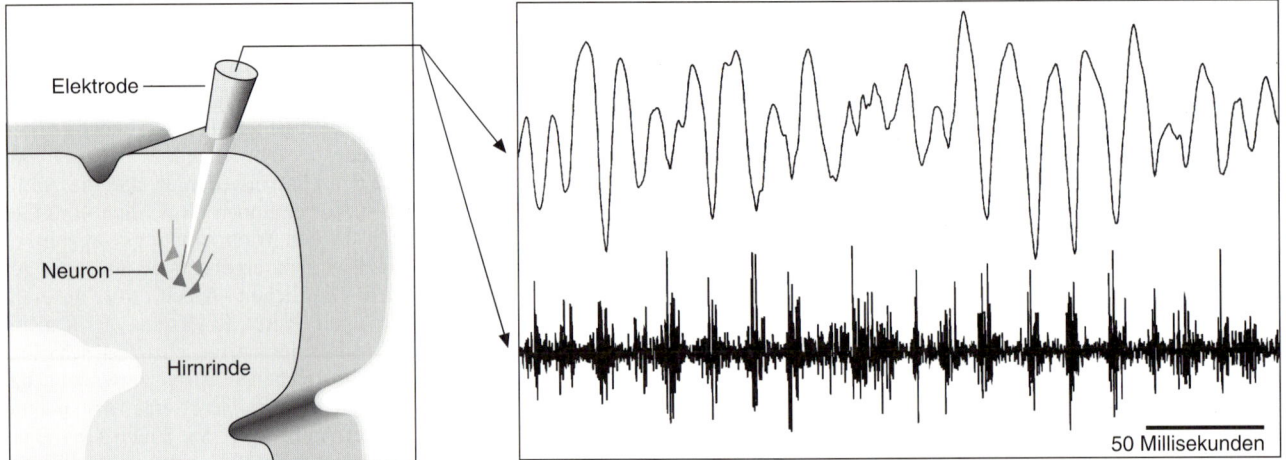

Bild 2: Mit Mikroelektroden (links) lassen sich aus der Sehrinde einer narkotisierten Katze neuronale Oszillationen ableiten, die durch einen Lichtreiz induziert werden. Sichtbar sind sie in zwei Arten von Signalen, die durch unterschiedliche Filterung in der experimentellen Apparatur aus dem gleichen Rohsignal gewonnen werden: Zum einen finden sie sich als rhythmische Schwankungen in einem sogenannten Feldpotential (rechts oben), das eine Art lokales Elektroenzephalogramm darstellt. Zum anderen zeigen sich die Oszillationen in der Abfolge von Aktionspotentialen, die von Zellen in der Nachbarschaft der Elektrodenspitze erzeugt werden (rechts unten). Diese neuronalen Entladungen – die nadelförmigen Spitzen (englisch *spikes*) in der Aktivitätsspur – sind zu kleinen, durch Pausen getrennten Grüppchen geordnet. Wie an der Höhe der sich überlagernden Spikes erkennbar, beteiligen sich an jeder der kurzen Entladungssalven mehrere Zellen; dies zeigt, daß die ganze Gruppe der um die Elektrode liegenden Nervenzellen synchron aktiv ist. Diese neuronalen Oszillationen sind wohlgemerkt relativ variabel und haben mit periodischen Schwingungsvorgängen nur wenig gemein. Auch entferntere Gruppen von Zellen können nachweislich ihre Aktivität synchronisieren.

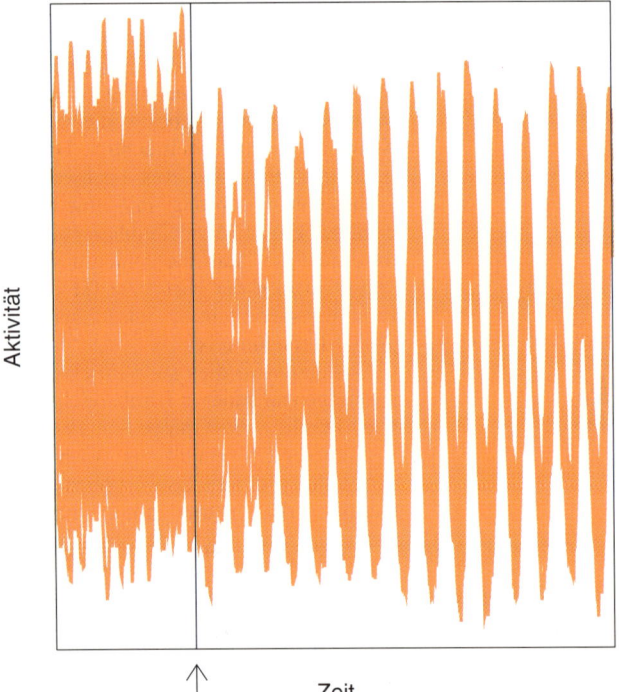

Bild 3: Eine in Zusammenarbeit mit Thomas Schillen am Institut der Autoren durchgeführte Computersimulation zeigt, wie sich Oszillatoren in einem neuronalen Netzwerk durch Kopplung synchronisieren lassen. Im linken Diagramm sind Aktivitätsspuren mehrerer simulierter Oszillatoren übereinandergezeichnet (simuliert wird hier eine Art Feldpotential, vergleiche Bild 2). Zu einem bestimmten Zeitpunkt (markiert durch den Pfeil) werden Verbindungen zwischen benachbarten Oszillatoren aktiviert, was dann innerhalb weniger Zyklen eine Synchronisation der Aktivitäten bewirkt. In der Aufsicht auf das zweidimensionale neuronale Netz (rechte Bildhälfte) stellt jeder Punkt einen Oszillator dar. Seine Farbe symbolisiert die jeweilige Phasenlage des Oszillators (den momentan durchlaufenen Abschnitt des Schwingungszyklus), sein Durchmesser die Stärke der Aktivierung. Unten sieht man den Zustand des Netzwerks kurze Zeit nach dem Einschalten von synchronisierenden Verbindungen – die Oszillatoren haben alle die gleiche Farbe, entsprechend dem hohen Maß an Synchronizität; oben zum Vergleich der Zustand des Netzwerks ohne solche Verbindungen – hier sind die Oszillatoren alle völlig asynchron. Das Modell simuliert Ergebnisse aus physiologischen Experimenten, in denen die Autoren zeigen konnten, daß die Synchronisation oszillatorischer Zellpopulationen über seitliche Verbindungen in der Hirnrinde erreicht wird, und nicht über einen zeitgleichen Input aus tieferen Zentren. Obwohl die Verbindungen im hier dargestellten künstlichen Netzwerk die neuronalen Signale mit erheblicher Verzögerung fortleiten, synchronisieren die Netzwerkelemente ohne größere Phasenverschiebungen ihre Aktivität – das heißt, ohne daß sich die Maxima und Minima der Aktivitätsspuren relativ zueinander verschieben (linkes Diagramm). Das Modell demonstriert außerdem, daß das gesamte Netzwerk in einen synchronen Zustand übergehen kann, obwohl jeder Oszillator nur mit seinen unmittelbaren Nachbarn direkt gekoppelt ist.

gruppen angeregt, verstärkt nach dynamischen Bindungsmechanismen zu suchen. Vielleicht kann sie – zumindest auf diese Weise – dazu beitragen, daß wir eines Tages verstehen, weshalb das Ganze mehr ist als bloß die Summe seiner Teile.

Neurobiologie des Träumens

Offenbar bearbeitet das Gehirn der Säugetiere wichtige Informationen,
die es im Wachzustand aufgenommen hat, im Schlaf noch einmal. Träume könnten dieses
Aufbereiten von Gedächtnisinhalten reflektieren – womöglich helfen sie bei der
Entwicklung von Überlebensstrategien.

Von Jonathan Winson

Schon immer wollten die Menschen die Bedeutung ihrer Träume begreifen. Für die Ägypter des Altertums waren sie Orakel, wie es etwa auch die Bibel in der Geschichte von Joseph überliefert, der dem Pharao dessen Träume von den sieben fetten und sieben mageren Kühen und von den sieben dicken und sieben dünnen Ähren auslegte, so daß in den sieben Jahren reicher Ernten Vorsorge getroffen werden konnte für die sieben folgenden Hungerjahre. In anderen Kulturen sind Träume als erleuchtende Eingebungen, heilkräftige Erfahrungen oder Spiegelungen einer anderen Wirklichkeit interpretiert worden.

In den letzten hundert Jahren hat schließlich die Wissenschaft psychologische und neurobiologische Erklärungen für das Traumgeschehen gegeben, die allerdings nicht miteinander vereinbar sind. Eine der bekanntesten ist wohl die des Wiener Arztes Sigmund Freud (1856 bis 1939), des Begründers der Psychoanalyse: Für ihn waren Träume, wie er in seinem 1899 erschienenen berühmten Buch „Die Traumdeutung" schrieb, der Königsweg – die *via regia* – zum Unbewußten; sie sollten die tiefsten Schichten unseres Innenlebens, wenn auch maskiert, ans Licht bringen (vergleiche „Strategien des Unbewußten" von Joseph Weiss, Spektrum der Wissenschaft, Mai 1990).

Andere Forscher haben später hingegen gemeint, Träume hätten überhaupt keine besondere Bedeutung, vielmehr seien sie Ausdruck zufälliger Nervenzellaktivität. Und es gibt die Ansicht, das

Gehirn würde sich auf diese Weise von überflüssigen Informationen wieder befreien, Inhalte also nachgerade aktiv wieder verlernen.

Ich selbst meine, daß Träume durchaus einen besonderen Sinn haben. Dabei kann ich mich auf neue Befunde aus meinem und anderen neurowissenschaftlichen Labors berufen: Offenbar manifestiert sich in Träumen ein wesentlicher Aspekt der Aufarbeitung von Gedächtnisinhalten – das geht aus Untersuchungen am Hippocampus (auch Ammonshorn genannt, einer für das Gedächtnis entscheidenden Struktur an der Schläfenlappenbasis der Hirnrinde), des REM-Schlafs (abgekürzt nach englisch *rapid eye movement*, einer bestimmten traumreichen Schlafphase mit typischerweise raschen Augenbewegungen) und gewissen Hirnstromwellen bei Tieren hervor, die der Hippocampus erzeugt und die man Theta-Rhythmus nennt (nicht zu verwechseln mit den Theta-Wellen im Hirnstrombild – dem Elektroencephalogramm, EEG – des Menschen, wenn der Name sich auch von da herleitet).

Insbesondere die Erforschung der Theta-Rhythmen von Säugetieren unterhalb des Entwicklungsstandes der Primaten hat neue Einsichten in die Evolution des Träumens und damit in seine Bedeutung eröffnet. Demnach sind Träume wohl das Zeugnis jenes wichtigen Vorgangs beim Gedächtnisgeschehen, durch den diese Tiere ihre Überlebensstrategien finden, anhand derer sie dann in aktuellen Situationen ihre Entscheidungen treffen. Daß solche Verarbeitungsprozesse

bei Säugetieren stattfinden, mag in Zukunft auch das Träumen beim Menschen – dem höchstentwickelten Primaten – verstehen helfen.

Der REM-Schlaf und seine Ursprünge

Die ersten Anhaltspunkte über die physiologischen Vorgänge beim Träumen erhielt man 1953, als der menschliche Schlafzyklus eingehend untersucht wurde und es sich herausstellte, daß mehrere Phasen zu unterscheiden sind. Die erste nannte man den hypnagogischen Zustand; er dauert mehrere Minuten, während denen die Gedankenwelt nur mehr aus bruchstückhaften Bildern und ganz kurzen Ereignis-Episoden besteht. Die nächste Phase wurde als langsam-welliger Schlaf bezeichnet, weil dann der Neocortex (der gefaltete äußere Hirnmantel, also der entwicklungsgeschichtlich jüngste und am stärksten differenzierte Teil des Großhirns) niederfrequente Hirnstromwellen hoher Amplitude erzeugt. (Die bioelektrischen Potentialschwankungen des Gehirns kann man außen am Schädel mittels Elektroden abgreifen; das so gewonnene Kurvenbild ist das EEG).

Zudem stellte sich heraus, daß das EEG des Menschen während des nächtlichen Schlafs immer wieder Phasen mit unregelmäßiger Frequenz und geringer Amplitude zeigt – etwa wie das einer wachen Person. Eben diese Phasen lebhafter geistiger Aktivität sind der REM-Schlaf, und ausschließlich sie sind

Traumphasen. In diesem Zustand sind die Neuronen für Bewegungen so weit gehemmt, daß normalerweise allenfalls Arme und Beine ein wenig zucken. Die Augen aber gehen trotz geschlossener Lider rasch und synchron hin und her, die Atmung wird unregelmäßig und der Herzschlag schneller.

Während der Nacht werden die langsam-welligen Phasen immer kürzer und die REM-Phasen länger. Die erste langsam-wellige Phase dauert noch 90 Minuten. Die darauf folgende erste REM-Pha-se ist schon nach 10 Minuten zu Ende; die vierte und letzte aber erstreckt sich über 20 bis 30 Minuten, und gleich darauf erwacht man. Falls man sich überhaupt an einen Traum erinnert, dann meist an einen aus dieser Periode.

Einen solchen Schlafzyklus mit abwechselnd langsam-welligen Phasen und REM-Schlaf scheinen alle höheren Säugetiere (die Plazentatiere) und die ursprünglicheren Beuteltiere zu haben. Ihr REM-Schlaf gleicht bis in einzelne Kennzeichen dem des Menschen; sogar das Hirnstrombild sieht dann aus wie ein im Wachzustand aufgenommenes.

Diese Tiere träumen auch: Katzen, denen man die Neuronen im Stammhirn zerstört hatte, die Bewegungen der Gliedmaßen im Schlaf verhindern, wurden während des Schlafens mobil und benahmen sich, als ob sie etwas angriffen oder vor etwas erschreckten, das nicht tatsächlich vorhanden war; offenbar reagierten sie auf Traumerscheinungen.

An Säugetieren unterhalb des Primaten-Status hat man noch weitere neuro-

Bild 1: Diese Vision zur biblischen Geschichte „Jakob schaut die Himmelsleiter" (I. Buch Mose, Kapitel 28, Verse 10 bis 22) hat der russische, in Frankreich wirkende Maler Marc Chagall (1887 bis 1985) im Jahre 1973 gemalt. Der nachmalige Patriarch Israel träumt auf der Flucht vor seinem Bruder Esau, dem er den Erstgeburtssegen ihres Vaters Isaak abgelistet hatte, von einer Leiter, auf der Engel aus dem Himmel herab- und wieder hinaufsteigen und von der herab Gott ihm das Land, auf dem er liegt, als Eigentum verheißt.

physiologische Merkmale des REM-Schlafs entdeckt. So fand man, daß die neuronale Kontrolle für diese Phase vom Hirnstamm (der an das Rückenmark angrenzt) ausgeübt wird (Bild 2). Von dort steigen Nervensignale zur Sehrinde, dem Zentrum der visuellen Verarbeitung im Großhirn, auf. Sie heißen wegen des Weges, den sie im Gehirn nehmen, PGO-Erregungen oder -Wellen (abgekürzt nach den anatomischen Begriffen *Pons*, Brücke, *Geniculatum*, Kniehöcker, und *occipital*, das Hinterhaupt betreffend). Auch der schon erwähnte Theta-Rhythmus, eine sinusförmige Erregungswelle im Hippocampus, wird von Neuronen des Hirnstamms angeregt.

Nun gibt es jedoch zumindest eine Familie von ursprünglichen Säugetieren, deren Schlaf zwar durch langsame Wellen charakterisiert ist, die aber keinerlei REM-Aktivität und mithin auch keinen Theta-Rhythmus aufweist – die australischen Ameisenigel oder Schnabeligel. Zusammen mit dem Schnabeltier vertreten sie die urtümliche Gruppe der eierlegenden Säugetiere und ermöglichen uns daher einen Einblick in die entwicklungsgeschichtlichen Ursprünge des Träumens. Da der REM-Schlaf bei Ameisenigeln noch nicht vorhanden ist, bei Beuteltieren aber bereits vorkommt, muß er sich vor etwa 140 Millionen Jahren ausgebildet haben, nachdem sich die Entwicklungslinien von Beutel- und Plazentatieren einerseits und eierlegenden Säugetieren andererseits, die möglicherweise dem Ursprung der Säugetiere am nächsten stehen, getrennt hatten (Bild 3).

Nach evolutionsbiologischen Kriterien ist es schon auffällig, daß eine solch komplexe Erscheinung bei den vielen später entstandenen Säugetierarten beibehalten worden ist; daher sollte ihr eine wichtige Überlebensfunktion zukommen. Versteht man diese, hat man möglicherweise auch die Bedeutung des Träumens erfaßt.

Ein Spiel von Zufallssignalen oder Vergessenshilfe?

Als Freud seine „Traumdeutung" schrieb, war über die physiologischen Vorgänge des Schlafens noch nichts bekannt. Deshalb hat man bestimmte Elemente seiner psychoanalytischen Theorie später, als der REM-Schlaf entdeckt war, modifiziert und sich überhaupt mehr an neurologische Befunde gehalten. So sah man auch das Träumen nur als Abschnitt eines biologisch bedingten Schlafzyklus.

Zwar blieb Freuds Konzept im wesentlichen weithin anerkannt. Vor allem seiner Ansicht, Träume würden tiefste unbewußte Gefühle und Wünsche enthüllen, folgt man auch heute noch in der Psychoanalyse. Doch einige Theoretiker haben die Freudsche Theorie vollkommen verworfen – wie etwa J. Allan Hobson und Robert McCarley von der Medizinischen Fakultät der Harvard-Universität in Cambridge (Massachusetts), als sie 1977 ihre Hypothese einer „Aktivierung und Synthese" vorbrachten: nach ihrer – damals vertretenen – Meinung sollen Träume Assoziationen und Erinnerungen sein, die das Vorderhirn (der Neocortex und einige andere mit ihm verbundene Strukturen) als Antwort auf zufällige Signale aus dem Hirnstamm – beispielsweise die erwähnten PGO-Erregungen – hervorbringt. Das wäre einfach das Beste, was das Vorderhirn bei so einem Bombardement von Impulsen machen könne. Zwar möge auch schon einmal etwas psychologisch Sinnvolles dabei auftreten, doch an sich sei der Trauminhalt bedeutungslos.

Kürzlich hat Hobson diese Theorie jedoch revidiert und die Bedeutung von Träumen für tiefenpsychologische Vorgänge anerkannt. Wenn darin ein Sinn oder ein Plan aufscheine, so deshalb, weil den chaotischen neuronalen Signalen eine Ordnung aufgezwungen worden sei. „In dieser Ordnung spiegelt sich unsere persönliche Sicht der Welt, sie gibt ferne Erinnerungen wieder", schreibt er. Das würde bedeuten, daß sich die persönliche emotionale Ausstattung darin ausdrückt.

Inzwischen geht Hobson sogar noch weiter. In einer weiteren Revision der ursprünglichen Arbeit überlegt er, ob die Signale aus dem Hirnstamm nicht vielleicht nur gewissermaßen als Schalter fungieren, die von einer Traumepisode zur nächsten weiterleiten.

Wenn Hobson und McCarley auch eine Erklärung für den Inhalt von Träumen gegeben hatten, so blieb ihnen doch – wie sie zugaben – die eigentliche Funktion des REM-Schlafs ein Rätsel. Im Jahre 1983 aber trugen der Genetiker und Medizin-Nobelpreisträger Francis Crick vom Salk-Institut in La Jolla (Kalifornien) und Graeme Mitchison von der Universität Cambridge in England die Idee vor, Träumen sei reverses Lernen, gewissermaßen sortiertes Vergessen. Sie folgten Hobson und McCarley in der Annahme, der Neocortex sei einem Zufallsbombardement von PGO-Erregungswellen ausgesetzt. Berücksichtige man des weiteren alles, was bis dahin über erregte neuronale Netzwerke bekannt war, dann – so postulierten sie – sei anzunehmen, daß ein komplexes assoziatives neuronales Netzwerk wie der Neocortex durch die ungeheure Menge eingehender Informationen überladen werden könne. In einem solchen Fall aber würden sich verkehrte, gleichsam parasitische Assoziationen einschleichen und die Speicherung der relevanten Gedächtnisinhalte gefährden.

Crick und Mitchison meinten, der REM-Schlaf diene dazu, solche unechten Assoziationen im Cortex regelmäßig zu löschen; die PGO-Signale hülfen dabei, indem sie das Tilgen von Scheininformationen stimulierten. Dieser Prozeß diene einer wichtigen Funktion: dem geordneten Umgang mit Gedächtnisinhalten.

Beim Menschen wären Träume sozusagen der Mitschnitt solch störender, parasitischer Gedankenverbindungen, von denen das Gedächtnis sich unbedingt wieder reinigen müsse. „Wir träumen", formulierten Crick und Mitchison es prägnant, „um zu vergessen."

Auch diese beiden Forscher haben 1986 ihre These eingeschränkt: Nur für bizarre Träume sollte sie noch gelten. Das Träumen von in sich schlüssigen Geschichten aber könne man weder so noch sonstwie erklären. Auch solle man besser nicht sagen, was so einprägsam klang, man träume des Vergessens wegen; vielmehr sei der Nutzeffekt, Phantastereien und Wahnvorstellungen einzuschränken.

Doch der Funktion des Träumens scheint keine dieser Erklärungen gerecht zu werden. Freuds Theorie einerseits bezog nicht das tatsächliche physiologische Geschehen mit ein. (Ursprünglich hatte er zwar vorgehabt, auch die Neurologie des Unbewußten und der Träume in seinem Projekt einer naturwissenschaftlichen Psychologie zu behandeln, doch reichte der Kenntnisstand dafür noch nicht, so daß er sich auf die Psychoanalyse beschränkte.) Andererseits waren die späteren, physiologisch orientierten Theorien nicht umfassend genug, weil sie – obgleich nachträglich um psychologische Vorstellungen bereichert – den Träumen keine Bedeutung beimaßen.

Erregungsprozesse im Gehirn

Um Sinn und Funktion des Träumens aufzuklären, schien es mir besonders vielversprechend, der Neurobiologie des REM-Schlafs und der Gedächtnisaufbereitung nachzugehen. Der Schlüssel dazu konnte der Theta-Rhythmus sein.

Dieses Erregungsphänomen im Gehirn haben 1954 John D. Green und Arnaldo A. Arduini von der Universität von Kalifornien in Los Angeles an wachen Kaninchen entdeckt. In deren Hippocampus bemerkten sie ein regelmäßiges, sinus-

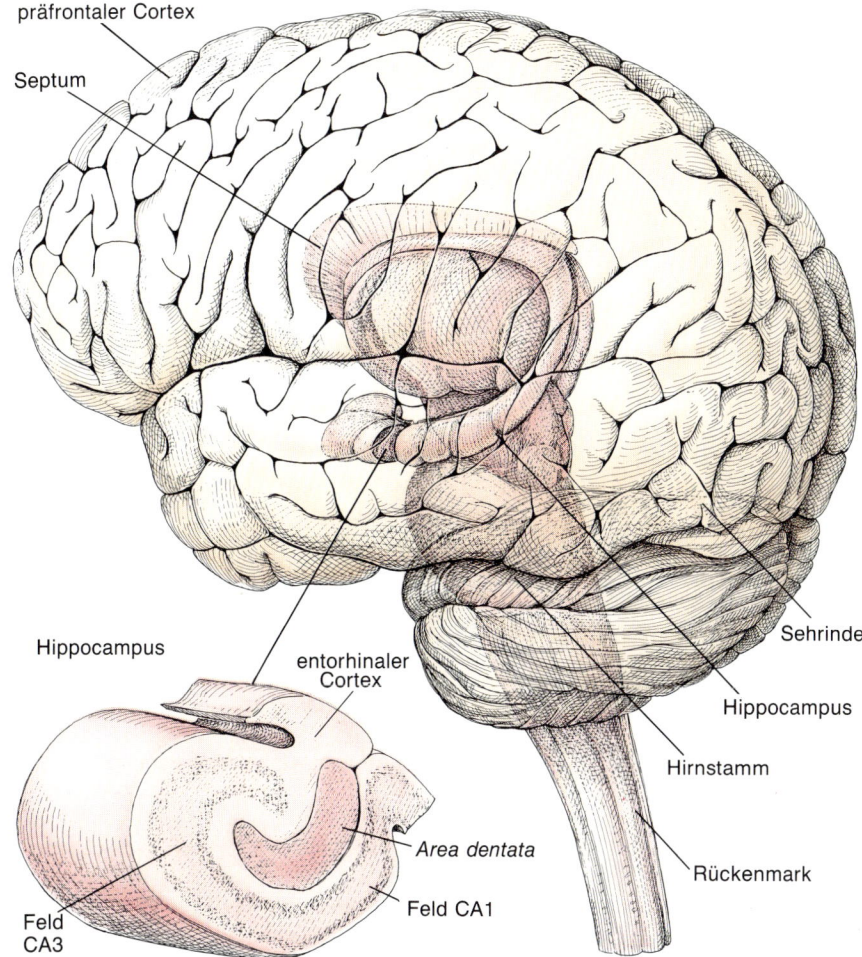

präfrontaler Cortex

Septum

Hippocampus

entorhinaler Cortex

Feld CA3

Area dentata

Feld CA1

Sehrinde

Hippocampus

Hirnstamm

Rückenmark

Bild 2: Dieses Schema eines menschlichen Gehirns (große Abbildung) deutet die Lage von Hirngebieten an, die am Träumen beteiligt sind. Eine dafür wesentliche Struktur ist der Hippocampus (auch Ammonshorn; in dem Schnittbild unten links vergrößert), wo über den entorhinalen Cortex eintreffende Informationen nacheinander in drei Gebieten bearbeitet werden: in der *Area* ***dentata*, im Feld CA3 und im Feld CA1. Bei Säugetieren unterhalb der Primaten erzeugen zwei Gebiete des Hippocampus – die *Area dentata* und das Feld CA1 – ein rhythmisches neuronales Erregungsmuster, den sogenannten Theta-Rhythmus, der bei der Verarbeitung von zuvor im Wachzustand gesammelten Eindrücken im REM-Schlaf entscheidend mitzuwirken scheint.**

förmiges Erregungsmuster mit sechs Perioden pro Sekunde, wenn die Tiere etwas in ihrer Umgebung aufmerksam beachteten. Weil es einer bestimmten Komponente gleicher Frequenz im menschlichen EEG – eben den Theta-Wellen – ähnelte, nannten sie es Theta-Rhythmus.

Inzwischen hat man dieses Erregungsmuster auch bei anderen Säugetierarten gefunden, so bei Spitzhörnchen, Maulwürfen, Ratten und Katzen. Durchweg beobachtete man den Theta-Rhythmus an den wachen Tieren, allerdings bei den einzelnen Arten jeweils in ganz unterschiedlichen Verhaltenszuständen. Beispielsweise war er bei Ratten, anders als bei Kaninchen, allein auf Umweltreize hin nicht festzustellen, solange sie bewegungslos saßen; vielmehr erzeugte ihr Gehirn ihn ausschließlich, wenn sie selbst sich bewegten, typischerweise

wenn sie etwas erkundeten. Doch 1969 entdeckte Case H. Vanderwolf von der Universität von Western Ontario in London (Kanada), daß es einen Zustand gab, in dem alle seine Versuchstiere – auch Ratten – diese besondere Gehirnaktivität aufwiesen: im REM-Schlaf (Bild 4).

Zu diesen Befunden veröffentlichte ich 1972 einen Kommentar mit der These, daß das unterschiedliche Auftreten von Theta-Rhythmen bei den einzelnen Tierarten vom jeweiligen artspezifischen Verhalten her zu erklären sei: Sie begleiteten im Wachzustand besonders überlebenswichtige Aktivitäten, und zwar vorzugsweise solche, deren Ablauf nicht genetisch streng festgelegt ist, sondern in hohem Maße flexible Reaktionen auf Ereignisse in der Umwelt erfordert. Für das Raubtier Katze ist das Beutemachen entscheidend, für ein Kaninchen das Streben

nach Schutz vor Freßfeinden, für eine Ratte anscheinend das Erforschen ihrer näheren Umgebung (so wird selbst eine hungrige Ratte an einem fremden Ort erst fressen, nachdem sie alles genügend erkundet hat; selbst Futter, auf das sie direkt stößt, rührt sie zunächst nicht an).

Ich überlegte des weiteren, ob der Theta-Rhythmus beim REM-Schlaf etwas mit solchen Aktivitäten zu tun haben könnte, weil der Hippocampus am Speichern von Erinnerungen beteiligt ist: Vielleicht repräsentierte das Erregungsmuster im Schlaf ein neuronales Ereignis, bei dem bedeutsame Erlebnisse der letzten Wachphase aufgearbeitet werden.

Im Jahre 1974 fand ich an freilaufenden Ratten und Kaninchen heraus, wo im Hippocampus der Theta-Rhythmus entsteht. Der Hippocampus (griechisch für Seepferdchen, das die Form assoziiert; Bild 2) gilt heute zusammen mit dem Neocortex und anderen Strukturen als neuronales Substrat für das Gedächtnis (vergleiche „Die Anatomie des Gedächtnisses" von Mortimer Mishkin und Timothy Appenzeller, Spektrum der Wissenschaft, August 1987). Er ist in drei Hauptgebiete oder Felder neuronaler Verschaltungen mit verschiedenen dominierenden Neuronentypen gegliedert (Bild 2, unten links): Zunächst laufen die Signale aus den sensorischen und assoziativen Feldern des Neocortex im entorhinalen Cortex zusammen und gelangen dann nacheinander in die drei Verschaltungsgebiete des Hippocampus, zuerst zu den Körnerzellen in der *Area dentata* (von lateinisch *dentatus*: gezähnt), dann zu den Pyramidenzellen (so nach ihrer Form genannt) im Feld CA3 und schließlich zu den Pyramidenzellen im Feld CA1. Danach geht die aufbereitete Information wieder über den entorhinalen Cortex zum Neocortex zurück.

Wie meine Untersuchungen ergeben haben, entsteht der Theta-Rhythmus in zwei Gebieten des Hippocampus: in der *Area dentata* und im Feld CA1. Dabei ist die Rhythmik dieser beiden Gebiete synchron. Später fanden Susan Mitchell und James B. Ranck jr. vom Downstate Medical Center der Staatsuniversität von New York, daß der entorhinale Cortex ebenfalls Erregungswellen erzeugt, die mit den beiden genannten synchron sind.

Robert Verdes von der Wayne-State-Universität in Detroit (Michigan) hat im Hirnstamm die Neuronen gefunden, die den Theta-Rhythmus kontrollieren. Sie senden ihre Signale zum Septum (vergleiche Bild 2), einer Vorderhirnstruktur, die als Schrittmacher oder Automatiezentrum (so nennt man die Impulsgeber für rhythmische Erregungen) für den Theta-Rhythmus gilt und deren

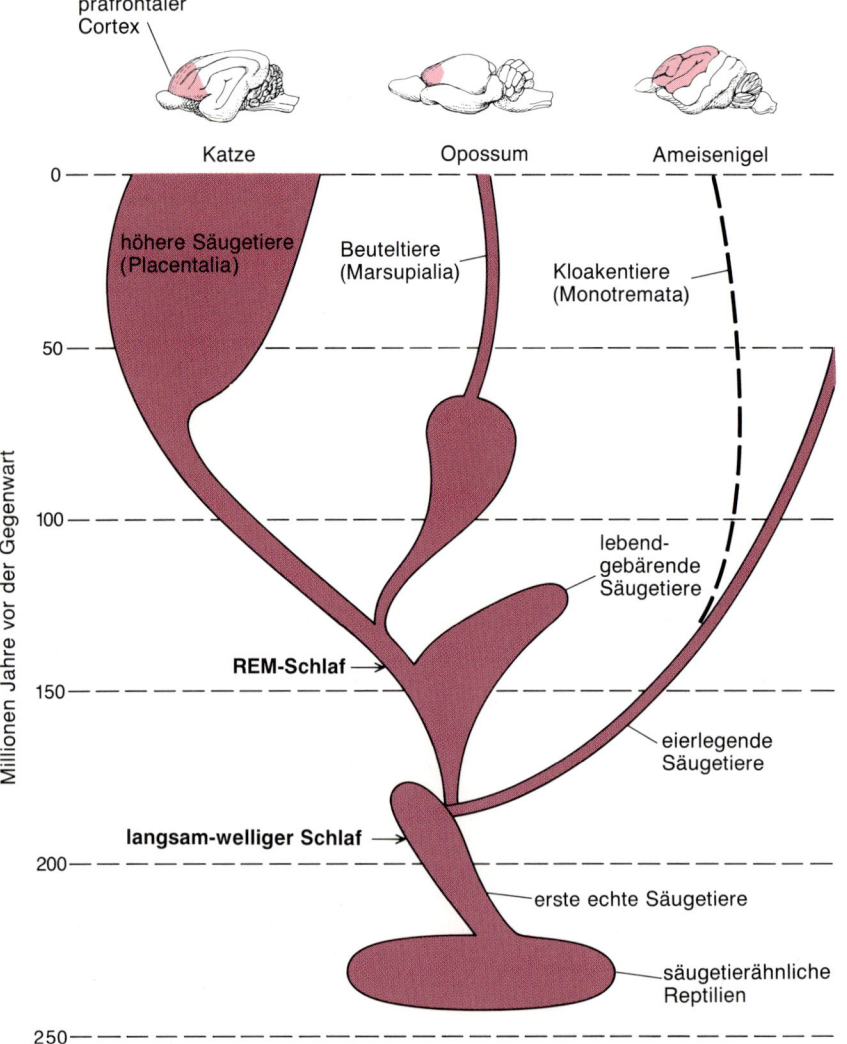

präfrontaler
Cortex

Katze   Opossum   Ameisenigel

Millionen Jahre vor der Gegenwart

0

höhere Säugetiere
(Placentalia)   Beuteltiere
(Marsupialia)   Kloakentiere
(Monotremata)

50

100

lebend-
gebärende
Säugetiere

REM-Schlaf

150

eierlegende
Säugetiere

langsam-welliger Schlaf

200

erste echte Säugetiere

säugetierähnliche
Reptilien

250

Bild 3: Wann sich verschiedene Traumphänomene ausgebildet haben, läßt sich aus der Entwicklungsgeschichte der Säugetiere – hier ein grob vereinfachtes Stammbaumschema – abschätzen. Allen Säugern gemeinsam ist Schlaf mit langsam-welliger Gehirnaktivität. Der REM-Schlaf trat hingegen erst auf, als sich die Entwicklungslinien der eierlegenden und der lebendgebärenden Säuger getrennt hatten. Dementsprechend unterscheidet sich auch der Aufbau des Gehirns: Bei den urtümlichen australischen Schnabel- oder Ameisenigeln, bei denen noch kein REM-Schlaf vorkommt, ist das Verhältnis des präfrontalen Cortex (des vorderen Teils der Hirnrinde) zum übrigen Gehirn sehr viel größer als bei den Beutel- und Plazentatieren und selbst beim Menschen, was für eine besondere Funktion spricht. Auch absolut ist diese Hirnregion bei ihnen größer als bei körperlich gleich großen Tieren jener Gruppen, etwa der Katze oder dem Opossum. Vielleicht war eine weitere Vergrößerung des präfrontalen Cortex nun nicht mehr möglich, so daß sich statt dessen als neuer Mechanismus zur Leistungssteigerung des Gehirns der REM-Schlaf entwickelte.

Kern im übrigen in engem Zusammenhang mit der Gedächtnisspeicherung steht. Das Septum aktiviert dann sowohl den Hippocampus als auch den entorhinalen Cortex. Auf diese Weise beeinflussen also Erregungen aus dem Hirnstamm Strukturen, die für das Gedächtnis wesentlich sind.

Um nachzuweisen, inwiefern der Theta-Rhythmus für das Funktionieren des Gedächtnisses tatsächlich nötig ist, habe ich bei Ratten im Septum, also dem Automatiezentrum für den Theta-Rhythmus, an den Neuronen Läsionen gesetzt. Die

Tiere, die zuvor gelernt hatten, sich in einem Labyrinth anhand bestimmter Orientierungsmarken zurechtzufinden, verirrten sich nach dem Eingriff wieder: Augenscheinlich war mit dem Unterbinden der Theta-Rhythmen das räumliche Gedächtnis vernichtet.

Gedächtnisspuren an Neuronen

Welche Aufgaben dem Theta-Rhythmus im einzelnen zukommen, geht aus Untersuchungen darüber hervor, wie

sich bei der Gedächtnisbildung die Signalübertragungs-Eigenschaften der beanspruchten Nervenzellen verändern. Insbesondere die sogenannte Langzeitpotenzierung (LTP nach englisch *long-term potentiation*) könnte für das Niederlegen von Gedächtnisinhalten entscheidend sein; beschrieben haben dieses Phänomen Timothy V. P. Bliss und A. R. Gardner-Medwin vom britischen Nationalen Institut für medizinische Forschung in London sowie Terje Lømo von der Universität Oslo (Norwegen) 1973, als sie Nervenzellen intensiv mit elektrischen Impulsen reizten.

Wie man damals schon wußte, kann man bei Reizung der Nervenfasern vom entorhinalen Cortex zu den Körnerzellen des Hippocampus an diesen Zellen die Antwort mit Hilfe einer Mikroelektrode registrieren. Bliss und seine Kollegen maßen nun zunächst die normale Stärke der Antwort auf einen einzelnen elektrischen Impuls. Dann stimulierten sie die Nervenfasern mit einer langen Serie von Signalen in sehr rascher Folge, einer sogenannten tetanischen Frequenz. Als sie daraufhin noch einmal einen einzelnen Reiz gaben, antworteten die Körnerzellen wesentlich stärker als zu Anfang. Der weithin Aufsehen erregende zusätzliche Befund aber war, daß dieser Effekt bis zu drei Tage lang anhielt (daher der Name Langzeitpotenzierung). Dieses Phänomen war genau das, was ein Gedächtnis ausmachen könnte, nämlich die Verstärkung von neuronalen Verbindungen. Heute gilt die Langzeitpotenzierung als ein Modell für Lernen und Gedächtnis.

Wie kommt sie zustande? Bewirkt wird die Langzeitpotenzierung von einem bestimmten Zellmembran-Molekül von Nervenzellen, dem sogenannten NMDA-Rezeptor (für N-Methyl-D-Aspartat; Bild 5): Die Dendriten – die verästelten, signalaufnehmenden Fortsätze – sowohl der Körnerzellen als auch der CA1-Pyramidenzellen im Hippocampus sind wie die von Neuronen überall im Neocortex damit ausgestattet.

Solche neuronalen Rezeptoren werden durch Neurotransmitter (Substanzen, die ein Signal über die Kontaktstelle zwischen zwei Nervenzellen – den synaptischen Spalt – tragen) aktiviert; beim NMDA-Rezeptor ist es Glutamat. Setzt die präsynaptische Zelle Glutamat frei, öffnet sich in der Dendritenmembran der postsynaptischen Körnerzelle ein Kanal, durch den Natrium aus dem Zellzwischenraum einströmt. Durch diese elektrisch geladenen Ionen ändern sich die Ladungsverhältnisse an der Zellmembran (man spricht von Depolarisation), und bei einem bestimmten Grenzwert feuert die postsynaptische Zelle – sie erzeugt ihrerseits ein Signal, so daß Information weitergeleitet wird.

Anders als bei anderen Rezeptoren ist damit aber die Funktion des NMDA-Rezeptors nicht erschöpft. Falls noch mehr Glutamat freigesetzt wird, während die Membran der postsynaptischen Körnerzelle bereits depolarisiert ist, geht ein zweiter Kanal auf, der diesmal Calcium in die Zelle einläßt. Das Calcium, wahrscheinlich ein sekundärer Botenstoff im Zellgeschehen, löst nun eine Kaskade von molekularen Vorgängen aus, die letztlich langanhaltende Veränderungen an den Synapsen bewirken – eben die Langzeitpotenzierung. Man arbeitet derzeit intensiv daran, diese – hier grob vereinfacht geschilderten – Prozesse im einzelnen aufzuklären.

Für das Verständnis solcher Ergebnisse ergab sich dennoch ein Problem: Das Team von Bliss hatte die tetanischen Impulse künstlich erzeugt; natürlicherweise kommen sie so gar nicht vor. Was aber geschieht im Gehirn statt dessen?

Als Erklärung schlugen 1986 John Larson und Gary S. Lynch von der Universität von Kalifornien in Irvine sowie Gregory Rose und Thomas V. Dunwiddie von der Universität von Colorado in Denver vor, daß der Vorgang an den Theta-Rhythmus gekoppelt sei. Sie konnten nämlich im Hippocampus von Ratten eine Langzeitpotenzierung erzeugen, wenn sie die CA1-Zellen mit einigen wenigen elektrischen Impulsen stimulierten – allerdings nur dann, wenn die zeitlichen Abstände denen zwischen jeweils zwei Wellen im Theta-Rhythmus

entsprachen, also ungefähr 200 Millisekunden dauerten. Demnach scheint normalerweise der Theta-Rhythmus die NMDA-Rezeptoren der Neuronen im Hippocampus zu aktivieren.

In meinem Labor konnten wir später ebenfalls durch solche rhythmischen Reize eine Langzeitpotenzierung erzielen, wobei wir jedoch nicht Zellen im CA1-Feld, sondern Körnerzellen in der *Area dentata* stimulierten. Des weiteren haben Constantine Pavlides, Yoram J. Greenstein und ich dann nachgewiesen, daß der Erfolg davon abhängt, in welcher Phase des Theta-Rhythmus die Signale eintreffen (Bild 6): Gaben wir den elektrischen Impuls während der Wellenspitzen, trat der Effekt ein; trafen wir aber die Täler, konnten wir keine Langzeitpotenzierung verzeichnen.

Gedächtnisprozesse im Schlaf

Allmählich gewannen wir so ein Bild davon, was mit Gedächtnisinhalten im Wachzustand und im Schlaf geschieht. Wenn beispielsweise eine Ratte etwas erkundet, aktivieren zum einen Neuronen des Hirnstamms den Theta-Rhythmus im Hippocampus. Zum anderen treffen dort auch die Signale der Sinnesorgane ein; bei der Ratte werden die der Nase wie auch die der Schnurrhaare nun im entorhinalen Cortex vom Theta-Rhythmus gleichsam in Informationshäppchen von 200 Millisekunden Dauer unterteilt. Die im Verein damit agierenden NMDA-Rezeptoren ermöglichen daraufhin durch

langdauernde Veränderungen an den Nervenzellmembranen, daß diese Information als Inhalt des Langzeitgedächtnisses niedergelegt wird.

Was beim REM-Schlaf geschieht, ist diesem Vorgang beim wachen Tier sehr ähnlich. Obwohl dann keine Sinnesinformationen oder Rückmeldungen über eigenes Verhalten wie Körperbewegungen ins Gehirn gelangen, steht das neocortical-hippocampale Netzwerk doch unter Theta-Rhythmus. Demnach könnte er bei dieser Aktivität des Gehirns mit Umstrukturierungen des Langzeitgedächtnisses zu tun haben.

Tatsächlich vermochten wir in einem weiteren Experiment nachzuweisen, daß Ratten zumindest räumliche Erinnerungen während des Schlafs im Hippocampus verarbeiten. Wie John O'Keefe und J. Dostrovsky vom University College in London schon früher gezeigt hatten, feuern beim wachen Tier einzelne Neuronen des CA1-Feldes, wenn es an einen bestimmten Platz geht. Die Neuronen lassen sich mithin bestimmten Aufenthaltsorten zuordnen. Aus dieser Beobachtung war zu schließen, daß mittels dieser Aktivität der CA1-Neuronen gewissermaßen der Raum kartiert und diese Information dem Gedächtnis zugeführt wird.

Das machten wir uns zunutze, um zu prüfen, was an den Neuronen im Schlaf geschieht. Bei dem Versuch, den Pavlides und ich 1989 mit Ratten unternahmen, suchten wir uns zunächst jeweils zwei Neuronen des Hippocampus, die an verschiedenen Aufenthaltsorten ansprachen, und zeichneten ihre normale Akti-

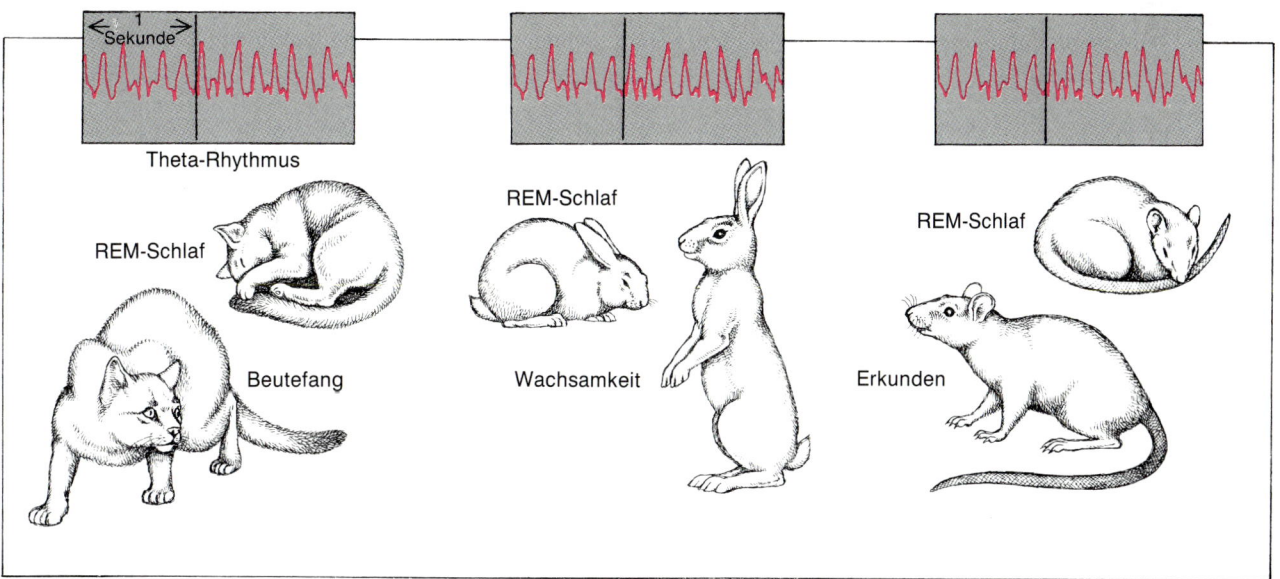

Bild 4: Wann bei einem wachen Tier der Theta-Rhythmus auftritt, ist von Art zu Art verschieden. Es scheinen Situationen zu sein, in denen das Tier eine besondere Leistung für sein Überleben erbringen muß. Bei Beuteltieren und höheren Säugetieren entsteht der Theta-Rhythmus auch während des sogenannten REM-Schlafs (von englisch *rapid eye movement*, weil rasche Augenbewegungen dafür typisch sind), in dem zumindest der Mensch träumt; allerdings scheint der Theta-Rhythmus bei den Primaten zu fehlen.

53

vität sowohl im Wachzustand wie im Schlaf gleichzeitig auf. Dann setzten wir die wache Ratte gezielt auf den Platz, dem das eine Neuron zugeordnet war, worauf es – wie vorauszusehen – heftig, das andere, nicht für diesen Ort zuständige, hingegen nur gelegentlich feuerte. Die Ratte ging bald weg, lief herum und schlief auch irgendwann; aber wir verfolgten die Aktivität der beiden Neuronen weiter, und zwar über mehrere Schlafzyklen. Ein solches Experiment gelang uns sechsmal.

Dabei stellte sich heraus: Solange das Tier umherlief, und solange es nicht gerade an den Platz kam, für den ein Neuron zuständig war, feuerte das betreffende Neuron nur mit normaler geringer Rate. Im Schlaf jedoch kamen seine Signale signifikant schneller hintereinander als beim Schlafen vor dem Versuch. Jene Neuronen hingegen, die nicht an der Kartierung des Raumes beteiligt gewesen waren, feuerten auch im Schlaf nicht häufiger als zuvor, als die Ratte wach war. Irgend etwas geschieht also im

Schlaf mit der im Wachzustand eingegangenen Information auf der Ebene der einzelnen Nervenzellen: Wie es scheint, wird das vordem Gespeicherte aufgearbeitet und dabei vielleicht verstärkt.

Hinweise aus der Entwicklungsgeschichte

Auch aus der Evolution des Säugetiergehirns geht hervor, daß der Theta-Rhythmus im REM-Schlaf das Gedächtnis formt. Wie erwähnt, haben manche ursprünglichen Säugetiere keinen REM-Schlaf und keinen Theta-Rhythmus im Schlaf, wie wir vom Ameisenigel wissen. Man sollte daher erwarten, daß auch sein Gehirn entsprechend anders aufgebaut ist als das von Beuteltieren und höheren Säugetieren, bei denen sich entsprechende Gehirnaktivitäten ausgebildet haben.

Beim Ameisenigel ist nun in der Tat der präfrontale Cortex (der vordere Teil des Neocortex) im Vergleich zum gesamten Gehirn größer als bei allen anderen Säugetieren einschließlich des Menschen. Daraus läßt sich schließen, daß diese Hirnregion in irgendeiner Hinsicht besonders viel zu tun hat.

Meiner Ansicht nach hat der präfrontale Cortex eine doppelte Aufgabe für das Überleben des Tieres zu leisten: Zum einen muß er in angemessener Weise, das heißt entsprechend früheren Erfahrungen, auf eintreffende Information reagieren, zum anderen gänzlich neue Informationen bewerten und einordnen und das Relevante speichern, damit es in Zukunft seinerseits als Erfahrung verfügbar ist. Weil sich bei Ameisenigeln noch nicht der REM-Schlaf entwickelt hat, vermögen sie auch wohl nicht während des Schlafens Informationen derart zu verarbeiten. (Sie produzieren jedoch einen Theta-Rhythmus, während sie auf Nahrungssuche sind). Damit sich Tiere mit komplexeren Fähigkeiten entwickeln konnten, als Ameisenigel sie aufweisen, hätte also der präfrontale Cortex sich im Vergleich zum übrigen Gehirn noch mehr vergrößern müssen, aber dann im Schädel gar nicht mehr genug Platz gehabt – es sei denn, bei ihnen wäre ein anderer, neuartiger zerebraler Verarbeitungsprozeß hinzugekommen, der die Leistungsfähigkeit des Gehirns entsprechend gesteigert hätte.

Anscheinend war der REM-Schlaf eben diese neue Lösung, erlaubt er doch dem Gehirn, seine Gedächtnisinhalte abgelöst vom aktuellen Geschehen zu bearbeiten. Und mit dem Aufkommen dieser Gehirnaktivität bei Beutel- und Plazentatieren vollzog sich auch ein bemerkenswerter Wandel des Gehirnaufbaus: Wohl

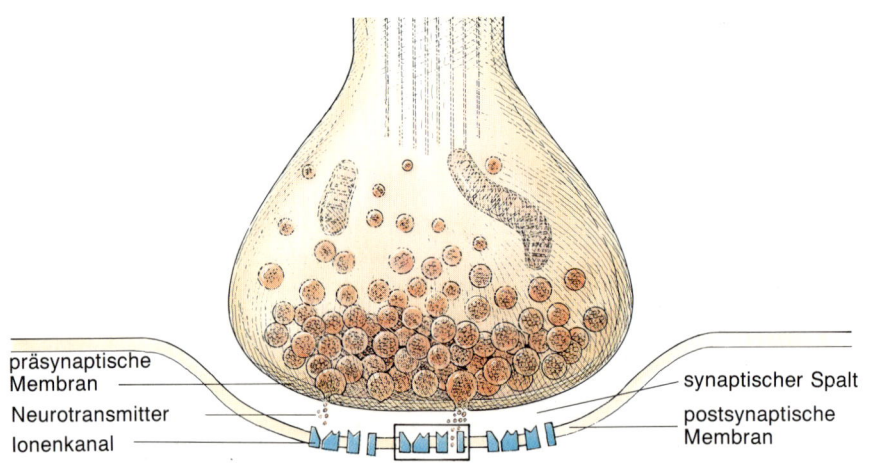

präsynaptische Membran
Neurotransmitter
Ionenkanal
synaptischer Spalt
postsynaptische Membran

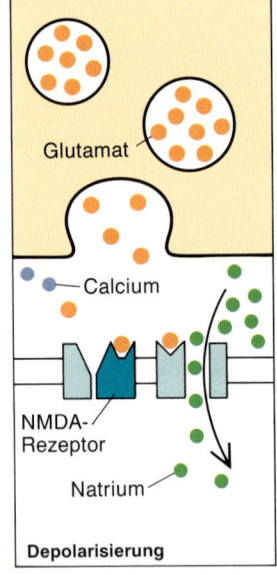
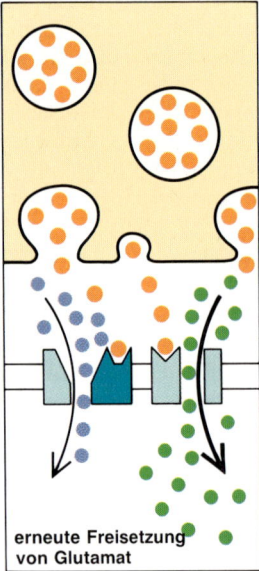
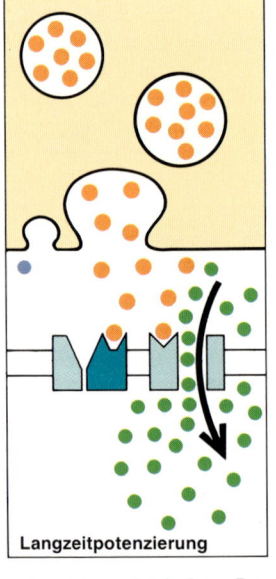

Glutamat
Calcium
NMDA-Rezeptor
Natrium
Depolarisierung
erneute Freisetzung von Glutamat
Langzeitpotenzierung

Bild 5: Ein Modell für ein molekulares Gedächtnisphänomen, bei dem sich die Reaktionsstärke der signalaufnehmenden Membranen von Nervenzellen ändert, ist die sogenannte Langzeitpotenzierung (LTP). An einer Synapse, der Kontaktstelle zwischen zwei Nervenzellen (oben), wird bei der Signalübermittlung eine spezifische Substanz, ein Neurotransmitter, zur nächsten Zelle abgegeben, wo Membranrezeptoren darauf ansprechen. Bei der Langzeitpotenzierung aktiviert der Transmitter Glutamat den NMDA-Rezeptor, wodurch sich ein Membrankanal öffnet, durch den Natrium in die Zelle einfließt (unten links). Infolge dessen ändern sich die elektrischen Ladungsverhältnisse an der Membran, sie wird depolarisiert, und die Zelle antwortet auf die Stimulation mit einem Signal bestimmter Qualität. Trifft in diesem Zustand weiteres Glutamat auf die Zellmembran, öffnet der NMDA-Rezeptor noch einen anderen Kanal, durch den Calcium einströmt (unten Mitte) – der entscheidende Anlaß, daß eine Langzeitpotenzierung stattfindet. Die Membraneigenschaften ändern sich nun dermaßen, daß bei späterer Glutamat-Freigabe viel mehr Natrium als vordem in die Zelle fließt (unten rechts) und sie auf den gleichen Reiz sehr viel stärker reagiert.

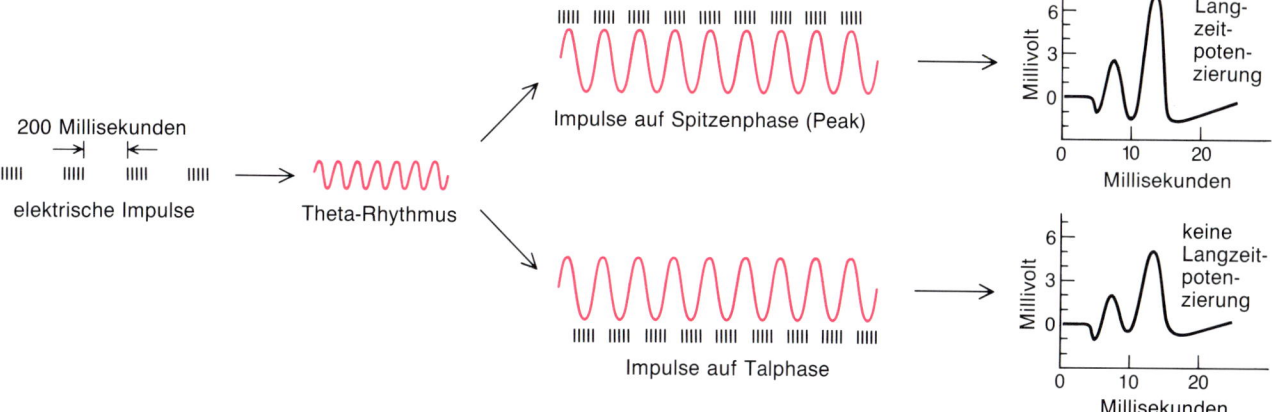

Bild 6: Eine Langzeitpotenzierung der Körnerzellen in der *Area dentata* des Hippocampus gelingt, wenn Nervensignale (vermutlich normalerweise aus Sinnesorganen; hier künstlich erzeugt) im Theta-Rhythmus eintreffen, also alle 200 Millisekunden — allerdings auch nur dann, wenn diese Signale synchron mit den Spitzen, den sogenannten Peaks (oben), des Theta-Rhythmus kommen.

weil der präfrontale Cortex in dieser Größe nun nicht mehr zur Informationsaufbereitung benötigt wurde, verringerte sich die relative Größe dieser Region erheblich zugunsten von anderen Gebieten, die bei höher entwickelten Arten komplexere assoziative und kognitive Leistungen erbringen (Bild 3).

Die Art, wie sich der REM-Schlaf manifestiert, stützt diese entwicklungsgeschichtliche Deutung. Wenn das wache Tier Informationen aufnimmt, bewegt es sich meistens und läßt seine Augen umherschweifen. Nun wäre es schwierig gewesen, die dabei aufgenommenen Informationen im REM-Schlaf unabhängig von denen über Körperbewegungen zu verarbeiten; das hätte wohl eine zu weitgehende Umstrukturierung der Neuronen-Verschaltungsmuster im Gehirn erfordert. Also mußte, damit der Schlaf nicht unterbrochen wurde, währenddessen die reaktive Bewegung der Gliedmaßen durch hemmende Nervenverschaltungen unterdrückt werden. Bei den Augenbewegungen scheint das nicht nötig gewesen zu sein, da sie den Schlaf nicht stören.

Neurale Signale ähnlich den PGO-Wellen informieren das Gehirn sowohl im Wachzustand als auch beim REM-Schlaf über die Augenbewegungen — wozu aber, das ist noch nicht gänzlich geklärt. Aber möglicherweise wird im Wachzustand dadurch die Sehrinde darauf vorbereitet, daß gleich eine visuelle Information eintrifft; und im REM-Schlaf könnte sich daran erweisen, daß diese Information aufbereitet wird. Die PGO-Signale aus dem Hirnstamm, die beim REM-Schlaf im Sehzentrum einlaufen, bewirken ebenfalls nicht, daß das Tier erwacht — sie brauchten mithin, anders als die Aktivierung der Motorik, auch nicht unterdrückt zu werden.

Menschliches Träumen

Die Ausbildung des REM-Schlafs erlaubte den Säugetieren, lebenswichtige Informationen gesondert zu bearbeiten, seien es Erfahrungen bei Flucht oder Verteidigung, Nahrungssuche oder Beutefang — bei den Aktivitäten, während denen Theta-Rhythmus auftritt. Nun wurde all dies im REM-Schlaf noch einmal bewertet und mit früheren Erfahrungen abgeglichen, so daß die Verhaltensstrategien zunehmend optimiert werden konnten.

Zwar ließ sich bei Primaten — auch beim Menschen — bislang kein Theta-Rhythmus nachweisen; dennoch könnte er vielleicht den Ursprung auch des menschlichen Träumens aufzuklären ermöglichen: In unserem Traumgeschehen könnten sich durchaus Mechanismen des Aufarbeitens von Gedächtnisinhalten auswirken, die uns in irgendeiner Form von unseren tierischen Vorfahren überkommen sind.

Man kann annehmen, daß die so aufbereitete Information das Wesen des Unbewußten ausmacht. Tiere verfügen noch nicht über Sprache; die Informationen, die sie im Traum verarbeiten, rühren möglicherweise vorwiegend von Sinneswahrnehmungen her. Entsprechend unserer stammesgeschichtlichen Herkunft sind auch die menschlichen Träume vornehmlich sinnenhafte, vor allem visuelle Erlebnisse — sie werden nicht mit Worten erzählt.

Gleicherweise gemahnt unser Träumen dadurch an die Funktion des REM-Schlafs der Tiere, daß die Trauminhalte — die in der Aufarbeitung befindlichen Erfahrungsmaterialien — gar nicht ins Bewußtsein dringen müssen. Die höheren Formen des Bewußtseins sind allem Anschein nach später als diese Mecha-

nismen zum Aufarbeiten von Eindrücken entstanden. Doch gibt es andererseits auch keinen einsichtigen Grund, warum ein Trauminhalt nicht bewußt werden dürfte — wir können uns manchmal an einen Traum erinnern, insbesondere dann, wenn wir während oder bald nach einer REM-Schlaf-Phase aufwachen.

Alles in allem meine ich, Träume spiegeln eine persönliche Überlebensstrategie. Trauminhalte sind vielgestaltig und komplex; sie umfassen Bilder, die man von sich selbst hat, Ängste und Unsicherheiten, aber auch Stärken und erhabene Ideen, vielfältige Wünsche und Begierden, sexuelle Lust, Eifersucht und Liebe. Und ganz offensichtlich haben Träume einen tiefinneren psychischen Kern. Von dessen Vorhandensein berichten die Psychoanalytiker seit Freud.

Davon, wie dicht der Trauminhalt mit starken Erlebnissen verknüpft sein kann, vermittelt eine Untersuchung von Rosalind Cartwright vom Rush-Presbyterian-St.-Luke's-Krankenhaus in Chicago einen Eindruck. Sie arbeitet mit 90 Probanden, die in Trennung oder Scheidung leben. Um ihre Haltung und ihr Befinden in dieser Lebenskrise festzustellen, werden sie alle klinisch und psychologisch untersucht; dazu gehört, daß man sie aus dem REM-Schlaf weckt und sie ihre Träume erzählen sowie anschließend selbst deuten läßt. Dabei unterbricht man sie nicht mit Fragen, um sie nicht zu beeinflussen. Bei den 70 bislang untersuchten Personen enthalten die Träume deutlich unbewußte Gedanken über ihre Lebenskrise und lassen die Art und Weise erkennen, in der sie bei wachem Bewußtsein mit dieser Situation fertigzuwerden suchen.

An sich lassen sich Traumthemen nicht vorhersagen; doch scheinen manche Schwierigkeiten — wie die von Rosalind

Cartwright untersuchten – so dringlich anzuliegen, daß sie im Schlaf verarbeitet werden müssen. Beim gewöhnlichen Lauf der Dinge hingegen scheinen die Trauminhalte – mehr entsprechend der Persönlichkeit – von solchen Vorgaben eher frei zu sein. Die Bedeutung des Geträumten kann dann auch völlig nebulös bleiben, denn ein Kennzeichen des REM-Schlafs ist es nun einmal, ganz verschiedene Assoziationen ineinander zu verwirren.

Dennoch besteht aller Grund anzunehmen, daß jeder von uns wie die Probanden der Chicagoer Untersuchung im Traum vorausgegangene Erlebnisse kognitiv aufarbeitet. Wie man dann später das Ergebnis dieser Prozesse einordnet, hängt vom persönlichen Erfahrungshintergrund ab. Gerade Kindheitserlebnisse spielen dabei eine wichtige Rolle.

Gehirnreifung

Meine Hypothese kann außerdem erklären, wieso kleine Kinder sehr viel mehr REM-Schlaf brauchen als Erwachsene: Bei Neugeborenen sind es täglich acht Stunden. Bei ihnen verlaufen auch die Schlafzyklen noch anders, nämlich in Schüben von 50 bis 60 Minuten; und sie beginnen nicht mit einer langsam-welligen, sondern mit einer REM-Phase. Bei Zweijährigen dauert der REM-Schlaf nur noch drei Stunden täglich, und das Schlafmuster ist jetzt schon wie bei Erwachsenen. Ganz allmählich nimmt der REM-Schlaf später noch weiter ab und macht schließlich nur mehr knapp zwei Stunden aus.

Möglicherweise hat der REM-Schlaf bei Säuglingen eine besondere Funktion. Nach einer weithin akzeptierten Theorie soll er das Gehirnwachstum anregen. Ich vermute nun, daß im Alter von zwei Jahren – wenn der Hippocampus, der sich nach der Geburt noch entwickelt, funktionsfähig wird – der REM-Schlaf seine interpretative Gedächtnisarbeit zu leisten beginnt. Als Material, anhand dessen das Gedächtnis kognitive Leistungen ermöglicht, werden nun die im Wachzustand gewonnenen Informationen integriert. Das Gehirn muß damit ein Konzept von der Welt entwerfen, mit dem spätere Erfahrungen zu vergleichen und zu interpretieren sein werden. Um diese grundlegenden Gedächtnisinhalte erst einmal zu organisieren, könnte mehr REM-Schlaf als später erforderlich sein.

Sigmund Freud hat, obwohl er nicht über unsere heutigen Kenntnisse verfügte, eine tiefe Wahrheit gefunden: Es gibt ein Unbewußtes, und Träume sind wirklich der Königsweg dahin.

Doch die Charakteristika des Unbewußten und die damit befaßten Gehirnfunktionen sind ganz anders, als Freud dachte. Nicht um einen Hexenkessel ungezügelter Leidenschaften und destruktiver Wünsche handelt es sich – vielmehr ist meines Erachtens das Unbewußte eine zusammenhängende, fortwährend aktive geistige Struktur, die Lebenserfahrungen berücksichtigt und ihr eigenes Interpretationsschema anlegt. Auch sind die Trauminhalte nicht etwa deshalb so eigenartig verschleiert und verworren, weil etwas unterdrückt würde, sondern weil das Gedächtnis Assoziationen in solch komplexer Form anbietet.

Kurzum: Die Forschungsergebnisse zum REM-Schlaf deuten darauf hin, daß es für das Träumen einen lebenswichtigen Grund gibt. Das haben auch Hobson und McCarley mit der Revision ihrer Hypothese einer zufälligen Hirnstamm-Aktivierung zugestanden, die in der ersten knappen Formulierung nur wenig Erklärungs- und Vorhersagekraft hätte.

Nach der Hypothese von Crick und Mitchison dagegen hätte der REM-Schlaf zwar sehr wohl eine Funktion: die des aktiven Verlernens. Doch damit lassen sich nur bizarre Traumelemente erklären, nicht aber geträumte Geschichten. Und was man sich bei dieser Interpretation unter den Vorgängen im REM-Schlaf bei Tieren vorzustellen hätte, müßte erst einmal gründlich erarbeitet werden, damit man diese Hypothese besser bewerten kann.

Im übrigen müßten nach Cricks und Mitchisons Vorstellung die Hippocampus-Neuronen im REM-Schlaf rein zufallsverteilt feuern. Doch unser Rattenversuch hat dem widersprechende Ergebnisse gebracht: Zur räumlichen Kartierung haben immer nur bestimmte Neuronen – diejenigen, die zuvor einen Aufenthaltsort registriert hatten – vermehrt Signale produziert. Das läßt entgegen der Hypothese von Crick und Mitchison auf eine durchaus geordnete Verarbeitung von Erinnerungen schließen.

Die künftige Forschung wird bestimmt noch mehr über die Bedeutung des Träumens herausfinden. Insbesondere gilt es zu klären, ob es dem Gedächtnis auch dann schon schadet, wenn der Theta-Rhythmus nur im REM-Schlaf ausgeschaltet wird. Des weiteren war, wie gesagt, dieses Erregungsmuster bei Primaten bislang nicht nachzuweisen; auch dem müßte man nachgehen: Vielleicht ist diese Aktivität des Hippocampus tatsächlich nicht mehr vorhanden, sondern während der Evolution der höheren Säuger verschwunden, als das Sehen wichtiger wurde als das Riechen. Und möglicherweise existiert statt dessen bei den Primaten – und bei uns Menschen – ein anderer Mechanismus, der die NMDA-Rezeptoren periodisch aktiviert und damit die Nervenzellen veranlaßt, die Archive des Langzeitgedächtnisses zu füllen. Wir stehen davor, profunde Gedächtnisleistungen und wesentliche Aspekte der Neurobiologie unserer Psyche zu ergründen.

Sprache und Gehirn

Eine ganze Batterie neuronaler Strukturen dient der Darstellung von Begriffen,
eine kleinere findet Wörter und bildet Sätze daraus; als wichtige Instanz vermittelt eine
dritte zwischen den anderen beiden.

Von Antonio R. Damasio und Hanna Damasio

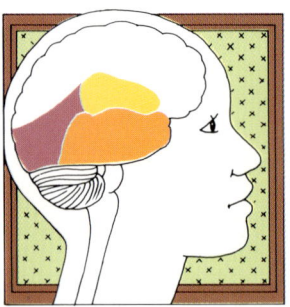

Was versteht man in den Neurowissenschaften unter Sprache? Offenbar ist die Fähigkeit gemeint, Wörter zu gebrauchen – oder Gebärden, falls es sich um eine Sprache für Gehörlose handelt – und sie so zu Sätzen zu verbinden, daß unsere gedanklichen Konzepte oder Begriffe sich anderen Menschen mitteilen lassen. Man betrachtet aber auch das Umgekehrte: wie wir die von anderen gesprochenen Worte erfassen und für uns in Begriffe verwandeln.

Die Sprache hat sich entwickelt und durchgesetzt, weil sie ein höchst wirksames Kommunikationsmittel ist – insbesondere für abstrakte Konzepte (Bild 1). Man versuche etwa, den Aufstieg und Niedergang der kommunistischen Staaten zu erklären, ohne ein einziges Wort zu verwenden. Doch die Sprache leistet außerdem, was Patricia S. Churchland von der Universität von Kalifornien in San Diego treffend „kognitive Verdichtung" nennt: Sie hilft, die Welt nach Kategorien zu ordnen und die Komplexität der begrifflichen Strukturen auf ein erträgliches Maß zu reduzieren.

Zum Beispiel steht das Wort „Schraubenzieher" für viele Darstellungen und mentale Repräsentationen eines solchen Werkzeugs – unter anderem bildliche Beschreibungen seines Gebrauchs und Zwecks, Beispiele spezifischer Anwendungen, das Gefühl beim Anfassen und Benutzen oder die zugehörige Handbewegung. Oder man denke an die immense Vielfalt der begrifflichen Repräsentationen, die ein Wort wie „Demokratie" bezeichnet. Aufgrund der kognitiven Sparsamkeit der Sprache – ihrer Tendenz, viele Begriffe unter einem Symbol zusammenzuziehen – vermögen die Menschen immer komplexere Begriffe einzuführen und damit ansonsten undenkbare Abstraktionsebenen zu erreichen.

Doch am Anfang gab es keine Wörter. Anscheinend ist die Sprache in der Evolution erst aufgetreten, nachdem die Vorfahren des Menschen nicht nur fähig geworden waren, Handlungen zu planen und einzuordnen, sondern auch mentale Repräsentationen von Objekten, Ereignissen und Beziehungen zu bilden und zu kategorisieren.

Ganz analog ist das Gehirn eines Säuglings schon emsig dabei, Begriffe zu repräsentieren und abzurufen sowie unzählige Handlungen in Gang zu bringen, lange bevor das Kleinkind sein erstes wohlgewähltes Wort auszusprechen, geschweige denn Sätze zu bilden und tatsächlich Sprache zu gebrauchen vermag. Allerdings muß das Reifen der Sprachprozesse nicht immer von dem begrifflicher Prozesse abhängen, denn einige Kinder mit unvollkommen entwickelten Begriffssystemen haben sich dennoch grammatische Strukturen angeeignet. Die für gewisse syntaktische Operationen – also das Ordnen sprachlicher Elemente zu Sätzen – erforderlichen neuronalen Mechanismen entwickeln sich anscheinend autonom.

Die Sprache existiert einerseits als ein Artefakt – eine Ansammlung von Symbolen in zulässigen Kombinationen – in der Außenwelt, andererseits als neurale Verkörperung dieser Symbole und ihrer Kombinationsregeln („neural" bedeutet allgemein die Nerven – hier meist das Zentralnervensystem – betreffend, „neuronal" bezieht sich spezifischer auf die Nervenzellen mit ihren Fortsätzen, die Neuronen). Für die Repräsentation von Sprache benutzt unser Gehirn die gleichen Mechanismen wie für die Darstellung anderer Dinge. Indem Wissenschaftler die neurale Grundlage für die Wiedergabe externer Objekte, Ereignisse und ihrer Beziehungen zu verstehen suchen, gewinnen sie gleichzeitig auch Einblick in die neurale Repräsentation von Sprache – und in die Mechanismen, die beides miteinander verbinden.

Ein dreiteiliges System

Wir sind überzeugt, daß das Gehirn die Sprache mittels dreier wechselwirkender Gruppen von Strukturen verarbeitet. Die erste, eine ganze Batterie neuraler Systeme sowohl in der rechten als auch in der linken Hemisphäre, ist für den nichtsprachlichen, durch verschiedene sensorische und motorische Systeme vermittelten Austausch zwischen dem Organismus und seiner Umgebung vorhanden – das heißt, für all das, was eine Person tut, wahrnimmt, denkt oder fühlt.

Das Gehirn ordnet diese nichtsprachlichen Darstellungen nach Kategorien (wie Gestalt, Farbe, Reihenfolge oder emotionaler Zustand), aber es schafft auch eine weitere Repräsentationsebene für die Ergebnisse dieser Klassifikation. Auf diese

Weise organisiert der Mensch Objekte, Ereignisse und Beziehungen. Aufeinanderfolgende Ebenen von Kategorien und symbolischen Repräsentationen bilden die Grundlage für Abstraktionen und Metaphern.

Die zweite Gruppe – eine kleinere Anzahl neuronaler Systeme, die zumeist in der linken Hirnhälfte lokalisiert sind – repräsentiert Phoneme, Phonem-Kombinationen und syntaktische Regeln für das Kombinieren von Wörtern (zur Erklärung siehe Kasten auf Seite 60). Werden diese Systeme vom Gehirn selbst aktiviert, so stellen sie Wortformen bereit und bilden gesprochene oder geschriebene Sätze; werden sie hingegen von außen durch Gesprochenes oder Geschriebenes stimuliert, führen sie die ersten Verarbeitungsschritte dieser auditiven oder visuellen Sprachsignale durch.

Eine dritte Gruppe von Strukturen, die ebenfalls größtenteils in der linken Hemisphäre lokalisiert sind, vermittelt zwischen den ersten beiden. Diese Instanzen können einen Begriff aufnehmen und das Hervorbringen von Wortformen stimulieren, oder sie können Wörter empfangen und die anderen Hirnteile veranlassen, die entsprechenden Begriffe aufzurufen.

Solche Vermittlungs- oder Mediationsstrukturen hat man auch aus rein psycholinguistischen Gründen vermutet. Gemäß

Willem J. M. Levelt vom Max-Planck-Institut für Psycholinguistik in Nijmegen (Niederlande) werden Wortformen und Sätze aus Begriffen über eine Zwischenkomponente gebildet, die er „Lemma" nennt; einen ähnlichen Standpunkt vertritt Merrill F. Garret von der Universität von Arizona in Tucson.

Ein Paradebeispiel für diese dreifache Organisation sind die Begriffe und Wörter für Farben (Bild 2). Selbst Menschen mit angeborener Farbenblindheit wissen, daß bestimmte Farbtönungen zusammengehören und sich – unabhängig von ihrer Helligkeit und Sättigung – von anderen Tönungen unterscheiden. Wie Brent Berlin und Eleanor H. Rosch von der Universität von Kalifornien in Berkeley gezeigt haben, sind diese Farbkonzepte ziemlich universell und entwickeln sich bei allen Menschen unabhängig davon, ob die jeweilige Kultur dafür tatsächlich Namen verwendet oder nicht.

Aufschlußreich sind Ausfälle der zuständigen Hirnregionen. Zwar sind die Netzhaut und der seitliche Kniehöcker (*Corpus geniculatum laterale*) die ersten Verarbeitungsstationen für Farbsignale, aber auch der primäre visuelle Cortex (V1; die primäre Sehrinde) und mindestens zwei andere Regionen der Hirnrinde (mit der Bezeichnung V2 und V4) nehmen an der Verarbeitung teil und rufen schließlich die Farbwahrnehmung

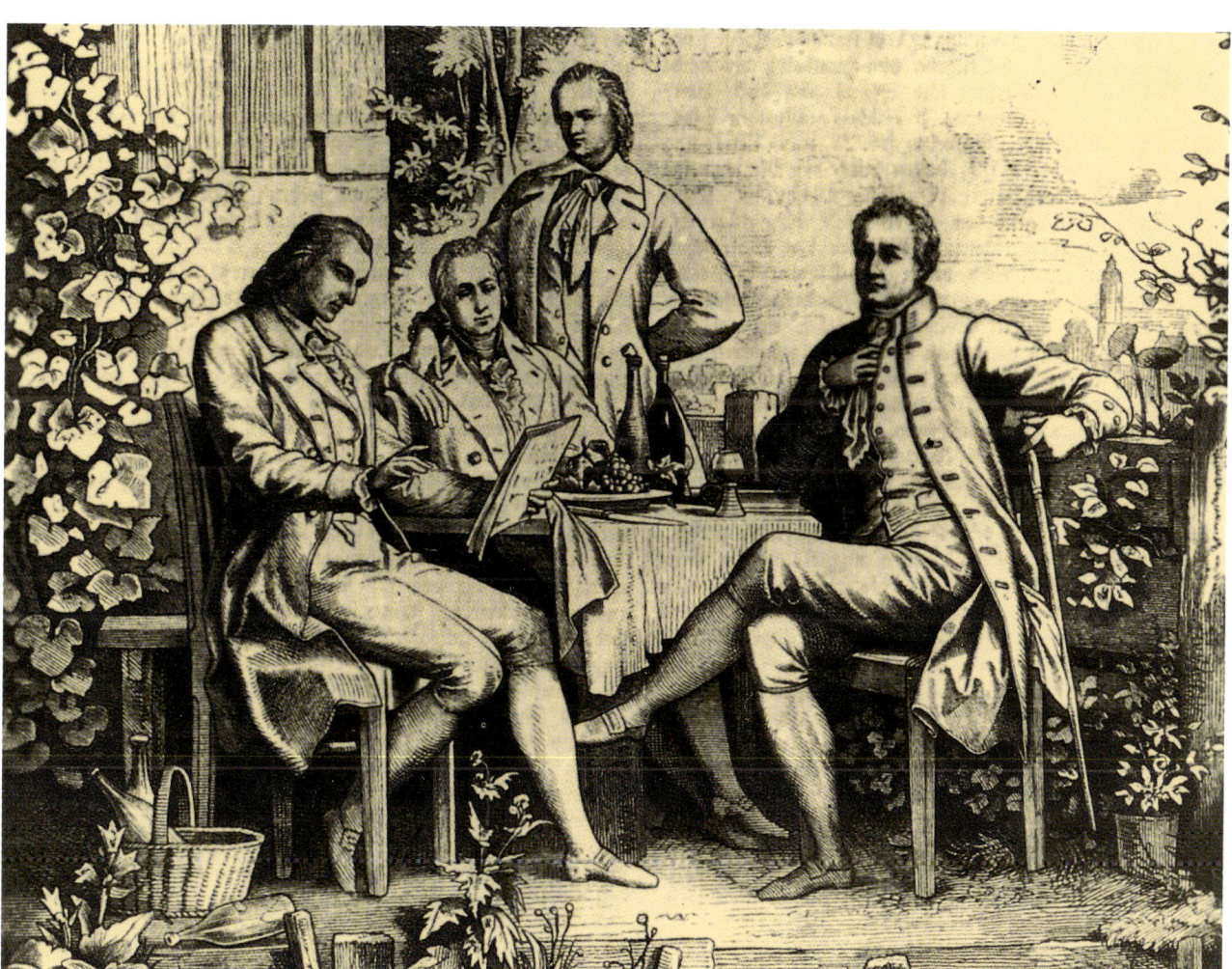

Bild 1: Die Weimarer Klassik verfolgte – nach dem Titel eines Essays von Friedrich Schiller (1759 bis 1808) – das Ziel einer „ästhetischen Erziehung des Menschengeschlechts" durch Literatur: Indem die Sprache Erfahrungen, Emotionen, abstrakte Begriffe und Zusammenhänge künstlerisch in Worte faßt, bildet sie die Persönlichkeit des Lesers weiter. Hier lauschen der Sprachforscher Wilhelm von Humboldt (1767 bis 1835), sein Bruder Alex- **ander (1769 bis 1859) und der Dichter Johann Wolfgang von Goethe (1749 bis 1832; rechts) vor dessen Gartenhaus in Weimar einem Gedicht von Schiller (links). Der Stich des Spätromantikers Ludwig Richter (1803 bis 1884) verklärt die Situation des Vortragens und Zuhörens zur Idylle. Heute beginnt die Neurophysiologie allmählich zu verstehen, wie das Gehirn mit begrifflichen Konzepten umgeht und dafür die passenden Worte findet.**

Komponenten einer Lautsprache

Phoneme: Die kleinsten bedeutungsunterscheidenden Lauteinheiten, aus denen durch Aneinanderfügen in einer bestimmten Reihenfolge Morpheme gebildet werden.

Morpheme: Die kleinsten bedeutungstragenden Einheiten, durch deren Kombination man Wörter bildet.

Syntax: Die zulässigen Kombinationen von Wörtern zu Konstituenten und Sätzen (umgangssprachlich Grammatik genannt)

Lexikon: Die Sammlung aller Wörter einer Sprache. Jeder lexikalische Eintrag enthält alle Informationen über morphologische und syntaktische Besonderheiten, aber nicht das begriffliche Wissen.

Semantik: Die Bedeutungen, die mit allen lexikalischen Einheiten und allen Sätzen verknüpft sind.

Prosodie: Die Betonungsmuster und Tonhöhenverläufe, mit denen sich die wörtliche Bedeutung der Worte und Sätze modifizieren läßt.

Diskurs: Das Verbinden von Sätzen zu einem gesprochenen Text.

---

hervor; V2 und V4 liegen im Bereich einer Windung, die unterhalb einer tiefen Furche – der *Fissura calcarina* – beginnt und sich unterseits des Hinterhauptlappens nach vorn zum Schläfenlappen erstreckt. Mit unserem Mitarbeiter Matthew Rizzo haben wir entdeckt, daß eine beidseitige Schädigung der Hinterhauptsanteile dieser „Sprachwindung" (des *Gyrus lingualis*) einen Zustand verursacht, den man als Achromatopsie bezeichnet: Patienten mit vorher normalem Sehvermögen werden farbenblind (siehe den Beitrag auf Seite 32), und außerdem verlieren sie die Fähigkeit, sich Farben auch nur vorzustellen.

Menschen mit dieser Funktionsstörung sehen die Welt gewöhnlich in Grautönen. Wenn sie sich ein typisch buntes Bild vorzustellen versuchen, können sie die Formen, die Bewegungen und die Oberflächenbeschaffenheit evozieren, aber nicht die Farbe. Wenn sie an eine Wiese denken, fehlt das Grün, und ihre ansonsten normale Vorstellung von Blut oder Banane enthält kein Rot beziehungsweise Gelb. Keine Verletzung eines anderen Hirnteils vermag einen ähnlichen Ausfall zu verursachen. In gewissem Sinne hängt also die Fähigkeit, Begriffe für Farben zu bilden, von dieser Region ab.

Patienten mit Läsionen im hinteren Teil des linken Schläfenlappens sowie dem unteren Teil des linken Scheitellappens verlieren zwar nicht den Zugang zu ihren Begriffen, doch ist die Fähigkeit, Wörter zu bilden, deutlich gestört – und zwar unabhängig von der Wortart. Selbst wenn sie eine gegebene Farbe richtig wahrnehmen und die entsprechende Wortform abzurufen suchen, können sie nur phonematisch entstellte Farbnamen artikulieren; zum Beispiel sagen sie „bau" für „blau".

Andere Patienten, die eine Schädigung im Schläfenanteil der linken Sprachwindung haben, leiden an einer besonderen Störung, die Farbanomie genannt wird. Sie betrifft weder die Farbbegriffe noch die Fähigkeit, Farbwörter auszusprechen. Diese Menschen nehmen Farben weiterhin normal wahr: Sie können verschiedene Tönungen einander zuordnen, verschiedene Sättigungsgrade eines Farbtons hierarchisch ordnen und mühelos das richtige Farbplättchen neben ein Objekt auf einer Schwarzweiß-Photographie legen. Doch ihre Fähigkeit, Farben zu benennen, ist schwer gestört. Wenn man bedenkt, wie wenige Farbwörter diejenigen von uns kennen, die nicht gerade Innenarchitekten oder Maler sind, ist es überraschend, daß solche Patienten einerseits das Wort „blau" oder „rot" verwenden, wenn man ihnen die Farbe Grün oder Gelb zeigt; doch können sie ohne weiteres ein grünes Farbplättchen neben eine Abbildung von Gras oder ein gelbes neben die einer Banane legen. Auch der umgekehrte Weg ist gestört: Nennt man dem Patienten ein Farbwort, zeigt er auf die falsche Farbe.

Dabei sind all die falschen Farbwörter phonologisch korrekt gebildet, und es zeigen sich auch sonst keinerlei Sprachstörungen. Das System der Farbbegriffe ist intakt, ebenso das System der Wortformen. Das Problem scheint ausschließlich bei dem neuralen System zu liegen, das zwischen den beiden vermittelt.

Das dreigeteilte Organisationsschema, das den Menschen dazu befähigt, über Farben zu sprechen, gilt auch für andere Konzepte. Aber wie sind solche Begriffe im Gehirn physisch repräsentiert?

Wir glauben nicht, daß es dort – wie man früher angenommen hat – eine Art dauerhaftes Abbild von Objekten oder Personen gibt. Vielmehr legt das Gehirn gewissermaßen ein Protokoll der Nerventätigkeit an, die während der Beschäftigung mit einem bestimmten Objekt in den sensorischen und motorischen Hirnrindenbezirken stattfindet. Es verzeichnet quasi Muster synaptischer Verbindungen, in denen die unterschiedlichen neuronalen Aktivitäten, die ein Objekt oder ein Ereignis definieren, erneut ablaufen können; ein derart wiedererzeugtes Erregungsmuster kann auch andere – verwandte – stimulieren.

Die Repräsentation von Begriffen

Wenn beispielsweise jemand eine Kaffeetasse in die Hand nimmt, reagiert seine Sehrinde sowohl auf die Farben der Tasse und des Inhalts als auch auf ihre Form und räumliche Position. Die somatosensorischen Hirnrindenbezirke registrieren die Form der Hand beim Griff nach der Tasse, die Bewegungen, mit denen Hand und Arm die Tasse zu den Lippen führen, die Wärme des Kaffees sowie die körperlichen Veränderungen, die ein leidenschaftlicher Kaffeetrinker als Genuß bezeichnet. Das Gehirn spiegelt also nicht nur Eigenschaften der äußeren Wirklichkeit passiv wider; es registriert auch, wie der Körper die Welt erforscht und auf sie reagiert (siehe Kasten auf den Seiten 64 und 65).

Die neuralen Prozesse, welche die Wechselwirkung zwischen Individuum und Objekt beschreiben, bilden eine rasche Abfolge von Mikrowahrnehmungen und Mikroaktionen, die für unser Bewußtsein fast gleichzeitig ablaufen. Sie finden in separaten, selbst wieder untergliederten Funktionsbereichen statt; so teilen sich die Aspekte visueller Wahrnehmung auf kleinere Systeme auf, die auf Farbe, Gestalt und Bewegung spezialisiert sind.

Wo können die Aufzeichnungen, die all diese zersplitterten Aktivitäten in sich vereinigen, aufbewahrt sein? Wir glauben, daß sie durch Ensembles von Neuronen in den zahlreichen Konvergenzregionen des Gehirns verkörpert werden. In diesen Bezirken laufen die Nervenfasern zusammen, die für die sogenannte Feedforward- oder Vorwärts-Projektion von Neuronen aus einem Teil des Gehirns zuständig sind, und vereinigen sich mit den entsprechend auseinanderlaufenden Feedback- oder Rück-Projektionen aus anderen Regionen. Wenn eine Reaktivierung innerhalb der Konvergenzzonen die Feedback-Projektionen stimuliert, feuern viele anatomisch getrennte und weit verteilte Neuronengruppen gleichzeitig, wobei sie frühere Muster geistiger Tätigkeit rekonstruieren.

Doch das Gehirn speichert nicht nur Information über Erfahrungen mit Gegenständen, sondern ordnet die Information auch nach Kategorien, so daß miteinander verwandte Ereignisse und Konzepte – Formen, Farben, Trajektorien in Raum und Zeit sowie zugehörige Körperbewegungen und Reaktionen – sich zusammen reaktivieren lassen. Solche Kategorisierungen werden durch eine eigene Aufzeichnung in einer anderen Konvergenzzone festgehalten. Die wesentlichen Eigenschaften der Objekte und Prozesse jeder Interaktion sind in derartigen Verflechtungen repräsentiert. Das gesammelte und abrufbare Wissen umfaßt Fakten wie die, daß eine Kaffeetasse räumlich ausgedehnt ist und eine Begrenzung hat, daß sie aus irgend etwas hergestellt ist und aus Teilen besteht, daß sie aber – im Gegensatz zu Wasser –

keine Tasse mehr ist, wenn man sie zerteilt, daß sie sich auf einer bestimmten Bahn zwischen zwei Raumpunkten bewegt hat und daß ihre Ankunft am Bestimmungsort ein bestimmtes Ergebnis zeitigte.

Diese Eigenschaften der neuralen Repräsentation haben große Ähnlichkeit mit den sogenannten Primitiva der Begriffsstruktur, die Ray Jackendoff von der Brandeis-Universität in Waltham (Massachusetts) postuliert hat, und mit den kognitiv-semantischen Schemata, deren Existenz George P. Lakoff von der Universität von Kalifornien in Berkeley vermutet; beide Wissenschaftler arbeiten rein linguistisch.

Die Aktivität in einem solchen Netzwerk kann also sowohl rezeptiven als auch expressiven Funktionen dienen. Sie vermag einerseits Wissen so zu rekonstruieren, daß eine Person es bewußt erfährt; andererseits kann sie ein System aktivieren, das zwischen Begriff und Sprache vermittelt und dafür sorgt, daß passende Wortformen und syntaktische Strukturen erzeugt werden. Weil das Gehirn auf vielen Ebenen gleichzeitig Wahrnehmungen und Handlungen nach Kategorien ordnet, können aus diesem

komplexen Gebilde ohne weiteres symbolische Darstellungen – etwa Metaphern – hervorgehen.

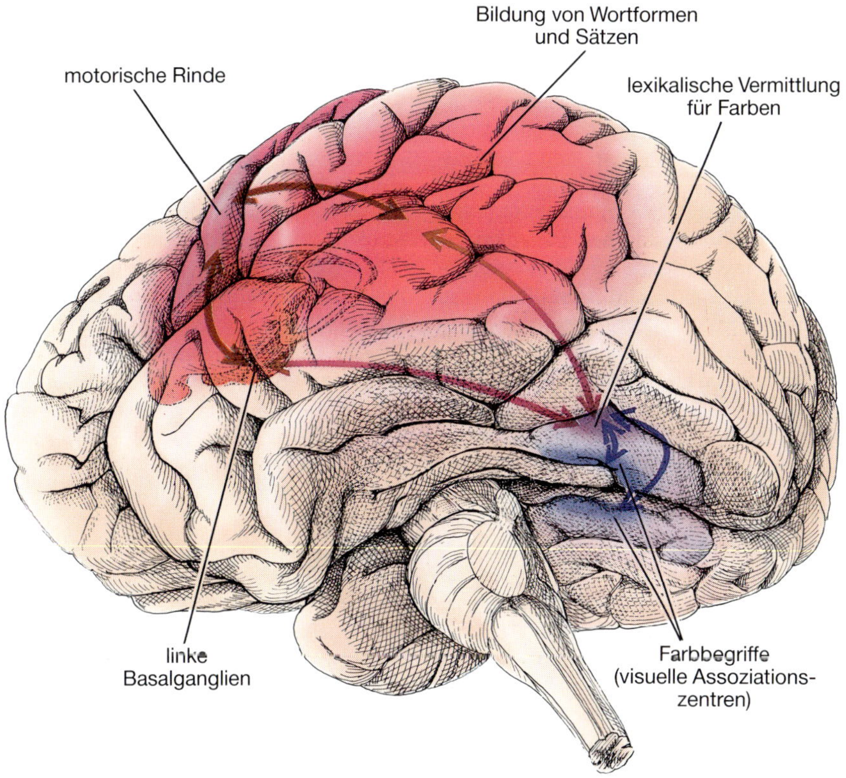

Der Patient Boswell

Eine Schädigung der an diesen neuralen Mustern beteiligten Hirnareale müßte ganz bestimmte kognitive Störungen verursachen; daraus sollten sich deutlich die Kategorien erkennen lassen, nach denen Begriffe gespeichert und abgerufen werden (die Schädigung, die Achromatopsie verursacht, ist nur eines von vielen Beispielen). Elizabeth K. Warrington vom staatlichen Krankenhaus für Nervenkrankheiten in London hat gezielt solche Patienten gesucht, deren Fähigkeit zur Kenntnisnahme bestimmter Klassen von Objekten verlorengegangen ist, und das Phänomen eingehend studiert. Ebenso haben wir gemeinsam mit unserem Mitarbeiter Daniel Tranel gezeigt, daß der Zugang zu Begriffen in mehreren Bereichen von besonderen neuralen Systemen abhängt.

Zum Beispiel kann einer unserer Patienten, den wir Boswell nennen, keinerlei Begriffe für Einzelobjekte (bestimmte Personen, Orte oder Ereignisse) mehr abrufen, mit denen er vorher vertraut war. Er hat auch die Begriffe für nichteinmalige Objekte aus bestimmten Klassen verloren. Viele Tierarten etwa sind ihm völlig fremd – obwohl er noch über die Begriffsebene verfügt, die ihn wissen läßt, daß es sich um lebendige Wesen handelt. Wenn man ihm das Bild eines Waschbären zeigt, sagt er „Das ist ein Tier", aber er hat keine Vorstellung von dessen Größe, Lebensraum oder typischem Verhalten.

Merkwürdigerweise sind Boswells kognitive Fähigkeiten offenbar ungestört, wenn es sich um andere Klassen nicht-einmaliger Objekte handelt. Er kann Gegenstände erkennen und benennen, die man zur Hand nehmen und für eine bestimmte Verrichtung gebrauchen kann – etwa einen Schraubenschlüssel. Er kann Begriffe für Attribute abrufen: Er weiß, was es bedeutet, wenn ein Objekt schön oder häßlich ist. Er begreift Zustände oder Handlungen wie Verliebtsein, Springen oder Schwimmen. Und er kann abstrakte Beziehungen zwischen Objekten oder Ereignissen verstehen – ausgedrückt durch solche Wörter wie über, unter, in, von . . . her, bevor, nachdem oder während. Kurz, bei Boswell ist die Begriffsbildung für viele Objekte gestört, die alle durch Nomen (Substantive oder Eigennamen) bezeichnet werden. Er hat hingegen überhaupt kein Problem mit Begriffen für Attribute,

Bild 2: An den neuralen Systemen, die für das Erkennen und Benennen von Farben zuständig sind, läßt sich die Organisation von Sprachstrukturen illustrieren. Untersuchungen an hirngeschädigten Patienten deuten darauf hin, daß das Bilden von Begriffen für Farben vom Funktionieren eines bestimmten neuralen Systems abhängt. Ein anderes System muß intakt sein, damit man Wörter für die Farben abrufen kann. Die richtige Verbindung zwischen Wörtern und Begriffen hängt offenbar von einem dritten System ab. Das Kleinhirn ist in dieser Zeichnung nicht dargestellt.

Bildbeschriftungen:
- motorische Rinde
- Bildung von Wortformen und Sätzen
- lexikalische Vermittlung für Farben
- linke Basalganglien
- Farbbegriffe (visuelle Assoziationszentren)

Zustände, Handlungen und Beziehungen, die man sprachlich durch Adjektive, Verben und Funktionswörter (Präpositionen, Konjunktionen und andere Wörter mit verbindender Funktion) sowie durch syntaktische Strukturen ausdrückt. Seine Sätze sind grammatisch tadellos.

Aphasien

Schädigungen der vorderen und mittleren Regionen beider Schläfenlappen wie bei Boswell stören das begriffsbildende System des Gehirns (Bild 4). Hingegen stören Verletzungen der linken Hirnhälfte in der Umgebung der großen seitlichen Hirnfurche, der Sylvischen Furche (*Fissura Sylvii* oder *Sulcus cerebri lateralis*), die richtige Wort- und Satzbildung. Von den an der Sprache beteiligten Hirnsystemen ist dieses am gründlichsten erforscht.

Vor mehr als 150 Jahren bestimmten der französische Chirurg Paul Broca (1824 bis 1880) und der deutsche Neuropsychiater Carl Wernicke (1848 bis 1905) die grobe Lokalisation dieses grundlegenden Sprachzentrums und entdeckten das Phänomen, das als Hemisphärendominanz bekannt ist: Bei den meisten Menschen liegen die Sprachstrukturen in der linken und nicht in der rechten Hemisphäre (Bild 3). Dies gilt für etwa 99 Prozent der Rechtshänder und zwei Drittel der Linkshänder.

Untersuchungen an Aphasikern – Patienten, die ihre Fähigkeit zu sprechen gänzlich oder teilweise verloren haben – mit unterschiedlicher Muttersprache verdeutlichen, wie konstant diese Strukturen sind. Edward Klima von der Universität von Kalifornien in San Diego und Ursula Bellugi vom Salk-Institut für biologische Forschung in San Diego haben sogar entdeckt, daß eine Schädigung der neuralen Wortbildungssysteme auch Aphasie bei Gebärdensprachen bewirkt: Gehörlose mit einer umschriebenen Läsion in der linken Hemisphäre können die Fähigkeit einbüßen, Gebärden zu verwenden oder zu verstehen. Da die Hirnschädigung nicht in der Sehrinde liegt, ist nicht die Fähigkeit betroffen, die Handzeichen zu sehen, sondern ausschließlich die, sie zu interpretieren.

Umgekehrt kommt es vor, daß Gehörlose mit Läsionen in der rechten Hemisphäre, welche weit entfernt von den für Wort- und Satzbildung zuständigen Regionen liegen, Gegenstände in ihrem linken Gesichtsfeld nicht mehr bewußt wahrnehmen oder die räumlichen Beziehungen zwischen Objekten nicht mehr richtig erkennen; doch dabei verlieren sie nicht die Fähigkeit, Gebärden zu

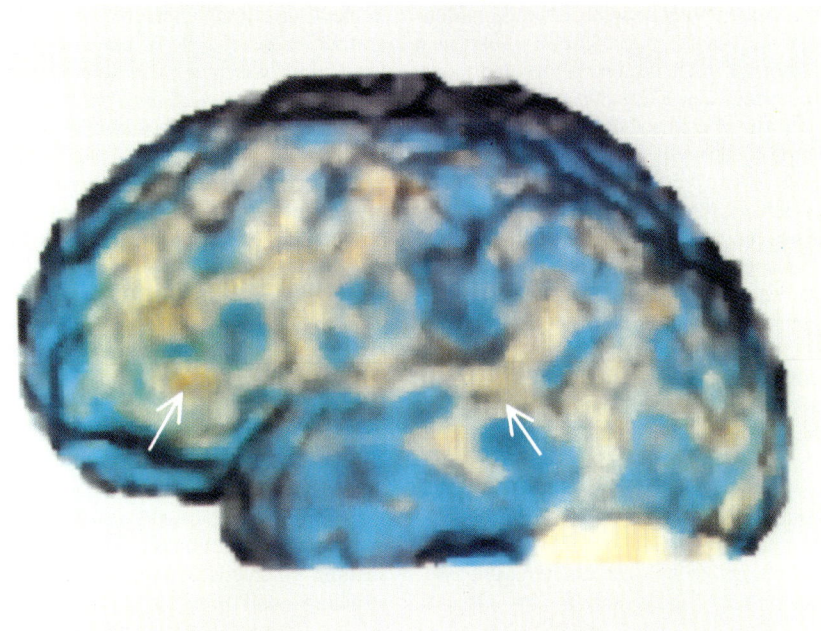

Bild 3: Wird die Gehirnaktivität einer normalsprechenden Person mittels Positronen-Emissions-Tomographie (PET) während einer Benennungsaufgabe erfaßt, lassen sich die dabei involvierten Hirnregionen erkennen. Die PET-Aufnahme wurde auf eine dreidimensionale kernspintomographische Darstellung desselben Gehirns projiziert. Viele Regionen der linken Hemisphäre zeigen verstärkte Aktivität – unter anderem der motorische Cortex sowie die vorderen und hinteren Sprachregionen (Pfeile). Das kombinierte Bild ist an der PET-Anlage und der Bildanalyse-Einrichtung des Instituts für Neurologie an der Universität von Iowa hergestellt worden.

verwenden und eine Gebärdensprache zu verstehen. Demnach ist die linke Hemisphäre – unabhängig davon, durch welchen Sinneskanal die sprachliche Information geleitet wird – die Basis für sprachliche Funktionen und Vermittlungssysteme.

Indem man den genauen Ort der Läsionen bei aphasischen Patienten ermittelte, ließen sich diejenigen neuralen Systeme lokalisieren, die am direktesten für Wort- und Satzbildung zuständig sind. Außerdem haben George A. Ojemann von der Universität von Washington in Seattle sowie Ronald P. Lesser und Barry Gordon von der Johns-Hopkins-Universität in Baltimore (Maryland) bei Hirnoperationen an epileptischen Patienten deren Hirnrinde stimuliert und die Reaktionen elektrophysiologisch aufgezeichnet.

Beispielsweise stören Schädigungen im Bereich um den hinteren Teil der Sylvischen Furche die Kombination von Phonemen zu Wörtern und die Auswahl ganzer Wortformen. Solche Patienten können oft bestimmte Wörter nicht aussprechen oder bilden die Wörter falsch („Lelifant" statt „Elefant"). Außerdem ersetzen sie manchmal ein fehlendes Wort durch ein Pronomen oder einen Oberbegriff („Leute" statt „Frau"), oder sie verwenden ein semantisch ähnliches Wort für den gesuchten Begriff („Vor-

steher" statt „Präsident"). Victoria A. Fromkin von der Universität von Kalifornien in Los Angeles hat zahlreiche sprachliche Mechanismen aufgedeckt, die solchen Fehlern zugrunde liegen.

Doch eine Schädigung in dieser Region behindert weder Sprechrhythmus noch -geschwindigkeit. Die syntaktische Struktur der Sätze ist auch dann ungestört, wenn Fehler im Gebrauch von Funktionswörtern wie Pronomen und Konjunktionen auftreten.

Gestört ist aber zugleich die Verarbeitung von Sprachlauten. Darum fällt es den Patienten schwer, gesprochene Wörter und Sätze zu verstehen – und zwar nicht etwa (wie man früher annahm) deshalb, weil die betroffene Region der zentrale Speicher für Wortbedeutungen wäre, sondern weil die normale akustische Analyse der Wortformen, die der Patient hört, in einem frühen Stadium abgebrochen wird.

Die Systeme in dieser Region der Hirnrinde, des Cortex, speichern Aufzeichnungen der Phoneme und Phonemfolgen, aus denen sich Wörter zusammensetzen – und zwar sowohl so, wie das Gehör sie aufnimmt, als auch so, wie die Sprechorgane sie wiedergeben. Wechselseitige Projektionen von Neuronen zwischen den Bezirken, die diese Aufzeichnungen speichern, sorgen dafür, daß die Aktivierung eines Bezirks eine entsprechende Aktivität in einem anderen auslösen kann.

Diese Rindenregionen sind mit den motorischen und prämotorischen Hirnrindenbezirken verbunden, und zwar sowohl direkt als auch über eine tiefliegende – subcorticale – Bahn, welche die linken Basalganglien und Kerne im vorderen Teil des linken Thalamus einbezieht. Diese doppelte motorische Bahn ist besonders wichtig: Die eigentliche Produktion von Sprachlauten kann unter der Kontrolle der corticalen Bahn, der subcorticalen oder auch über beider Bahnen stattfinden. Der subcorticalen Bahn entspricht ein Lernen durch Gewöhnung (habituelles Lernen), der corticalen Bahn ein Lernen auf einer höheren, bewußteren Ebene (assoziatives Lernen; siehe den Beitrag von Eric R. Kandel und Robert D. Hawkins, Seite 114).

Habituelles und assoziatives Lernen

Wenn ein Kind zum Beispiel die Wortform „gelb" lernt, gehen sowohl über die corticale als auch über die subcorticale Bahn Signale an die Kontrollsysteme für Wortbildung und Motorik; damit korreliert aktiv wären auch die für Farbbegriffe und für die Vermittlung zwischen Begriffen und Sprache zuständigen Hirnregionen. Wie wir annehmen, entwickelt das Begriffsvermittlungssystem mit der Zeit jedoch eine direkte Bahn zu den Basalganglien, und deshalb muß die hintere Region im Bereich der Sylvischen Furche nicht mehr stark aktiviert werden, um das Wort „gelb" zu produzieren. Müßte dieselbe Person später die Wortform für „gelb" in einer anderen Sprache lernen, so wäre erneut die Teilnahme der perisylvischen Region erforderlich, um auditive, kinästhetische (das heißt hier die Bewegungen der Sprechorgane betreffende) und motorische Entsprechungen für die Phoneme zu etablieren.

Wahrscheinlich arbeiten bei der Sprachproduktion corticale (assoziative) und subcorticale (habituelle) Systeme parallel. Welches System dabei dominiert, hängt vom Stadium des Spracherwerbs und vom jeweiligen Gegenstand ab. Steven Pinker vom Massachusetts Institute of Technology in Cambridge nimmt zum Beispiel an, daß die meisten Menschen die Vergangenheitsformen unregelmäßiger Verben (nehmen, nahm, genommen) durch assoziatives Lernen erwerben und die der regelmäßigen Verben (glauben, glaubte, geglaubt) durch habituelles.

Die vor der Zentralfurche (*Sulcus centralis*) liegende vordere perisylvische Region (Bild 4) scheint Strukturen zu enthalten, die für Sprechrhythmus und Grammatik verantwortlich sind. Die linken Basalganglien sind – wie bei der hinteren perisylvischen Region – wesentlicher Bestandteil dieses Abschnitts. Die gesamte Region ist anscheinend eng mit dem Kleinhirn verbunden; sowohl die Basalganglien als auch das Kleinhirn empfangen Projektionen aus vielen verschiedenen sensorischen Regionen der Hirnrinde und senden Projektionen zu den motorischen Regionen zurück. Die Rolle, die das Kleinhirn für Sprache und Kognition spielt, muß freilich noch erforscht werden.

Patienten mit Schädigungen in der vorderen perisylvischen Region sprechen mit nivellierter Intonation, machen zwischen den Wörtern lange Pausen, und ihre Grammatik ist gestört. Insbesondere neigen sie dazu, Konjunktionen und Pronomen auszulassen, und oft ist die Wortstellung fehlerhaft. Auch finden sie Nomen häufig leichter als Verben; daraus läßt sich schließen, daß für die Produktion von Nomen andere Hirnregionen zuständig sind.

Die Betroffenen können auch die Bedeutung syntaktischer Strukturen oft nicht begreifen. Edgar B. Zurif von der Brandeis-Universität, Eleanor M. Saffran von der Temple-Universität in Philadelphia (Pennsylvania) und Myrna F. Schwartz vom Moss-Rehabilitationskrankenhaus (ebenfalls in Philadelphia) haben gezeigt, daß die Patienten bei reversiblen Passiv-Sätzen wie „Der Junge wurde von dem Mädchen geküßt" manchmal nicht begreifen, wer der Handelnde ist. Hingegen bereiten ihnen nicht-reversible Passiv-Sätze wie „Der Apfel wurde von dem Jungen gegessen", bei denen Rollentausch unsinnig wäre, oder Aktiv-Sätze wie „Der Junge küßte das Mädchen" keine Schwierigkeiten.

Da eine Schädigung dieser Hirnregion die grammatische Verarbeitung sowohl beim Sprechen als auch beim Verstehen beeinträchtigt, dienen die neuralen Systeme in diesem Abschnitt offenbar dem Ordnen und Aneinanderreihen von Satz-Komponenten. Die Basalganglien integrieren die Komponenten komplexer Bewegungen zu einem harmonischen Ganzen, und somit scheint es plausibel, daß sie beim Zusammensetzen von Wortformen zu Sätzen eine analoge Funktion erfüllen.

Wir glauben überdies (aufgrund experimenteller Hinweise auf ähnliche, allerdings weniger ausgeprägte Strukturen bei Affen), daß diese neuralen Strukturen eng mit syntaktischen Vermitt-

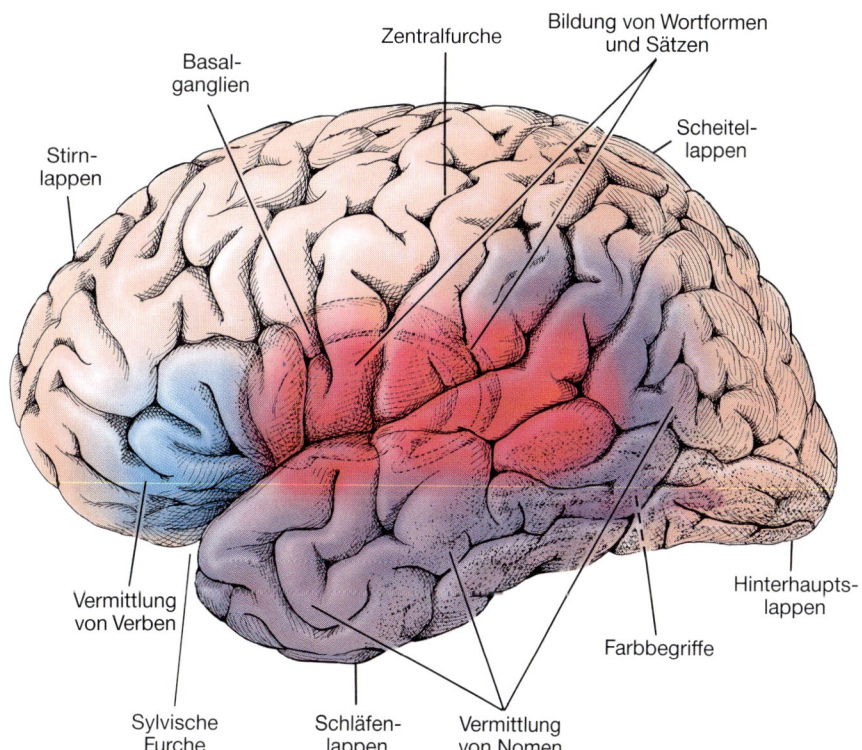

Bild 4: Die für Sprache zuständigen neuralen Systeme in der linken Hirnhälfte umfassen Strukturen für die Wort- und Satzbildung sowie Vermittlungsstrukturen für verschiedene Arten lexikalischer Einträge und für Grammatik. Die verschiedenen neuralen Strukturen, welche die Begriffe selbst repräsentieren, verteilen sich über viele sensorische und motorische Regionen in beiden Hemisphären des Gehirns.

lungseinheiten in den Rindenbezirken zwischen Stirn- und Scheitellappen bei der Hemisphären verbunden sind (Bild 4). Die Abgrenzung dieser Einheiten ist eine Aufgabe für künftige Forschungen.

Vermittlungssysteme

Zwischen den begriffsverarbeitenden Systemen des Gehirns und denjenigen, die Wörter und Sätze generieren, liegen nach unserer Hypothese Vermittlungs- oder Mediationssysteme. Bei der Untersuchung neurologischer Patienten beginnen sich Indizien für eine solche Vermittlung abzuzeichnen. Die Mediationssysteme wählen nicht nur die passenden Wörter für einen bestimmten Begriff aus, sondern steuern auch die Erzeugung von Satzstrukturen, die Beziehungen zwischen Begriffen ausdrücken.

Beim Sprechen kontrollieren sie die für Wort- und Satzbildung zuständigen Systeme; beim Verstehen gesprochener Sprache steuern umgekehrt die Wortbildungs- die Mediationssysteme. Wir haben bereits begonnen, die Systeme zu identifizieren, die Eigennamen sowie Substantive für Objekte einer bestimmten Klasse vermitteln (zum Beispiel visuell mehrdeutige Objekte, die sich nicht als Gebrauchsgegenstände verwenden lassen, etwa die meisten Tiere).

Beispielsweise können unsere Patienten A. N. und L. R., bei denen die vorderen und mittleren Rindenbezirke des Schläfenlappens geschädigt sind, Begriffe normal abrufen: Wenn man ihnen eine Abbildung von Objekten oder Substanzen irgendeiner begrifflichen Kategorie – menschliche Gesichter, Körperteile, Tiere, Pflanzen, Fahrzeuge, Gebäude, Werkzeuge, Gebrauchsgegenstände oder Flüssigkeiten – zeigt, wissen beide Patienten eindeutig, was sie sehen. Sie können die Funktionen, die Herkunft und den Wert eines Gegenstands definieren. Wenn man die dazu passenden Geräusche erzeugt (sofern es solch ein Geräusch gibt), können die Patienten A. N. und L. R. den fraglichen Gegenstand erkennen; dies gelingt ihnen sogar dann, wenn man ihnen die Augen verbindet und sie das Objekt betasten läßt.

Doch trotz ihrer offensichtlichen Kenntnisse fällt es ihnen schwer, für viele ihnen wohlbekannte Objekte den Namen zu nennen. Zeigt man A. N. das Bild eines Waschbären, so sagt er: „Ah! Ich weiß, was das ist – ein abscheuliches Tier. Es durchwühlt den Garten und den Abfall. Man erkennt es an den Augen und den Ringen am Schwanz. Ich kenne es, aber ich kann den Namen nicht sagen." Im Durchschnitt finden die bei-

den Patienten weniger als die Hälfte der gesuchten Bezeichnungen. Ihr Begriffssystem funktioniert, aber sie können die Wortformen für Objekte, die sie durchaus kennen, nicht zuverlässig abrufen.

Diese Behinderung hängt von der Begriffskategorie des Gegenstands ab, den der Patient gerade benennen will. A. N. und L. R. machen weniger Fehler bei Werkzeugen oder Gebrauchsgegenständen als bei Tieren, Obst oder Gemüsen. (Von diesem Phänomen haben in ähnlicher Form Elizabeth Warrington und ihre Mitarbeiterin Rosaleen A. McCarthy sowie Alfonso Caramazza und seine Mitarbeiter an der Johns-Hopkins-Universität in Baltimore berichtet.) Doch lassen sich die Objekte, die diese Patienten gut oder schlecht benennen können, nicht säuberlich in künstlich hergestellte und natürliche aufteilen. A. N. und L. R. können die Wörter für solche natürlichen Objekte wie Körperteile durchaus perfekt produzieren, wäh-

rend sie bei Musikinstrumenten versagen – obwohl diese genauso erfunden, fabriziert und manuell benutzbar sind wie Gartenwerkzeuge.

Kurzum, A. N. und L. R. haben Probleme mit dem Abruf von Substantiven, die bestimmte Gegenstände bezeichnen, und zwar unabhängig davon, welcher Begriffskategorie diese zugehören. Es gibt viele Gründe, warum manche Objekte durch eine Läsion mehr oder weniger betroffen sein könnten als andere. Das Gehirn benutzt notwendigerweise unterschiedliche neuronale Systeme, um Gegenstände zu repräsentieren, die sich in Struktur oder Verhalten unterscheiden, oder für Objekte, die zur betreffenden Person in unterschiedlichen Beziehungen stehen.

Beide Patienten haben auch Schwierigkeiten mit Eigennamen. Mit wenigen Ausnahmen können sie die von Freunden, Verwandten, berühmten Persönlichkeiten oder Orten nicht nennen. Als man

Komponenten eines Begriffs

Das Gehirn speichert begriffliche Konzepte in Form von quasi schlummernden Aufzeichnungen. Werden diese reaktiviert, können sie die unterschiedlichen Empfindungen und Handlungen wachrufen, die mit einem bestimmten Objekt oder einer Kategorie von Objekten zusammenhängen. Zum Beispiel kann eine Kaffeetasse nicht nur visuelle und taktile Darstellungen ihrer Form, Farbe, Oberflächenbeschaffenheit und Wärme hervorrufen, sondern auch den Geruch und Geschmack von Kaffee sowie den Weg, den Hand und Arm zurücklegen müssen, um die Tasse vom Tisch an die Lippen zu führen. Obwohl all diese Repräsentationen in unterschiedlichen Hirnregionen reaktiviert werden, geschieht ihre Rekonstruktion nahezu gleichzeitig.

A. N. ein Bild von Marilyn Monroe zeigte, sagte er: „Ihren Namen kenne ich nicht, aber ich weiß, wer sie ist; ich habe ihre Filme gesehen. Sie hatte eine Affäre mit dem Präsidenten. Sie hat Selbstmord begangen; oder hat vielleicht jemand sie getötet, die Polizei vielleicht?" Diese Patienten leiden nicht an sogenannter Gesichtsagnosie oder Prosopagnosie, denn sie können ohne Zögern ein Gesicht erkennen – aber der Name, der zu der erkannten Person gehört, fällt ihnen einfach nicht ein.

Erstaunlicherweise vermögen diese Patienten ohne weiteres Verben zu produzieren. In Experimenten, die wir zusammen mit Tranel durchgeführt haben, schnitten sie beim Benennen von mehr als 200 dargebotenen Darstellungen verschiedener Zustände und Handlungen genauso gut ab wie eine Kontrollgruppe von Gesunden. Auch Präpositionen, Konjunktionen und Pronomen bringen sie korrekt hervor, und ihre Sätze sind wohlgeformt und grammatisch richtig. Beim Sprechen oder Schreiben ersetzen sie zwar häufig Nomen durch Wörter wie „Ding" oder „Zeug" oder durch Pronomen wie „es" oder „der" oder „sie"; aber die Verben dieser Sätze sind richtig ausgewählt, konjugiert und artikuliert. Auch die Prosodie (das Betonungsmuster der einzelnen Worte und des ganzen Satzes) ist einwandfrei.

Die Lokalisation der Mediationssysteme

Überzeugende Indizien sprechen dafür, daß die lexikalischen Mediationssysteme in spezifischen Hirnregionen sitzen, und zwar hierarchisch geordnet entlang einer Achse von hinten nach vorn: Die Vermittlung vieler allgemeiner Begriffe scheint in den hinteren Regionen des linken Schläfenlappens stattzufinden, die der konkretesten Begriffe hingegen dicht an dessen vorderstem Teil. Wir kennen inzwischen viele Patienten, die den Zugriff auf Eigennamen verloren haben, jedoch alle oder fast alle anderen Nomen behalten. Ihre Läsionen beschränken sich auf den vorderen Pol und die innere, der anderen Hemisphäre zugewandte Oberfläche des linken Schläfenlappens. Dessen seitliche (äußere) und untere Bereiche sind hingegen immer geschädigt, wenn Patienten generelle Schwierigkeiten beim Abruf von Nomen haben.

Patienten wie A. N. und L. R., deren Schädigung bis zu den vorderen und mittleren Teilen des Schläfenlappens reicht, versagen bei vielen Nomen, können aber Farben schnell und richtig benennen. Dies weist darauf hin, daß der Schläfenlappenabschnitt der linken Sprachwindung für die Vermittlung zwischen Farbbegriffen und Farbnamen zuständig ist, während für die Mediation zwischen Begriffen für Einzelpersonen und ihren Eigennamen die neuralen Strukturen am anderen Ende des Netzwerks – im vorderen Teil des linken Schläfenlappens – erforderlich sind.

Schließlich hat einer unserer neueren Patienten namens G. J. eine ausgedehnte Schädigung, die linksseitig all diese Regionen hinten bis vorne umfaßt. Er hat den Zugriff auf ein ganzes Universum substantivischer Wortformen verloren und ist gleichermaßen unfähig, Farben oder Personen zu benennen. Dennoch sind seine Konzepte unversehrt geblieben. Diese Resultate stützen Ojemanns Befund, wonach die Sprachverarbeitung beeinträchtigt ist, wenn man zuvor Rindenbezirke außerhalb der klassischen Sprachregionen elektrisch stimuliert.

Anscheinend beginnen wir also bereits recht gut zu verstehen, wo Nomen vermittelt werden – aber was ist mit den Verben? Wenn Patienten wie A. N. und L. R. Verben und Funktionswörter normal abzurufen vermögen, können die für diese Wortarten zuständigen Regionen offensichtlich nicht im linken Schläfenlappen liegen. Vorläufige Indizien sprechen für eine Lokalisation in Stirn- und Scheitellappen. Wie unsere Gruppe, Caramazza und Gabriele Miceli von der Katholischen Universität in Mailand sowie Rita Berndt von der Universität von Maryland in Baltimore zeigen konnten, haben aphasische Patienten mit Schädigungen des linken Stirnlappens viel mehr Probleme mit dem Abruf von Verben als mit dem von Nomen.

Zusätzliche indirekte Hinweise haben Steven E. Petersen, Michael I. Posner und Marcus E. Raichle von der Washington-Universität in Saint Louis (Missouri) mit Hilfe der Positronen-Emissions-

Tomographie (PET) gefunden (siehe „Tomographie mit radioaktiv markierten Substanzen" von Michel M. Ter-Pogossian, Marcus E. Raichle und Burton E. Sobel, Spektrum der Wissenschaft, Dezember 1980, Seite 120). Ihre Probanden sollten ein Verb bilden, das zur Abbildung eines Objekts paßt; zum Beispiel könnte das Bild eines Apfels „essen" stimulieren. Bei dieser Aufgabe wurde ein Bereich im Gehirn aktiviert, der sich über den seitlichen und den direkt darüberliegenden Teil des Stirnlappens erstreckt – ein Gebiet, das grob den in unseren Untersuchungen abgesteckten Arealen entspricht.

Eine Schädigung dieser Regionen stört aber nicht nur den Zugriff auf Verben und Funktionswörter, sondern auch die grammatische Struktur der formulierten Sätze. Dieses Phänomen mag zunächst überraschen; doch bilden Verben und Funktionswörter den Kern der syntaktischen Struktur. Darum scheint es plausibel, daß die Mediationssyteme für Syntax sich mit den für Verben und Funktionswörter zuständigen Vermittlungsinstanzen überlappen.

Künftige Forschungen mit aphasischen Patienten oder mit sprachgesunden Probanden, deren Hirnaktivität man durch PET-Aufzeichnungen lokalisiert, werden vermutlich die genaue Anordnung dieser Systeme klären. Daraus könnten sich ähnliche Hirnkarten ergeben wie jene, die wir für die verschiedenen Lokalisationen von Substantiven und Eigennamen erstellt haben.

Offene Fragen

In den letzten zwanzig Jahren haben wir im Verständnis der Hirnstrukturen, die für Sprache verantwortlich sind, große Fortschritte gemacht. Mit Verfahren wie der Kernspintomographie vermag man die Hirnläsionen aphasischer Patienten genau zu lokalisieren und so spezifische sprachliche Defizite mit bestimmten Hirnregionen in Verbindung zu bringen. Zudem läßt sich mit PET-Untersuchungen die Hirnaktivität gesunder Versuchspersonen studieren, während sie sprachliche Aufgaben bewältigen.

Angesichts der enormen Komplexität sprachlicher Phänomene mag sich mancher fragen, ob wir die neuralen Mechanismen, die dies alles leisten, überhaupt je verstehen werden. Viele Fragen zur Speicherung von Konzepten im Gehirn bleiben noch offen. Mediationssysteme für andere Wortarten als Nomen, Verben und Funktionswörter sind erst ansatzweise untersucht worden. Sogar unser Wissen über die Strukturen, die Wörter und Sätze bilden, ist nach wie vor lückenhaft – obwohl man sie schon seit Mitte des 19. Jahrhunderts untersucht.

Dennoch erwarten wir, daß man bei weiteren Erkenntnisfortschritten wie in letzter Zeit diese Strukturen eines Tages entdecken und verstehen wird. Die Frage ist für uns nicht, ob man sie findet, sondern wann.

Das Arbeitsgedächtnis

Wie das Gehirn eine innere Repräsentation von der Außenwelt herstellt
und diese Konzepte immer wieder neuen Verhältnissen angleicht, verdeutlichen nun
insbesondere anatomische und physiologische Untersuchungen an Affen. Die an dem
mentalen Geschehen beteiligten Strukturen und Mechanismen sind wesentlich
für Handlungsplanungen, rationales Entscheiden und Denken.

Von Patricia S. Goldman-Rakic

Die selbstverständliche Leichtigkeit unserer alltäglichen Verrichtungen läßt kaum ahnen, welch überaus komplexe Operationen dabei im Gehirn vor sich gehen. Selbst so eingeschliffene Verhaltens- und Handlungsabläufe wie die, mit jemandem einige Worte zu wechseln oder zur Arbeit zu fahren, erfordern das hochpräzise Zusammenspiel verschiedenster Sinneseindrücke und augenblicklich relevanter Gedächtnisinhalte.

Die Instanz, die wache Aufmerksamkeit und Präsenz von Moment zu Moment mit der passenden Information aus dem im Gehirn gespeicherten Wissensschatz zusammenbringt, ist das Arbeitsgedächtnis – die vielleicht bedeutendste Errungenschaft in der geistigen Evolution des Menschen. Ihm ist zu verdanken, daß wir Zukunftspläne schmieden und Gedankengebäude errichten können, weshalb Marcel Just und Patricia Carpenter von der Carnegie-Mellon-Universität in Pittsburgh (Pennsylvania) dafür den Term „Wandtafel des Geistes" geprägt haben.

Noch vor kurzem ließen sich die solchen höheren mentalen Funktionen zugrundeliegenden Prozesse mit den eher mechanistischen Begriffen der strengen Naturwissenschaften nicht beschreiben. Tatsächlich ist es noch nicht lange her, daß Neurobiologen erklärten, sie seien diesen Disziplinen nicht zugänglich – sie gehörten in die Domäne von Psychologie und Philosophie. Erst in den letzten zwanzig Jahren gewann man ein tieferes Verständnis dafür, wie kognitive Prozesse und die anatomische Organisation des Gehirns zusammenhängen. Dies erlaubt inzwischen eine sinnvolle experimentelle Erforschung der neuralen Grundlagen selbst übergeordneter geistiger Phänomene wie Denken, Planen und Handeln.

Das Ziel ist hochgesteckt. Die Neurobiologen möchten solchen mentalen Vorgängen näherkommen, indem sie analysieren, wie das Gehirn die Aktivierung von Nervenzellen koordiniert, die zu verschiedenartigen Strukturen gehören. Auch steht zu erwarten, daß man die Zellen identifiziert, welche die Aktivität dieser Hirnstrukturen vermitteln und steuern. Solche Erkenntnisse werden auch die Grundlagen unseres Geistes begreifbarer machen. Und vielleicht werden dann auch bislang rätselhafte Geisteskrankheiten wie die Schizophrenie besser zu fassen sein.

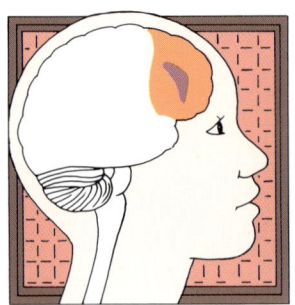

Diesem Einblick in die Arbeitsweise des Gehirns bei kognitiven Prozessen hat lange eine falsche Annahme im Wege gestanden: die Vorstellung, das Gedächtnis sei eine Entität für sich und einer einzelnen Struktur oder einem einzigen Ort im Gehirn zuzuordnen. Dem steht heute eine Sicht entgegen, die sich seit ihren Anfängen in den fünfziger Jahren mehr und mehr verdichtete – daß nämlich das Gedächtnis sich aus vielen Komponenten um ein weitreichendes Nervennetz herum aufbaut. So existiert nach jetziger Auffassung ein Assoziationsgedächtnis, das Fakten und Vorstellungen aufnimmt und in einem Langzeitspeicher festhält. Dieses niedergelegte Wissen wäre allerdings nutzlos, wenn sich beim Denken und Handeln nicht darauf zurückgreifen ließe.

Das Arbeitsgedächtnis hilft dem Assoziationsgedächtnis bei seiner Aufgabe insofern, als es dafür sorgt, daß symbolische Inhalte rasch festgehalten oder aufgerufen werden und daß das Gehirn sie für mentale Zwecke handhaben kann. Eine leichte Anforderung, bei der das Arbeitsgedächtnis gefragt ist, wäre Kopfrechnen mit Zwischensummen, also vorübergehendes Behalten einer Ziffernfolge, während man die nächste Zwischensumme ermittelt. Etwas mehr wird ihm schon abverlangt, wenn man beim Schach einen Zug überlegt oder einen Satz konstruiert. Erst recht scheint es für Sprachverständnis, Lernen und schlußfolgerndes Denken grundlegend zu sein.

Die Aktivitäten des Arbeitsgedächtnisses finden offenbar vorn in der Großhirnrinde statt, praktisch gleich hinter der Stirn. Dies ist der präfrontale Cortex, also die Hirnrinde im vorderen Bereich der Stirnlappen (auf der Vignette oben auf dieser Seite orange markiert). Daß dieses Gebiet Zentrum des Arbeitsgedächtnisses ist, schließt man hauptsächlich aus den

Bild 1: Das Arbeitsgedächtnis ist unter anderem tätig, wenn wir bei einer Handlung auf symbolische Inhalte in unserem Gedächtnis zurückgreifen, um geordnete Bewegungen hervorzubringen – so beim Geigenspiel, wenn Bogenführung und Fingerbewegungen die innere Repräsentation eines Musikstücks präzise umsetzen. Anhand ähnlicher, wenn auch einfacherer Prozesse der Informationsverarbeitung bei Primaten läßt sich der prinzipielle Aufbau dieser übergeordneten Instanz im Vorderhirn untersuchen.

Auswirkungen von Verletzungen und andersartigen Schädigungen in den vorderen Stirnlappen. Die Betroffenen haben große Schwierigkeiten, in alltäglichen Situationen ihr Wissen einzusetzen. Trotzdem sind die gespeicherten Inhalte oft noch in vollem Umfang da. Auch in den gebräuchlichen Intelligenztests schneiden viele dieser Personen durchaus gut ab.

Einige Elemente des Arbeitsgedächtnisses, wie es beim Menschen entwickelt ist, finden sich schon bei höheren Tieren, am ausgeprägtesten bei Primaten. Auch bei ihnen zeigen sich nach Schädigungen am vorderen Stirnlappen Symptome vergleichbar den oben beschriebenen. Deshalb läßt sich an Affen die Beschaffenheit des Arbeitsgedächtnisses erforschen. Besonders hilfreich waren dabei bestimmte Tests, durch die sich Funktionen des Arbeitsgedächtnisses reproduzierbar abrufen lassen.

Das Arbeitsgedächtnis im Verhaltensversuch

Die Experimente sind so aufgebaut, daß die Verhaltensreaktion mit einiger Verzögerung folgen muß; geprüft wird, inwieweit das Tier bei bestimmten Aufgaben meist eben erworbenes, gespeichertes Wissen noch nach einem kurzen Zeitverzug einzusetzen vermag. Typische Tests verlaufen beispielsweise nach dem Grundschema, kurz ein optisches oder akustisches Signal zu geben, dann mehrere Sekunden zu warten und das Tier anschließend aufzufordern, dieses Signal im nachhinein zu lokalisieren, also in die betreffende Richtung zu blicken oder auf die Quelle zu weisen. Ist die Reaktion korrekt, erhält das Tier eine Belohnung, normalerweise einen Leckerbissen (Bild 2 links).

Dabei ist das Arbeitsgedächtnis gefordert, weil der Affe sich vorübergehend etwas genau merken muß, denn im Augenblick der Entscheidung werden ihm keine Anhaltspunkte geboten. Auch frühere Entscheidungen helfen ihm nicht – jeder Versuchsdurchlauf wird vom Experimentator neu arrangiert. Das Tier ist, um sich richtig zu entscheiden, allein auf sein Gedächtnis angewiesen und muß es zudem stets auf dem neuesten Stand halten.

Die Aufgaben mit verzögerter Antwort ähneln stark einem Versuch zur Objektpermanenz, den der Schweizer Entwicklungspsychologe Jean Piaget (1896 bis 1980) im Rahmen seiner Untersuchungen zur Intelligenzentwicklung von Kindern entworfen hatte. In diesem Test werden Kleinkindern zwei offene Schachteln gezeigt, eine leere und eine mit einem Spielzeug darin. Die Schachteln werden dann geschlossen, und man lenkt das Kind einen Moment lang ab. Nun soll es angeben, in welcher Schachtel das Spielzeug ist. Hat es ein paarmal hintereinander richtig gewählt, wird das Spielzeug vor seinen Augen in die andere Schachtel getan, und wieder muß es sich nach kurzer Pause entscheiden. Der Test soll aufzeigen, ob es sein Verhalten auf die neue Konstellation abstimmt.

Zahlreiche Untersuchungen haben ergeben, daß es vom Reifegrad des vorde-

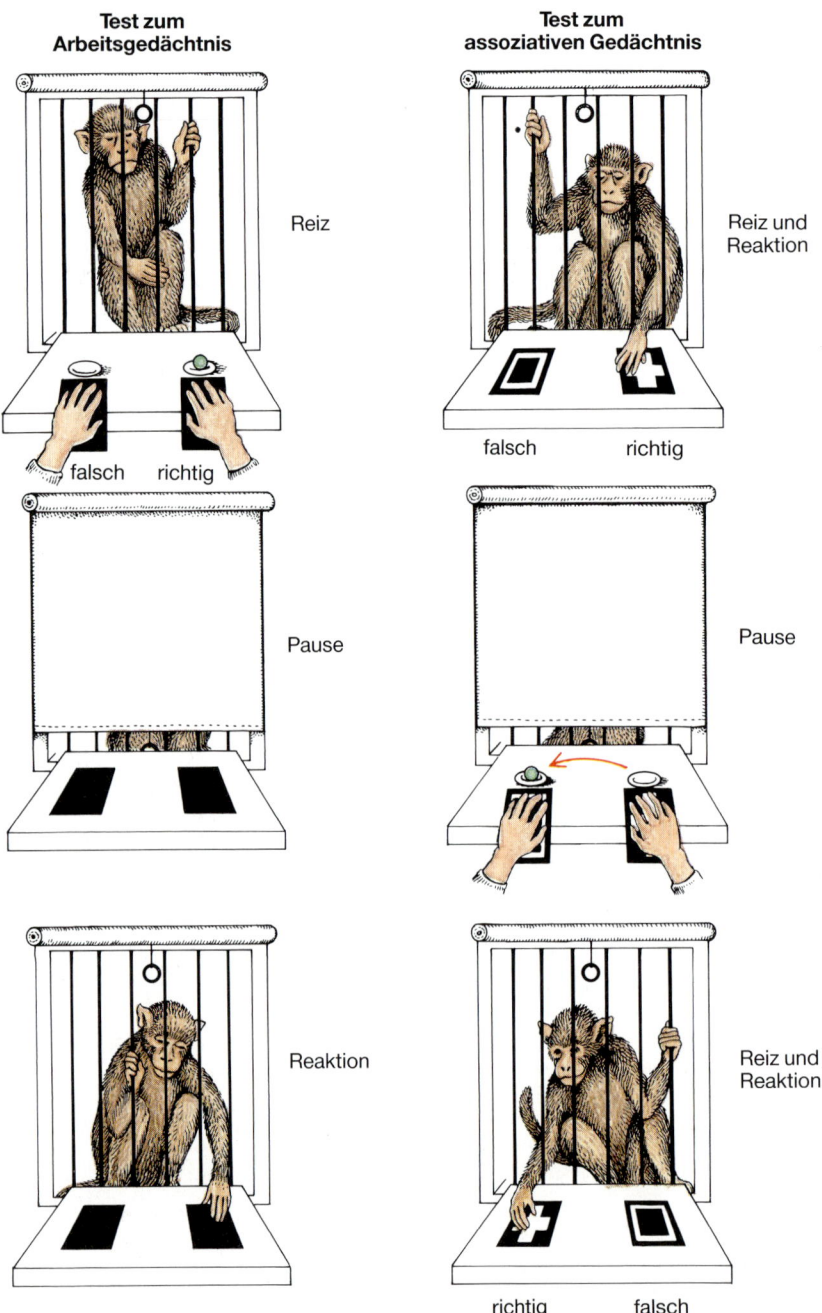

Test zum Arbeitsgedächtnis

Reiz

falsch   richtig

Pause

Reaktion

Test zum assoziativen Gedächtnis

Reiz und Reaktion

falsch   richtig

Pause

Reiz und Reaktion

richtig   falsch

Bild 2: Um bei Primaten die Wirkweise des Arbeitsgedächtnisses und somit mentale Prozesse zu untersuchen, eignen sich Gedächtnistests wie der links demonstrierte. Dem Affen wird kurz der relevante Gegenstand, das Zielobjekt, gezeigt – hier ein Leckerbissen (oben). Danach muß er warten und darf währenddessen das Objekt nicht sehen (Mitte). Dann erst kann er sich den Leckerbissen holen, muß sich allerdings nach dem Gedächtnis für den richtigen Napf entscheiden (unten links). Solche Tests prüfen, wie das Tier mit kurzzeitig zu behaltenden visuellen und räumlichen Eindrücken umgeht, denn das Entscheidende ist, daß wegen der jedesmal wechselnden Versuchsanordnung nur sie die richtige Wahl ermöglichen. Dagegen erproben übliche Tests des Assoziationsgedächtnisses (unten rechts) das Erlernen allgemeiner Regeln, die vom Tier längerfristig behalten werden müssen. Der relevante Reiz, hier ein Kreuz, bleibt immer der gleiche und ist während der Entscheidung zu sehen.

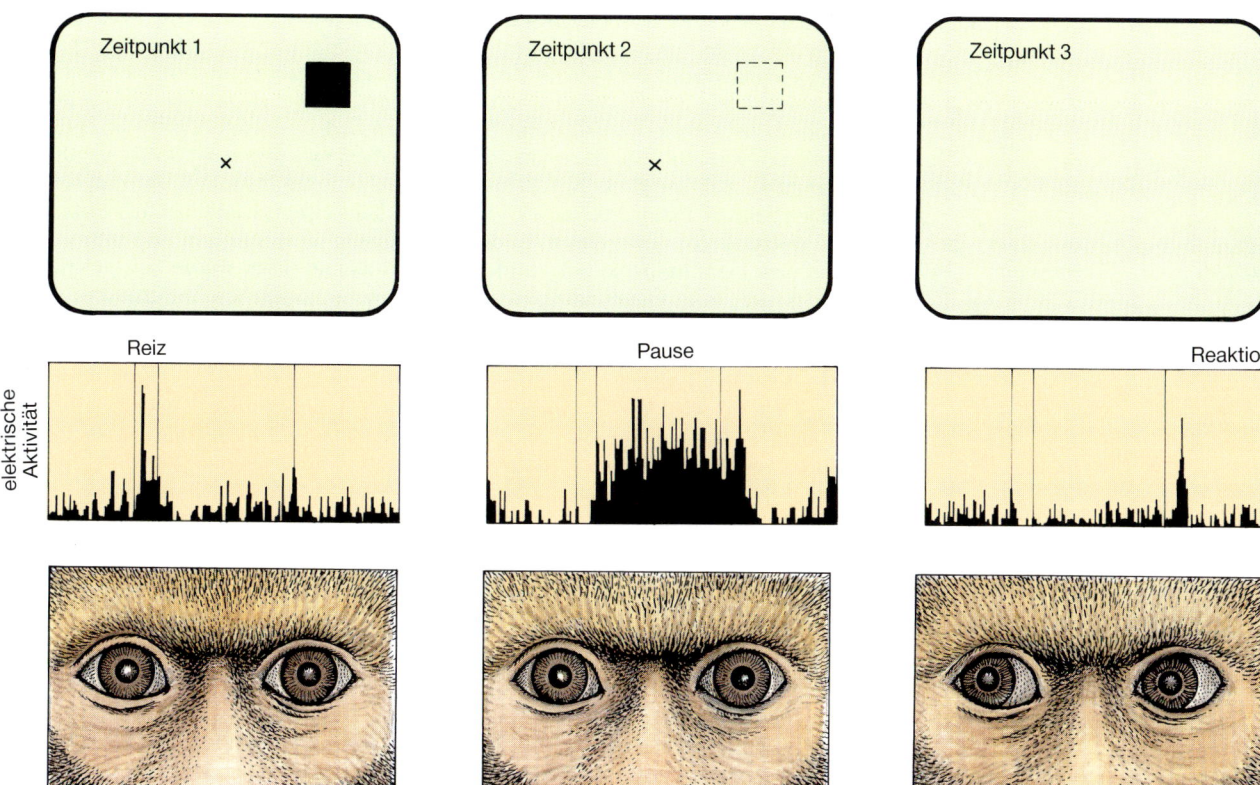

Bild 3: In einem Versuchsaufbau, bei dem der Affe erst mit Zeitverzögerung reagieren darf, wird die Nervenzellaktivität im Arbeitsgedächtnis gemessen. Das Tier wird trainiert, auf einem Bildschirm ein in der Mitte erscheinendes kleines Kreuz zu fixieren. Es darf den Blick auch dann nicht davon wenden, wenn seitlich kurz ein weiterer Stimulus – hier ein Quadrat – eingeblendet wird (links). Es muß sich die Stelle aber einige Sekunden lang merken, die Augen immer starr geradeaus gerichtet (Mitte). Erst wenn auch der mittlere Punkt erlischt, soll es zu der Stelle sehen, wo der zweite Fleck erschienen war, also nach rechts oben (rechts). Korrespondierend zu diesem Verhalten sind im präfrontalen Cortex jeweils verschiedene Neuronen aktiv. Manche sprechen auf das Aufleuchten des zweiten Flecks an, andere während der Wartezeit, und wieder andere vor der Augenbewegung.

ren Stirnhirns abhängt, ob ein Kind mit diesen Versuchen oder mit zeitverzögerten Aufgaben zurechtkommt. Kinder, die noch keine acht Monate alt sind, versagen dabei leicht; die Großhirnrinde ist in diesem Alter noch nicht fertig ausdifferenziert. Ähnlich schneiden Affen ab, deren präfrontale Regionen abgetragen wurden. Offenbar ist unter diesen Voraussetzungen nur eine gewohnheits- oder reflexmäßige Antwort möglich und nicht eine unter Beteiligung einer inneren Repräsentation der Gesamtsituation. Oft wiederholen Kleinkind oder operiertes Tier die vorher gegebene – belohnte – Antwort einfach noch einmal, ohne dabei die neuen Verhältnisse zu berücksichtigen.

Offensichtlich sind die neuralen Mechanismen, Verhalten durch nur in der Vorstellung vorhandenes Wissen zu steuern, bei so kleinen Kindern noch nicht entwickelt. Da sie auch den operierten Affen fehlten, haben Jean-Pierre Bourgeois, Pasko Rakic und ich an der Yale-Universität in New Haven (Connecticut) die Ausbildung synaptischer Verbindungen im vorderen Stirnhirn jüngerer Affen untersucht.

Am meisten tut sich im Alter von zwei bis vier Monaten. Dies ist die Zeit, zu der Äffchen erstmals Aufgaben mit zeitverzögerter Antwort bewältigen. Das Vermögen sich vorzustellen, daß ein Objekt weiterhin da ist, auch wenn man es gerade nicht sieht (auf allgemeiner Ebene wäre das die Fähigkeit, sich abstrakte Konzepte zu machen), beruht also wohl grundlegend darauf, daß Repräsentationen der Außenwelt gespeichert und fortan bei Entscheidungen beachtet werden, selbst wenn die realen Objekte zur Zeit nicht wahrnehmbar sind.

Aktivitätsmuster von Nervenzellen

Die beschriebenen Versuche ermöglichten indes auch, noch Genaueres über die Hirnstrukturen, die bei solchen Gedächtnistests aktiv sind, und über das Repräsentationsgedächtnis zu erfahren. Besonders aufschlußreich waren Aktivitätsmessungen an einzelnen Neuronen im vorderen Stirnhirn von Affen, während die Tiere mit Aufgaben beschäftigt wurden, die ihnen eine zeitverzögerte Verhaltensreaktion abverlangten.

Die ersten Experimente dieser Art führte Joaquin M. Fuster von der Universität von Kalifornien in Los Angeles zusammen mit Kisou Kibota und Hiroaki Niki vom Primatenzentrum in Kyoto (Japan) durch. Es gelang den Forschern, mit sehr dünnen Elektroden isolierte neuronale Antworten zu registrieren – und zwar erhöhten manche Zellen ihre Aktivität, während dem Tier etwas gezeigt oder es über eine Reizanordnung informiert wurde, andere erst in der Pause danach, wenn es galt, die Konstellation im Gedächtnis zu behalten, und wieder andere mit Beginn der Verhaltensreaktion.

In meinem Labor haben Shintaro Funahashi, Charles J. Bruce und ich die Aktivität einzelner Nervenzellen bei einem zeitverzögerten Versuch registriert, der das räumliche Erinnerungsvermögen der Affen ansprach (solche Eingriffe sind bei lokaler Betäubung völlig schmerzfrei, weil das Gehirn selbst schmerzunempfindlich ist). Das Tier lernt, einen kleinen Punkt mitten auf einem Bildschirm zu fixieren. Dann erscheint am Rand an einer von acht möglichen Positionen ganz kurz ein

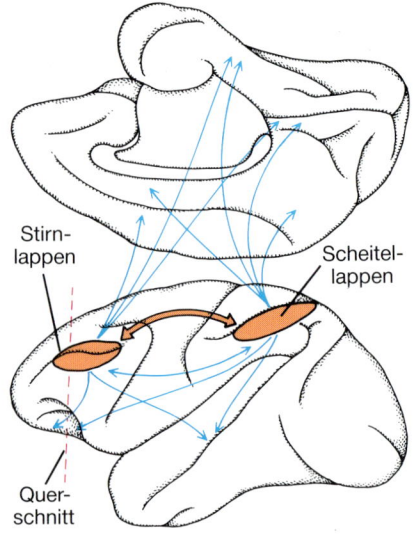

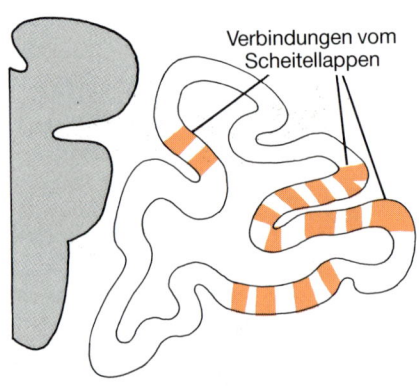

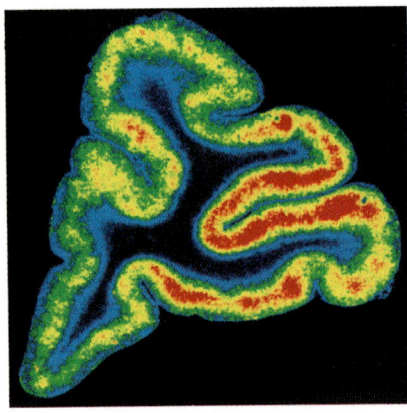

Bild 4: Der präfrontale Cortex ist über eine Anzahl neuronaler Schaltkreise mit sensorischen, limbischen und motorischen Funktionseinheiten verbunden. Die wichtigsten dieser Bahnen im Affengehirn deuten die beiden oberen Zeichnungen an (links die Stirnseite; oben in der Innenansicht auf dem Kopf stehend, unten die Außenansicht von der Seite). Das dritte Bild zeigt einen Querschnitt durch einen Stirnlappen; eingezeichnet ist die modulartige Anordnung der am präfrontalen Cortex eintreffenden Fasern aus dem Scheitellappen, wie man sie aus anatomischen Daten erschließt. Eine sehr ähnliche Verteilung ergab eine Messung der Stoffwechselaktivität während einer zeitverzögerten Testaufgabe (unten). Die aktiven Bereiche wurden mittels einer radioaktiv markierten Substanz sichtbar gemacht.

zweiter Fleck, meist ein kleines Quadrat. Drei bis sechs Sekunden nach dem Fleck verschwindet auch der Punkt in der Mitte – ein Zeichen für das Versuchstier, jetzt dorthin zu blicken, wo das zweite Signal gewesen war (Bild 3). Hat es dies richtig gemacht, bekommt es zur Belohnung einen Schluck Pampelmusensaft.

Während das Tier seinen Blick fest auf dem Fixationspunkt hält, wird durch jedes der acht Quadrate jeweils eine bestimmte Gruppe von Sinneszellen in der Netzhaut gereizt, die mit diesem Bereich im Gesichtsfeld korrespondieren. Diese wiederum erregen in den visuellen Bahnen im Gehirn nur die ihnen zugeordneten spezifischen Anteile, die sich deshalb lokalisieren lassen (vergleiche den Beitrag von Semir Zeki auf Seite 32).

Die Versuche ergaben, daß bestimmte Neuronen im vorderen Stirnhirn so etwas wie Gedächtnisfelder haben: Wenn das Quadrat verschwindet, werden für jeden Ort auf dem Bildschirm immer nur bestimmte Zellen aktiv. Sie erzeugen nun mehr als doppelt so viele elektrische Impulse wie im Grundzustand, und dies so lange, wie das Tier darauf wartet, seine Antwort geben zu dürfen. Die einzelnen Neuronen scheinen jeweils nur für einen bestimmten Ort im Gesichtsfeld zu codieren; so feuern manche nur, wenn das Quadrat an der Neun-Uhr-Position erscheint. Für andere Positionen sind andere Neuronen zuständig.

Anscheinend liegen diese Neuronen, welche die Lokalisation eines visuellen Reizes auch nach seinem Verlöschen behalten, zusammen in einem speziellen Feld des präfrontalen Cortex. Gemeinsam bilden sie den Kern des Systems im Arbeitsgedächtnis für räumliche Zusammenhänge. Falls die Aktivität eines oder mehrerer dieser Neuronen während der Reizpause nachläßt, etwa weil das Tier abgelenkt wird, nimmt die Wahrscheinlichkeit zu, daß es einen Fehler macht.

Die Aktivierung dieser Neuronen erfordert weder die Präsenz eines äußeren Reizes noch die Ausführung eines Verhaltens. Vielmehr zeigt sich darin ein rein mentales Geschehen, das zwischen dem Reiz und der Reaktion darauf stattfindet. Affen mit Läsionen am vorderen Stirnhirn vermögen ohne weiteres nach einem sichtbaren Bild zu schauen oder nach einem Gegenstand, der vor ihnen liegt, zu greifen; ist dieses Objekt aber nicht sichtbar, müßten sie also die Bewegungen allein aus dem Gedächtnis ausrichten, gelingt ihnen das nicht.

Wegen der Vermittlerrolle des präfrontalen Cortex zwischen Erinnerung und Handlung wäre denkbar, daß Schädigungen in diesem Gebiet das über die

Außenwelt gespeicherte Wissen selbst eigentlich gar nicht angreifen, es jedoch durch Zerstörung bestimmter Mechanismen unmöglich machen, dieses abzurufen und zu nutzen. Unterscheidungsaufgaben, bei denen zwischen unmittelbar sicht- oder hörbaren Reizmustern zu wählen ist, machen nämlich trotz Schädigung des vorderen Stirnhirns keine Probleme. Dies wurde bei vielen Menschen mit solchen Verletzungen gefunden und ließ sich auch an Affen bestätigen. Alle Formen assoziativen langanhaltenden Lernens sind weiterhin möglich, solange diese Personen und Tiere bei Abruf des Gedächtnisinhalts die vertraute Reizkonstellation vorfinden, die zu den erwarteten Konsequenzen gehört (wie im Versuch rechts in Bild 2; siehe auch den Beitrag von Eric A. Kandel und Robert D. Hawkins auf Seite 114).

Funktionale Einbindung des Arbeitsgedächtnisses

In den vergangenen zehn Jahren hat sich dank verbesserter Techniken zur Untersuchung der Hirnanatomie erstmals ein genaues, detailreiches Bild ergeben, wie der präfrontale Cortex mit verschiedenen wichtigen sensorischen und motorischen Kontrollzentren des Gehirns verbunden ist. So hat sich verschiedentlich gezeigt, daß für die Funktion des visuellen und räumlichen Arbeitsgedächtnisses ein bestimmtes Gebiet im präfrontalen Cortex entscheidend ist (bei Affen liegt es nahe einer tiefen Furche, dem *Sulcus principalis*; der Bereich ist auf der zweiten Zeichnung von oben in Bild 4 im Frontallappen rot markiert).

Auf diese Hirnregion habe ich mich konzentriert, weil ich annahm, die gründliche neurobiologische Analyse eines wichtigen funktionellen Bereichs des präfrontalen Cortex würde die Voraussetzungen dafür schaffen, auch andere Teilregionen des Cortex und mit ihnen verschaltete Gebiete des gesamten Gehirns weiter enträtseln und so schließlich zu einer einheitlichen Theorie der Funktion des gesamten präfrontalen Cortex kommen zu können.

Wie sich gezeigt hat, gehört der präfrontale Cortex zu einem komplizierten Netzwerk wechselseitiger direkter und indirekter Nervenverbindungen; sie verknüpfen jenes Gebiet, das bei Affen an der vorderen Furche liegt, mit sensorischen und prämotorischen Arealen sowie Bereichen des limbischen Systems (siehe in Bild 4 die beiden oberen Zeichnungen). Dieses diffizile Netzwerk dient offenbar speziell der Verarbeitung räumlicher Information. Wahrscheinlich ist es

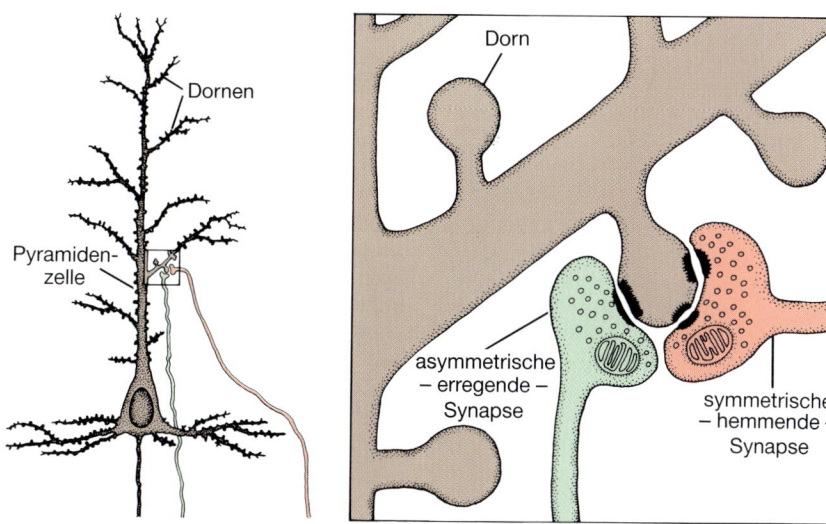

Bild 5: Pyramidenzellen im präfrontalen Cortex dürften die Funktion haben, in diesem Rindengebiet den In- und Output zu modulieren. Ihre verästelten Fortsätze sind übersät mit Tausenden von signalaufnehmenden Dornen, an denen Axonenden anderer Zellen münden. Von diesen Synapsen gibt es verschiedene Typen, die entweder hemmend oder verstärkend auf die Aktivität der Pyramidenzellen wirken, wenn an ihnen Signale übertragen werden. Unter dem Elektronenmikroskop wirkt die erste Sorte als auf beiden Seiten der Synapse symmetrisch, das heißt elektronenoptisch gleich dicht, die zweite asymmetrisch (schwarze Bereiche). Synapsen, an denen der Überträgerstoff Dopamin ausgeschüttet wird, sind vom hemmenden Typ.

nach demselben Grundprinzip organisiert wie andere Systeme auch, die verschiedene Gehirngebiete integrieren und die weitere kognitive Funktionen haben – sei es Objekterkennung, Spracherzeugung, Sprachverständnis oder auch mathematisches Denken (siehe den Beitrag von Antonio und Hanna Damasio auf Seite 58).

Wie erwähnt, sprechen in dem Gebiet der Vorderhirnfurche die einzelnen Neuronen auf optische Reize ortsspezifisch an. Sie müssen demnach Zugriff auf visuelle und räumliche Informationen aus anderen Teilen des Gehirns haben. Tatsächlich erhält die Region Signale aus dem hinteren Scheitellappen, wo die Hirnrinde räumliches Sehen quasi erarbeitet. Menschen mit einer Schädigung der Scheitellappen sind in ihrem räumlichen Vorstellungsvermögen gestört und können ihren Körper und seine Beziehung zu Objekten in der Außenwelt nicht empfinden.

Sollte das Arbeitsgedächtnis tatsächlich die Informationen, auf die es zugreift und die es ins Bewußtsein bringt, aus dem Langzeitgedächtnis holen, müßte das betreffende Gebiet der Hirnrinde eigentlich mit dem Hippocampus in Verbindung stehen, einer Struktur tief innen an den Schläfenlappen, die das assoziative Gedächtnis kontrolliert. Wie man mit Hilfe radioaktiv markierter Aminosäuren festgestellt hat, gibt es zwischen beiden Gebieten tatsächlich sozusagen einen direkten Draht.

Harriet Friedman und ich haben mit einem autoradiographischen Verfahren den Hirnstoffwechsel gemessen und gefunden, daß der Hippocampus und die Gebiete um den *Sulcus principalis* bei zeitverzögerten Aufgaben oft gleichzeitig aktiv sind. Wir vermuten deshalb, daß der Hippocampus hauptsächlich die Aufgabe hat, neue Assoziationen zu festigen, während der präfrontale Cortex dazu nötig ist, das Resultat des assoziativ Gelernten – also Fakten, Ereignisse oder Regeln – aus den anderswo im Gehirn vorhandenen Speichern hervorzuholen, sofern diese Information gerade für eine Handlungsplanung gebraucht wird.

Mit einer Variante der Autoradiographie, der 2-Desoxyglucose-Methode, ließ sich direkt beobachten, welche Hirnteile während bestimmter Aufgaben aktiviert sind. Die Methode hat Louis Sokoloff vom amerikanischen Nationalen Institut für geistige Gesundheit in Bethesda (Maryland) entwickelt. Den Tieren wird ein leicht veränderter Traubenzucker injiziert, eben 2-Desoxyglucose, den die Zellen wie den normalen Energielieferanten aufnehmen, aber nicht abbauen können. Je höher ihr Energiebedarf ist, desto stärker wird die Verbindung sich in ihnen anreichern; und wenn sie zudem radioaktiv markiert ist, läßt die Konzentration sich anhand der Strahlung gut messen. Das heißt, die Radioaktivität in den verschiedenen Hirngebieten entspricht direkt der Aktivität der betreffenden Nervenzellen.

In unseren Untersuchungen wurden Affen in zeitverzögerten Aufgaben geschult. Beim letzten Experiment erhielten sie intravenös radioaktive 2-Desoxyglucose. Gleich darauf wurden sie getötet. Das Gehirn schnitten wir in dünne Scheiben und legten sie auf photographischen Film. Weil die Radioaktivität den Film schwärzt, erhält man gewissermaßen eine Anzahl von Schnappschüssen von der Zellaktivität in den einzelnen Scheiben.

Demnach waren sowohl der präfrontale Cortex als auch viele der mit ihm verbundenen Gebiete (beispielsweise der Hippocampus, der untere Teil des Scheitellappens und der Thalamus) während des Tests hochgradig stoffwechselaktiv gewesen. Sie werden deutlich weniger beansprucht, wenn das Versuchstier assoziative Gedächtnisaufgaben löst, die nicht eines kurzzeitigen Gedächtnisses und der raschen Aktualisierung bedürfen.

Diese Ergebnisse bestätigen anatomische Befunde über die Verbindungen zwischen dem präfrontalen Cortex und anderen Teilen des Gehirns. Insbesondere zeigen sie aber, wie stark verschiedene Hirnteile bei bestimmten Gedächtnisaufgaben eingespannt sind. Und sie lassen erahnen, wie der präfrontale Cortex die vielen verschiedenartigen Informationen, die ihn durchströmen müssen, organisiert: So variieren die neuronalen Aktivitätsmuster deutlich je nachdem, ob die Aufgabe etwa das Ortsgedächtnis oder Erinnerungen an Objekteigenschaften erfordert.

Meines Erachtens gliedert sich der präfrontale Cortex in zahlreiche Gedächtnisfelder, die jeweils für eine andere Informationsart zuständig sind, sei es für die Position von Objekten oder für ihre Merkmale wie Farbe, Größe oder Form, beim Menschen auch für sprachliches und mathematisches Wissen. Seit kurzem befassen sich meine Mitarbeiter Fraser Wilson und James Skelly mit einem Gebiet unterhalb des *Sulcus principalis*, das bei Affen bevorzugt auf komplexe Objekteigenschaften anspricht. Dort gibt es beispielsweise Neuronen, die nur dann verstärkt feuern, wenn das Tier einen roten Kreis im Gedächtnis behält, dagegen nicht bei einem grünen Quadrat.

Aktivitätsmessungen am intakten Gehirn

Zunehmend ermöglichen nicht-invasive, also keinen operativen Eingriff erfordernde Techniken, Aktivierungsmuster im Gehirn zu beobachten. So läßt sich

73

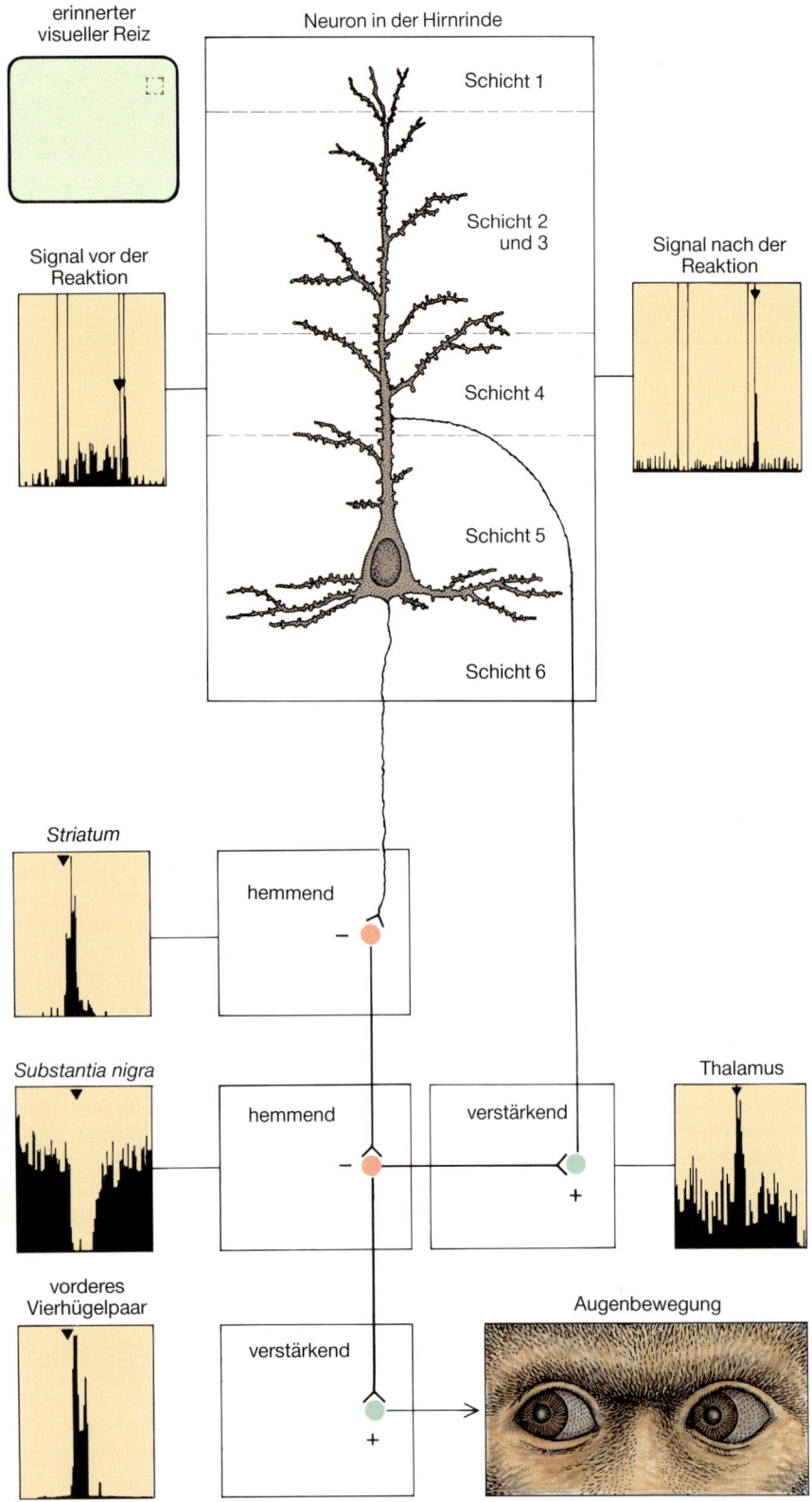

erinnerter visueller Reiz

Neuron in der Hirnrinde

Schicht 1

Schicht 2 und 3

Schicht 4

Schicht 5

Schicht 6

Signal vor der Reaktion

Signal nach der Reaktion

Striatum

hemmend

Substantia nigra

hemmend

verstärkend

Thalamus

vorderes Vierhügelpaar

verstärkend

Augenbewegung

Bild 6: An einer vom Gedächtnis gesteuerten Augenbewegung ist eine ganze Kaskade neuronaler Signale beteiligt. Eine Pyramidenzelle, deren Zellkörper in der fünften Schicht des präfrontalen Cortex liegt, überträgt Signale entlang einer Neuronenkette zum Streifenkörper (*Striatum*), zum schwarzen Kern (*Substantia nigra*) im Mittelhirn und weiter zum vorderen Vierhügelpaar (*Colliculi superiores*), wo die Augenbewegung ausgelöst wird. Außerdem **schickt der schwarze Kern Impulse über Teile des Thalamus (mediodorsaler Thalamus) zurück zur Großhirnrinde. So erhalten die Zellen im präfrontalen Cortex Rückmeldung, daß die Bewegung ausgeführt ist und sie in den Grundzustand zurückkehren können. Die aufgezeichneten elektrischen Aktivitäten der Zellen (bräunlich unterlegte Kästchen) zeigen anhand der Dreiecksmarkierung, daß die Rückmeldung fast augenblicklich einläuft.**

auch am Menschen feststellen, wo während bestimmter geistiger Leistungen Neuronen tätig sind.

Bei der Positronen-Emissions-Tomographie (PET) beispielsweise wird dem Probanden ein radioaktiv markierter Stoff verabreicht, der über das Blut ins Gehirn gelangt; die anhand der Strahlung von außen gemessene Verteilung zeigt wiederum – in diesem Falle aufgrund unterschiedlicher Durchblutung – die Stoffwechselaktivität der verschiedenen Gebiete an. Und auch mit dem traditionellen Elektroenzephalogramm (EEG), der Aufzeichnung der Hirnströme, kann man das Geschehen in bestimmten Situationen lokalisieren und analysieren. Allerdings ist bei diesen beiden Verfahren die Auflösung wesentlich gröber als bei den an Versuchstieren angewandten autoradiographischen Verfahren, doch sind sie für Untersuchungen am Menschen unersetzlich.

Mittels PET wurden am Hammersmith-Krankenhaus in London und an der Washington-Universität in Saint Louis (Missouri) Gehirnaktivitäten erfaßt, während die Testpersonen kurz vorher gelesene Wortlisten im Gedächtnis halten sollten. In einer weiteren Studie an derselben Universität mußten sie zu einem kurz gezeigten Substantiv ein passendes Verb finden. Bei all diesen Aufgaben, die das Arbeitsgedächtnis fordern, war die neuronale Aktivität im präfrontalen Cortex erhöht.

EEG-Studien hat Robert T. Knight von der Universität von Kalifornien in Davis durchgeführt. Zu beurteilen war, ob ein zuvor eingespielter Hörreiz mit einem aktuellen übereinstimmte. Die währenddessen gemessenen Gehirnströme hatten bei Patienten mit Verletzungen des Stirnhirns deutlich andere Muster als bei gesunden Menschen; offenbar kann das derart geschädigte Gehirn frische Informationen nicht normal speichern.

In einer weiteren solchen Untersuchung hörten Versuchspersonen hohe und tiefe Töne in regelmäßigem Muster und dazwischen plötzlich irgendwelche anderen Geräusche oder Klänge. Bei gesunden Probanden produzierte die Hirnrinde innerhalb von 0,3 Sekunden nach dem unerwarteten Reiz positive elektrische Potentiale. Patienten mit Verletzungen des präfrontalen Cortex hatten diese Reaktion nicht, wenngleich sie auf die regelmäßigen, also vertrauten Töne normal reagierten. Diese Befunde passen zu der Vorstellung, daß der präfrontale Cortex vorübergehend Informationen speichert, die mit aktuellen Signalen verglichen werden.

Im Grunde haben die Neuronen des präfrontalen Cortex die Funktion, andere

Gehirngebiete anzuregen oder zu hemmen. Eine in dem beschriebenen Feld im präfrontalen Cortex bearbeitete Information kann etwa Neuronen in den motorischen Zentren veranlassen dafür zu sorgen, daß Augen, Mund, Hände oder andere Körperteile die richtigen Bewegungen ausführen.

Um im einzelnen zu verstehen, wie Signale in den präfrontalen Cortex einlaufen und von ihm ausgehen, muß man allerdings – weil Untersuchungen am Gehirn als Ganzem nur einiges von den Vorgängen enthüllen – auch die zelluläre Ebene betrachten: Die Großhirnrinde ist, wie sich im Lichtmikroskop zeigt, aus sechs übereinanderliegenden Schichten aufgebaut, die sich in ihrer zellulären Zusammensetzung und Dichte unterscheiden. Die Zellen jeder Schicht bilden jeweils Verbindungen zum übrigen Gehirn aus. Eine Klasse von Neuronen, deren Zellkörper in der fünften Schicht liegen, projiziert in außercorticale Gebiete: beispielsweise in den Streifenkörper (*Striatum*) – und zwar dort zum Schweifkern (*Nucleus caudatus*) und zur Schale (*Putamen*), die verschiedene Bewegungsaktivitäten verarbeiten – sowie zum vorderen Vierhügelpaar im Mittelhirn, wo visuelle Bewegungsinformationen umgesetzt werden (Bild 6). Neuronen der sechsten Schicht projizieren zum Thalamus, den Sinnesinformationen aus der Körperperipherie auf dem Weg in die Hirnrinde passieren.

Chemische Signalsysteme

Wahrscheinlich kann der präfrontale Cortex für sich allein keine Bewegungsreaktionen hervorrufen. Er könnte sie aber steuern, indem er veranlaßt, plant, erleichtert oder vereitelt, was an Befehlen bei jenen Hirnstrukturen ankommt, die direkter am Einfluß auf Muskelbewegungen beteiligt sind. Die Übertragung solcher Befehle zwischen Neuronen geschieht üblicherweise auf chemischem Wege durch ein kompliziertes System verschiedenartiger Moleküle, der Neurotransmitter. Weltweit wetteifern Neurowissenschaftler und Biochemiker darum, diese Übertragungsstoffe zu erforschen und ihr Zusammenspiel bei Gehirnprozessen zu verstehen.

Anne Marie Thierry und Jacques Glowinski vom Collège de France in Paris, sowie Brigitte Berger vom dortigen Pitié-Salpêtrière-Krankenhaus, Thomas Hökfelt vom Karolinska-Institut in Stockholm (Schweden) und etliche andere Forscher haben ermittelt, daß bei Nagetieren (in der Regel waren es Ratten) der präfrontale Cortex besonders viel Catecholamine enthält. Stoffe dieser Gruppe wirken bei der Streßreaktion im Körper mit; manche fungieren aber auch oder ausschließlich im Gehirn als Transmitter. Im präfrontalen Cortex von Affen fanden wir sie ebenfalls in hoher Konzentration. Eines dieser Catecholamine, Dopamin, moduliert die Reaktion der angesprochenen Zellen und scheint bei Schizophrenie eine zentrale Rolle zu spielen (siehe auch den Beitrag von Elliot S. Gershon und Ronald O. Rieder auf Seite 126).

Die Hinweise mehren sich, daß Dopamin für das Arbeitsgedächtnis einer der wichtigsten Transmitter ist. Sind im präfrontalen Cortex nicht die richtigen Mengen davon vorhanden, können Ausfälle ähnlich denen bei Schädigungen im Bereich des *Sulcus principalis* auftreten. Alte Affen beispielsweise, denen es an Dopamin und Noradrenalin (einem weiteren Catecholamin) im präfrontalen Cortex mangelt, versagen bei zeitverzögerten Aufgaben; sie gewinnen jedoch die dafür erforderlichen Gedächtnisfunktionen zurück, wenn ihrem Gehirn die fehlenden Substanzen zugeführt werden, und bewältigen die Tests ähnlich gut wie jüngere gesunde Tiere.

Inzwischen sucht man vielerorts die Wirkweise von Dopamin auf einzelne Zellen im Zusammenhang mit dem Arbeitsgedächtnis zu verstehen. Denn in den letzten Jahren bemerkten viele Forscher, daß Neuronen in bestimmten Schichten der Großhirnrinde besonders viele Dopamin-Rezeptoren vom Typ D_1 tragen. Interessanterweise sind das gerade die Neuronen, die zum Thalamus projizieren, also der Struktur, die sensorische Informationen zur Hirnrinde weiterleitet.

An meiner Universität untersuchen Csaba Leranth, John Smiley und F. Mark Williams die synaptischen Strukturen, über die Dopamin in der Großhirnrinde die Reaktion der zugehörigen Zellen auf einlaufende sensorische Informationen moduliert. Mit einem Antikörper gegen Dopamin, den Michel Geffard vom Institut für zelluläre Biochemie und Neurochemie des französischen Nationalen Zentrums für Naturwissenschaftliche Forschung in Bordeaux entwickelt hat, markierten sie die dopaminhaltigen Endigungen der Axone (der sendenden Nervenfasern) derart, daß sie sich im Elektronenmikroskop identifizieren ließen. Den Endigungen ragt jeweils eine Art Dorn auf den Fortsätzen der Empfängerzelle entgegen, an dem die Signale aufgenommen werden (Bild 5).

Meist erwiesen sich die Schaltstellen, an denen die markierten Endigungen ihr Dopamin übertragen, als symmetrisch aufgebaut: Die Bereiche zu beiden Seiten des synaptischen Spalts erscheinen im Elektronenmikroskop etwa gleich kompakt (oder, wie man sagt, elektronenoptisch dicht). Solche Synapsen gelten als hemmend: Eine normale spontane Erregung in der nachgeschalteten Zelle wird gedämpft.

Viele der Dornen von Pyramidenzellen – dem Typ von Neuronen im Cortex, die am häufigsten in andere Hirnteile projizieren (Bilder 5 und 6) – bilden dagegen asymmetrische Schaltstellen mit Axonen, deren Ursprungszellen noch nicht identifiziert sind, die man aber in anderen Regionen der Hirnrinde vermutet. Wahrscheinlich wirken Signale an diesen asymmetrischen Synapsen erregend auf die nachgeschaltete Zelle.

An den Pyramidenzellen läuft ein Großteil der Informationen – einschließlich der sensorischen – zusammen, die in die Großhirnrinde gelangen. Das Zusammenspiel erregender und hemmender Synapsen an den Dornen einer solchen Zelle könnte erklären, wie Dopamin die Reaktionen der verschiedenen Klassen von Pyramidenzellen auf eintreffende Signale zu modifizieren vermag. Da solche Neuronen die Signale, die an den Abertausenden ihrer Dornen einlaufen, integrieren, regelt der Transmitter vielleicht gar den Gesamt-Output des Cortex. Wenn man erst mehr über die physikalischen und chemischen Wechselwirkungen zwischen Pyramidenzellen und anderen Rindenneuronen weiß, dürfte man auch klarer sehen, wie Dopamin oder andere Neurotransmitter höhere geistige Prozesse beeinflussen, indem sie die Aktivität corticaler Neuronen anregen oder dämpfen.

Molekulare Ursachen für Schizophrenie?

Mit tieferer Einsicht in die Arbeitsweise des präfrontalen Cortex gewinnt man nicht nur Aufschluß über die neuralen Grundlagen normaler, sondern auch gestörter geistiger Prozesse. Die Symptome bei Schizophrenie beispielsweise gleichen auffallend denen von Patienten mit Schädigungen in diesem Hirngebiet: Denkstörungen, rasch nachlassende Aufmerksamkeit, unangemessene oder verminderte emotionale Reaktionen, Antriebsschwäche und Mangel an Zielsetzungen und Plänen. Wie solchen Patienten – und Affen mit Läsionen des Stirnhirns – gelingen Schizophrenen gewohnte eingeschliffene Tätigkeiten und Haltungen durchaus normal. Möchten sie allerdings etwas tun, was den Zugriff auf symbolische oder verbale Information verlangt, ist ihr Verhalten ohne rechten Zusammenhang und desorganisiert.

Schizophrene neigen in bestimmten psychologischen Tests dazu, eine einmal gegebene Antwort zu wiederholen, selbst wenn sie eindeutig nicht mehr stimmt, weil etwa ein zu bezeichnender Gegenstand durch einen anderen ausgetauscht wurde. Gesunde können sich viel rascher umstellen und Fehler korrigieren. Auch haben Schizophrene erhebliche Schwierigkeiten bei Aufgaben zur Raumwahrnehmung mit zeitverzögerter Antwort und bei Tests, die Problemlösen, Abstraktion oder Planung verlangen.

Verschiedene Forscher haben nachgewiesen, daß der präfrontale Cortex von Schizophrenen schwächer als normal durchblutet ist und auch eine verminderte Stoffwechselaktivität hat – beides Indizien dafür, daß die neuronale Aktivität in der vorderen Stirnhirnrinde herabgesetzt ist. Den Patienten fällt es des weiteren oft schwer, bewegten Objekten mit den Augen zu folgen und deren Kurs vorherzusehen; dies ist ein Hinweis, daß hintere Gebiete des präfrontalen Cortex betroffen sind, weil die dort lokalisierten Zentren normalerweise solche vorausberechnenden Augenbewegungen planen.

Wie Sohee Park und Philip S. Holzman von der Harvard-Universität in Cambridge (Massachusetts) gezeigt haben, schneiden Schizophrene auch bei Aufgaben schlecht ab, die das Arbeitsgedächtnis fordern (die Tests ähnelten denen, die wir an Affen durchführten). Umgekehrt beobachteten Martha MacAvoy und Bruce an Affen mit Läsionen der entsprechenden Stirnhirnpartien beim gezielten Verfolgen bewegter Objekte Verhaltensstörungen des gleichen Typs, wie sie seit langem als kennzeichnend für Schizophrenie gelten.

Vielleicht sollte man das Problem Schizophrenie als einen Zusammenbruch der Prozesse ansehen, über die das Arbeitsgedächtnis Verhalten steuert. Meines Erachtens stimmen die neuronalen Verschaltungen und Verbindungen im präfrontalen Cortex die inneren Modelle von der Außenwelt auf neue Anforderungen und Situationen ab – aktualisieren also das individuelle Konzept der Realität. Zu dieser Aufgabe gehört, das Kurzzeitgedächtnis und das momentane Verhalten zu lenken. Versagen diese Strukturen, erlebt das Gehirn die Welt nur noch als Einzelereignisse ohne inneren Zusammenhang – gleichsam wie eine lose Aneinanderreihung von Dias und nicht wie einen Film. Die Folge ist schizophrenes Verhalten, das im Übermaß von augenblicklicher Stimulation beherrscht ist, statt daß unmittelbare Eindrücke, Verinnerlichtes und Vergangenes ausbalanciert würden.

Gegenwärtig sind die Theorien über die eigentlichen Ursachen von Schizophrenie freilich noch sehr unbefriedigend und auch unsere Kenntnisse über die Funktionsweise des Arbeitsgedächtnisses frustrierend lückenhaft. Doch besteht Grund zur Zuversicht, denn die neurobiologische Forschung erzielt neuerdings bedeutsame Fortschritte. So dürfte man bald mehr über die Schizophrenie wissen, vor allem aber wesentlich besser begreifen, wie der präfrontale Cortex als eine der wichtigsten assoziativen Partien des Stirnhirns funktioniert, wie er auf das Kurzzeitgedächtnis einwirkt und welche Funktion er generell für das Denken hat.

Weibliches und männliches Gehirn

Kognitive Unterschiede zwischen den Geschlechtern spiegeln hormonale Einflüsse auf die Gehirnentwicklung wider. Ein Verständnis dieser sexuellen Differenzierung und ihrer Ursachen kann auch Einsichten in die Organisation des Gehirns vermitteln.

Von Doreen Kimura

Frauen und Männer unterscheiden sich nicht nur in körperlichen Merkmalen und der Fortpflanzungsfunktion, sondern auch darin, wie sie abstrakte Aufgaben lösen – also in der Art ihrer Intelligenz. Im Zuge der Gleichberechtigung galt es als schicklich und fortschrittlich, darauf zu bestehen, die Geschlechter seien in ihren kognitiven Fähigkeiten nur minimal verschieden – und das auch nur aufgrund unterschiedlicher Erfahrungen während der kindlichen Entwicklung. Die Mehrzahl der wissenschaftlichen Befunde legt jedoch nahe, daß der Feinbau des Gehirns bereits so früh von Sexualhormonen beeinflußt wird, daß die Umwelt von Geburt an – und auch schon vorher – bei Mädchen und Jungen auf unterschiedlich verschaltete Gehirne einwirkt. Das macht es nahezu unmöglich, Erfahrungseinflüsse getrennt von der physiologischen Disposition zu erfassen.

Verhaltensstudien sowie neurologische und endokrinologische (hormonelle) Untersuchungen haben die Vorgänge erhellt, aus denen sich Geschlechtsunterschiede in der Funktionsweise des Gehirns ergeben. Deren physiologische Grundlagen hat man daher in den letzten Jahren in mancherlei Hinsicht besser verstehen gelernt. Des weiteren legen Studien über die Wirkungen von Hormonen auf die Gehirnfunktion während der gesamten Lebensspanne nahe, daß der evolutionäre Selektionsdruck, auf den solche Geschlechtsunterschiede letztlich zurückzuführen sind, dennoch eine gewisse Flexibilität in den geschlechtsspezifischen Begabungen erlaubt.

Wichtig ist festzuhalten, daß die Geschlechter zwar in spezifischen kognitiven Fähigkeiten wesentlich zu differieren scheinen, aber nicht in der Gesamtintelligenz (deren Höhe man häufig als Intelligenzquotienten anzugeben versucht). Wir alle wissen, daß Menschen unterschiedliche intellektuelle Stärken haben. Manche sind mit dem Mundwerk, andere mit den Händen geschickter. Auch wenn zwei Individuen an sich die gleiche intellektuelle Leistungsfähigkeit haben (den gleichen IQ), können sie doch über jeweils andere spezifische Fähigkeiten verfügen.

Im Durchschnitt haben Männer ein besseres räumliches Vorstellungsvermögen. Insbesondere lösen sie leichter Aufgaben, bei denen die Versuchsperson einen Gegenstand in der

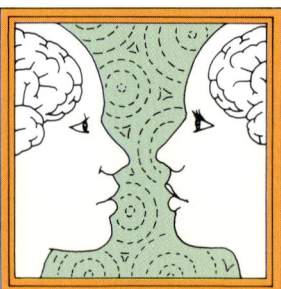

Vorstellung drehen oder auf andere Weise handhaben soll. Auch bei Tests, die mathematisches Schlußfolgern oder die Orientierung über einen Weg verlangen, sind sie Frauen überlegen. Zudem schneiden sie beim Einsatz zielgerichteter motorischer Fertigkeiten – beim Werfen oder Auffangen von Gegenständen – besser ab (siehe Kasten Seite 81).

Frauen können dafür im allgemeinen schneller zusammenpassende Objekte erkennen, haben gleichsam eine höhere Wahrnehmungsgeschwindigkeit. Sie verfügen über eine höhere verbale Gewandtheit (Wortflüssigkeit); so können sie unter anderem eher Wörter finden, die einer bestimmten Bedingung genügen, etwa solche, die mit dem gleichen Buchstaben beginnen. Auch sind sie den Männern bei Rechenaufgaben überlegen sowie beim Erinnern an markante Punkte entlang eines Weges (Bild 1). Des weiteren erledigen sie bestimmte manuelle Präzisionsaufgaben rascher, zum Beispiel das Einstecken von Stiften in vorbezeichnete Löcher auf einem Brett (siehe Kasten Seite 80).

Einigen Forschern zufolge treten Geschlechtsunterschiede beim Problemlösen erst nach der Pubertät auf. Hingegen fanden Diane Lunn und ich, daß schon dreijährige Jungen beim Werfen ein Ziel besser treffen als gleichaltrige Mädchen; und Neil V. Watson eruierte während seines Aufenthalts in meinem Labor an der Universität von West-Ontario in London (Kanada), daß die bei jungen Erwachsenen gefundenen Geschlechtsunterschiede beim Zielwerfen nicht mit der jeweiligen sportlichen Erfahrung erklärbar sind. Des weiteren fand Kimberly A. Kerns in Zusammenarbeit mit Sheri A. Berenbaum von der

Bild 1: Wege in einer Landschaft wie der in dem Gemälde *The Old Oaken Bucket* (Der alte Eichenholzkübel) von Grandma Moses (1860 bis 1961) werden von Frauen und Männern vermutlich auf unterschiedliche Weise gelernt. Aus Laborexperimenten weiß man, daß Frauen sich eher an markante Punkte längs des Weges erinnern – wie hier zum Beispiel an den Brunnen oder an den Baum an der Weggabelung. Männer hingegen scheinen sich eine Route schneller einzuprägen, wissen dann jedoch nicht so viele Landmarken zu nennen; sie verlassen sich vermutlich bevorzugt auf räumliche Hinweisreize wie Entfernungen und Richtungen.

Universität Chicago (Illinois), daß bei der Fähigkeit, sich die räumliche Drehung von Gegenständen vorzustellen, bereits vor der Pubertät Geschlechtsunterschiede auftreten.

In Laborsituationen hat man systematisch untersucht, auf welche Weise Erwachsene Wege lernen. So ließ Liisa Galea in unserem Fachbereich Studierende auf einer großmaßstäblichen Landkarte einer Route folgen. Die männlichen Versuchspersonen lernten den Weg in weniger Durchgängen und machten weniger Fehler; aber nach Abschluß des Lernvorgangs erinnerten sich die weiblichen an mehr auffällige Einzelheiten entlang des Weges. Zusammen mit Ergebnissen anderer Untersuchungen weist dies darauf hin, daß Frauen auch im Alltag dazu neigen, sich an markanten Punkten zu orientieren. Die von Männern überwiegend angewandten Strategien sind indes noch nicht eindeutig geklärt.

Marion Eals und Irwin Silverman von der York-Universität in North York (Ontario) untersuchten eine andere, aber wohl mit dem Orientierungsvermögen zusammenhängende Gedächtnisfunktion: Die Versuchspersonen sollten sich Gegenstände und deren Lage innerhalb eines begrenzten Raumes – in einem Zimmer oder auf einem Tisch – merken. Frauen konnten dann besser angeben, ob etwas versetzt worden war oder nicht. In meinem Labor maßen wir zudem die Genauigkeit der Gegenstandslokalisierung; Frauen konnten eine einmal gezeigte Anordnung von Gegenständen später genauer nachbauen als Männer.

Man muß solche Unterschiede freilich im richtigen Kontext sehen: Einige sind gering, andere recht markant. Da bei vielen kognitiven Tests, die im Mittel Geschlechtsunterschiede aufzeigen, die Leistungen von Männern und Frauen stark überlappen, benutzen die Forscher die Streubreite innerhalb jeder Gruppe, um das Ergebnis zu beurteilen. Angenommen, bei einem Test betrage der ermittelte Durchschnittswert für Frauen 105 und für Männer 100. Die Differenz wäre dann um so bedeutsamer, je weniger sich die Streubreiten der einzelnen Gruppen überschnitten. Falls etwa die Einzelwerte für Frauen zwischen 100 und 110 variieren und die für Männer zwischen 95 und 105, wäre das ein größerer Geschlechtsunterschied, als wenn die Werte zwischen 50 und 150 beziehungsweise zwischen 45 und 145 lägen.

Ein Maß für die Streuung von Einzelwerten ist die Standardabweichung. Um die Größen des Geschlechtsunterschieds bei mehreren jeweils anderen Aufgaben

Probleme, bei deren Lösung Frauen im Vorteil sind:

Tests der sogenannten Wahrnehmungsgeschwindigkeit, bei denen Bildpaare rasch zu erkennen sind – hier gilt es, das Gegenstück des links abgebildeten Hauses zu finden:

Aufgaben wie die, sich zu erinnern, ob ein oder mehrere Gegenstände in einem Ensemble verschoben oder daraus entfernt wurden:

Tests der Ideen- und Wortflüssigkeit, bei denen die Probanden etwa Gegenstände derselben Farbe oder Wörter mit demselben Anfangsbuchstaben aufzählen sollen:

Tests der feinmotorischen Koordination – etwa das Einstecken von Stiften in die Löcher eines Brettes:

Rechenaufgaben:

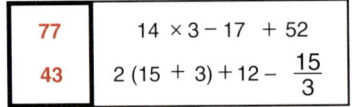

vergleichen zu können, teilt man die Differenz der Durchschnittswerte der beiden Geschlechtergruppen durch die Standardabweichung. Ist der resultierende dimensionslose Zahlenwert – die Effektstärke – kleiner als 0,5, wird allgemein der Unterschied als gering eingeschätzt.

Nach meinen Daten bestehen zum Beispiel keine charakteristischen Unterschiede zwischen Männern und Frauen bei Wortschatztests (Effektstärke 0,02), nicht-verbalem Schlußfolgern (0,03) sowie verbalem Schlußfolgern (0,17). Gilt

es aber, Bilder zuzuordnen, Wörter mit ähnlichen Anfangsbuchstaben zu finden oder gedankliche Beweglichkeit (Ideenflüssigkeit) zu demonstrieren, etwa weiße oder rote Gegenstände aufzuzählen, sind die Effektstärken etwas größer: 0,25, 0,22 und 0,38 – und zwar sind, wie erwähnt, bei diesen Aufgaben die Frauen eher überlegen. Die größten Effektstärken wurden in bestimmten Tests der mentalen Rotation von Gegenständen (0,7) und der motorischen Zielgenauigkeit (0,75) festgestellt, wobei die höchsten Einzelwerte hauptsächlich Männer erzielten.

Differenzierung der Geschlechter

Wie aber entstehen solche Unterschiede, wenn doch – mit Ausnahme der Geschlechtschromosomen – alle Menschen die gleiche genetische Basis haben? Höchstwahrscheinlich spiegeln die spezifischen Fähigkeiten von Männern und Frauen verschiedene hormonale Einflüsse auf das sich entwickelnde Gehirn wider.

Bereits in einer frühen Embryonalphase leiten Östrogene und Androgene (die weiblichen und männlichen Sexualhormone) eine geschlechtliche Differenzierung ein. Bei Säugern – einschließlich des Menschen – ist der Embryo zunächst so angelegt, daß er ebensogut männlich wie weiblich werden könnte: mit zwei Wolffschen und zwei Müllerschen Gängen, die sich erst später zu männlichen beziehungsweise weiblichen inneren Geschlechtsorganen entwickeln.

Enthielt die befruchtete Eizelle außer dem X- auch ein Y-Chromosom, so bilden sich beim menschlichen Embryo gegen Ende des zweiten Monats männliche Keimdrüsen – die Hoden – aus; das ist der kritische erste Schritt für die Entwicklung zum Mann. Normalerweise beginnen die Hoden männliche Hormone zu produzieren, die für die körperliche Ausprägung des Geschlechts beim Embryo nötig sind: Testosteron läßt aus den Wolffschen Gängen Samenleiter und Samenblase entstehen und bewirkt – indirekt nach Umwandlung in Dihydrotestosteron (DHT) – die Bildung von Hodensack und Penis. Das Anti-Müller-Hormon veranlaßt die Rückbildung der Müllerschen Gänge, die sich ohne dieses Regressionshormon zu Eileiter und Gebärmutter entwickelt hätten. (Bilden die Hoden keine männlichen Hormone oder können diese nicht auf das Zielgewebe wirken, so entsteht – sozusagen als Grundform – ein weiblicher Organismus. Störungen während der Differenzierung des männlichen Geschlechts können eine unvollständige Maskulinisierung des Fetus zur Folge haben, obgleich das Erbmaterial in allen Zellen das Y-Chromosom enthält.)

Die Geschlechtshormone bewirken jedoch nicht nur die Ausprägung männlicher Geschlechtsorgane, sondern noch mehr: Sie leiten schon früh Differenzierungen im Gehirn ein, die später für das Auftreten entsprechender männlicher Verhaltensweisen wichtig sind. Da wir das hormonale Geschehen insbesondere beim noch ungeborenen Menschen nicht manipulieren können, beruht vieles von dem, was wir im einzelnen über die frühe Determinierung des Verhaltens wissen, auf Untersuchungen an Tieren. Auch bei diesen tendiert die Entwicklung zu weiblichen Verhaltensmustern, wenn der maskulinisierende Einfluß der Hormone fehlt.

Wenn man ein Nagetier – etwa eine Ratte – mit ausgebildeten männlichen Genitalien unmittelbar nach der Geburt der Androgene beraubt (entweder durch Kastration oder durch Verabreichen eines Präparats, das diese Hormone blokkiert), zeigt es später weniger der männlichen sexuellen Verhaltensweisen wie zum Beispiel Aufreiten, dafür mehr der weiblichen, zum Beispiel Lordosis (Emporrecken des Hinterteils). Erhält umgekehrt ein Weibchen unmittelbar nach der Geburt Androgene verabreicht, zeigt es als erwachsenes Tier mehr männliches als weibliches Sexualverhalten.

Bruce S. McEwen und seine Mitarbeiter an der Rockefeller-Universität in New York haben herausgefunden, daß bei der normalen Entwicklung von männlichen Ratten sich die zwei Prozesse Defeminisierung und Maskulinisierung aufgrund etwas unterschiedlicher biochemischer Veränderungen und zu etwas verschiedenen Zeiten abspielen. Das Androgen Testosteron kann entweder in Östrogen (das üblicherweise als ein weibliches Hormon gilt) oder in Dihydrotestosteron umgewandelt werden. Nach McEwen erfolgt die Defeminisierung bei den genetisch männlichen Ratten im wesentlichen nach der Geburt und wird durch Östrogen vermittelt, wohingegen die Maskulinisierung sowohl Dihydrotestosteron als auch Östrogen erfordert und größtenteils schon vor der Geburt stattfindet. Bei den weiblichen Jungtieren schützt wohl eine als Alpha-Fetoprotein bezeichnete Substanz das Gehirn vor den maskulinisierenden Wirkungen des körpereigenen Östrogens.

Die Gehirnregion, die das weibliche und männliche Fortpflanzungsverhalten steuert, ist der Hypothalamus. Diese kleine Struktur im Zwischenhirn ist mit der (beim Menschen gerade erbsengroßen) Hypophyse verbunden, einer übergeordneten endokrinen Drüse. Wie Roger A. Gorski und seine Kollegen von der Universität von Kalifornien in Los Angeles gezeigt haben, ist der mediale *Nucleus praeopticus*, eine Region des Hypothalamus, bei männlichen Ratten deutlich sichtbar größer als bei weiblichen. Der Größenzuwachs bei den Männchen wird durch die Anwesenheit von Androgenen unmittelbar nach der Geburt begünstigt (vorher in schwächerem Maße). Gorskis Mitarbeiterin Laura

Probleme, bei deren Lösung Männer im Vorteil sind:

Bestimmte Aufgaben zum räumlichen Vorstellungsvermögen und zur mentalen Rotation wie die, dieses dreidimensionale Objekt in der Vorstellung zu drehen,

oder zu bestimmen, in welcher Position die Löcher in einem gefalteten Blatt Papier nach dem Aufklappen liegen:

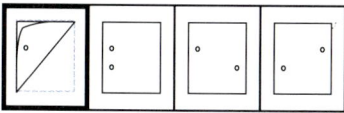

Tätigkeiten, die den Einsatz von zielgerichteten motorischen Fertigkeiten erfordern, wie beispielsweise das Werfen und Auffangen von Gegenständen:

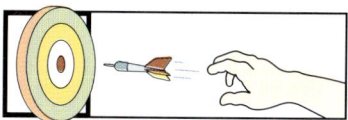

Auffinden einfacher Formen wie der links gezeigten in einer Vielzahl überlagerter Strukturen:

Mathematisches Schlußfolgern:

 Wenn nur 60 Prozent aller Setzlinge angehen, wie viele muß man pflanzen, um 660 Bäume zu erhalten?

S. Allen fand einen ähnlichen strukturellen Geschlechtsunterschied im menschlichen Gehirn. (Aber anders als bei Ratten erfolgt die sexualhormonabhängige Differenzierung des Thalamus beim Menschen schon während der Fetalentwicklung.)

Andere noch vorläufige, aber faszinierende Befunde lassen vermuten, daß sich weitere anatomische Unterschiede im menschlichen Sexualverhalten niederschlagen könnten. Im Jahre 1991 berichtete Simon LeVay vom Salk-Institut für Biologie in San Diego, daß eine der Gehirnregionen, die normalerweise bei Männern größer ist als bei Frauen – ein interstitieller Kern des vorderen Hypothalamus –, bei homosexuellen Männern kleiner sei als bei heterosexuellen. LeVay zufolge stützt dies Vermutungen, daß sexuelle Vorlieben auf einem biologischen Substrat beruhen.

Homo- und heterosexuelle Männer können bei bestimmten kognitiven Tests durchaus unterschiedliche Leistungen zeigen. Brian A. Gladue von der Staats-Universität von Nord-Dakota in Fargo und Geoff D. Sanders vom Polytechnikum der Stadt London (England) berichten, daß Homosexuelle bei einigen räumlichen Aufgaben schlechter abschneiden. Zudem stellte mein Mitarbeiter Jeff Hall kürzlich fest, daß Homosexuelle beim Zielen geringere Testwerte erreichten; hingegen waren sie heterosexuellen Männern in der Ideenflüssigkeit – dem Aufzählen von Gegenständen bestimmter Farbe – überlegen.

Die Arbeiten in diesem spannenden Forschungsgebiet haben gerade erst begonnen. Wichtig ist dabei darauf zu achten, wie stark der persönliche Lebensstil zu Gruppenunterschieden beiträgt. Andererseits stellen eventuell gefundene Gruppenunterschiede lediglich allgemeine statistische Aussagen dar; sie bestimmen einen Durchschnitt, von dem jedes Individuum abweichen kann. Solche Untersuchungen versprechen jedenfalls reiche Informationen über die physiologischen Grundlagen spezifischer kognitiver Leistungen.

Sexualhormone und Verhalten

Die Einwirkung von Sexualhormonen in einer frühen, kritischen Lebensphase scheint die Organisation des Gehirns auf irreversible Weise zu beeinflussen. Das Verabreichen derselben Hormone in einer späteren Phase hat keinen solchen Effekt. Ihre Wirkung scheint freilich nicht nur Sexualität und Fortpflanzung, sondern alles Verhalten zu betreffen, in denen sich die Geschlechter unterschei-

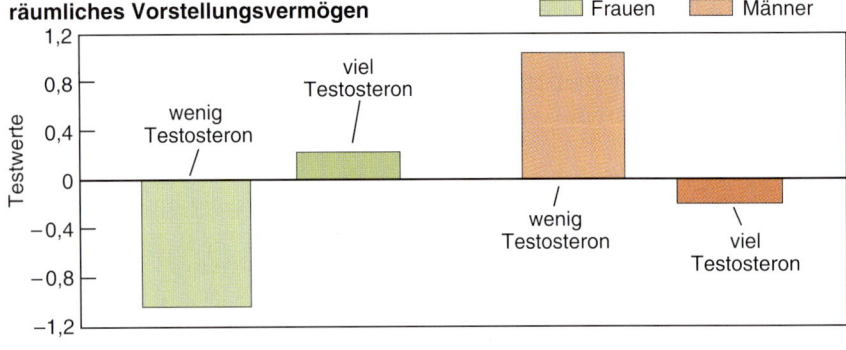

räumliches Vorstellungsvermögen

Frauen **Männer**

Testwerte: 1,2 / 0,8 / 0,4 / 0 / -0,4 / -0,8 / -1,2

wenig Testosteron / viel Testosteron / wenig Testosteron / viel Testosteron

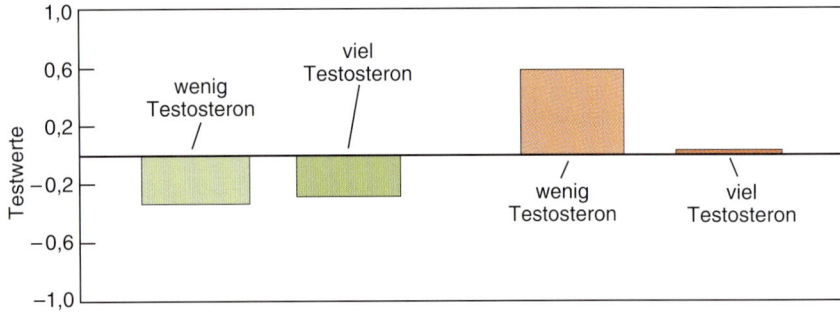

mathematisches Schlußfolgern

Testwerte: 1,0 / 0,6 / 0,2 / -0,2 / -0,6 / -1,0

wenig Testosteron / viel Testosteron / wenig Testosteron / viel Testosteron

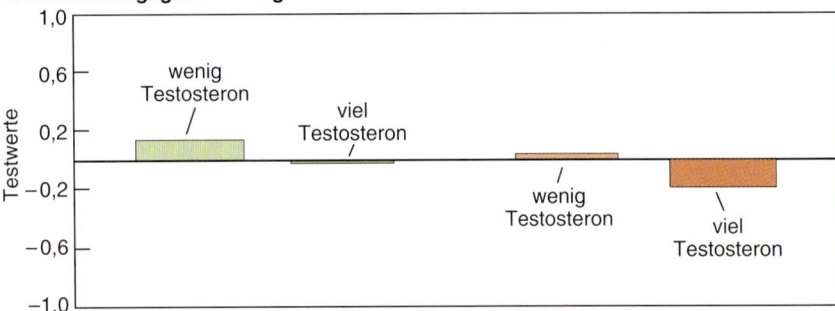

Wahrnehmungsgeschwindigkeit

Testwerte: 1,0 / 0,6 / 0,2 / -0,2 / -0,6 / -1,0

wenig Testosteron / viel Testosteron / wenig Testosteron / viel Testosteron

Bild 2: Die Ergebnisse kognitiver Tests können vom Testosteronspiegel abhängig sein. Frauen mit hoher Konzentration dieses Hormons lösen Aufgaben zum räumlichen Vorstellungsvermögen besser als Frauen mit niedriger; bei Männern – die insgesamt einen höheren Testosteronspiegel aufweisen – ist es umgekehrt (oben). Bei einem Test zum mathematischen Schlußfolgern korrespondiert bei Männern ein niedriger Testosteronspiegel mit besserer Leistung; bei Frauen gibt es keinen derartigen Zusammenhang (Mitte). Bei einem Test zur Wahrnehmungsgeschwindigkeit, bei dem Frauen normalerweise besser abschneiden (unten), besteht für beide Geschlechter keine Korrelation zwischen Testosteronspiegel und Leistung.

den – die Art des Problemlösens ebenso wie die Aggressivität und die Neigung zu spielerischem Kampfverhalten bei den jungen Männchen vieler Säugetierarten. So fand Michael J. Meaney von der McGill-Universität in Montreal (Kanada), daß bei jungen männlichen Nagern Dihydrotestosteron über den Mandelkern – die Amygdala – und nicht über den Hypothalamus das spielerische Kampfverhalten auslöst. (Der Mandelkern liegt an der Innenseite des Schläfenlappens, der der jeweils anderen Hirnhälfte zugewandt ist.)

Auch männliche und weibliche Ratten haben verschiedene Problemlösestrategien. Christina L. Williams vom Barnard-College fand, daß die weiblichen

stärker dazu neigen, beim Wegelernen markante Punkte zu beachten – so wie es Frauen zu tun scheinen: Sie orientieren sich mehr an Hinweisreizen wie Mustern an den Wänden des Test-Labyrinths als an geometrischen Charakteristika wie Winkeln und Form der Gänge. Wenn keine bildlichen Landmarken vorhanden waren, benutzten die weiblichen Tiere allerdings – wie es die Männchen nahezu ausschließlich taten – die geometrischen Hinweisreize.

Interessanterweise bewirkt eine hormonale Intervention während der kritischen Zeitspanne, also der Entzug von Testosteron etwa durch Kastration bei neugeborenen Männchen beziehungsweise das Verabreichen von Östrogen an

neugeborene Weibchen, eine völlige Umkehrung des geschlechtstypischen Verhaltens der erwachsenen Tiere. Wie bereits erwähnt, kann Östrogen während der Gehirnentwicklung, die bei neugeborenen Ratten nicht abgeschlossen ist, eine maskulinisierende Wirkung auf das Gehirn haben; das erklärt, weshalb dann die weiblichen Tiere sich wie Männchen verhalten.

Die normalerweise vorhandenen Unterschiede im Orientierungs- und Wegfindeverhalten könnten sich im Laufe der Evolution im Zusammenhang mit Fortpflanzungsstrategien herausgebildet haben. Steven J. C. Gaulin und Randall W. FitzGerald von der Universität Pittsburgh (Pennsylvania) argumentieren, daß Wühler-Männchen, die mehrere Weibchen begatten, größere Reviere durchwandern müssen als die Weibchen. Deshalb scheine eine besondere Orientierungsfähigkeit für ihren Fortpflanzungserfolg kritisch zu sein. Tatsächlich fanden die beiden Forscher in Labyrinth-Untersuchungen Geschlechtsunterschiede nur bei polygynen Wühlern, wie der Wiesenmaus, nicht bei monogamen Arten wie der Präriemaus.

Wiederum scheinen Verhaltensunterschiede mit strukturellen einherzugehen. Lucia F. Jacobs hat in Gaulins Labor herausgefunden, daß der Hippocampus – eine Region, die vermutlich sowohl bei Vögeln als auch bei Säugern am räumlichen Lernen beteiligt ist – bei polygynen männlichen Wühlern größer ist als bei den Weibchen. Wie es sich damit beim Menschen verhält, ist noch nicht bekannt.

Auch der Einfluß von Sexualhormonen auf das Verhalten Erwachsener läßt sich beim Menschen nicht so direkt erfassen oder experimentell angehen. Die Forscher beziehen sich vielmehr auf mögliche Parallelen zu anderen Spezies sowie auf spontan auftretende Ausnahmen von der Norm.

Besonders aufschlußreich sind Untersuchungen an Mädchen, die im Mutterleib oder als Neugeborene einem Übermaß an Androgenen ausgesetzt waren. Die Ursache kann ein genetischer Defekt sein, der eine angeborene Vergrößerung der Nebennieren verursacht; zudem gab es solche Fälle vor den siebziger Jahren, als Schwangere mit verschiedenen synthetischen Steroiden behandelt wurden. Die Vermännlichung der äußeren Geschlechtsorgane beim weiblichen Fetus infolge des Hormonüberschusses kann zwar recht früh nach der Geburt mittels plastischer Chirurgie korrigiert und die Überproduktion der Androgene durch eine medikamentöse Behandlung gedrosselt werden, die Auswirkungen auf das Gehirn lassen sich jedoch nicht mehr umkehren.

Untersuchungen von Forschern wie Anke A. Ehrhardt von der Columbia-Universität in New York und June M. Reinish vom Kinsey-Institut in Bloom-ington (Indiana) haben ergeben, daß Mädchen mit übermäßiger Androgen-Exposition als Heranwachsende außer-gewöhnlich wild und aggressiv sind. Dies wurde allerdings nur aus Interviews mit den betroffenen Mädchen und deren Müttern, aus Beurteilungen von Lehrern oder aus Fragebögen gefolgert, welche die Mädchen selbst ausfüllten; mithin sind Einflüsse durch Erwartungen der Erwachsenen, denen die Lebensge-schichte des jeweiligen Mädchens be-kannt ist, oder der Mädchen selbst schwer auszuschließen.

Deshalb sind die objektiven Untersu-chungen von Sheri Berenbaum und Me-lissa Hines von der Universität von Kalifornien in Los Angeles überzeugen-der. Sie beobachteten das Spielverhalten von betroffenen Mädchen und verglichen es mit dem ihrer männlichen und weibli-chen Geschwister. Von einer Auswahl an Autos und Baukästen, Puppen und Pup-penküchen, Büchern und Brettspielen bevorzugten diese Mädchen das eher typisch maskuline Spielzeug; und sie beschäftigten sich beispielsweise mit Autos ebenso lange wie normale Jungen. Sie unterschieden sich bei der Auswahl von Spielzeug gleichermaßen wie die Jungen von den nicht betroffenen Mäd-chen. Da anzunehmen ist, daß die Eltern diese Töchter mindestens ebenso zu ty-pisch weiblichem Verhalten ermuntern wie deren nicht betroffene Schwestern, legen diese Befunde nahe, daß die Spiel-zeugpräferenz tatsächlich auf gewisse Weise durch die frühen hormonalen Ein-flüsse verändert worden ist.

Auch das räumliche Vorstellungsver-mögen – üblicherweise beim männlichen Geschlecht besser ausgebildet – ist bei Mädchen, die früh einem Übermaß an Androgenen ausgesetzt waren, betont.

Susan M. Resnick, Sheri Berenbaum und ihre Kollegen berichteten, daß sie ihren nicht betroffenen Schwestern bei Tests zum räumlichen Vorstellungsvermögen sowie bei der Aufgabe, einfache Formen aus einer Vielzahl überlagerter Struktu-ren herauszufinden, überlegen waren. Darin sind sonst männliche Versuchsper-sonen im Durchschnitt besser als weibli-che. Bei anderen Tests zur Wahrneh-mung, zu verbalen Fähigkeiten und zum Schlußfolgern gab es keine Unterschiede zwischen den beiden Gruppen.

Hormonspiegel und kognitive Leistungen

Aus diesen und ähnlichen Untersu-chungen könnte man schließen, das räumliche Vorstellungsvermögen sei ge-nerell um so besser, je höher der Andro-genspiegel ist. Dem scheint aber nicht so. Im Jahre 1983 fand Valerie J. Shute, damals an der Universität von Kaliforni-

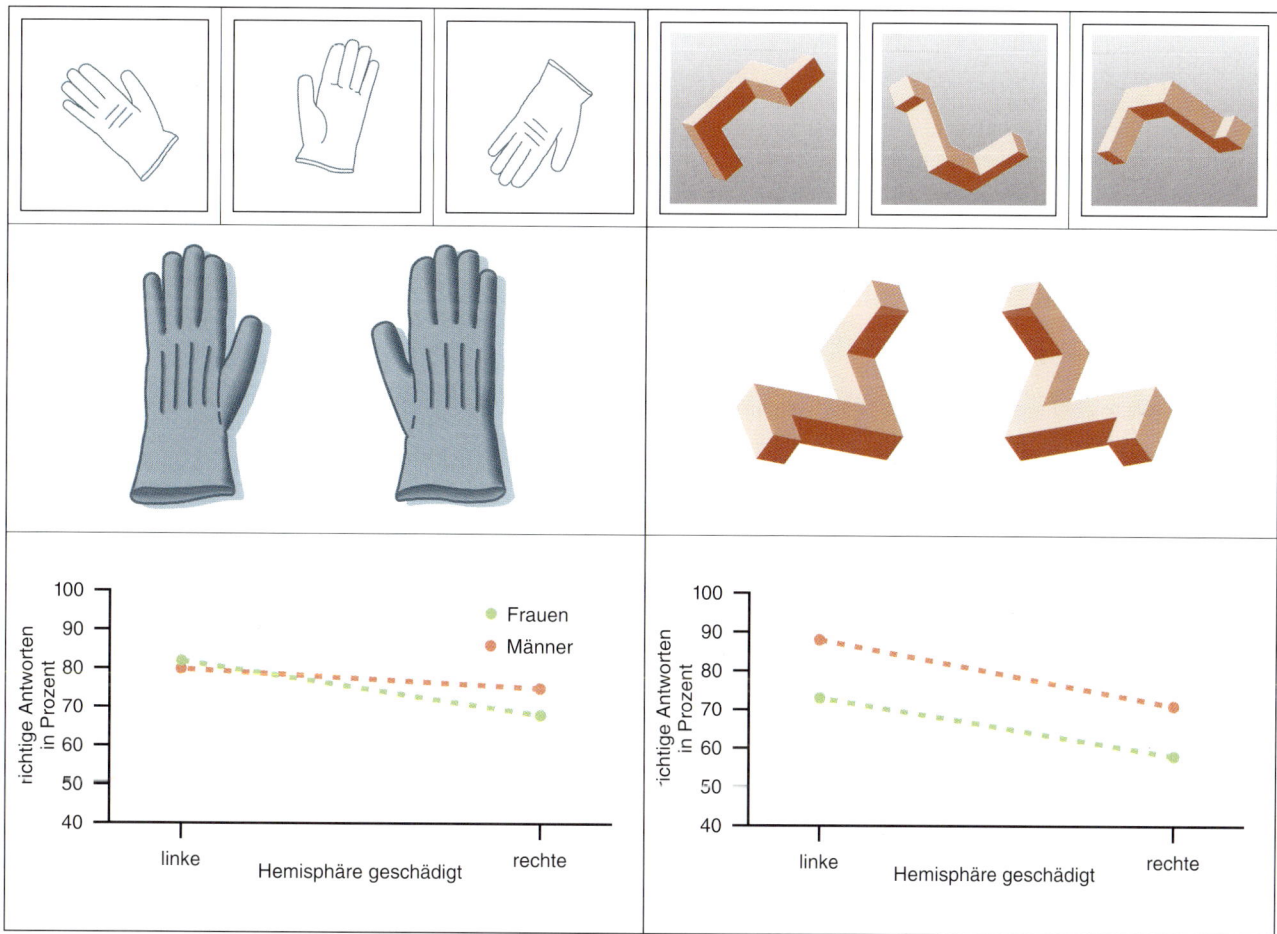

Bild 3: Tests zur mentalen Rotation von Gegenständen ergaben unter anderem, daß Verletzungen der rechten Gehirnhälfte das räumliche Vorstellungsvermögen bei beiden Geschlechtern in gleichem Maße beeinträchtigen (Diagramme unten). Dieser Be-fund legt nahe, daß Frauen und Männer für bestimmte Aufgaben dieser Art gleichermaßen auf die rechte Hirnhemisphäre angewie- sen sind. Bei einem dieser Tests mußten die Versuchspersonen eine Reihe von Zeichnungen eines gedrehten rechten beziehungsweise linken Handschuhs einem vor ihnen liegenden realen Gegenstück zuordnen (links oben). In einem zweiten Test waren Photo-graphien eines dreidimensionalen Körpers einem von zwei Spie-gelbildern des gleichen Gegenstands zuzuordnen (rechts oben).

en in Santa Barbara, Hinweise auf einen nicht-linearen Zusammenhang: Sie bestimmte bei Studenten und Studentinnen den Androgengehalt im Blut. Die Werte streuten zwar über einen Bereich, der für das jeweilige Geschlecht typisch ist (auch bei Frauen sind männliche Hormone vorhanden, wenn auch nur in sehr geringer Menge); und als Valerie Shute jede Geschlechtergruppe weiter in Untergruppen mit hohem und niedrigem Androgenspiegel einteilte, fand sie, daß Frauen mit hohem Androgenspiegel bei räumlichen Tests besser abschnitten als solche mit niedrigem. Aber bei den Männern galt das Umgekehrte: Solche mit niedrigem Androgenspiegel zeigten bessere Leistungen.

Catherine Gouchie und ich führten kürzlich eine ähnliche Untersuchung durch. Wir bestimmten den Testosterongehalt im Speichel und testeten nicht nur das räumliche Vorstellungsvermögen, sondern auch das mathematische Schlußfolgern und die Wahrnehmungsgeschwindigkeit (Bild 2). Unsere Ergebnisse bei den räumlichen Tests ähnelten denen von Valerie Shute: Männer mit wenig Testosteron waren ihren Geschlechtsgenossen mit viel Testosteron überlegen, während bei den Frauen mehr Testosteron mit besseren Leistungen korreliert war. Solche Befunde lassen vermuten, daß es sozusagen einen optimalen Androgenspiegel gibt, bei dem das räumliche Vorstellungsvermögen am besten ist; er müßte dann etwa im unteren Teil des für Männer typischen Streubereichs liegen.

Keine Korrelation konnten wir zwischen dem Testosteronspiegel und der getesteten Wahrnehmungsgeschwindigkeit finden. Für das mathematische Schlußfolgern war bei den Männern der Befund hingegen ähnlich wie der bei Tests zum räumlichen Vorstellungsvermögen: Diejenigen mit wenig Androgen erreichten höhere Testwerte als solche mit viel Testosteron; bei den Frauen indes war keine Korrelation erkennbar.

Diese Resultate sind mit der Hypothese von Camilla P. Benbow von der Staats-Universität von Iowa in Ames vereinbar, wonach die mathematische Begabung in hohem Maße von einer biologischen Determinante abhängt. Sie und ihre Kollegen haben eine deutliche Überlegenheit der männlichen Versuchspersonen beim mathematischen Schlußfolgern festgestellt – und zwar im oberen Bereich der Streubreite besonders ausgeprägt, wo Männer und Frauen im Verhältnis 13:1 vertreten sind. Camilla Benbow meint, diese Geschlechtsunterschiede seien nicht leicht durch soziale Effekte erklärbar.

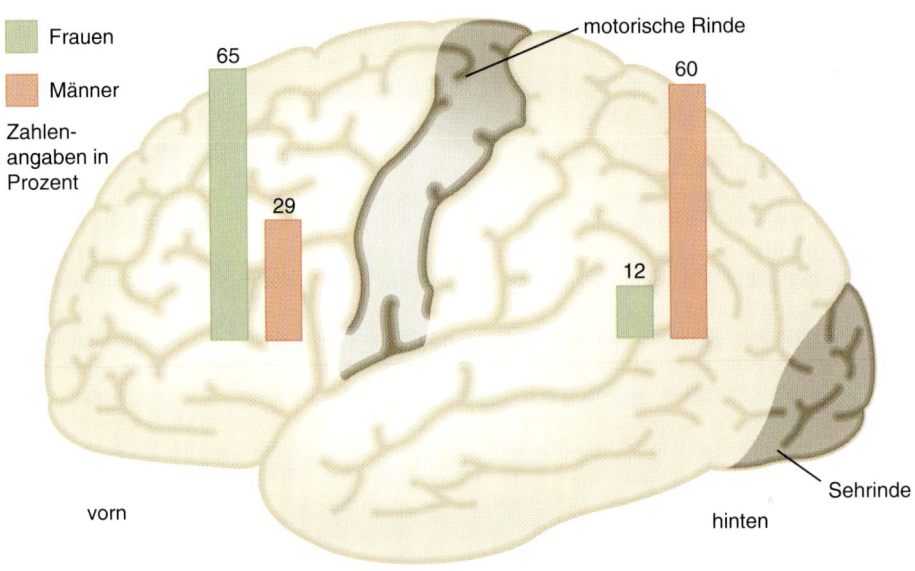

Bild 4: Aphasien (Sprachstörungen bei der Wortwahl etwa) treten bei Frauen am häufigsten auf, wenn vordere Teile des Gehirns verletzt sind. Bei Männern sind sie häufiger bei Läsionen der hinteren Bereiche (links). Apraxien (Schwierigkeiten,

Man muß beachten, daß es sich bei der Beziehung zwischen natürlichem Hormonspiegel und Problemlöseverhalten um eine Korrelation von Meßdaten handelt. Irgendwie ist beides verknüpft, aber welche Faktoren dafür bestimmend sind oder was die Ursache sein könnte, ist nicht bekannt. Noch wissen wir zu wenig über die Beziehung zwischen dem Hormonspiegel beim Erwachsenen und dem in den frühen Entwicklungsphasen, in denen offensichtlich die Voraussetzungen für spezifische Fähigkeiten im Nervensystem organisiert werden. Es gilt noch viel herauszufinden über die genauen Mechanismen, die den spezifischen kognitiven Leistungen beim Menschen zugrunde liegen.

Befunde an Hirngeschädigten

Ein anderer Ansatz, Unterschiede zwischen männlichen und weiblichen Gehirnen aufzuspüren, ist, die Arbeitsweise bestimmter Hirnstrukturen zu prüfen und zu vergleichen. Dies ist ohne Eingriffe möglich, wenn eine spezifische Gehirnregion geschädigt ist. Derartige Untersuchungen weisen darauf hin, daß bei den meisten Menschen die linke Hirnhälfte für die Sprache wesentlich ist und die rechte für bestimmte wahrnehmungs- und raumbezogene Funktionen.

Viele Forscher, die Geschlechtsunterschiede untersuchen, nehmen an, daß die beiden Hirnhälften bei Männern für Sprache und räumliches Vorstellungsvermögen stärker asymmetrisch organisiert seien als bei Frauen. Für diese funktio-

nelle Asymmetrie gibt es mehrere Hinweise. Teile des Balkens (*Corpus callosum*), des größten Nervenfaserbündels, das die beiden Hemisphären verbindet, können bei Frauen ausgedehnter sein; Wahrnehmungsfunktionen, anhand derer man Hirnasymmetrien bei Personen mit gesundem Gehirn untersuchen kann, sind mitunter bei Frauen in geringerem Maße auf eine Hemisphäre beschränkt, und Verletzungen einer Hirnhälfte haben bei ihnen manchmal geringere Auswirkungen als vergleichbare Schädigungen bei Männern.

Im Jahre 1982 berichteten Marie-Christine de Lacoste, die jetzt an der Medizinischen Fakultät der Yale-Universität in New Haven (Connecticut) arbeitet, und Ralph L. Holloway von der Columbia-Universität in New York, daß das hintere Drittel des Balkens – das Splenium, das visuelle Information zwischen den Hirnhälften überträgt – bei Frauen größer sei als bei Männern. Dieser Befund ist in der Folge sowohl bestritten als auch bestätigt worden. Formveränderungen des Balkens, die während der Alterung eines Individuums auftreten können, wie auch unterschiedliche Meßverfahren mögen zu dem Dissens beigetragen haben. Erst kürzlich fanden aber auch Allen und Gorski den gleichen geschlechterbezogenen Größenunterschied beim Splenium.

Das Interesse am Balken erklärt sich aus der Vermutung, seine Größe könnte die Anzahl der Nervenfasern anzeigen, die beide Hirnhälften verbinden. Wären bei einem Geschlecht mehr davon vorhanden, müßte man nämlich daraus

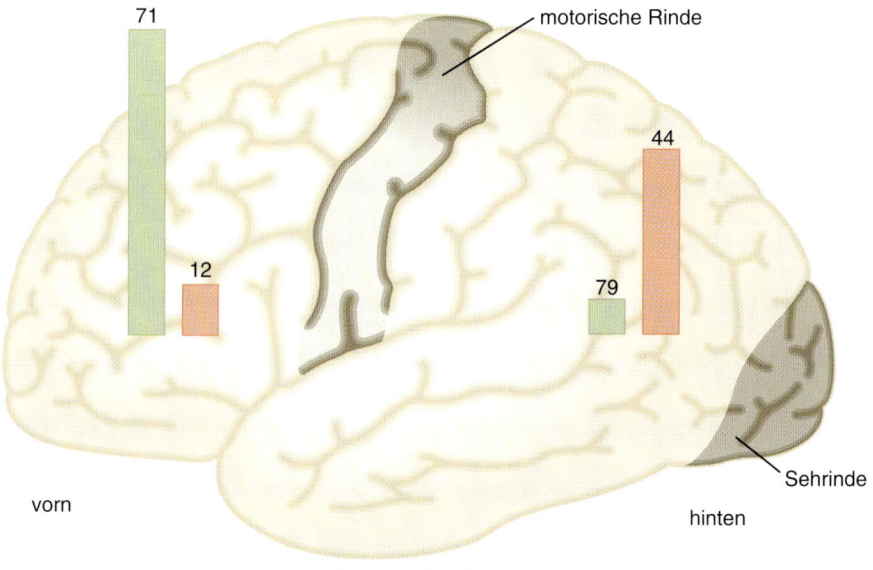

71 **12** motorische Rinde **44** **79** Sehrinde

vorn hinten

linke Hemisphäre

**angemessene Handbewegungen zu wäh-
len) werden bei Frauen hauptsächlich bei
Schädigungen der vorderen linken Hirn-** **hälfte hervorgerufen und bei Männern bei
solchen der hinteren Regionen (rechts). Sie
gehen zudem mit Sprachstörungen einher.**

schließen, daß die beiden Hemisphären
eingehender miteinander kommunizierten. Und von Ratten ist zudem bekannt,
daß Sexualhormone die Größe des Balkens verändern können; dies haben
Victor H. Denenberg und seine Mitarbeiter von der Universität von Connecticut
in Storrs ermittelt. Indes ist noch nicht
geklärt, ob die tatsächliche Anzahl an
Fasern bei den Geschlechtern differiert.
Des weiteren bleibt die mögliche Beziehung zwischen kognitiven Geschlechts-
unterschieden und der Größe des Balkens zu prüfen. Neue Verfahren zur
bildlichen Darstellung des Gehirns beim
lebenden Menschen werden sicherlich
weiterhelfen.

Die Auffassung, das männliche Gehirn weise eine größere funktionelle
Asymmetrie auf als das weibliche, hat
eine lange Tradition. Albert Galaburda
vom Beth-Israel-Hospital in Boston
(Massachusetts) und Norman Ge-
schwind von der medizinischen Fakultät
der Harvard-Universität im benachbarten
Cambridge hatten vermutet, daß Androgene das funktionelle Vermögen der
rechten Hemisphäre steigerten. Tatsächlich fand im Jahre 1981 Marian C.
Diamond von der Universität von Kalifornien in Berkeley, daß bei männlichen
Ratten die rechte Hirnrinde (der rechte
Cortex) dicker ist als die linke, nicht
aber bei Weibchen. Jane Stewart von
der Concordia-Universität in Montreal
(Kanada) bestimmte kürzlich in Zusammenarbeit mit Bryan E. Kolb von der
Universität Lethbridge (Kanada) die
hormonalen Einflüsse auf diese Asymmetrie in der frühen Entwicklungsphase

genau: Androgene scheinen demnach
das Wachstum der linken Hirnrinde zu
hemmen.

Im vorigen Jahr legten Marie-Christine de Lacoste und ihre Kollegen einen
ähnlichen Befund an menschlichen Feten
vor: Bei männlichen war die rechte
Hirnrinde größer als die linke. Mithin
scheint es durchaus einige anatomische
Belege für die Annahme zu geben, daß
die beiden Hemisphären bei Männern
und Frauen nicht gleichermaßen asymmetrisch sind.

Die Indizien sind allerdings noch
dürftig und widersprüchlich – was nahelegt, daß die auffälligsten Geschlechtsunterschiede in der Gehirnorganisation
vielleicht gar nicht mit der funktionellen
Asymmetrie zusammenhängen.
Falls beispielsweise die Gesamtunter-
schiede in der Raumwahrnehmung zwischen Männern und Frauen auf der
unterschiedlichen Abhängigkeit dieser
Funktionen von der rechten Gehirnhälfte
beruhten, müßte eine Verletzung eben
dieser Hemisphäre bei Männern das
räumliche Vorstellungsvermögen stärker
beeinträchtigen. Dies haben wir kürzlich
mit Tests zur mentalen Rotation untersucht (Bild 3). Bei einem dieser Tests
ließen wir einseitig Hirnverletzte an
Strichzeichnungen eines Handschuhs in
verschiedenen Orientierungen entscheiden, ob ein rechter oder ein linker
dargestellt war, indem sie einfach auf
einen von zwei ausgestopften Handschu-
hen deuteten, die vor ihnen lagen. Beim
zweiten Test legten wir ihnen zwei dreidimensionale, zueinander spiegelbildli-
che Körper vor und ließen sie Photogra-

phien dieser Körper in verschiedener
Lage dem realen Gebilde zuordnen. (Mit
solchen nicht-verbalen Antwortverfahren
lassen sich auch Patienten mit Sprachstörungen testen.)

Wie erwartet, ergaben sich bei Probanden beiderlei Geschlechts infolge einer Verletzung der rechten Hemisphäre
niedrigere Testwerte als infolge einer
vergleichbaren Verletzung der linken.
Wie ebenfalls angenommen, schnitten
Frauen beim Test der mentalen Rotation
dreidimensionaler Körper schlechter ab
als Männer. Überraschenderweise hatte
jedoch die Verletzung der rechten Gehirnhälfte bei Männern keine größere
Auswirkung als bei Frauen – letztere
waren dadurch mindestens ebenso beeinträchtigt. Dieser Befund läßt vermuten,
daß die üblichen geschlechtsspezifischen
Unterschiede bei derartigen Tests nicht
eine Folge unterschiedlicher Dominanz
der rechten Hemisphäre sind; die besseren Leistungen der Männer müssen folglich durch ein anderes Teilsystem des
Gehirns vermittelt sein.

Entsprechende Annahmen über eine
größere funktionelle Asymmetrie bei
Männern hinsichtlich sprachlicher Fähigkeiten beruhten auf der Beobachtung,
daß bei ihnen Sprachstörungen (Aphasien) nach Verletzungen der linken Hemisphäre häufiger auftreten als bei Frau-
en. Deshalb meinten einige Forscher
folgern zu dürfen, Sprache sei bei Frauen
stärker beidseitig organisiert. Allerdings
ist diese Schlußfolgerung problematisch
– während meines zwanzigjährigen Umgangs mit Patienten traten Aphasien bei
Frauen mit Verletzungen der rechten
Hirnhälfte nicht unverhältnismäßig häufiger oder seltener auf.

Sprach- und Bewegungsstörungen

Bei der Suche nach einer Erklärung
entdeckte ich einen weiteren eindrucksvollen geschlechtsspezifischen Unterschied in der Hirnorganisation für
sprachliche und damit verknüpfte motorische Funktionen: Frauen leiden eher
als Männer unter Aphasie, wenn der
vordere Bereich des Gehirns verletzt
worden ist. Da örtlich begrenzte Schädigungen innerhalb einer Hemisphäre bei
beiden Geschlechtern zumeist im hinteren Bereich des Gehirns liegen, könnte
dieser Sachverhalt erklären, warum
Frauen insgesamt seltener von Aphasie
betroffen sind. Sprachfunktionen sind
demnach bei Frauen nicht deshalb mit
geringerer Wahrscheinlichkeit betroffen,
weil die sprachlichen Fähigkeiten bei
ihnen eher gleichmäßig in beiden Hirnhälften repräsentiert wären, sondern weil

die dafür kritische Region seltener verletzt wird (Bild 4 links).

Ähnliches zeigt sich in Untersuchungen von willentlichen Handbewegungen, die von der linken Hemisphäre gesteuert werden. Apraxie – die Störung, gewisse erlernte oder zweckgerichtete Bewegungen der Hände auszuführen – tritt sehr häufig nach Verletzungen der linken Hemisphäre auf. Sie ist auch eng mit Sprachproblemen verbunden (siehe den Beitrag von Antonio und Hanna Damasio auf Seite 58). Nun beziehen sich die von der linken Gehirnhälfte abhängigen kritischen Funktionen möglicherweise nicht auf die Organisation von Sprache an sich, sondern vielmehr auf diejenige der komplexen oralen und manuellen Bewegungen, auf denen die menschliche Kommunikation beruht. Untersuchungen an Patienten mit Verletzungen der linken Gehirnhälfte haben gezeigt, daß diese Bewegungswahl bei Frauen eher mit vorderen Arealen zu tun hat, bei Männern hingegen eher mit hinteren (Bild 4 rechts).

Die Nachbarschaft des Motorikwahlsystems zur unmittelbar dahinter liegenden motorischen Rinde mag bei Frauen feinmotorische Fertigkeiten begünstigen. Im Gegensatz dazu scheinen die motorischen Fertigkeiten bei Männern Zielbewegungen in die Ferne – von sich selbst weg – zu betonen. Es könnte dafür vorteilhaft sein, daß die zuständigen Rindenregionen eng mit den visuellen Arealen vernetzt sind, die im hinteren Bereich des Gehirns liegen.

Die stärkere Abhängigkeit der Frauen von den vorderen Hirnarealen ist selbst dann erkennbar, wenn Tests eine visuelle Kontrolle erfordern – zum Beispiel, wenn die Versuchspersonen ein zu betrachtendes Modell mit Bauklötzen nachbauen sollen. Über eine solche komplexe Aufgabe wird es möglich, die Auswirkungen von Läsionen der vorderen und hinteren Gebiete beider Hemisphären zu vergleichen, da die Leistungen sowohl durch Verletzungen der einen wie der anderen Hirnhälfte beeinträchtigt werden. Wiederum sind Frauen durch Verletzungen vorderer Regionen der rechten Hemisphäre stärker beeinträchtigt als durch solche der hinteren. Bei Männern ist es im allgemeinen umgekehrt.

Wenngleich ich keine Anzeichen für Geschlechtsunterschiede in der funktionellen Asymmetrie der beiden Hirnhälften hinsichtlich grundlegender Sprachfähigkeiten, motorischer Wahl oder mentaler Rotation finden konnte, gab es doch geringe Divergenzen bei abstrakteren verbalen Aufgaben. Die Leistungen in einem Wortschatztest beispielsweise waren bei Frauen durch Verletzungen jeder Hemisphäre beeinträchtigt, bei Männern hingegen nur durch linksseitige Schädigungen. Dieser Befund legt nahe, daß Frauen beim Nachdenken über Wortbedeutungen die Hemisphären gleichmäßiger nutzen als Männer.

Im Gegensatz hierzu ist die Nicht-Rechtshändigkeit, die vermutlich mit einer geringeren Dominanz der linken Gehirnhälfte zu tun hat, bei Männern häufiger. Selbst unter Rechtshändern, berichtete Marion Annett, die jetzt an der Universität Leicester (England) tätig ist, sind Frauen quasi noch rechtshändiger – bevorzugen also ihre rechte Hand noch mehr – als Männer. Es kann folglich sehr wohl sein, daß Geschlechtsunterschiede in der funktionellen Asymmetrie des Gehirns mit der speziellen untersuchten Funktion variieren und daß nicht immer das gleiche Geschlecht die stärkere Asymmetrie aufweist.

Evolutionäre Grundlage der Geschlechtsunterschiede

Alles in allem weisen die Befunde aus verschiedenen Untersuchungen darauf hin, daß die Gehirne von Männern und Frauen bereits von einer sehr frühen Entwicklungsphase an nach unterschiedlichen Prinzipien organisiert sind. Im Laufe der Entwicklung steuern Sexualhormone eine solche geschlechtsspezifische Differenzierung. Ähnliche Mechanismen sind vermutlich auch bei der Herausbildung von Unterschieden innerhalb der Geschlechter wirksam, da es eine Beziehung zwischen der Konzentration bestimmter Hormone und den kognitiven Leistungen im Erwachsenalter gibt.

Eine der faszinierendsten Erkenntnisse ist, daß kognitive Leistungen während des gesamten Lebens hormonalen Schwankungen gegenüber empfindlich bleiben können. Elizabeth Hampson von unserer Universität hat gezeigt, daß sich die Leistung von Frauen bei bestimmten Aufgaben während des Menstruationszyklus mit dem Steigen und Fallen des Östrogenspiegels ändert. Hohe Hormonkonzentrationen waren nicht nur mit vergleichsweise verringertem räumlichem Vorstellungsvermögen, sondern auch mit gesteigerter sprachlicher Ausdrucksfähigkeit und motorischer Behendigkeit verbunden.

Des weiteren habe ich bei Männern jahreszeitliche Schwankungen der raumbezogenen Fähigkeiten beobachtet. Ihre Leistungen sind im Frühjahr verbessert, wenn der Testosteronspiegel niedriger ist. Ob diese kognitiven Fluktuationen auf eine bedeutsame Anpassungsfähigkeit hinweisen oder nur Schwankungen über einem stabilen Basisniveau darstellen, bleibt herauszufinden.

Um die kognitiven Leistungen des *Homo sapiens* als Individuum und Leistungsdivergenzen zwischen dem weiblichen und dem männlichen Teil der Menschheit verstehen zu können, dürfen wir sie freilich nicht nur unter heutigen Lebensumständen beurteilen. Offenbar sind die Geschlechtsunterschiede bei kognitiven Fähigkeiten deshalb entstanden, weil sie sich im Laufe der Evolution als vorteilhaft erwiesen haben, und nicht, um lesen lernen oder Computer bedienen zu können. Ihr Anpassungswert liegt wohl in der fernen Vergangenheit begründet. Die Organisation des menschlichen Gehirns hat sich über sehr viele Generationen durch natürliche Auslese herausgebildet; Untersuchungen an fossilen Schädeln zufolge ähneln die Gehirne heutiger Menschen im wesentlichen denen unserer Vorfahren, die vor 50 000 oder noch mehr Jahren gelebt haben.

Die meiste Zeit seiner Entwicklung über lebte der Mensch in vergleichsweise kleinen Gruppen von Jägern und Sammlern. Die Arbeitsteilung zwischen den Geschlechtern war in einer solchen Gesellung vermutlich recht ausgeprägt, wie dies auch bei noch bestehenden Jäger-Sammler-Kulturen der Fall ist. Die Männer gingen auf die Großwildjagd, wobei sie oft weite Strecken zurücklegen mußten. Zudem waren sie für die Verteidigung der Gruppe gegen Raubtiere und feindliche Artgenossen verantwortlich sowie für die Herstellung und den Gebrauch von Werkzeugen und Waffen. Die Frauen sammelten wohl Nahrung in der näheren Umgebung, versorgten das Lager, bereiteten die Nahrung, fertigten Kleidung an und kümmerten sich um den Nachwuchs.

Derartige Spezialisierungen erzeugten gewiß einen unterschiedlichen Selektionsdruck. Die Männer waren auf Fähigkeiten angewiesen, sich über große Entfernungen zu orientieren und (Rück-) Wege zu finden, um ein Terrain aus verschiedenen Richtungen wiederzuerkennen; und sie mußten gut zielen können, um genügend Tiere zu erlegen. Wichtig für die Frauen waren eine Nahbereichsorientierung – vielleicht mit Hilfe markanter Punkte – und feinmotorische Fertigkeiten, die in einem eng umschriebenen Raum angewendet wurden, sowie die differenzierte Wahrnehmung geringfügiger Veränderungen in der Umwelt oder in der Erscheinung und dem Verhalten der Kinder.

Das Bestehen konsistenter und – in einigen Fällen – recht beträchtlicher

Geschlechtsunterschiede legt nahe, daß Männer und Frauen unabhängig von gesellschaftlichen Einflüssen unterschiedliche Interessen an Beschäftigungen und Befähigungen dafür haben können. Ich würde beispielsweise nicht erwarten, daß beide Geschlechter unbedingt gleichermaßen in Tätigkeiten oder Berufen repräsentiert sind, bei denen es auf räumliches Orientierungsvermögen oder auf mathematische Fähigkeiten ankommt wie bei den Ingenieurwissenschaften oder der Physik. Doch würde ich mehr Frauen in der medizinischen Diagnostik erwarten, wo Wahrnehmungsfähigkeiten wichtig sind. Selbst wenn also jedes Individuum die Befähigung haben mag, sich in einem für sein Geschlecht eher untypischen Gebiet zu bewähren, werden viele Tätigkeitsfelder wohl nie von den Geschlechtern paritätisch besetzt werden.

Neurobiologie der Angst

Studien an Affen enthüllen nach und nach die neurochemischen Prozesse, die bei verschiedenen Arten von Furcht eine Rolle spielen. Vielleicht eröffnen sich dadurch neue Möglichkeiten, schweren Angstzuständen beim Menschen zu begegnen.

Von Ned H. Kalin

Die meisten Menschen verfügen mit der Zeit über ein ganzes Repertoire an instinktiven und kulturspezifischen Verhaltensweisen, das einem hilft, mit angsterregenden Situationen angemessen umzugehen. Den aufgebrachten Lehrer oder Chef sucht man zu beschwichtigen, dem prügelwütigen Rowdy auf der Straße tunlichst auszuweichen oder davonzulaufen. Doch einige Menschen verlieren stets sofort die Nerven, selbst in Situationen, die anderen wenig ausmachen. Sie beginnen etwa bei der geringsten Aufregung unbeherrschbar zu zittern; oder sie bringen kein Wort heraus, wenn sie vor einer Gruppe frei sprechen sollen, weil sie fürchten, sich lächerlich zu machen. Manche trauen sich aus Scheu vor Fremden nicht einmal mehr aus den eigenen vier Wänden – unfähig zur Arbeit und den nötigsten Besorgungen. Wie lassen solche quälenden, lebenshinderlichen Ängste sich erklären?

An der Universität von Wisconsin in Madison gehen mein Kollege Steven E. Shelton und ich dem nach, indem wir spezifische Vorgänge im Gehirn erforschen, die Angstempfinden und angstbezogenes Verhalten steuern. Sie beim Menschen zu ergründen ist trotz der neuen bildgebenden Verfahren, die ohne Eingriff neurale Prozesse aufzeigen, immer noch äußerst schwierig. Deshalb untersuchen wir andere Primaten: Rhesusaffen (*Macaca mulatta*; Bild 1). Diese Tiere machen in vielem die gleichen körperlichen und psychischen Entwicklungsstadien durch wie der Mensch, nur zeitlich gerafft. Mithin sollte sich an ihnen modellhaft erkennen lassen, was unbeherrschbare Ängste verursacht und

was dabei im Zentralnervensystem geschieht; davon sind auch neue Behandlungsmöglichkeiten zu erwarten.

Solche Therapien nutzen vermutlich am meisten in frühen Jahren, denn es verdichten sich die Hinweise, daß Menschen, die als Kinder bänglich und schreckhaft waren, auffallend häufig emotional labil sind und psychisch krank werden. Nach einer Studie von Jerome Kagan und seinen Kollegen von der Harvard-Universität in Cambridge (Massachusetts) beispielsweise wird, wer im Alter von zwei Jahren besonders schüchtern ist, später eher von Ängsten und Phasen tiefer Niedergeschlagenheit geplagt sein, als es gewöhnlich der Fall ist.

Dies besagt nun keineswegs, daß solche Störungen schicksalhaft vorgeprägt würden. Es läßt sich aber leicht einsehen, daß frühe Erlebnisse übermäßiger Angst lebenslang emotionale Probleme schaffen können. Ein Kind etwa, das sich in größeren Gruppen Gleichaltriger sehr leicht bedrängt fühlt und deshalb in der Schule gehänselt wird, hält sich vermutlich bald für ein unliebsames Wesen und zieht sich noch mehr zurück; was Wunder, wenn es sich während des Heranwachsens allmählich in einen Teufelskreis manövriert, als Teenager kaum noch soziale Kontakte hat, sich nichts zutraut, entsprechend wenig leistet und leicht versagt – und daß sich schließlich Neurosen und Depressionen entwickeln.

Wie es scheint, sind überängstliche Kinder auch für körperliche Erkrankungen anfälliger. Die starke Beklommenheit gegenüber Ungewohntem, Neuem und Fremdem bedingt eine chronische Überproduktion an Stresshormonen wie dem Nebennierenhormon Cortisol. In

Gefahrensituationen sind diese Regulator- und Steuersubstanzen durchaus sehr wichtig – sie gewährleisten, daß der Organismus rasch angemessen reagieren kann, indem zum Beispiel die Skelettmuskeln genügend Energie für Schutz- oder Abwehrreaktionen erhalten. Aber das permanente hormonelle Alarmsignal „Flucht oder Kampf" kann unter anderem zu Magengeschwüren und Herz-Kreislauf-Erkrankungen beitragen (siehe „Stress", Spektrum der Wissenschaft, Mai 1993, Seite 92). Außerdem leiden ängstliche Kinder und auch deren Familienangehörige überdurchschnittlich häufig an Allergien; eine Erklärung dafür gibt es allerdings noch nicht.

Ein dauerhaft erhöhter Cortisolspiegel beeinträchtigt zumindest bei Nagetieren und Affen auch Zellen des Gehirns selbst, und zwar solche des Hippocampus, einer Struktur des limbischen Systems, das mit Gedächtnis, Handlungsantrieb und Gefühlserleben zu tun hat (Bild 4). Sie sind dann leichter durch neurochemisch wirksame Substanzen zu schädigen. Wenngleich dies noch nicht bewiesen ist, dürften die entsprechenden Neuronen beim Menschen unter solchen Umständen ebenfalls anfälliger werden.

Verhaltensstudien an Rhesusaffen

Als Shelton und ich vor zehn Jahren mit unserem Forschungsprojekt begannen, mußten wir erst einmal herausfinden, unter welchen Bedingungen die Affen überhaupt Angst bekommen und welche ihrer Verhaltensweisen für verschiedene Arten von Angst charakteristisch sind. Dann wollten wir klären, von

88

welchem Alter an die Tiere verschiedene bedrohliche Situationen erkennen, auseinanderhalten und entsprechend darauf reagieren. Indem wir außerdem ermittelten, welche Hirnabschnitte gerade zu diesem Zeitpunkt ausreifen, suchten wir die Strukturen zu identifizieren, die bei Angstempfinden und darauf bezogenem Verhalten involviert sind.

Die Versuche fanden am Regionalen Primatenforschungszentrum von Wisconsin und am Harlow-Primatenlaboratorium statt, die beide unserer Universität angegliedert sind. Um typische Verhaltensweisen bei Angst festzustellen, trennten wir sechs bis zwölf Monate alte Äffchen zeitweilig von ihrer Mutter und setzten sie drei verschiedenen Situationen aus:

– Sie wurden für zehn Minuten in einem Käfig völlig allein gelassen;

– ein Mitarbeiter postierte sich regungslos vor dem Käfig, wobei er es vermied, das Affenkind anzublicken;

– ein gleichfalls bewegungslos vor dem Käfig stehender Mensch blickte dem Tier unverwandt mit möglichst nichtssagendem, gleichgültigem Gesichtsausdruck in die Augen.

Diese experimentellen Bedingungen sind sicherlich nicht furchterregender als viele Situationen, in die junge Rhesus–affen in der freien Natur geraten. Sie entsprechen zudem jenen, in die man oftmals kleine Kinder bringt – etwa wenn die Mutter aus dem Zimmer geht, sich

Bild 1: Eine Rhesusaffen-Mutter gerät in Aufregung, als ein anderes Weibchen sich ihrem Kind nähert. Daß sie Angst hat und in der Defensive ist, zeigt ihr drohender Gesichtsausdruck. Typisch dafür sind der aufgerissene Mund und das Anstarren des Feindes; diese Grimasse hilft, ihn einzuschüchtern. Jungtiere zeigen solches situationsgerechtes Verhalten erst im dritten Lebensmonat.

auf dem Spielplatz entfernt oder bei der Tagesstätte verabschiedet.

Die meisten allein gelassenen Tiere wurden sehr agil. Sie rannten und sprangen umher und gaben immer wieder einen Ruf von sich, der mit gespitzten Lippen geäußert wird und wie ein melodiöses „kuuh" klingt; er beginnt tief, steigt dann hoch und fällt wieder ab (Bilder 2 und 3 links). Dieses Verhalten hatte der Psychologe und Primatologe Harry F. Harlow, der früher die Station in Madison leitete, schon vor mehr als drei Jahrzehnten als Bestreben des Jungtiers gedeutet, die Mutter auf sich aufmerksam zu machen, um sich in ihrer Nähe wieder geborgen fühlen zu können.

Bei Gegenwart eines Menschen ohne Blickkontakt, einer für die Äffchen noch ein wenig furchterregenderen Situation, wurden sie still und regten sich kaum noch; manche erstarrten regelrecht (Bilder 2 und 3 Mitte). Unter natürlichen Bedingungen reagieren Jungtiere – und zwar nicht nur von Primaten – so auf Raubfeinde. Denn unter solchen Umständen ist das Entscheidende nicht, die Mutter herbeizulocken, sondern so unauffällig wie möglich zu sein.

Merkt dann das Jungtier, daß der Feind es gesehen hat, kommt es wiederum auf eine andere Verhaltensstrategie an, die wir mit dem Anstarren provozierten (Bilder 2 und 3 rechts und Bild 5). Ist eine Flucht ausgeschlossen, bleibt ihm nur übrig, einen Angriff möglichst abzuwehren. Die eingesperrten Äffchen zeigten sich denn auch wütend, indem sie knurrend bellten, zurückstarrten, Drohgesichter zogen (wie das erwachsene Weibchen in Bild 1), die Zähne entblößten und am Gitter rüttelten. Manchmal machten sie zwischendurch auch Unterwerfungsgesten, indem sie Furchtgrimassen zogen, die an ein vorsichtiges Grinsen erinnern (wie in Bild 7 rechts) oder mit den Zähnen knirschten; dabei riefen sie sogar öfter „kuuh", als ob sie allein wären (wie ich noch ausführen werde, halten wir seit kurzem diese Lautäußerungen je nach Situation für unterschiedliche Signale).

Nicht nur Affen finden einen starren Blick schreckenerregend, und nicht nur sie suchen durch Zurückstarren Raubfeinde einzuschüchtern. Selbst Vögel, Eidechsen und Krebse nehmen Augen als gefährliche Signale wahr. Umgekehrt haben sich in der Evolution von Schutzmechanismen bei manchen Fischen und Insekten Augenflecken entwickelt, die Angreifer abschrecken oder den Angriff zumindest auf weniger wichtige Körperpartien lenken. Mit Gesichtsmasken am Hinterkopf schützen Feldarbeiter in Indien und Südostasien sich vor Tigern, die

ihr Opfer gern von hinten anspringen. Und auch wir Menschen reagieren darauf, wenn jemand uns intensiv anblickt: Die Hirnaktivität nimmt zu. Ängstliche und Depressive aber meiden möglichst einen direkten Blickkontakt.

Wir wollten nun herausfinden, in welchem Alter Rhesusaffen sich in den drei Versuchsbedingungen erstmals situationsbezogen verhalten. Verschiedenen anderen Studien zufolge vermuteten wir den Zeitraum um das Ende des zweiten Lebensmonats. Dann nämlich lassen die Mütter sie schon einmal mit den Spielkameraden allein losziehen, wohl weil sie ihnen nun zutrauen, einigermaßen auf sich selbst aufpassen zu können. Auch reagieren junge Affen erst mit ungefähr zehn Wochen auf den Gesichtsausdruck eines Artgenossen spezifisch je nach dessen Bedeutung; daraus ist zu schließen, daß zu diesem Zeitpunkt wenigstens ein Teil der Nervenverschaltungen verfügbar ist, die für instinktive oder erlernte Verhaltensweisen gegenüber Herausforderungen erforderlich sind.

Um die entscheidende Entwicklungsphase einzugrenzen, teilten wir Jungtiere von wenigen Tagen bis zu zwölf Wochen in vier Altersgruppen ein. Wir trennten auch sie für die Experimente von ihren Müttern und ließen sie sich an den ungewohnten Käfig gewöhnen. Dann beobachteten wir sie unter den drei Versuchsbedingungen und machten Video-Aufnahmen für genauere Analysen.

Bereits die Tiere der jüngsten Gruppe (bis zu zwei Wochen) zeigten verschiedenartiges Schutzverhalten. Ihre Bewegungen waren allerdings noch nicht recht koordiniert, und die Reaktionen erschienen eher zufällig, so als hätten sie nichts mit der Situation zu tun und gälten auch gar nicht dem Störenfried. Die Tiere der beiden mittleren Altersgruppen verfügten bereits über eine gute Bewegungskontrolle; aber auch ihr Verhalten schien sich nicht direkt auf die Versuchssituation zu beziehen. Demnach dürfte nicht die Entwicklung von motorischen Fähigkeiten ausschlaggebend dafür sein, ab wann junge Rhesusaffen auf Beunruhigungen adäquat reagieren.

Erst die neun bis zwölf Wochen alten Versuchstiere verhielten sich unter den drei Bedingungen jeweils der Situation angemessen und wie die erwachsenen Artgenossen. Demnach wäre dies das kritische Alter, in dem ein Affe die Fähigkeit erlangt, verschiedenen bedrohlichen Ereignissen mit spezifischem defensivem Verhalten zu begegnen.

Aufgrund der Untersuchungen anderer Forscher, die hauptsächlich an Nagetieren gemacht wurden, war zu vermuten, daß drei untereinander verbundene

Bild 2: Drei experimentelle Situationen, die bei jungen Rhesusaffen ab Ende des zweiten Lebensmonats unterschiedliche Formen von Angstverhalten auslösen. In der ersten Anordnung (links) werden die

Hirnstrukturen das Angstempfinden regulieren. Wir nahmen deshalb an, daß eben diese Regionen bei Rhesusaffen in der kritischen Zeitspanne funktionell reif werden, so daß die Tiere fortan auf verschiedene beängstigende Situationen artgemäß reagieren können.

Eines dieser Gebiete ist der präfrontale Cortex, der einen großen Teil der äußeren Abschnitte des Großhirnrinden-Stirnlappens ausmacht. Er hat sowohl kognitive als auch emotionale Funktionen und hilft vermutlich bei der Deutung

Bild 3: Die Verhaltensweisen, mit denen Rhesusaffen experimentellen furchteinflößenden Umständen zu begegnen suchen,

Gegenwart eines Menschen ohne Blickkontakt

Anstarren

Jungtiere vorübergehend im Käfig allein gelassen; sie verhalten sich dann sehr lebhaft und unruhig; mit dem Ruf „kuuh", den sie immer wieder von sich geben, suchen sie die Mutter herbeizuholen. In der zweiten Anordnung (Mitte) steht ein Mensch reglos vor dem Käfig, beachtet aber das Affenkind scheinbar nicht und blickt nicht zu ihm hin; diesmal verhält das Jungtier sich ganz still, sitzt wie erstarrt oder sucht sich – wie hier hinter dem Futterkasten – irgendwo zu verstekken. Bei dem dritten Versuch werden die Tiere unverwandt angesehen; nun gehen sie zu Droh- und Abwehrreaktionen über.

von Sinneseindrücken, so auch beim Bewerten von Gefahren.

Das zweite Gebiet ist der Mandelkern (Amygdala), der dem limbischen System zugeordnet wird. Diese entwicklungsgeschichtlich sehr alte Gehirnstruktur und davon insbesondere der Mandelkern gelten als der Ort für das Entstehen von Angst.

Drittens scheint der Hypothalamus beteiligt zu sein. Er liegt an der Hirnbasis und gehört zum sogenannten Hypothalamus-Hypophysen-Nebennierenrinden-System. Kommen aus anderen Hirnregionen Stress-Signale, etwa vom limbischen System oder anderen Rindenbezirken, sezerniert der Hypothalamus das corticotropin-freisetzende Hormon (kurz CRH nach englisch *corticotropin-releasing hormone*). Dieses kleine Protein veranlaßt die direkt unter dem Gehirn liegende Hirnanhangdrüse oder Hypophyse, ACTH (das adrenocorticotrope Hormon oder Corticotropin) in die Blutbahn abzugeben. Das wiederum regt die Nebennierenrinde dazu an, Cortisol auszuschütten, was schließlich den Körper in akute Verteidigungsbereitschaft versetzt (Bild 4 rechts; siehe auch Spektrum der Wissenschaft, Mai 1993, Seite 97).

Die Entwicklung von Hirn- und Hormonfunktionen

Neuroanatomische Befunde anderer Labors bestätigten unsere Vermutung, daß das Ausreifen der entscheidenden Hirnregionen der wesentliche Entwick-

zeigen junge wie erwachsene Tiere bei Erschrecken und Angst auch in Freiheit. Das Tier links äußert als Schutzstrategie den Ruf „kuuh", das in der Mitte verharrt bewegungslos, und das rechts sucht sich zu wehren: Es entblößt drohend die Zähne. Die Aufnahmen entstanden in der frei gehaltenen großen Rhesusaffen-Kolonie auf der Insel Cayo Santiago vor Puerto Rico.

lungsschritt dafür ist, daß Rhesusaffen mit neun bis zwölf Wochen situationsangepaßt zu reagieren beginnen. Beispielsweise ist in diesem Alter in der präfrontalen Rinde, im limbischen System (einschließlich des Mandelkerns) sowie in motorischen und visuellen Rindengebieten und anderen sensorischen Arealen die Synapsenbildung am stärksten (Synapsen sind die Schaltstellen zwischen Neuronen, wo Erregungen übertragen werden). Und wie Patricia S. Goldman-Rakic von der Yale-Universität in New Haven (Connecticut) herausfand, berücksichtigen junge Rhesusaffen gerade in dem Alter, in dem die präfrontale Rinde ausreift, in ihrem Verhalten erstmals frühere Erfahrungen – eine wesentliche Voraussetzung auch dafür, sich mit einer Gefahr adäquat auseinanderzusetzen.

Auch Kindern ermöglicht anscheinend erst die Reifung dieses Rindengebiets, daß sie die Art einer Gefahr erkennen. Im Alter zwischen sieben und zwölf Monaten nimmt dort die neuronale Aktivität zu, wie Harry T. Chugani und seine Mitarbeiter an der Universität von Kalifornien in Los Angeles eruiert haben. Eben dann beginnen Kinder zu fremdeln; und vermutlich entspricht diese Entwicklungsstufe des Menschen jener der Rhesusaffen, auf der sie Gefahren zu unterscheiden beginnen. Kinder fangen zudem in diesem Alter an, Stimmungssignale der Eltern zu beobachten und den

Grad ihrer Angst nach deren Gesichtsausdruck abzustimmen.

Die Rolle des Hypothalamus bei solchem Verhalten blieb zunächst unklar. Zu seiner Reifung oder der Entwicklung des ganzen Hormonregelsystems bei Affen fanden wir in der wissenschaftlichen Literatur nicht viel. Wie dann eigene Forschungen ergaben, reift es aber gleichzeitig mit der präfrontalen Rinde und dem limbischen System aus.

Bei diesen Studien diente uns das Hypophysenhormon ACTH als Marker für die Funktionalität des Systems. Wir verglichen dieselben vier Altersgruppen von Jungtieren wie bei dem Verhaltenstest. Als Bezugsgröße maßen wir die Menge von ACTH im Blut, während die Äffchen mit ihrer Mutter zusammen waren; dann trennten wir sie für 20 Minuten von ihr und bestimmten abermals den Hormonspiegel. In allen vier Gruppen nahm die Konzentration zu, ein markanter Anstieg zeigte sich aber nur bei der ältesten.

Die vergleichsweise schwache Hormonreaktion der jüngeren, besonders der jüngsten Tiere bis zum Alter von zwei Wochen stimmt mit Befunden an jungen Ratten überein, deren Stresshormonsystem während der ersten beiden Lebenswochen auch nur träge anspricht. Womöglich entwickelt es sich bei Nagern und Primaten zunächst verzögert, damit junge Nervenzellen nicht eventuell durch Cortisol-Wirkungen Schaden nehmen.

Individuelle Unterschiede

Nachdem wir nun wußten, daß das Hypothalamus-Hypophysen-Nebennierenrinden-System zwischen der neunten und zwölften Lebenswoche voll funktionstüchtig wird, gingen wir daran zu untersuchen, ob verschiedene Mengen von Cortisol und ACTH bei den einzelnen Tieren dazu beitragen, individuell unterschiedliches Verhalten gegenüber bedrohlichen Situationen zu äußern. Uns interessierte außerdem, ob die jungen Affen ähnlich wie ihre Mütter reagieren – dann nämlich sollte sich in geeigneten Experimenten auch prüfen lassen, in welchem Maße solches Verhalten ererbt beziehungsweise gelernt ist. Wir untersuchten hauptsächlich die Neigung unserer Versuchstiere, bei Gegenwart eines Menschen ohne Blickkontakt zu erstarren, denn das war ein individualtypisches Verhaltensmerkmal.

In einer Versuchsreihe bestimmten wir den Cortisol-Blutspiegel bei vier bis zwölf Monate alten Affen unter Normalbedingungen und maßen dann, wie lange die Tiere in der Versuchssituation reglos verharrten. Die Dauer korrelierte mit diesem Normalspiegel. Ebenso verhielt es sich bei erwachsenen Weibchen. Wie Folgeuntersuchungen ergaben, werden die Jungtiere im Laufe des ersten Lebensjahres ihren Müttern in den hormonellen Reaktionen und Verhaltensweisen

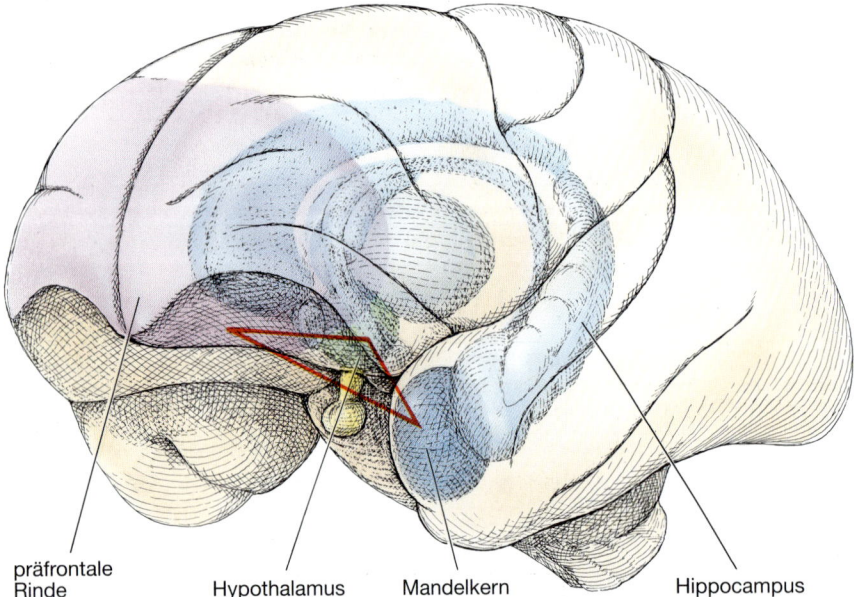

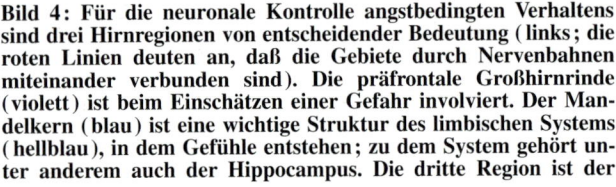

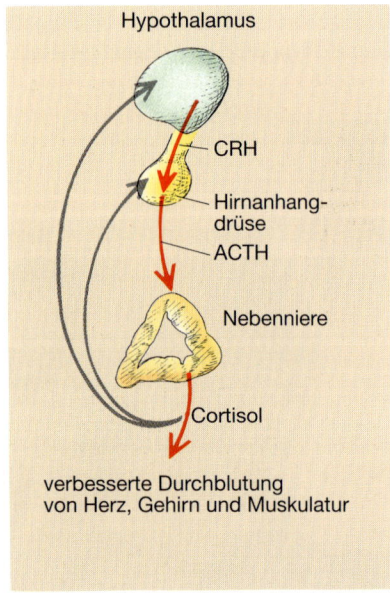

Bild 4: Für die neuronale Kontrolle angstbedingten Verhaltens sind drei Hirnregionen von entscheidender Bedeutung (links; die roten Linien deuten an, daß die Gebiete durch Nervenbahnen miteinander verbunden sind). Die präfrontale Großhirnrinde (violett) ist beim Einschätzen einer Gefahr involviert. Der Mandelkern (blau) ist eine wichtige Struktur des limbischen Systems (hellblau), in dem Gefühle entstehen; zu dem System gehört unter anderem auch der Hippocampus. Die dritte Region ist der **Hypothalamus (grün), der Informationen von der präfrontalen Rinde, dem Mandelkern und dem Hippocampus erhält. Er veranlaßt die Freisetzung von Hormonen aus der Hirnanhangdrüse und regt damit eine Hormonkaskade an, welche die Muskeltätigkeit und andere Körperfunktionen bei einer Angstreaktion unterstützt (rechts; rote Pfeile). In dem hormonellen Regelkreis wirkt das Nebennierenrindenhormon Cortisol gleichzeitig dämpfend auf die weitere Hormonsekretion des Gehirns zurück (graue Pfeile).**

Bild 5: Das Affenkind links, das sich von seiner Mutter fortgetraut hat, macht angesichts des Photographen andeutungsweise ein Drohgesicht, um ihn auf Distanz zu halten. Junge Rhesusaffen fangen mit neun bis zwölf Wochen an, bei einem angsteinflößenden Erlebnis ihr Verhalten auf den Ernst der Situation und die Art der Gefahr abzustimmen. Offenbar reifen in diesem Alter die zuständigen Nervenbahnen aus.

immer ähnlicher: Im Alter von etwa fünf Monaten verändert sich in Stress-Situationen ihr ACTH-Spiegel ganz entsprechend dem der Mutter, und mit einem Jahr dauert auch das reglose Kauern relativ genauso lange.

Auffälligerweise finden sich beim Menschen teilweise ähnliche Beziehungen. So sind die Eltern sehr schüchterner Kinder oft selbst übermäßig ängstlich. Nach den Erhebungen von Kagan und seinen Kollegen läßt sich bei Kindern sogar schon anhand des normalen Cortisolspiegels voraussagen, wie sie sich in einer verunsichernden Situation verhalten werden – diejenigen mit gewöhnlich hohen Hormonwerten benahmen sich in einer fremden Umgebung gehemmter.

Solche Ähnlichkeiten zwischen Menschen und Rhesusaffen bestärken uns in der Annahme, daß sich an diesen Tieren menschliche Gefühlsreaktionen modellhaft studieren lassen. Der enge Zusammenhang zwischen individuellem Cortisolspiegel unter normalen Umständen und Dauer der Angstreaktion beziehungsweise Grad der Schüchternheit läßt bei beiden gleichartige Wirkungen der Stress-Hormone annehmen (dabei dürfte der Hippocampus vermittelnd eingreifen, denn er ist mit besonders vielen Cortisolrezeptoren ausgestattet). Die jeweilige Ähnlichkeit von Hormon- und Verhaltensreaktion zwischen Affenmüttern und ihren Jungen wiederum könnte bedeuten, daß manche dieser Tiere – und vielleicht auch manche Menschen – für übersteigerte Furchtsamkeit genetisch prädisponiert sind, was eine erfahrungsbedingte Komponente nicht ausschließt.

Neurochemische Funktionskreise

Noch weiß man nicht, wie sich das genannte Hormon-Regelsystem und andere Hirnregionen wechselseitig beeinflussen, die für die Wahl von Verteidigungsstrategien zuständig sind. Wir sind aber dabei, neurochemische Schleifen oder Funktionskreise im Gehirn zu identifizieren, die für Unterschiede im Verhalten sorgen. Die beiden von uns bislang am gründlichsten untersuchten Systeme schienen, wie es zunächst aussah, recht verschiedene Aufgaben zu erfüllen; doch neueren Ergebnissen zufolge dürften die neuronalen Kontrollen solcher Schutzstrategien noch verzwickter sein, als anfangs zu vermuten war.

Die ersten Befunde erhoben wir vor drei Jahren an sechs bis zwölf Monate alten Tieren, indem wir ihnen Opiate beziehungsweise Benzodiazepine verabreichten. Beide Klassen von Substanzen modifizieren die neuronale Aktivität, und Nervenzellen, die solche Stoffe freisetzen oder binden, sind sowohl in der präfrontalen Rinde als auch in Mandelkern und Hypothalamus zahlreich.

Von Natur aus kommen im Gehirn morphinähnlich wirkende Substanzen vor, die Endorphine und Enkephaline, die als Neurohormone und Neurotransmitter unter anderem ebenfalls einen schmerzlindernden Effekt haben. Diese endogenen – körpereigenen – Opiate werden von bestimmten Nervenzellen freigesetzt und binden sich an Rezeptormoleküle auf anderen Neuronen; damit steigern oder drosseln sie deren Aktivität. Zu den Benzodiazepinen gehört der angstlösende Stoff Diazepam (unter dem Namen Valium im Handel). Man hat zwar bereits Rezeptoren für diese Substanzklasse entdeckt, sucht aber noch nach den entsprechenden gehirneigenen Schwestermolekülen.

Wiederum ließen wir die Versuchstiere die drei Verhaltenstests durchmachen. Den jeweiligen Wirkstoff erhielten sie schon vorher, bevor sie von ihrer Mutter getrennt wurden. Unter Morphium stießen sie dann, sowohl wenn sie allein gelassen als auch wenn sie angestarrt wurden, weniger „kuuh"-Rufe aus. Bei Gabe von Naloxon hingegen, das die Opiat-Rezeptoren blockiert, so daß endogene Opiate nicht mehr wirksam werden konnten, riefen sie öfter als sonst. Aber

	„kuuh"-Ruf	Erstarren	Bellen
Morphin (Opiat)	nimmt ab	keine Wirkung	keine Wirkung
Naloxon (Opiathemmer)	nimmt zu	keine Wirkung	keine Wirkung
Diazepam (Benzodiazepin)	keine Wirkung	nimmt ab	nimmt ab

Bild 6: Bei einer neurochemischen Untersuchung ließ sich für die Systeme im Gehirn, die das Angstverhalten regulieren, ein relativ klares Schema aufstellen. In den für Opiate (blau) sowie für Benzodiazepine (braun) sensitiven Bahnen bewirkten die Substanzen jeweils typische Änderungen im Verhalten. Demnach scheinen die opiatsensitiven Bahnen das Kontaktbestreben zu regulieren (das sich unter anderem in dem Ruf „kuuh" äußert), die benzodiazepin-sensitiven die unmittelbare Selbstverteidigung und das Schutzverhalten (wie Erstarren oder Bellen). Neuere Experimente mit weiteren neurochemisch wirksamen Substanzen bestätigten im wesentlichen diese Auffächerung, lassen aber noch komplexere Wechselwirkungen vermuten.

weder Morphin noch Naloxon wirkten sich auf die Häufigkeit des Bellens oder anderer feindlicher Verhaltensweisen beim Anstarren aus, ebensowenig auf die Dauer des Erstarrens in Gegenwart eines Menschen, der den Blickkontakt vermied. Wir schlossen daraus, daß opiatgesteuerte Nervenbahnen vornehmlich das Kontaktverhalten regulieren (was unter den experimentellen Bedingungen sich darin äußert, daß die isolierten Jungen zur Mutter streben), mit der Gegenwehr in einer brenzligen Situation aber wenig zu tun haben.

Das Benzodiazepin wirkte sich hingegen auf das „kuuh"-Rufen nicht aus. Statt dessen wurden die Schreckstarre sowie das Bellen und andere defensive Verhaltensweisen seltener geäußert und schwächer. Die beteiligten Nervenbahnen scheinen also vor allem in die Reaktionen bei direkter Bedrohung einzugreifen, doch das Kontaktverhalten wenig zu beeinflussen (Bild 6).

Wir meinen nach wie vor, daß die von Opiaten und Benzodiazepinen regulierten Nervenbahnen im Grunde diese beiden getrennten Funktionen haben. Indes erwies sich unser erstes Modell als zu einfach: Wir mußten es korrigieren, als wir die Wirkung zweier weiterer Substanzen prüften – die des Benzodiazepins Alprazolam (in Deutschland als Tafil im Handel) und die von Beta-Carbolin, das sich an Benzodiazepin-Rezeptoren bindet, aber entgegengesetzt wie Diazepam wirkt, nämlich unter anderem die Ängstlichkeit erhöht.

Die Menge Alprazolam, bei der sich in der zweiten Testsituation die Erstarrung der Tiere löst, bewirkte, daß sie auf Anstarren kaum mehr feindselig reagierten – wie unter Diazepam. Umgekehrt wurden die Abwehrversuche nach Gabe von Beta-Carbolin stärker.

Diese Befunde paßten noch ins Bild. Unerwarteterweise wirken beide Stoffe sich aber auch auf die „kuuh-Rufe" aus, und zwar gleichermaßen dämpfend. (Bis dahin hatten wir, wie gesagt, diesen Ruf nur dem Kontaktverhalten und Streben nach Nähe zur Mutter, nicht aber der Selbstverteidigung zugeschrieben.) Die gleichgerichtete Wirkung können wir uns noch nicht erklären; aber wir haben uns Gedanken darüber gemacht, warum auch Drogen, die an Benzodiazepin-Rezeptoren angreifen, die Reaktion Rufen beeinflussen.

Vorstellbar wäre, daß entgegen unserer ersten Folgerung Benzodiazepin-Bahnen das Kontaktverhalten steuern. Wir favorisieren jedoch die Deutung, daß ein durch Anstarren geängstigtes Jungtier gar nicht die Mutter ruft, weil es bei ihr sein möchte, sondern nur dring-

Bild 7: Ob und wie stark Tiere sich ängstigen, ist individuell äußerst verschieden und läßt sich oft schon anhand der allge- meinen Nervosität vorhersagen. Das Weibchen links nimmt die Präsenz des Photographen gelassen hin, dasjenige rechts regt

lich nach Hilfe schreit. Das hieße, das gleiche Verhalten könnte je nach Situation zwei unterschiedliche Funktionen haben, die über verschiedene neurale Bahnen kontrolliert werden.

Ich fand mich in dieser Vermutung bestätigt, als ich neulich in freier Wildbahn (wo wir nun auch arbeiten wollen) ein Rhesusaffen-Kind zu photographieren versuchte, das von seiner Mutter getrennt worden war. Seine penetranten Schreie riefen außer der Mutter gleich mehrere Hordenmitglieder herbei; diese Schar erregter Beschützer ließ mich schleunigst das Weite suchen.

Wie nun die neurochemischen Untersuchungen ergeben haben, sind bei Stress sowohl opiat- als auch benzodiazepin-sensible Funktionskreise in Aktion, wobei die Stärke jeweils von der äußeren Situation abhängt. So wie der Grad an Aktivität der beiden neuralen Bahnen sich ändert, wechselt oder variiert auch das Verhalten der Tiere.

Man weiß allerdings noch nicht genau, wie die Nervenzellen in den beiden Funktionskreisen operieren und möglicherweise zusammenarbeiten. Plausibel scheint folgendes Schema:

Bei Trennung von der Mutter werden Neuronen gehemmt, die endogene Opiate freisetzen, und dadurch auch opiatsensible Neuronen inaktiviert. Das löst beim Affenbaby einen Mangel an Wohlbefinden aus – Verlangen nach der Mutter und ein unspezifisches Gefühl von Verletzlichkeit stellen sich ein. Die verminderte Aktivität der opiat-sensiblen Bahnen initiiert zugleich über motorische Systeme im Gehirn das „kuuh"-Rufen. Erscheint dann ein potentieller Raubfeind, wird auch die Aktivität von Nervenzellen, die benzodiazepin-ähnliche körpereigene Substanzen freisetzen, teilweise gehemmt. Infolgedessen steigt die Angst des Tieres, was mit den typischen Hormonreaktionen und Verhaltensmustern des Schutzes und der Selbstverteidigung einhergeht. Mit zunehmender Erregtheit und Furcht werden auch die motorischen Hirnareale in Bereitschaft gesetzt, die für Angriffs- beziehungsweise Fluchtreaktionen gebraucht werden. Möglicherweise wirkt das Benzodiazepin- auch auf das Opiatsystem und bewirkt, daß die „kuuh"-Rufe einen anderen Sinn als bloßes Verlangen nach Nähe zur Mutter bekommen.

Dieses Modell suchen wir weiterzuentwickeln, indem wir noch mehr Substanzen testen, die sich an Opiat- oder Benzodiazepin-Rezeptoren binden. Zudem untersuchen wir die Auswirkungen auf das Verhalten von chemischen Verbindungen, die an anderen Rezeptoren angreifen; beispielsweise finden sich solche für den Neurotransmitter Serotonin in vielen Hirnregionen, die beim

sich sofort auf, wie an der Furchtgrimasse erkennbar ist. Die solchen Unterschieden zugrundeliegenden Phänomene im Zen- **tralnervensystem sollen mit dem Ziel erforscht werden, krankhaft gesteigerte Angst bei Menschen behandeln zu können.**

Ausdruck von Angst beteiligt sind. Ferner interessieren uns Agentien, die direkt die Produktion der Stresshormone kontrollieren, darunter das CRH, das außer im Hypothalamus auch sonst überall im Gehirn vorhanden ist.

Therapie-Ansätze

In Zusammenarbeit mit unserem Kollegen Richard J. Davidson haben Shelton und ich kürzlich zumindest eine Hirnregion abgegrenzt, die unter dem Einfluß des Benzodiazepin-Systems steht. Davidson hatte festgestellt, daß bei extrem schüchternen Kindern die rechte präfrontale Rinde ungewöhnlich aktiv ist. Uns interessierte nun, ob das auch bei erschreckten Rhesusaffen der Fall ist und ob Pharmaka, die ängstliches Verhalten abschwächen, diesen Effekt dämpfen würden.

Wir beunruhigten die Tiere nur ein wenig durch sanftes Festhalten. Tatsächlich stieg dabei die neuronale Aktivität im rechten Stirnlappen stärker an als im linken – und sie normalisierte sich wie-

der, wenn wir Diazepam in einer Dosis gaben, die sonst aktive Schreckabwehr unterdrückt. Das Benzodiazepin-System muß also defensives Verhalten zumindest teilweise über die rechte präfrontale Rinde beeinflussen.

Die Befunde sind auch aus therapeutischer Sicht bedeutsam. Falls die Gehirne von Menschen und Affen wirklich so ähnlich arbeiten, wie wir nun annehmen, könnten für Erwachsene und Kinder mit hoher Aktivität in der rechten Rinde Benzodiazepine äußerst hilfreich werden. Zwar sind Ärzte wegen möglicher Nebenwirkungen meist sehr zurückhaltend, Kinder für längere Zeit mit angstlösenden Medikamenten zu behandeln; aber es gälte mit abzuwägen, daß die weitere psychische Entwicklung sich vielleicht in eine günstigere Richtung lenken ließe, wenn die Präparate während kritischer Phasen der Hirnentwicklung gegeben werden. Möglicherweise geht das auch ohne Medikamente, nur mit einem speziellen Verhaltenstraining, in dem die Kinder lernen, diese Gehirnsysteme selbst zu kontrollieren. Ein anderer Weg wäre, an Affen eine Palette neuer Pharmaka auszutesten, um solche zu finden, die bei Kindern so gut wie keine unerwünschten Wirkungen hervorrufen.

Sowie andere angstregulierende Systeme besser erforscht sind, wird man nach erprobtem Vorgehen auch dort therapeutisch eingreifen können. Unsere Arbeiten mit Rhesusaffen haben jedenfalls eine Grundlage dafür gelegt, aufgrund der Entwicklung von Modellvorstellungen entsprechende Prozesse beim Menschen besser zu verstehen. Damit sollte es möglich sein, durch fein abgestimmte individuelle Behandlung bei Kindern ein entgleistes System wieder in die richtigen Bahnen zu lenken und ihnen dadurch viel späteres Leid zu ersparen.

Autismus

Kinder, die an dieser Entwicklungsstörung leiden,
sind in ihren Fähigkeiten, zwischenmenschliche Beziehungen aufzunehmen
und zu kommunizieren, schwer beeinträchtigt; sie wirken oft wie von der Außenwelt
abgekapselt. Der zugrundeliegende biologische Defekt ist zwar unheilbar, doch läßt sich
vieles tun, damit sich autistische Menschen leichter im Leben zurechtfinden.

Von Uta Frith

Wie Schneewittchen im gläsernen Sarg – das Motiv drängt sich manchmal auf, wenn von Autismus die Rede ist. Das wunderhübsche, aber unnahbare Kind ist so weit weg und doch greifbar nah. Kann der böse Zauber, wie im Märchen, doch einmal gebrochen werden? Schon immer haben sich Eltern an diese Vorstellung geklammert und gehofft, eines Tages würden geeignete Mittel und Wege gefunden. Heilmethoden werden angepriesen und erprobt, doch keine läßt sich empirisch stützen. Vielleicht ist es an der Zeit, das Märchenbild durch ein realistischeres zu ersetzen, das auf wissenschaftlichen Methoden fußt. Aber ist es denn überhaupt möglich, sich ein Bild vom wahren inneren Wesen eines autistischen Menschen zu machen?

Psychologische und physiologische Forschungen haben jetzt gezeigt, daß die Betroffenen sich keineswegs in sich selbst zurückgezogen (griechisch *autos*) haben, wie ihr Verhalten es nahelegt (Bild 1); sie sind vielmehr Opfer eines biologischen Defekts, der ihre Psyche und ihren Intellekt, ihr Erleben und Handeln gänzlich verschieden von dem Gesunder macht. Trotz der tiefgreifenden Unterschiede sind sie aber emotional ansprechbar.

Es ist nicht abwegig, Autismus mit Blindheit zu vergleichen. Ähnlich wie der Blinde unfähig ist, die Welt leibhaftig zu sehen, so scheint der autistische Mensch nach neueren Erkenntnissen außerstande zu sein, das Innenleben von Personen wahrzunehmen. In gewissem Sinne könnte man von einer Blindheit für psychische Vorgänge sprechen – analog zu der für physische.

Autismus ist freilich keine Blockade von Sinneseingängen. Das macht ihn zu einem schwierigeren Problem – wissenschaftlich wie für das Allgemeinverständnis: Wer vermag sich schon ohne weiteres vorzustellen, was Blindheit für psychische Vorgänge bei einem Menschen eigentlich bedeutet.

Wie echte Blindheit bleibt Autismus lebenslang bestehen; doch helfen auch hier spezielle erzieherische und betreuerische Strategien den Betroffenen und ihren Familien, im praktischen Leben damit fertigzuwerden. Manche Autisten können zwar ihre Behinderung erstaunlich gut bewältigen, aber andere stürzt sie in Angst, Panik oder Depression. Vieles läßt sich tun, um solchen Problemen vorzubeugen. Wie auch immer die Bemühungen aussehen – der erste Schritt muß stets sein, das Wesen dieser Behinderung zu begreifen.

Beginn der Forschung vor fünfzig Jahren

Historischen Quellen zufolge ist Autismus kein neuartiges Krankheitsbild; erstmals als solches beschrieben hat es aber erst 1943 Leo Kanner von der Psychiatrischen Kinderklinik der Johns-Hopkins-Universität in Baltimore (Maryland). In seiner bahnbrechenden Abhandlung mit dem Titel „Autistische Störungen des affektiven Kontakts" stellte er Beobachtungen an elf Kindern vor, die eine erkennbar eigene Gruppe von Patienten bildeten. Alle hatten folgende Eigenheiten gemein: Sie sonderten sich von der Außenwelt ab, machten beharrlich immer dasselbe, wiederholten bei-

spielsweise geradezu stereotyp einfache Laute, Sätze und Bewegungen, sie sträubten sich gegen Veränderungen alles Gewohnten, hatten seltsam eingeengte Interessen, zeigten Vorliebe für sogenannte komplexe ritualisierte Verhaltensweisen und zeichneten sich durch gewisse Fähigkeiten aus, die angesichts der Defizite bemerkenswert erschienen (Kanner sprach von Inselbegabungen).

Zur gleichen Zeit, wenn auch unabhängig von Kanner, schrieb Hans Asperger an der Universitätskinderklinik Wien seine Habilitationsarbeit über denselben Typus von Kindern. Auch er verwandte den Begriff autistisch bereits in der Überschrift, um auf die wesentlichen Merkmale der Störung zu verweisen. Beide Wissenschaftler hatten ihn der Erwachsenenpsychiatrie entlehnt, wo man damit insbesondere den bei Schizophrenen auftretenden progressiven Kontaktverlust zur Außenwelt charakterisiert. Autistische Kinder schienen jedoch bereits sehr früh unter einer solchen Kontaktarmut zu leiden, weshalb Kanner in seiner zweiten Veröffentlichung das Krankheitsbild als frühkindlichen Autismus bezeichnete.

Sein erster Fall, ein Junge namens Donald, diente lange als diagnostischer Prototyp des autistischen Kindes. Schon in ganz jungen Jahren war er auffällig anders als Gleichaltrige. Mit zwei Jahren konnte er Melodien fehlerfrei aus dem Gedächtnis nachsummen und nachsingen. Er lernte bald, bis hundert zu zählen sowie das Alphabet und die fünfundzwanzig Fragen und Antworten des presbyterianischen Katechismus aufzusagen. Donald war allerdings geradezu manisch darauf fixiert, Spielzeuge und andere Gegenstände wie Kreisel herumzudrehen. Anstatt so zu spielen wie andere Kleinkinder, nämlich mit Stofftieren oder Autos, ordnete er fast ausschließlich Perlen und andere Dinge säuberlich nach Farben oder warf sie immer wieder auf den Boden, offenbar entzückt über das Geräusch, das sie machten. Was man ihm sagte, nahm er stets wortwörtlich, ohne die zugrundeliegende Absicht des Sprechers zu verstehen (ein autistisches Kind antwortet beispielsweise auf die Frage, ob es das Salz reichen könne, mit ja, statt den Satz als Aufforderung zu verstehen).

Kanner bekam Donald erstmals mit fünf Jahren vorgestellt. Auffällig war, daß der Junge Menschen in seiner Umgebung keine Aufmerksamkeit schenkte. Wenn jemand in seine einsamen Beschäftigungen eingriff, wurde er niemals der Person gegenüber ärgerlich, schob aber ungeduldig die Hand beiseite, die ihm im Weg war. Einzig zu seiner Mutter hatte er einigermaßen sozialen Kontakt; aber auch das schien hauptsächlich daran zu liegen, daß sie sich ganz besondere Mühe gab, etwas mit ihm gemeinsam zu tun.

Als Donald etwa acht Jahre alt geworden war, bestand seine Konversation weitgehend aus sich wiederholenden Fragen. Seine Beziehungen zu anderen Menschen blieben auf seine unmittelbaren Wünsche und Bedürfnisse beschränkt, und er stellte den Kontakt ein, sobald man ihm seine Fragen beantwortet oder ihm gegeben hatte, was er wollte.

Einige der Kinder, die Kanner beschrieb, waren stumm. Doch auch die anderen, die sprachen, kommunizierten nicht wirklich, sondern gebrauchten Sprache in befremdlicher Weise. Der fünfjährige Paul etwa plapperte alles wie ein Papagei nach. So sagte er beispielsweise – analog der Frage der Mutter – „Willst du ein Bonbon", wenn er „Ich will ein Bonbon" meinte. Fast jeden Tag wiederholte er den Satz „Wirf den Hund nicht vom Balkon", eine Äußerung, die seine Mutter auf einen Vorfall mit einem Spielzeughund zurückführte.

Zwanzig Jahre nach der ersten Untersuchung sah sich Kanner die mittlerweile

Bild 1: Die charakteristische Isolation autistischer Kinder beschwört gelegentlich das Bild von Schneewittchen im Glassarg herauf. Es verführt allerdings zu der irrigen Annahme, ein normales Kind käme heraus, wenn man den Panzer knacken könnte. Das Verhalten des Jungen ist typisch für die autistische Isolation. Photographiert wurde es bei der Manhattaner Gesellschaft für autistische Kinder in New York.

erwachsenen Mitglieder der Gruppe noch einmal an. Einige schienen sich sozial viel besser angepaßt zu haben als andere – obwohl sie nach wie vor außerstande waren, wirkliche Gespräche zu führen und persönliche Beziehungen aufzubauen, und obwohl ihre Pedanterie und eingeengten Interessen fortbestanden. Voraussetzung, aber keine Garantie für das Erlernen gewisser sozialer Verhaltensweisen waren offenbar Spracherwerb vor dem fünften Lebensjahr und relativ hohe intellektuelle Fähigkeiten. Typischerweise begannen die intelligentesten Autisten sich als Heranwachsende unbehaglich zu fühlen; es schien, als ob sie dunkel ahnten, daß sie anders waren. Oft bemühten sie sich gezielt um Anpassung. Oft brachte dies neue Probleme. Aber selbst jene, die sich sozial gut anpaßten, vermochten selten Selbstvertrauen zu entwickeln oder freundschaftliche Beziehungen aufzubauen. Generell hilfreich – unabhängig von Spracherwerb und Intellekt – schien nur eines zu sein: ein extrem geregeltes Umfeld.

Bald nach Bekanntwerden der bahnbrechenden Arbeiten über Autismus als eigenständiges Krankheitsbild bei Kindern fand jede größere Klinik Beispiele unter ihren Patienten. Dabei stellte sich heraus, daß außer den sozialen meist auch andere intellektuelle Fähigkeiten erheblich beeinträchtigt sind – ohne freilich Inselbegabungen auszuschließen (siehe Kasten auf Seite 98). So können viele dieser Kinder beispielsweise ohne weiteres ein vorgegebenes Mosaikmuster mit Spielsteinen nachbilden. Wenn es allerdings um Fragen geht, die sich nur mit Hilfe des gesunden Menschenverstands lösen lassen, dann versagen auch die Fähigsten.

Suche nach biologischen Ursachen

Autismus ist selten. Nach den von Kanner angewandten strengen Kriterien sind etwa vier von 10 000 Kindern betroffen. Nach der gegenwärtig üblichen, etwas weiter gefaßten Definition der Symptomatik liegt dieser Anteil allerdings weit höher: bei ein oder zwei Fällen auf 1000 Geburten. Damit ist Autismus etwa so häufig wie das Down-Syndrom – ein auch als Mongolismus bekannter angeborener Defekt, der mit geistiger Behinderung einhergeht. Jungen sind zwei- bis viermal so häufig von Autismus betroffen wie Mädchen.

Viele Jahre lang hielt man Autismus für eine rein psychogene Störung ohne jede organische Ursache. Dies kam daher, weil sich mit den damals beschränkten Mitteln der Hirnforschung bei den Betroffenen oft keine neurologischen Probleme nachweisen ließen. So wurden immer wieder Theorien über mutmaßliche seelische Ursachen und ihre Abhilfe vorgeschlagen und ernstgenommen. Die zentrale Vorstellung war, daß ein kleines Kind aufgrund einer für es existentiell bedrohlichen Erfahrung – nämlich Ablehnung durch die Mutter – dazu getrieben werden könnte, sich so von sozialen Beziehungen zurückzuziehen, daß letztlich andere keinen Zugang zu seiner abgekapselten Innenwelt mehr fänden.

Dem liegen keinerlei wissenschaftliche Befunde zugrunde – und sie werden sich auch schwerlich finden lassen, weil es zahlreiche Fälle von extremer Ablehnung und Liebesentzug in der Kindheit gibt, die alle nicht zu Autismus geführt haben. Zudem sind die Eltern autistischer Kinder nicht weniger liebevoll als andere. Leider gibt es aber immer noch Therapien, die sich mehr oder weniger auf solche Vorstellungen stützen und die betroffenen Eltern dem Schuldgefühl aussetzen, daß sie für den vermeintlich vermeidbaren und angeblich durch eine entsprechende Behandlung korrigierbaren Zusammenbruch der zwischenmenschlichen Interaktion verantwortlich seien. Dagegen haben durchstrukturierte Programme zur Verhaltensmodifikation oftmals den Familien geholfen, mit ei-

nem autistischen Kind vor allem auch dann umgehen zu können, wenn sein Verhalten schwer gestört ist. Solche Programme erheben allerdings nicht den Anspruch, ihm zu einer normalen Entwicklung zu verhelfen.

Weil sich der Erklärungsansatz, die Wurzel des Übels sei eine psychische Schädigung, empirisch nicht stützen ließ, begannen verschiedene Wissenschaftler nach biologischen Ursachen der Krankheit zu suchen – mit noch immer wachsendem Erfolg. Wie später erläutert, geht die Annahme dahin, daß ein Defekt im Gehirn es autistischen Menschen unmöglich macht, sich ihrer eigenen Vorstellung bewußt zu werden, beziehungs-

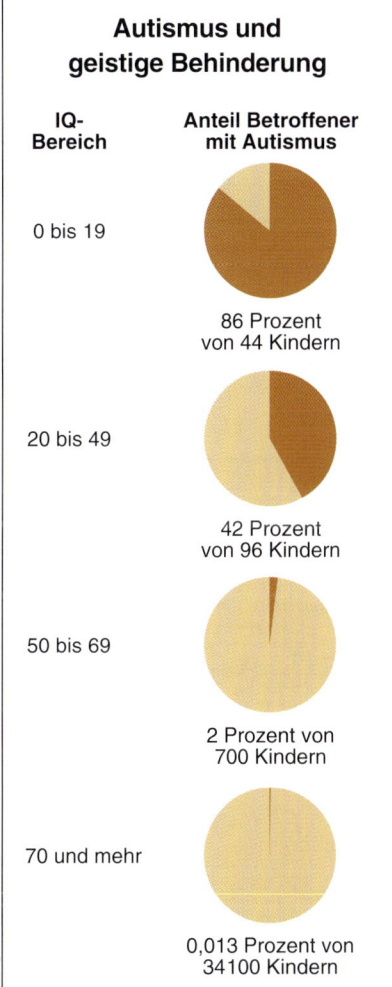

Autismus und geistige Behinderung

IQ-Bereich	Anteil Betroffener mit Autismus
0 bis 19	86 Prozent von 44 Kindern
20 bis 49	42 Prozent von 96 Kindern
50 bis 69	2 Prozent von 700 Kindern
70 und mehr	0,013 Prozent von 34100 Kindern

Bild 2: Autismus geht oft mit geistiger Retardierung einher, was auf einen Hirndefekt als Ursache hinweist. Mit niedriger werdendem Intelligenzniveau – gemessen mit Tests, bei denen Intelligenzquotienten (IQ) unter 70 als subnormal gelten – wächst der Anteil Kinder, welche die für Autismus typischen sozialen Beeinträchtigungen aufweisen; im untersten IQ-Bereich sind es immerhin 86 Prozent. Die Daten hat Lorna Wing vom britischen Medizinischen Forschungsrat in London an 35 000 Kindern unter 15 Jahren erhoben.

weise die Innenwelt anderer Menschen zu begreifen.

Autismus scheint zudem in engem Zusammenhang mit mehreren anderen medizinischen Auffälligkeiten zu stehen. Dazu gehören eine Rötelerkrankung der Mutter während der Schwangerschaft, Chromosomen-Anomalien, frühe Hirnschädigungen und Anfälle. Wohl am beeindruckendsten sind Untersuchungsergebnisse, wonach in den meisten Fällen Autismus eine genetische Grundlage hat. So sind bei eineiigen Zwillingen, im Vergleich zu zweieiigen, sehr viel öfter beide betroffen als nur einer allein; und die Wahrscheinlichkeit, daß Autismus zweimal in derselben Familie auftritt, ist 50 bis 100mal so hoch wie nach dem Zufall zu erwarten.

Mittlerweile hat man mittels anatomischer Untersuchungen und moderner bildgebender Verfahren im Gehirn autistischer Menschen tatsächlich strukturelle Anomalien aufgedeckt. Ferner geht Autismus – wie epidemiologische und neuropsychologische Untersuchungen gezeigt haben – sehr oft mit geistiger Retardierung einher, die ihrerseits eindeutig mit neuralen Störungen zusammenhängt (Bild 2). Dieser Umstand fügt sich gut in die Vorstellung, daß Autismus aus der Beeinträchtigung einer bestimmten Hirnfunktion resultiere, die oft Teil einer ausgedehnteren Schädigung ist: Bei einer umfassenderen Anomalie wird die geistige Behinderung schwerer und zugleich die Wahrscheinlichkeit höher sein, daß das bei Autismus entscheidende System mitbetroffen ist. Umgekehrt ist es auch möglich, daß einzig das kritische System geschädigt ist; das wären die Fälle, in denen Autismus sozusagen in Reinform, nicht mit der Begleiterscheinung deutlicher geistiger Retardierung auftritt.

Neuropsychologische Tests haben ebenfalls Indizien dafür geliefert, daß bei Autismus eine ziemlich umschriebene Hirnanomalie vorliegt. So versagen ansonsten durchaus leistungsfähige autistische Menschen speziell bei Testaufgaben, die Planung, Eigeninitiative und spontane Entwicklung neuer Gedankengänge erfordern. Dieselben Defizite haben auch Patienten, bei denen der Stirnlappen geschädigt ist. Somit scheint es plausibel, daß – welche Struktur auch immer bei Autismus defekt sein mag – diese Region der Großhirnrinde mitbetroffen ist.

Eine Triade von Beeinträchtigungen

Lorna Wing und ihre Kollegen an der Sozialpsychiatrischen Forschungsstelle des britischen Medizinischen Forschungsrats in London haben bei Populationsstudien festgestellt, daß die verschiedenen Symptome des Autismus nicht einfach zufällig zusammen auftreten. Vor allem die Beeinträchtigungen von Kommunikation, Phantasie und sozialer Beziehungsfähigkeit sind Schlüsselmerkmale – sie bilden eine charakteristische Triade.

Die mangelhafte Kommunikationsfähigkeit zeigt sich an so unterschiedlichen Phänomenen wie Stummheit oder zumindest verzögertem Spracherwerb und der Schwierigkeit, Körpersprache zu verstehen oder selbst zu gebrauchen. Eine weitere, schon erwähnte Besonderheit ist, daß manche autistischen Personen zwar fließend sprechen, aber Gesprochenes nur wortwörtlich verstehen.

Die Einschränkung der Phantasie äußert sich bei autistischen Kleinkindern im stets monoton wiederholten Spiel mit den immer gleichen Gegenständen. Bei einigen Erwachsenen ist dafür das zwanghafte Interesse an bestimmten Fakten typisch; beispielsweise photographiert ein Patient, wo immer er hinkommt, alle Nummern von Laternenmasten, um sie zu sammeln.

Die Störung der sozialen Beziehungsfähigkeit erkennt man unter anderem daran, daß sich Autisten bei vielerlei zwischenmenschlichen Beziehungen – beispielsweise wenn es darum geht, Freundschaften zu schließen und zu pflegen – unangemessen verhalten. Dennoch sind viele von ihnen gern in Gesellschaft und darum bemüht, anderen gefällig zu sein.

Die Frage zu beantworten, warum diese Triade der Beeinträchtigungen – und gerade sie – auftritt, ist eine theoretische Herausforderung. Die von uns vorgeschlagene Theorie dreht sich um einen bestimmten kognitiven Mechanismus, der angeboren und nicht erkennbar ist. Man kann ihn nur sehr abstrakt definieren. Am besten läßt er sich noch durch eine seiner Hauptfunktionen beschreiben: psychische Gegebenheiten zu erfassen, die dem Handeln und Kommunizieren zugrunde liegen.

Unserer Theorie zufolge ist eben dieser Mechanismus bei autistischen Menschen geschädigt, und zwar – wie wir ferner annehmen – von Geburt an und infolge eines Defekts in einem einzigen zerebralen Substrat, sei es nun eine anatomische Struktur, ein physiologisches System oder eine chemische Übertragungsstrecke. Gelänge es, das betroffene Hirnsubstrat zu ermitteln, ließe sich wohl die biologische Ursache des Autismus identifizieren.

Die Bedeutung dieser kritischen kognitiven Komponente für die normale Entwicklung ist bereits in einem sehr frühen Alter zu erkennen. So beginnen Kinder normalerweise gegen Ende des ersten Lebensjahres ein Verhalten zu zeigen, das als gemeinsames Interesse bezeichnet wird. Beispielsweise können sie einzig deshalb auf etwas deuten, weil sie ihr Interesse daran mit jemand anderem teilen wollen. Wenn autistische Kinder auf einen Gegenstand zeigen, dann nur, weil sie ihn haben möchten. Suchen Kinder kein gemeinsames Interesse auf diese Weise, kann das durchaus eines der frühesten Anzeichen für eine autistische Störung sein.

Im zweiten Lebensjahr beobachtet man bei normalen Kindern einen Entwicklungsschritt, in dem sich die kritische kognitive Komponente geradezu dramatisch äußert: Sie beginnen, etwas vorzutäuschen, entwickeln also die Fähigkeit zu Phantasie- und Als-ob-Spielen. Autistische Kinder können solche Betätigungen nicht verstehen und geben auch in ihren eigenen Spielen nichts vor. Ihr Anderssein zeigt sich beispielsweise im typischen Mutter-und-Kind-Spiel, wenn ein Teddybär oder eine Puppe mit einem leeren Löffel gefüttert wird. Das normale Kind macht alle nötigen Bewegungen und begleitet sie mit den passenden Schlürfgeräuschen. Das autistische

Das ist Sally.   Das ist Anne.

Sally hat einen Korb.   Anne hat eine Schachtel.

Sally hat einen Ball. Sie legt den Ball in ihren Korb.

Sally geht nach draußen.

Anne nimmt den Ball aus dem Korb und legt ihn in die Schachtel.

Jetzt kommt Sally zurück.   Sie möchte mit ihrem Ball spielen.

Wo sucht Sally nach ihrem Ball?

Bild 3: Die Antwort autistischer Kinder nach einer solchen etwa mit Puppen vorgestellten Szene lautet: „In der Schachtel." Sie können nicht begreifen, das jemand etwas Falsches glaubt, weil er nicht weiß, was sie selber wissen. Diese Darstellung wurde wie die nebenstehende nach einer Zeichnung von Axel Scheffler angefertigt.

Bild 4: In dieser experimentellen Spielsituation schneiden autistische Kinder nicht schlechter ab als normale, wenn sie zu einem physischen Mittel (Schlüssel und Schloß) greifen können, um den Diebstahl von Gegenständen aus der Schatztruhe zu sabotieren (links). Ist dagegen ein psychisches Mittel, nämlich Täuschung, nötig, versagen sie meist; statt wie normale oder selbst geistig behinderte Kinder zu behaupten, die Schatztruhe sei verschlossen (rechts), antworten sie meist, sie sei offen (nicht dargestellt).

Kind dagegen findet solches Verhalten unerklärlich. Statt dessen neigt es zu einer anderen Art von Spiel, dreht etwa den Löffel um und um oder klopft mit ihm immer wieder auf den Tisch.

Gerade das Fehlen früher einfacher kommunikativer Verhaltensweisen wie gemeinsames Interesse und Als-ob-Spiele weckt in Eltern oft die ersten nagenden Zweifel daran, ob ihr Kind sich auch richtig entwickle. Sie haben das durchaus zutreffende Gefühl, daß sie es nicht in das übliche emotionale und soziale Wechselspiel einbeziehen können.

Unfähigkeit zur Meta-Repräsentation

Mein Kollege Alan M. Leslie hat ein theoretisches Modell jener Komponente der Kognition entwickelt, die den elementaren Fähigkeiten des gemeinsamen Interesses und des Als-ob-Spielens zugrunde liegt. Er postuliert einen angeborenen Mechanismus dafür, das herauszubilden und einzusetzen, was man als sekundäre oder Meta-Repräsentation bezeichnen könnte. Unsere Umwelt besteht nicht nur aus sichtbaren körperlichen

Dingen und realen Ereignissen, die sich durch primäre Repräsentationen begreifen lassen, sondern auch aus unsichtbaren Gegebenheiten wie der Psyche eines Menschen und aus mentalen Ereignissen, die sekundäre Repräsentationen erfordern. Beide Arten von Repräsentationen müssen im Gedächtnis behalten und auseinander gehalten werden.

Diese Fähigkeit, wirkliche Objekte, Situationen und Ereignisse geistig zu repräsentieren und – davon entkoppelt – Gedanken, Pläne und Zielvorstellungen über reale Gegebenheiten, ermöglicht es, scheinbare Widersprüche zu lösen, wie sie bei der Informationsverarbeitung fortwährend auftreten. Angenommen, ein normales Kind sieht seine Mutter eine Banane so handhaben, als wäre diese ein Telephonhörer. In seinem Kopf existieren zwar Fakten über beide Objekte, also primäre Repräsentationen; dennoch ist das Kind nicht im geringsten verwirrt und wird nun nicht etwa anfangen, Telephonhörer zu essen oder in Bananen hineinzusprechen (es sei denn als Spiel). Vermieden wird dies, weil das Kind aus dem Konzept der Vortäuschung (einer sekundären Repräsentation) ablei-

tet, daß seine Mutter gleichzeitig etwas Reales und etwas Imaginäres tut.

So wie Leslie diesen mentalen Prozeß beschreibt, sollte er als Herstellen eines dreiseitigen Informationszusammenhangs verstanden werden – zwischen einer tatsächlichen Situation, einer imaginären und einem etwas vorgebenden Handlungsträger. Die imaginäre Situation wird dann nicht wie die reale behandelt.

Auf dieselbe Weise wie Vortäuschung vermag ein Mensch normalerweise auch Glauben, Wissen und Fühlen zu verstehen – er repräsentiert die jeweiligen geistig-psychischen, also mentalen Zustände. Wenn es wahr ist, daß autistischen Kindern die Fähigkeit zur Meta-Repräsentation abgeht, dann sollten sie auch nicht begreifen können, daß jemand etwas Falsches glaubt, weil er nicht weiß, was sie selber wissen. Hier war es also möglich, eine theoretisch fundierte Vorhersage experimentell zu überprüfen. Wir konnten dazu auf die innovative Forschung von Heinz Wimmer und Josef Perner vom psychologischen Institut der Universität Salzburg zurückgreifen, die das Verständnis von solch falschem

Glauben bei Kindern untersucht hatten. Gemeinsam mit unserem Kollegen Simon Baron-Cohen benutzten wir einen leicht abgewandelten Test der beiden österreichischen Entwicklungspsychologen, der als Sally-Anne-Experiment bekannt geworden ist: Sally und Anne spielen miteinander. Sally hat einen Ball, den sie in einen Korb legt, bevor sie den Raum verläßt. Während ihrer Abwesenheit holt Anne den Ball aus dem Korb und legt ihn in eine Schachtel. Als Sally zurückkehrt und ihren Ball wiederhaben will, sieht sie natürlich im Korb nach.

Wie Wimmer und Perner nachgewiesen haben, ist normal entwickelten Vierjährigen oder älteren Kindern, denen man die Szene beispielsweise als Puppenspiel präsentiert, vollkommen klar, daß Sally bei ihrer Rückkehr im Korb nachsehen wird, auch wenn sie selbst wissen, daß sich der Ball nicht mehr dort befindet. Sie können also sowohl Sallys falsche Erwartung als auch die wahren Verhältnisse kognitiv repräsentieren. In unserem Test dagegen gelang es 16 der 20 untersuchten autistischen Kinder mit einem mittleren Intelligenzalter von immerhin neun Jahren nicht, situationsgerecht anzugeben, wo Sally nachsehen würde – und dies, obwohl sie viele andere Fragen zu den einzelnen Umständen der Episode korrekt beantworteten (Bild 3). Sie vermochten sich nicht vorzustellen, daß Sally etwas glauben könnte, das nicht zutraf.

Verblüffend einfach, aber nicht minder aufschlußreich ist ein weiteres Experiment, das ebenfalls im Salzburger psychologischen Institut entwickelt wurde. Für diesen Test wurde ein röhrenförmiger Pappbehälter für Süßigkeiten benutzt, der allen Kindern wohlbekannt ist. Sie alle erwarteten natürlich, daß in dieser Schachtel Smarties seien, und alle waren enttäuscht, als bloß ein kleiner Bleistift herausfiel. Als nun die autistischen Kinder gefragt wurden, was ein anderes Kind, das zum ersten Mal zum Test kam, sagen würde, antworteten sie fast alle falsch mit „ein Bleistift". Auch hier zeigte sich, daß autistische Kinder nicht etwa ein schlechtes Gedächtnis haben: Sie erinnern sich, wenn man nach ihrer ersten Antwort fragt, gut daran, daß sie selbst „Smarties" gesagt hatten, vermögen aber nicht nachzuvollziehen, daß ein anderer denselben Fehler machen würde. Sie wissen eben nicht, warum sie „Smarties" antworteten.

Viele vergleichbare Experimente in anderen Laboratorien haben unsere Theorie weitgehend bestätigt: Autistischen Kindern fehlt der naive Mentalismus, mit dem wir uns selbst und anderen ein reiches Innenleben – Denken, Füh-

len, Wollen, Zweifeln – zuschreiben und mit dem wir uns das eigene Verhalten und das anderer Personen erklären. All diese inneren Zustände operieren mit von der Wirklichkeit entkoppelten – sekundären – Repräsentationen.

Das normale Funktionieren dieses angeborenen Mechanismus, der dem naiven Mentalismus zugrunde liegt, hat weitreichende Konsequenzen für Bewußtseinsprozesse höherer Ordnung: Es unterstützt die spezifische Fähigkeit des menschlichen Geistes, über sich selbst zu reflektieren. Somit läßt sich die Dreiheit autistischer Störungen – Beeinträchtigung von Kommunikation, Phantasie und sozialer Beziehungsfähigkeit – mit dem Versagen eines einzigen kognitiven Mechanismus erklären.

Die Schwierigkeit, Gedanken zu lesen

Weil gesunde Menschen intuitiv die mentalen Zustände anderer zu bewerten vermögen, verstehen sie in gewissem Sinne Gedanken zu lesen. Mit entsprechender Erfahrung können sie eine Art intuitive Psychologie entwickeln und anwenden, die es ermöglicht, über Motive des Verhaltens zu spekulieren und die Meinungen, Überzeugungen und Einstellungen anderer Menschen zu beeinflussen.

Autistischen Menschen fehlt der Mechanismus, das, was andere glauben könnten, zu repräsentieren; sie verfügen über keine „Theorie" der psychischen Welt. Deshalb können sie nicht mitvollziehen, wie Verhalten aus bestimmten mentalen Zuständen resultiert, und nicht begreifen, wie sich Überzeugungen und Einstellungen manipulieren lassen; deshalb fällt es ihnen auch schwer zu verstehen, was Täuschung und Betrug ist.

Daß autistische Kinder nicht deshalb Täuschung schwer verstehen, weil der Sachverhalt etwa kompliziert ist, sondern deshalb, weil Täuschung eben die Repräsentation des geistigen Zustands einer anderen Person voraussetzt, hat Beate Sodian, Entwicklungspsychologin an der Maximilians-Universität in München, in einem Experiment belegt (Bild 4). Sie leitete ein Spiel ein, bei dem das Kind, um Punkte zu gewinnen, einen „Feind" nicht an den Schatz in einer Truhe lassen darf. Liegen Schlüssel und Schloß bereit, läßt sich also die Plünderung mit einem physischen Mittel (Sabotage) verhindern, lösen autistische Kinder das Problem sehr gut. Ist aber ein psychisches Mittel (Täuschung) nötig – etwa die Lüge, die Truhe sei abgeschlossen –, dann versagen die meisten. Dage-

gen bewältigen selbst geistig behinderte Kinder diese Aufgabe spielend leicht.

Weder im direkten noch im übertragenen Sinne verstehen autistische Menschen bei der Kommunikation zwischen den Zeilen zu lesen. Die nur fein angedeuteten Unterströmungen, ob im wirklichen Leben oder in Fiktionen, bleiben ihnen gänzlich unzugänglich – also alles, was zwischenmenschlichen Beziehungen besonderen Reiz gibt.

„Die Leute sprechen mit ihren Augen zueinander", konstatierte einmal ein aufmerksamer autistischer Jugendlicher. „Was sagen sie sich damit?"

In Ermangelung einer solchen Meta-Repräsentation entwickeln sich autistische Kinder ganz anders als gesunde. Normalerweise bilden sich im Zuge der kognitiven Entwicklung auch immer komplexere soziale und kommunikative Fertigkeiten aus: Kindern wird beispielsweise zunehmend bewußt, daß es falsche und echte Gefühlsbekundungen gibt, und sie lernen, dies zu berücksichtigen. Entsprechend werden sie im Lesen zwischen den Zeilen als einem grundlegenden Aspekt menschlicher Kommunikation erfahren und werden selber bald etwas durch die Blume sagen können; Humor und Ironie erschließen sich ihnen. Kurzum, sich mit imaginären Vorstellungen zu beschäftigen, Emotionen zu interpretieren und bloß intendierte Absichten zu erkennen – all das sind Leistungen, die letztlich auf einem angeborenen kognitiven Mechanismus beruhen und deshalb gemeinhin als selbstverständlich gelten. Für autistische Kinder aber sind gerade sie schwierig oder sogar unmöglich. Und das liegt unseres Erachtens an einem Defekt in eben diesem Mechanismus.

Diese kognitionspsychologische Erklärung des Autismus ist so spezifisch, daß sich ganz bestimmte Arten von Situationen angeben lassen, in denen autistische Personen Schwierigkeiten haben werden oder nicht. Ein gutes Beispiel ist, daß sie Sabotage, nicht aber Täuschung verstehen. Unsere Erklärung schließt nicht aus, daß autistische Menschen über spezielle Eigenschaften und Fähigkeiten verfügen, die von dem kritischen Mechanismus unabhängig sind. Sie können durchaus jene sozialen Verhaltensweisen erlernen, die kein wechselseitiges reflektives Verständnis erfordern; sie sind imstande, sich viele hilfreiche soziale Routinen anzueignen und sie manchmal sogar derart zu vervollkommnen, daß es ihnen gelingt, ihre Probleme zu überspielen. Die von uns postulierte kognitive Störung ist überdies so spezifisch, daß sie außerordentliche Fertigkeiten in solch unterschiedlichen Betätigungen wie Zeichnen oder Malen, Musizieren,

Bild 5: Auch Autisten gelingt es manchmal, soziale Kontakte zu knüpfen – am ehesten in einem vertrauten und gut strukturierten Umfeld. **Der autistische Jugendliche hier (Mitte) genießt Musik und reagiert in der vertrauten Familiensituation auf sie.**

mathematischem Kombinieren und dem Memorieren von Fakten nicht ausschließt.

Allerdings ist das Nebeneinander von einerseits herausragenden und andererseits extrem geringen Leistungen noch wenig erforscht. Ob weitere – emotionale – Störungen die Ursache dafür sind, daß einige autistische Kinder sich nicht für soziale Anregungen interessieren, ist gleichfalls offen. Ebensowenig können wir erklären, warum es so oft stereotype eingeengte Interessen gibt. Es ist, als ob autistischen Menschen eine große integrative Kraft fehle – der innere Drang, Sinn und Kohärenz in allen Erscheinungen zu suchen.

Hilfe und Verständnis

Das Märchenbild des Autismus war in mehr als einer Hinsicht irreführend. Falsch ist die Vorstellung, daß sich innerhalb des gläsernen Sarges ein normaler Mensch befinde, der darauf warte, befreit zu werden; ebensowenig ist Autismus eine Störung, die sich auf das Kindesalter beschränkt.

Der Film „Rain Man" kam eben recht, um einem interessierten Publikum eine neue Vorstellung zu vermitteln. Dustin Hoffman spielt Raymond, einen Mann mittleren Alters, der extrem weltabgewandt und selbstbezogen ist und sich deshalb allzu leicht von anderen manipulieren läßt. Er ist unfähig, die doppelbödigen Absichten seines Bruders zu durchschauen, die für die Zuschauer offensichtlich sind. Doch in gemeinsamen Erfahrungen gelingt es – wohlgemerkt – dem Bruder, von Raymond zu lernen und eine emotionale Beziehung zu ihm aufzubauen. Diese Geschichte ist keineswegs weit hergeholt; wir können durch das Phänomen des Autismus tatsächlich eine ganze Menge über uns selbst erfahren.

Freilich sollte man die Krankheit nicht romantisieren. Autismus ist eine gravierende und – wie Blindheit – lebenslängliche Behinderung. Das autistische Kind vermag mit der ihm eigenen und uns total fremden Psyche kaum Selbstbewußtsein zu entwickeln.

Wir können nun jedoch aufgrund besserer Einsicht beginnen, die spezifischen Typen sozialer Verhaltensweisen und emotionaler Ansprechbarkeit zu identifizieren, zu denen Autisten imstande sind. Betroffene können lernen, ihre Bedürfnisse zu äußern und das Verhalten anderer Menschen vorherzusehen, wenn es durch externe, beobachtbare Faktoren und nicht durch bestimmte mentale Zustände gesteuert ist. Sie können emotionale Bindungen zu anderen entwickeln. Oft sind sie ernsthaft bestrebt, anderen Menschen gefällig zu sein und sich die Regeln des zwischenmenschlichen Kontakts anzueignen (Bild 5). Unzweifelhaft läßt sich innerhalb der starren Beschränkungen ein befriedigendes Maß an Sozialität erreichen.

Autistische Isolation muß nicht gleichbedeutend sein mit Einsamkeit. Die kühle Zurückhaltung, die viele Eltern an ihrem Kind so befremdet, ist kein Dauermerkmal; oft wird sie von zunehmender Geselligkeit abgelöst. Und so, wie man die Bedürfnisse eines Blinden oder eines anderen Behinderten berücksichtigen kann, läßt sich auch der Lebenskreis eines Autisten auf die seinen einrichten.

Andererseits muß man realistisch erkennen, welches Maß an Anpassung die jeweiligen persönlichen Beschränkungen zulassen. Man darf hoffen, daß ein autistischer Mensch bis zu einem gewissen Grade seine Behinderung kompensiert und in bescheidenem Maße auch mit schwierigen Situationen fertig wird. Unrealistisch dagegen wäre zu erwarten, daß er aus der ihm angeborenen nicht reflektierenden Persönlichkeit herauswächst, für die er sich nicht selbst entschieden hat. Die Betroffenen können ihrerseits beanspruchen, daß wir mehr einfühlsames Verständnis für ihre Misere aufbringen, wenn wir besser begreifen, wie sich ihre Psyche von der unseren unterscheidet.

Schizophrenie – Suche nach Ursachen und Auslösern

Studien der letzten Jahre mit verbesserten epidemiologischen
und neuen biologischen Methoden widerlegen die Annahme, die Krankheit
habe vorwiegend psychosoziale oder familiendynamische Ursachen und werde durch
wachsende Zivilisation und Technisierung gefördert. Hingegen zeigte sich, daß das
weibliche Geschlechtshormon Östrogen einen gewissen Schutzeffekt hat.

Von Heinz Häfner

Etwa ein Prozent der Bevölkerung erkrankt im Laufe des Lebens an Schizophrenie, einer ernsten, wenn auch nur ausnahmsweise tödlich verlaufenden Geistesstörung. Sie beginnt meist in der Adoleszenz oder im frühen Erwachsenenalter und verläuft gewöhnlich in Schüben, die in mehr als der Hälfte der Fälle neuropsychische Defizite hinterlassen: Solche Menschen haben Probleme, Informationen adäquat zu verarbeiten; sie werden antriebslos, kontaktarm und emotional weniger ansprechbar. Gut ein Drittel aller Erkrankten büßt dadurch erheblich an kognitiven und sozialen Fähigkeiten ein. Bei rund einem Fünftel hingegen heilt die Schizophrenie – was allgemein weniger bekannt ist – nach dem ersten Schub folgenlos aus.

In den akuten psychotischen Phasen – medizinisch Episoden genannt – stehen Sinnestäuschungen, Wahn und Denkstörungen im Vordergrund: Die Kranken hören Stimmen, die ihr Tun kommentieren oder sich unterhalten; sie glauben, ihre Gedanken würden blockiert, beeinflußt oder abgehört, und sie fühlen sich entmächtigt, im Denken und Handeln durch fremde Einflüsse gesteuert, beobachtet, verfolgt und bedroht (Bild 1). Gedankengänge und sprachliche Äußerungen werden zerfahren und sprunghaft, Begriffe unscharf ausgeweitet und Wörter neu geschaffen. All diese sogenannten positiven Symptome – auch als Plus- oder als Produktiv-Symptomatik bezeichnet – kennzeichnen, was der Volksmund unter Verrücktheit versteht. Sie gehen in der akuten Phase mit Verwirrung, elementarer Beunruhigung und Angst einher, und sie sind in der Regel begleitet von sogenannten negativen oder besser Defizit-Symptomen – den schon erwähnten, häufig bleibenden kognitiven, emotionalen und sozialen Beeinträchtigungen. Hinzu kommen mitunter schwer nachvollziehbare Gefühlsreaktionen und Verhaltensabweichungen. All das macht verständlich, warum man bis in die Zeit der Aufklärung von Schizophrenen oft glaubte, sie seien von Dämonen besessen.

Folgenschwere Unkenntnis

Erstmals wissenschaftlich beschrieben wurden einzelne Merkmale dieser vielgestaltigen Krankheit Mitte des letzten Jahrhunderts von französischen und deutschen Psychiatern. Der erste, der die verschiedenen Erscheinungsformen und Verläufe als zusammengehörig erkannte, war der deutsche Psychiater Emil Kraepelin. Er faßte sie 1896 unter der Bezeichnung Dementia praecox zusammen, weil er annahm, das früh auftretende (lateinisch *praecox*) Leiden münde unausweichlich in eine „eigenartige Form von Geistesschwäche" (Demenz). Als Ursache vermutete er eine unbekannte Störung bestimmter Hirnfunktionen. Den Namen Schizophrenie – Spaltungsirresein – prägte der Schweizer Psychiater Eugen Bleuler 1911, weil er in einer Assoziationsstörung, die er als Spaltung psychischer Funktionen bezeichnete, das zugrundeliegende funktionelle Defizit dieses Leidens sah. Er hatte bereits erkannt, daß der Defekt, der sich dabei entwickeln kann, etwas grundlegend anderes ist als die durch Gefäßkrankheiten oder Verlust von Nervenzellen verursachten Demenzprozesse des höheren Lebensalters. Was der Schizophrenie jedoch zugrunde liegt, vermochte auch er nicht zu erklären.

Noch immer sind aus der Gesamtheit der Faktoren, die Schizophrenie verursachen, nur wenige bekannt – und das nur fragmentarisch und ohne klaren Zusammenhang. Darum fehlen auch Mittel und Maßnahmen, dem Ausbruch der Krankheit vorzubeugen, sie kausal zu behandeln oder ihre Folgen – die geistigen und sozialen Behinderungen – zuverlässig zu verhindern. Die Möglichkeiten beschränken sich auf eine symptomatische Therapie mit speziellen Medikamenten: Diese Neuroleptika unterdrücken rasch die positiven Symptome während der akuten psychotischen Episoden und beugen danach Rückfällen vor. Zurückbleibende Behinderungen lassen sich vorerst nur durch soziale und kognitive Trainingsverfahren, Verhaltenstherapie und Rehabilitationsmaßnahmen günstig beeinflussen.

Wo die modernen Möglichkeiten voll ausgeschöpft werden, haben sich das Schicksal der Erkrankten wie auch die Atmosphäre psychiatrischer Krankenhäuser einschneidend gewandelt. Noch

1930 blieb ein Schizophrener, der erstmals in eine dieser Kliniken Württembergs eingewiesen worden war, durchschnittlich 8,5 Jahre, und dies waren im Vergleich mit anderen westlichen Ländern – etwa den Vereinigten Staaten, Großbritannien oder Irland – eher günstige Zahlen; heute dagegen sind es wenige Wochen.

Das Fehlen wirksamer Therapien ließ die Betroffenen und ihre Familien, aber auch die Psychiater resignieren. Dies hat sich im Vergessen der durchweg als un-

heilbar eingestuften Kranken und im Vernachlässigen der Heil- und Pflegeanstalten ebenso niedergeschlagen wie im unzureichenden Widerstand vieler Ärzte und mancher Angehöriger gegen die beschönigend Euthanasie genannte Tötung psychisch Kranker in Deutschland unter dem nationalsozialistischen Regime.

Das tragische Schicksal der Kranken und die unklaren Ursachen ihres Leidens waren nach dem Zweiten Weltkrieg Anlaß zu intensiven Forschungsbemühungen, aber auch zur Entwicklung spekula-

tiver Theorien. Erheblichen Einfluß vor allem auf die amerikanische Psychiatrie gewannen psychoanalytische Hypothesen wie die von der schizophrenogenen Mutter, der gespaltenen Familie und den gestörten familiären Kommunikationsprozessen (Spektrum der Wissenschaft, Mai 1987, Seite 38). Sie wirkten sich in einer fatalen familienfeindlichen Strömung innerhalb und außerhalb der Psychiatrie aus. Den Eltern, die mit und unter ihren schizophrenen Söhnen oder Töchtern meist schwer zu leiden hatten,

Bild 1: Der Künstler Tom Baumann hat in diesem Bild eines der fundamentalen Symptome der Schizophrenie dargestellt: die Ich-Störungen. Der Kranke ist nicht mehr Herr seiner Gedanken und Empfindungen. Er glaubt Einflüsterungen, Stimmen oder gar bestimmenden Einflüssen von außen ausgeliefert zu sein. Bei rund 20 Prozent der Betroffenen heilt die Erkrankung nach der ersten akuten Phase folgenlos aus. Bei den übrigen kommt es zu Rückfällen, zu weiteren Episoden, die teilweise Defizite hinterlassen.

bürdete man damit auch noch Schuldgefühle auf. Sie haben sich deshalb in Angehörigenverbänden organisiert und wirksam gegen diese Diskriminierung zur Wehr gesetzt. Mittlerweile ist die Beratung von Angehörigen, mitunter auch ihre Einbeziehung in Therapie und Rehabilitation, zu einem Bestandteil guter Schizophreniebehandlung geworden.

Niedriger Sozialstatus

Die Suche nach den Ursachen der Schizophrenie hat Forscher aus nahezu allen Gebieten der Humanwissenschaften beschäftigt. In den fünfziger und sechziger Jahren hatte sich vor allem in den Vereinigten Staaten unter Sozialwissenschaftlern und Medizinern die Überzeugung verbreitet, das Leiden sei eine Folge sozialer Benachteiligung. Ausgangsbasis war eine große ökologische Studie aus dem Jahre 1939 in Chicago, wonach sich die einzelnen Stadtteile im Prozentsatz Neuerkrankter – gemessen als Rate erstmals stationär aufgenommener Schizophrener – unterschieden: Die höchste Erstaufnahmerate wurde aus dem sozial desintegrierten Zentrum mit seinen schlechten und billigen Mietwohnungen ermittelt, die niedrigste aus den Stadtrandgebieten, wo die Wohlhabenderen lebten. Dieses Verteilungsmuster hat sich in zahlreichen weiteren Studien auch in europäischen Städten überwiegend bestätigt.

Eine entsprechende Ungleichverteilung zeigt sich, wenn man statt nach Wohnbezirken direkt nach dem Sozialstatus aufschlüsselt: Die höchsten Erstaufnahmeraten für Schizophrenie fanden sich in der Mehrzahl der Studien in der niedrigsten Klasse. Nach Schätzungen amerikanischer Wissenschaftler aus dem Jahre 1988 hat – bei einer Unterteilung in drei Klassen – die untere ein dreifach höheres Erkrankungsrisiko als die obere.

Dieser statistische Zusammenhang mit dem Sozialstatus wurde voreilig als Kausalkette gedeutet, bei der einzelne Glieder ineinandergreifen. Die Annahmen darüber, welche Sachverhalte hier mitspielen, gingen indes auseinander. Vorgeschlagen wurden familiäre Wertemuster oder Persönlichkeitszüge, die mit der Sozialisation in der Unterklasse verbunden sein sollen, schlechtere Schwangerschafts- und Entbindungsfürsorge für Arme wie auch vermehrte psychische Belastungen angesichts mangelnder sozialer Unterstützung. Keine dieser Hypothesen ließ sich jedoch empirisch bestätigen, was – anders als im Falle der spekulativen Erklärungsmodelle der Psychoanalyse und der Kommunikations-

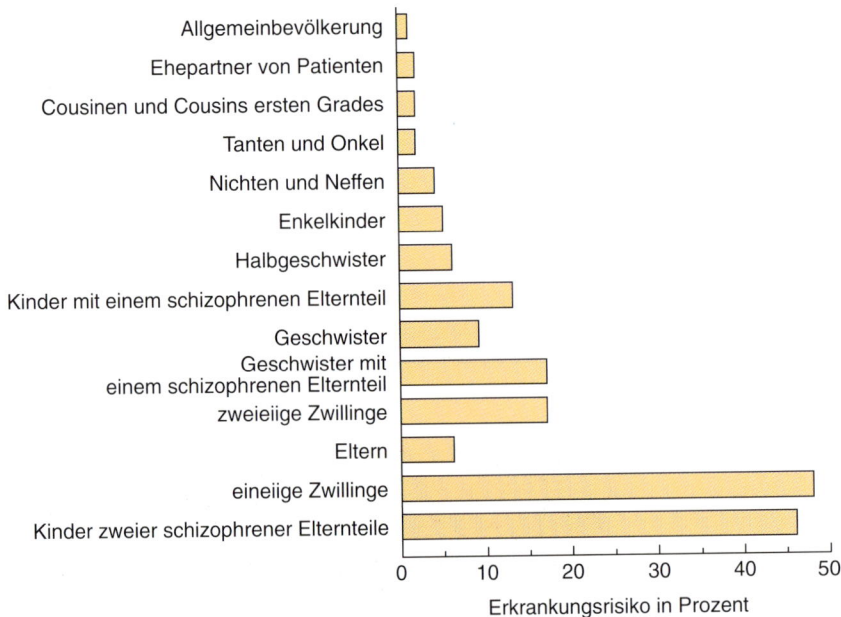

Bild 2: Eine genetische Disposition ist die einzige bislang belegbare Ursache für das erstmalige Auftreten einer Schizophrenie. Nach dieser Zusammenstellung von Irving Gottesman von der Universität von Virginia in Charlottesville, die das durchschnittliche Erkrankungsrisiko nach europäischen Familien- und Zwillingsstudien aus den Jahren 1920 bis 1987 zeigt, wächst das Risiko mit zunehmender genetischer Verwandtschaft, Blutsverwandtschaft also, zu einem oder mehreren davon Betroffenen.

theorie – wenigstens ausgiebig versucht wurde.

Die alternative Erklärung für die beobachtete Ungleichverteilung ist, daß Schizophrene bereits vor der erstmaligen Aufnahme in eine Klinik deutlich weniger hohe soziale Positionen erreicht haben und danach auch noch absteigen. Der soziale Abstieg hat sich in zahlreichen Studien bestätigt. Aber auch ein vorab beeinträchtigter Aufstieg liegt nahe, da die Erstaufnahme meist geraume Zeit nach dem eigentlichen Ausbruch der Krankheit erfolgt – in der 1991 von meiner Arbeitsgruppe veröffentlichten deutschen ABC-Schizophreniestudie waren es durchschnittlich 4,5 Jahre (das Kürzel steht für *Age at Beginning and Course*, also Ersterkrankungsalter und Verlauf). Bereits in den sechziger Jahren hatte man bei Studien in London und in New York den sozialen Status schizophrener Männer mit jenem ihrer Väter und mit einer nach dem Beruf der Väter parallelisierten Kontrollgruppe verglichen; für die Betroffenen war tatsächlich schon zum Zeitpunkt der ersten Krankenhausaufnahme ein auffällig geringerer sozialer Aufstieg typisch.

Noch deutlicher zeigte sich der Einbruch der Krankheit in die soziale Biographie bei der ABC-Studie. Sie umfaßt die größte der bisher direkt untersuchten Stichproben erstaufgenommener Schizophrener, 267 Probanden aus einer Bevölkerung von rund eineinhalb Millionen im

Raum Mannheim, Heidelberg, Rhein-Neckar-Kreis und Vorderpfalz. Verglichen wurden dazu drei Ereignisse des frühen Krankheitsverlaufs – frühestes, meist uncharakteristisches Krankheitszeichen, erstes psychotisches Symptom und Erstaufnahme – mit drei Schritten sozialen Abstiegs, nämlich Verlust von derzeitiger Stellung, Partner und eigenen Einkünften überhaupt (Bild 3). Das Ergebnis: Nach Beginn der Krankheit verloren 56 Prozent der Männer und 35 Prozent der Frauen ihre derzeitige Beschäftigung, 64 Prozent der Männer und 47 der Frauen ihren weiblichen oder männlichen Partner sowie 35 Prozent der Männer und 27 Prozent der Frauen ihr eigenes Einkommen, ehe sie erstmals zur Behandlung in ein psychiatrisches Krankenhaus aufgenommen wurden.

Wenn dieser Vergleich auch keine kausalen Aussagen zuläßt, ob die Kontinuitätsbrüche in der sozialen Biographie durch die Entwicklung der Krankheit bedingt sind oder umgekehrt, so weist er doch eindeutig auf einen zeitlichen Zusammenhang hin. Da das Leiden bei Frauen im Schnitt drei bis vier Jahre später als bei Männern in den Lebensweg einbricht, wird auch verständlich, warum es bei ihnen sozial günstiger verläuft. Ein späterer Beginn bedeutet nämlich, daß oft schon wichtige soziale Positionen wie abgeschlossene Ausbildung, Partnerschaft, Beruf und Rentenansprüche erlangt sind. Beispielsweise waren bei der ersten Krankenhausaufnahme von den schizophrenen Frauen 42 Prozent verheiratet, von den Männern nur 14 Prozent.

Denkbar ist, daß Betroffene noch früher, ehe überhaupt erste Krankheitszeichen auftreten, in ihrer Entwicklung und ihren Leistungen beeinträchtigt sind. Geprüft wurde dies in neuerer Zeit bei einer dänischen und einer finnischen Studie an Kindern schizophrener Eltern (die Nachkommenschaft eines solchen Paares hat, sofern beide Elternteile betroffen sind, ein fast fünfzigprozentiges Risiko, ebenfalls zu erkranken; Bild 2) sowie einer großen britischen Bevölkerungsstudie (im Rahmen dieser *National Child Development Study* wurden alle während einer Woche des Jahres 1958 in England Geborenen nach der Geburt und im Alter von sieben und elf Jahren untersucht). Die Ergebnisse belegen, daß ein Teil der später Erkrankenden bereits in Kindheit und Jugend Leistungsdefizite und abnorme Verhaltensweisen zeigt, die den Schulerfolg mindern. Dies gilt ausdrücklich nur für einen Teil der Betroffenen; die Mehrzahl entwickelt sich hingegen unauffällig und kann bis zum Ausbruch des Leidens den Anforderungen in Schule und Beruf auf normale Weise genügen.

Schwellen und Auslöser

Der Zusammenhang zwischen Ereignissen sozialen Abstiegs und dem Ausbruch ließe sich auch so interpretieren, daß belastende Lebensereignisse Schizophrenie auslösen. Diese Hypothese würde zwar nicht die Ursache des Leidens erklären, sich aber gut in ein Vulnerabilitätsmodell fügen, das der amerikanische Psychologe Joseph Zubin 1977 an der Columbia-Universität in New York entwickelt hat. Der Krankheit läge demnach eine im wesentlichen genetisch bedingte Disposition mit individuell unterschiedlich hohen Schwellenwerten zugrunde. Bei leicht verletzlichen, also hochvulnerablen Menschen könnten innere oder äußere Belastungen dann das spezifische Antwortmuster einer schizophrenen Psychose auslösen. Menschen mit niedriger Vulnerabilität – hoher Schwelle – würden hingegen gesund bleiben.

Tatsächlich lassen sich mit diesem Modell mehrere für die Schizophrenie charakteristische Beobachtungen erklären: Rückfälle können beispielsweise durch irgendwelche belastenden Lebensereignisse ausgelöst werden. Dies geschieht seltener, wenn man vorbeugend Neuroleptika verabreicht; die Medika-

mente reduzieren den Signalfluß an jenen Schaltstellen zwischen Neuronen im Gehirn, die mit dem Neurotransmitter Dopamin als Überträgerstoff arbeiten (man vermutet, daß ein Ungleichgewicht zwischen der Aktivität mehrerer Neurotransmittersysteme – wobei dem dopaminergen besondere Bedeutung zukommt – mit der erhöhten Vulnerabilität für schizophrene Episoden in Zusammenhang steht). Umgekehrt steigt die Wahrscheinlichkeit von Rückfällen in einem spannungsreichen Familienmilieu mit häufiger Kritik und Feindseligkeit oder Überfürsorglichkeit deutlich. Der kausale, auslösende Zusammenhang konnte durch Interventionsstudien gesichert werden: Mit einer realistischen Familientherapie, die eine Änderung dieser Verhaltensweisen bewirkt, sinkt die Rückfallrate.

Lange Zeit hatte man deshalb angenommen, daß auch der ersten schizophrenen Krankheitsepisode belastende Lebensereignisse unmittelbar vorausgingen. Bei episodisch verlaufenden affektiven Erkrankungen hatten mehrere Studien übereinstimmend ergeben, daß die erste depressive Episode häufig durch belastende Lebensereignisse ausgelöst wird. Vor der ersten schizophrenen Episode hingegen findet sich keine Häufung

solcher bedeutsamen Lebensereignisse oder Belastungssituationen, die vom Kranken unabhängig sind. Solange sich keine psychisch bedingte Auslösung der Schizophrenie nachweisen läßt, ist auch ein Brückenschlag zu jenen Theorien schwer möglich, die das Leiden als eine soziogene Erkrankung ansehen, mitbedingt beispielsweise durch ein verwirrendes widersprüchliches Kommunikationsverhalten der Eltern.

Das Reaktionsmuster der schizophrenen Psychose kann offenbar erst dann im Sinne des Vulnerabilitätsmodells durch belastende Lebensereignisse oder durch höhere Dosen stark dopaminerg wirkender Stoffe wie Amphetamine ausgelöst werden, wenn es bereits einmal aufgetreten ist (diese werden gelegentlich als Suchtmittel mißbraucht). Beim größten Teil der Rückfälle ist jedoch weder eine psychische noch eine biologische Auslösung nachzuweisen.

Erblichkeit

Hinweise auf mögliche Ursachen der Schizophrenie ergaben sich schon frühzeitig aus Familien- und Zwillingsstudien. Mit der Nähe der Verwandtschaft zu einem Betroffenen und folglich mit der

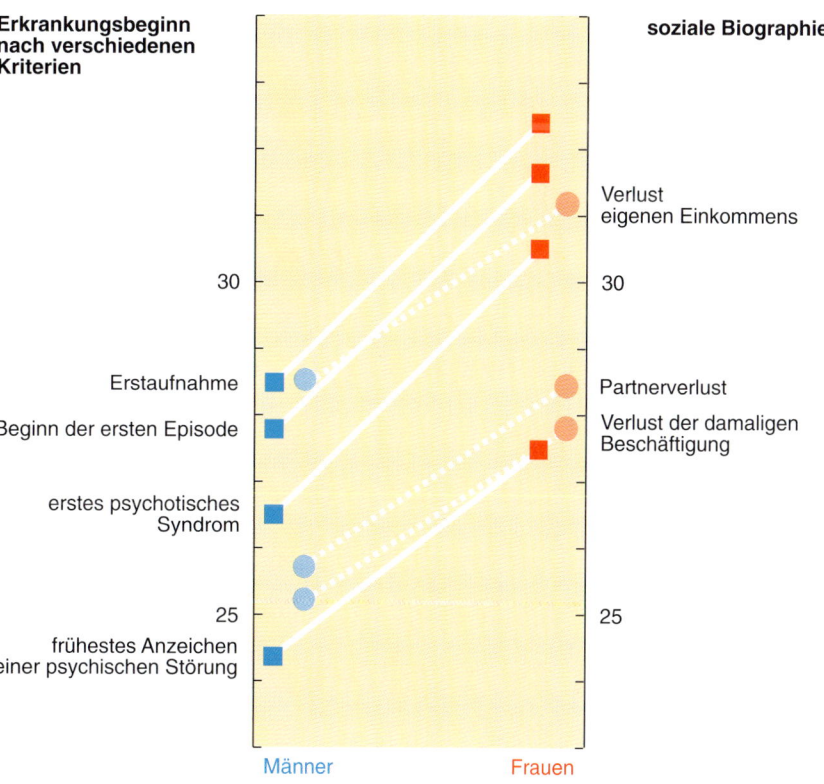

Bild 3: Frauen erkranken im Schnitt 4,5 Jahre später als Männer an Schizophrenie, und bei ihnen bricht das Leiden auch spä-ter in die soziale Biographie ein. Die Daten entstammen der ABC-Schizophrenie-Studie von der Arbeitsgruppe des Autors.

Wahrscheinlichkeit gemeinsamer Gene steigt das relative Risiko (Bild 2).

Epidemiologische Zwillingsstudien, die anders als unsystematisches Rekrutieren von Zwillingspaaren oder Umfragetechniken verallgemeinerungsfähige Aussagen erlauben, sind überwiegend in den nordischen Ländern durchgeführt worden. Sie zeigen alle, daß bei eineiigen Zwillingen die Konkordanz – die Wahrscheinlichkeit, daß beide erkranken – wesentlich höher ist als bei zweieiigen. Die mittlere Konkordanz für das Lebenszeitrisiko aus acht systematischen Studien, die der Genetiker Matt McGue von der Universität von Minnesota in Minneapolis 1992 analysiert hat, liegt für eineiige Zwillinge bei 40, für zweieiige bei 10 Prozent. Mittlerweile haben Studien an Kindern, die bald nach ihrer Geburt adoptiert und damit dem Einfluß der biologischen Eltern entzogen worden waren, die Ergebnisse bestätigt: Wenn ein biologischer Elternteil an Schizophrenie litt, dann war ihr Risiko signifikant höher, als wenn ein Adoptivelternteil erkrankte.

Studien an Zwillingen und Adoptierten sowie genetische Untersuchungen an Familien machen jedoch auch deutlich, daß der einer Schizophrenie zugrundeliegende Genotyp (die Gen-Konstellation) sich nicht nur in der Alternative Erkrankung oder keinerlei erkennbare Krankheitszeichen ausprägen kann, sondern auch in sogenannten Spektrumstörungen: Sie sind entweder schizophrenieähnlich (und äußern sich dann etwa in schizoiden Persönlichkeitszügen) oder stellen nur uncharakteristische neurotische Störungen dar. Welche Faktoren dazu beitragen, daß sich eine schizophrene Psychose ausprägt, ist eine der wichtigsten ungelösten Fragen. Genetische Familienstudien – die methodisch zuverlässigste ist kürzlich von einer Arbeitsgruppe um Wolfgang Maier an der Universität Mainz abgeschlossen worden – belegen, daß Schizophrenie einigermaßen homogen an die Folgegeneration vererbt wird, und das deutlich getrennt von dem ebenfalls genetisch mitbestimmten Risiko für bipolare affektive Erkrankungen (Manie und Depression).

Die Häufigkeit

Jährlich erleiden in einer definierten Bevölkerung zwischen 140 und 740 von 100 000 Menschen eine akute schizophrene Episode. Die große Streuung bei der ermittelten Jahresprävalenz liegt zum einen am unterschiedlichen methodischen Standard der zugrundeliegenden Bevölkerungsstudien, zum anderen an der Abhängigkeit von der durchschnittlichen Lebenserwartung. Prävalenz ist nämlich das Produkt aus Risiko und Dauer einer Erkrankung.

Dieser Parameter eignet sich deshalb für die Versorgungsplanung (weil man daraus ungefähr ableiten kann, wie viele Fälle pro Jahr stationär zu behandeln sind), nicht aber als Indikator des Krankheitsrisikos in ätiologischen – ursachensuchenden – Studien. Dafür braucht man die Inzidenzrate, das heißt, die Anzahl der Ersterkrankungen in einer definierten Bevölkerung und einer bestimmten Zeitspanne. Sie lag nach den bis 1985 publizierten größeren Studien verschiedener Länder bei 8 bis 69 pro 100 000 Menschen. Leider hatten die zugrundeliegenden Erhebungen hauptsächlich einen entscheidenden Mangel: Sie stützten sich auf unterschiedliche Sets von diagnostischen Kriterien und Prozeduren. Darum darf man die Unterschiede in der ermittelten Inzidenz nicht als solche in der tatsächlichen Morbidität interpretieren.

Es ist im wesentlichen ein Verdienst der Weltgesundheitsorganisation, daß international präzise Diagnose-Definitionen und Kriterien-Sets sowie darauf gründende Erhebungsinstrumente entwickelt und akzeptiert wurden; dies ermöglichte eine systematische transnationale Epidemiologie der Schizophrenie. Mit ihrer Gemeinschaftsstudie über Faktoren, die den Ausgang schwerer Geistes- und Gemütskrankheiten bestimmen, hat die WHO erstmals unter hinreichenden methodischen Voraussetzungen eine umfassende Erhebung schizophrener Ersterkrankungen durchgeführt; zwölf Forschungszentren in zehn Ländern waren damit befaßt. Die Auswertung brachte zwei Überraschungen:

– Das Kernsyndrom der Krankheit ist überall gleich, damit kulturinvariabel.

– Die jährlichen Inzidenzraten für das Hauptrisikoalter zwischen 15 und 54 Jahren bewegen sich bei einer präzise operationalisierten Diagnose „Kernschizophrenie" in allen Ländern um den gleichen Wert – unter 100 000 Menschen erkranken rund 10 alljährlich erstmals daran; die früher gefundenen Unterschiede zwischen den Ländern sind mithin gänzlich auf unzureichende Erhebungsmethoden zurückzuführen.

Ähnliches dürfte für die Beantwortung der Frage gelten, ob Schizophrenie häufiger oder seltener wird. In den frühen achtziger Jahren beunruhigten amerikanische und britische Epidemiologen die Öffentlichkeit mit der Kunde, das Krankheitsrisiko nehme seit Mitte des vergangenen Jahrhunderts langsam zu. Die Ursache vermuteten sie in der wachsenden Zivilisation und Technisierung. Christian Astrup von der Universität Oslo, der 1956 in Norwegen, ohne den veränderten Altersaufbau der Bevölkerung zu beachten, einen ähnlichen Trend gefunden zu haben glaubte, schuldigte sogar den aufkommenden Kapitalismus an.

Im Jahre 1990 beruhigte die Arbeitsgruppe um Robin Murray vom Londoner Institut für Psychiatrie die Öffentlichkeit mit der entgegengesetzten Aussage: Weil nach der Statistik der psychiatrischen Krankenhäuser und Abteilungen in England und Wales zwischen 1963 und 1985 die Erstaufnahmeraten für Schizophrenie um rund 50 Prozent gesunken waren, vermuteten sie eine echte Abnahme der Morbidität. Ähnliche Abwärtstrends hatten andere Wissenschaftler anhand der dänischen und der schottischen Krankenhausstatistik zwischen 1969 und 1978 gefunden; aber sie glaubten eher an Artefakte der Erhebungen als an ein Schwinden der Schizophrenie.

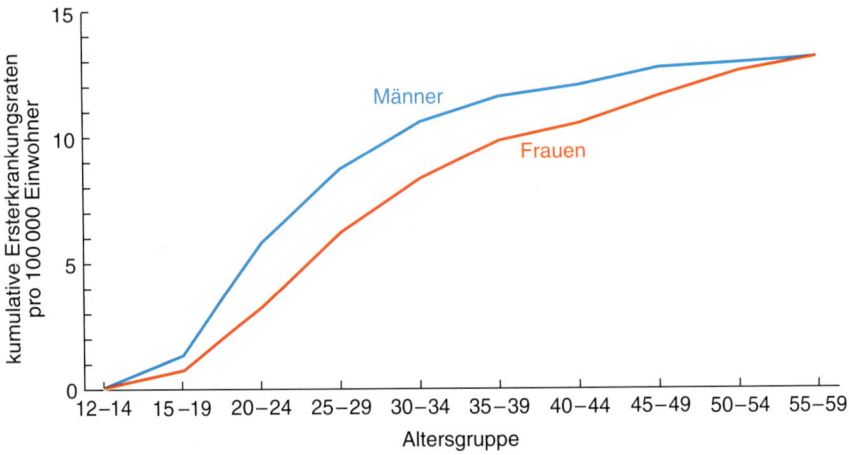

Bild 4: Auf Lebenszeit gerechnet ist nach der ABC-Studie das Erkrankungsrisiko für Schizophrenie zwischen Männern und Frauen gleich. Das weibliche Geschlecht holt den Vorsprung des männlichen bis zum Alter von 60 Jahren vollständig auf.

Die Publikation der Londoner Forschergruppe löste kritische Diskussionen in führenden internationalen Fachzeitschriften aus. Die Bedenken konzentrierten sich auf drei Aspekte: Infolge des starken Abbaus von Krankenhausbetten – sichtbar am nahezu parallelen Rückgang der Erstaufnahmen von Patienten mit anderen Diagnosen in England und Wales – würden anteilig auch weniger Schizophrene stationär behandelt; ferner seien die administrativen Daten über erste Aufnahmen unzuverlässig, und außerdem sei die Diagnose Schizophrenie in der fraglichen Periode nachweislich immer zurückhaltender gestellt worden.

Damit sind die unerläßlichen Voraussetzungen für das Aufspüren von Morbiditätstrends auf der Grundlage von Krankenhausaufnahmen nicht erfüllt: gleiche diagnostische Definitionen und Prozeduren über die gesamte Beobachtungszeit, eine so gut wie hundertprozentige Wahrscheinlichkeit, daß ein Schizophrener wenigstens einmal im Laufe seines Lebens stationär behandelt wird, sowie ein zuverlässiges Erfassen aller Erstaufnahmen innerhalb einer statistisch gut aufbereiteten Bevölkerung. Nur drei Studien, die über vier oder mehr Jahrzehnte gehen, erfüllen bisher diese Voraussetzungen wenigstens annähernd. Zwei davon fußen auf dem nationalen norwegischen Fallregister und gehen über Perioden von 40 beziehungsweise 68 Jahren; die dritte wurde im australischen Bundesland Victoria durchgeführt und umfaßt eine Spanne von 130 Jahren. Bei allen drei Studien fanden sich über die gesamte Risikoperiode stabile Raten, also keine Auf- oder Abwärtstrends.

Ursachensuche mit genetischen und epidemiologischen Methoden

Ein Erkrankungsrisiko, das über Länder und Kulturen gleich verteilt ist, nach den Ergebnissen der ABC-Studie auf Lebenszeit gerechnet auch zwischen den Geschlechtern keine Unterschiede zeigt und offenbar selbst über die Zeit nicht wesentlich schwankt, ist kaum durch ökologische, soziokulturelle oder infektiöse Faktoren kausal erklärbar; denn diese variieren üblicherweise räumlich und zeitlich erheblich. Wahrscheinlich ist Schizophrenie größtenteils genetisch bedingt; doch weiß man bisher nur unzureichend, was vererbt wird, und noch gar nicht, wie dies geschieht.

Ein Bericht über die Entdeckung eines genetischen Markers auf Chromosom 5, der mit dem Erkrankungsrisiko für Schizophrenie assoziiert sein sollte, ließ sich bei einer exakten neuerlichen Analyse

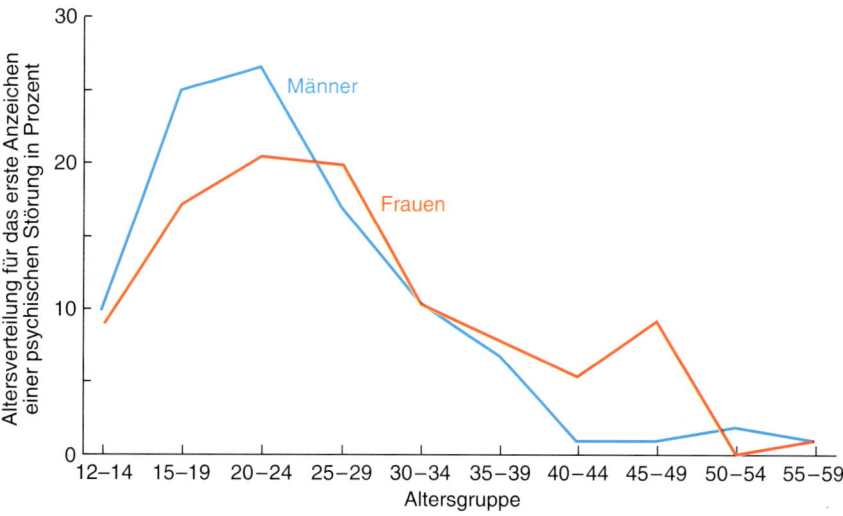

Bild 5: Der verzögerte Krankheitsausbruch bei Frauen wird durch einen zweiten Anstieg der Ersterkrankungen zur Zeit der Wechseljahre wettgemacht. Im Alter zwischen 45 und 49 Jahren haben Frauen ein dreifach höheres Erkrankungsrisiko als Männer. Die Altersverteilung legt nahe, daß das weibliche Geschlechtshormon Östrogen einen gewissen Schutz bietet, der dann mit den Wechseljahren schwindet.

nicht aufrechterhalten; und Koppelungsanalysen zur Lokalisation auf anderen Chromosomen haben noch keine eindeutigen Ergebnisse geliefert (Spektrum der Wissenschaft, August 1993, Seite 76). Obwohl sich Schizophrenie inzwischen mit hoher Präzision diagnostizieren läßt (was Voraussetzung für eine solche Analyse ist), erschwert das Fehlen eines eindeutigen genetischen Markers die weitere Forschung ganz erheblich. Schließlich läßt sich das Vorhandensein des Genotyps, der zur Schizophrenie disponiert, bislang nur dann erkennen, wenn er sich als schizophrene Psychose ausprägt. Das geschieht mit einer Erblichkeitsrate zwischen 0,4 und 0,9 (sie gibt den Anteil der genetischen Komponente am Erkrankungsrisiko an und kann maximal den Wert 1 haben); bei den übrigen äußert sich die Disposition in nicht eindeutig identifizierbarer Form.

Hinweise auf ursächliche Faktoren oder wenigstens auf Risikofaktoren, die mit dem Ausbruch einer Erkrankung kausal verknüpft sind, erhält man bei epidemiologischen Studien in der Regel dann, wenn sich konsistent von Erwartungswerten abweichende Zusammenhänge auftun. Da aber das Erkrankungsrisiko für Schizophrenie über Länder und Kulturen hinweg gleich ist, fehlen bislang solche Hinweise auf der Ebene des allgemeinen Risikos.

Es gibt nur wenige von der Erwartung abweichende Detailbefunde, die in mehreren Ländern verzeichnet wurden. Einer davon ist, daß Schizophrene gehäuft in Winter- und Frühjahrsmonaten geboren wurden. Das gilt zwar auch für die Gesamtbevölkerung; bei den Betroffenen

ist dieser jahreszeitliche Trend aber geringfügig verstärkt: um etwa 5 bis 10 Prozent. Ein Teil dieser Abweichung geht auf einen Altersartefakt zurück, weil die kurz nach dem Jahreswechsel Geborenen in den Statistiken bis zum Jahresende jeweils eine längere Risikoperiode durchlaufen haben. Aber selbst wenn man die Daten nach Quartalen oder nach einzelnen Monaten aufschlüsselt, bleibt ein Unterschied erhalten.

Als mögliche Erklärungen sind etwa der Einfluß von Temperatur und Ernährung oder eine saisonale Ungleichverteilung von Geburtskomplikationen und Totgeburten bemüht worden. Da auch bei Menschen mit anderen gravierenden Erkrankungen wie der schweren geistigen Behinderung die Geburtstermine ähnlich wie bei Schizophrenie verteilt sind, liegt freilich die Annahme nahe, daß sich das normale jahreszeitliche Auf und Ab der Zeugungs- beziehungsweise Empfängnisbereitschaft hier leicht verstärkt ausgewirkt hat. Denn epidemiologischen Familienstudien zufolge weist ein geringer Teil der Eltern Schizophrener selber schizophrene Spektrumstörungen auf, die häufig von Behinderungen im sozialen und wohl auch beim sogenannten Partnersuchverhalten begleitet sind. Dies könnte sich in der kalten Jahreszeit, in der ohnehin weniger Kinder gezeugt oder empfangen werden, verstärkt bemerkbar machen. In der warmen Jahreszeit – von Mai bis August – würden Kontakte dann relativ erleichtert.

In drei Studien wurde bisher die Verteilung der Geburtstermine bei gesunden Geschwistern Schizophrener untersucht, die von uns erwartete Abweichung vom

Verteilungsmuster der Bevölkerung aber nicht gefunden. Allerdings sind die Zahlen zu klein, um unsere Annahmen endgültig zu widerlegen.

In jüngster Zeit ist eine neue Erklärung unterbreitet worden. Eine amerikanisch-finnische Forschergruppe hat 1988 einen zeitlichen Zusammenhang mit einer Grippe-Epidemie (mit dem Influenza-Virus A2) in Helsinki 1957 gefunden: Unter den fünf Monate später Geborenen gab es mehr Personen als gewöhnlich, die im Erwachsenenalter schizophren wurden. Ähnliches wurde inzwischen auf der Grundlage der Krankenhausstatistiken in Dänemark sowie in England und Wales festgestellt. An den Fallregisterdaten von Camberwell, einem Londoner Stadtbezirk, ließ sich allerdings nur für karibische Einwanderer und ihre Nachfahren, nicht aber für die britische Bevölkerung ein Zusammenhang nachweisen.

Die Annahme ist natürlich verführerisch, das Virus könnte in der Zeit um den fünften Schwangerschaftsmonat direkt durch Infektion des Fetus oder indirekt – durch eine Immunreaktion der Mutter oder des Ungeborenen auf die Infektion – das fetale Gehirn in einer Weise schädigen, die sich im Erwachsenenalter in Form einer Schizophrenie auswirkt. Das Problem ist allerdings, daß zwischen einer Influenza-Erkrankung der Schwangeren und einer zwei bis drei Jahrzehnte später auftretenden Schizophrenie des Kindes eine Kausalkette mit zahlreichen unbekannten Gliedern läge. Zudem hat die bisher einzige Studie, bei der individuell eine Grippeerkrankung während der Schwangerschaft nachgewiesen werden konnte, bei mittlerweile 45 Jahre alten Schizophrenen – im Vergleich zu gesunden Gleichaltrigen – keine höheren Erkrankungsraten der damals schwangeren Mütter ergeben. In allen anderen Studien wurden lediglich Indikatoren für eine in der Allgemeinbevölkerung grassierende Virusepidemie erfaßt (etwa die Sterbefälle infolge Influenza); daß die Mütter Schizophrener tatsächlich erkrankt waren, ließ sich damit nicht nachweisen.

Überdies vermochte man den Zusammenhang weder bei wesentlich sorgfältigeren Replikationsstudien anhand epidemiologischer Daten und der Statistiken von Krankenhäusern in Schottland zu bestätigen noch bei einer Studie in 19 amerikanischen Bundesstaaten, die etwa 50 000 Schizophrene einbezog. Gegenwärtig scheint somit die Annahme, eine Influenza-A2-Infektion im fünften Schwangerschaftsmonat könnte das Erkrankungsrisiko für Schizophrenie erhöhen, wenig gerechtfertigt.

Blockade durch Neuroleptikum

Sensitivitätsminderung durch Östrogen

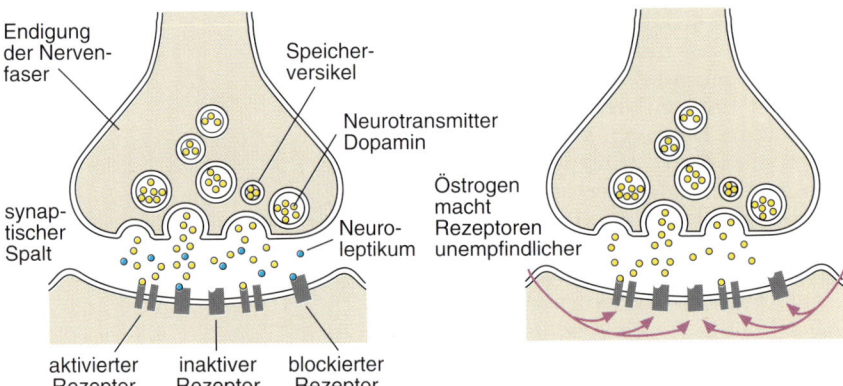

präsynaptisches Neuron (vorgeschaltete Zelle)

Endigung der Nervenfaser

Speichervesikel

Neurotransmitter Dopamin

synaptischer Spalt

Neuroleptikum

Östrogen macht Rezeptoren unempfindlicher

aktivierter Rezeptor   inaktiver Rezeptor   blockierter Rezeptor

postsynaptisches Neuron (nachgeschaltete Zelle)

Bild 6: Tierexperimenten zufolge wirkt Östrogen im Gehirn nicht wie das bei Schizophrenie verabreichte Haloperidol. Das Neuroleptikum blockiert die Rezeptoren für den Neurotransmitter Dopamin und drosselt auf diese Weise den Signalfluß zwischen bestimmten Nervenzellen. Östrogen hingegen wirkt neuromodulatorisch: Es setzt immunchemischen Untersuchungen nach die Empfindlichkeit der Dopamin-Rezeptoren vom Typ 2 herab und mindert so die Intensität des Signalflusses.

Anatomische und morphologische Befunde

Es gibt allerdings weitere Befunde, die eine Hirnschädigung als Ursache oder wesentlichen Risikofaktor für die Schizophrenie möglich erscheinen lassen. Seit sich das Gehirn Lebender mit modernen bildgebenden Verfahren risikofrei darstellen läßt, sind mehr als 100 entsprechende Studien an Betroffenen durchgeführt worden. Vor allem Untersuchungen mittels Computer- und Kernspin-Tomographie haben bei einem Teil der Schizophrenen – er wurde von amerikanischen Wissenschaftlern auf 30 Prozent geschätzt – leichte morphologische Veränderungen aufgezeigt. Meist sind die Seitenventrikel und die dritte Hirnkammer mäßig erweitert, was auf einen leichten Mangel an Substanz – Nerven- oder Stützzellen oder beides – in zentralen Teilen des Großhirns hinweist.

Eine kritische Analyse dieser Studien durch die Arbeitsgruppe von Geoffrey N. Smith an der Universität von British Columbia in Vancouver ergab jedoch, daß die Kontrollpersonen bei nahezu allen Erhebungen aus Krankenhauspatienten selektiv (unter Ausschluß von Hirnerkrankungen, aber auch harmloserer Beschwerden) ausgewählt worden waren; dadurch hat man die Unterschiede zur Normalbevölkerung beziehungsweise die Häufigkeit morphologischer Auffälligkeiten bei Schizophrenen überschätzt; letztere dürfte daher deutlich unter 30 Prozent liegen.

Die ursprüngliche Vermutung, ein mit der Krankheit fortschreitender degenerativer Prozeß liege dem schizophrenen Defekt zugrunde, hat sich auch an den morphologischen Hirnbefunden nicht bestätigt. Erweiterte Ventrikel wurden auch schon bei Ersterkrankten gefunden, und in den wenigen Verlaufsstudien ließ sich keine Progression nachweisen. Damit bleibt die Frage nach der Bedeutung dieser Hirnveränderungen, die bei einem kleinen Teil Schizophrener vorkommen, offen.

Eine der meistvertretenen Deutungen ist, daß es sich um die Folgen von Schwangerschafts- und Geburtskomplikationen handelt, die – wie auch Hirnschäden in der Normalbevölkerung – gehäuft das männliche Geschlecht betreffen. Vor allem die Londoner Arbeitsgruppe um Murray sowie mehrere andere nehmen an, daß solche Folgen zum Risiko, an einer Schizophrenie zu erkranken, beitragen. Das Leiden soll nach dieser Meinung generell auf eine Entwicklungsstörung des Gehirns zurückgehen; und die würde sich darin äußern, daß beispielsweise Ganglienzellen nur unvollständig in bestimmte Rindenschichten einwandern – etwa jene der entwicklungsgeschichtlich jüngeren Bereiche des Schläfenlappens oder jene des *Gyrus hippocampalis,* des ältesten Teils. Die spät und häufiger bei Frauen auftretenden Schizophrenien hält Murray dagegen für eine harmlosere erblich bedingte affektive Erkrankung, was sich aber weder mit den Ergebnissen der sy-

110

stematischen Familien- und Zwillingsstudien noch mit unserer epidemiologischen ABC-Studie vereinbaren läßt.

Vorerst handelt es sich bei der Annahme, eine Entwicklungsstörung des Gehirns sei die Ursache der Schizophrenie, lediglich um eine interessante Hypothese, zumal die beschriebenen Befunde nicht spezifisch sind – beispielsweise auch bei Epileptikern vorkommen – und ihre Häufigkeit, ebenso wie die der Ventrikelerweiterungen, bisher nicht epidemiologisch gesichert worden ist. Überdies weichen die Ergebnisse einzelner Wissenschaftler sehr deutlich voneinander ab.

Da solche Hirnveränderungen bei Schizophrenie relativ selten sind, könnte es sich um ein zufälliges Zusammentreffen ohne ursächliche Verbindung handeln. Denkbar ist aber auch, daß fetale oder geburtsbedingte Hirnschäden, welche die Entwicklung des Gehirns stören, ein Risikofaktor sind, der die Wahrscheinlichkeit einer späteren schizophrenen Erkrankung in bescheidenem Maße erhöht. Eine Entscheidung zugunsten einer dieser alternativen Hypothesen ist bislang noch nicht möglich. Nachgewiesen ist jedoch inzwischen durch die Arbeitsgruppe von Wagner Farid Gattaz am Zentralinstitut für Seelische Gesundheit in Mannheim, daß Schizophrene mit einer Hirnschädigung auch etwas häufiger neuropsychologische Defizite haben und auf ihre Medikamente etwas weniger gut ansprechen.

Frühere Erkrankung von Männern

Kraepelin war schon Anfang des Jahrhunderts aufgefallen, daß Frauen mit Dementia praecox im Mittel mehrere Jahre später als Männer erstmals ins Krankenhaus aufgenommen wurden. Mittlerweile hat sich dies nach einer Meta-Analyse von Matthias Angermeier am Zentralinstitut in mehr als 50 Studien bestätigt. Sollte die Krankheit bei Frauen tatsächlich entsprechend später ausbrechen – und nicht nur länger verkannt oder ignoriert und damit auch später behandelt werden –, so könnte das Hinweise auf kausale Faktoren geben.

Mit einem eigens dafür entwickelten strukturierten Interview (*Instrument for the Retrospective Assessment of the Onset of Schizophrenia*, IRAOS) sind wir dem an unserer ABC-Stichprobe nachgegangen. Im Vergleich zu Männern traten bei Frauen alle vier von uns definierten Etappen des frühen Krankheitsverlaufs – frühestes, meist unspezifisches Zeichen der Erkrankung, erstes psychotisches

Symptom, Beginn der ersten akuten Episode und erste Krankenhausaufnahme – im Mittel etwa drei bis vier Jahre später auf (Bild 3). Das bedeutet, daß der Geschlechtsunterschied im Erstaufnahmealter weitgehend auf einen solchen im Ersterkrankungsalter zurückgeht. Dieser erstaunliche Befund gilt nicht nur für die deutschen Probanden; wir konnten ihn zusammen mit der Arbeitsgruppe von Povl Munk-Jörgensen anhand des dänischen Fallregisters an der Universität Århus wie auch anhand der erwähnten, zehn Länder einbeziehenden WHO-Studie bestätigen.

Beide Geschlechter erkranken zwar unterschiedlich früh, Frauen holen aber jenseits des 30. Lebensjahres sozusagen voll auf; auf Lebenszeit gerechnet sind anteilig gleich viele Männer und Frauen betroffen (Bild 4). Das schließt die Annahme geschlechtsgebundener – beispielsweise geschlechtsspezifischer genetischer oder hormoneller – Faktoren als Ursache der Schizophrenie ziemlich sicher aus. Wir haben vielmehr mit Faktoren zu rechnen, die den Ausbruch verzögern oder beschleunigen.

Trägt man das Alter bei Krankheitsausbruch über die Zeit auf, dann zeigt sich für Männer ein steiler Anstieg in der Jugend mit einem Maximum zwischen 15 und 24 Jahren und danach ein monotoner Abfall. Bei Frauen erscheint ein flacherer Anstieg mit einem Gipfel zwischen 20 und 29 Jahren und ein zweiter niedrigerer Gipfel zwischen 45 und 50 (Bild 5). Zu diesem Zeitpunkt hat das weibliche Geschlecht ein dreifach höheres Erkrankungsrisiko als das männliche.

Bereits vor mehreren Jahren wurde in Tierexperimenten nachgewiesen, daß einmalige Gaben des weiblichen Geschlechtshormons Östrogen eine antidopaminerge Wirkung haben, ähnlich wie die zur Schizophreniebehandlung eingesetzten Neuroleptika. Dies und der flachere Anstieg bei jüngeren Frauen sowie der zweite Gipfel zur Zeit der Wechseljahre legen die Hypothese nahe, daß Östrogene die Vulnerabilität für Schizophrenie mindern.

Östrogen-Effekte

Geprüft haben wir das zusammen mit Gattaz und Stephan Behrens am Tiermodell auf die gleiche Weise, wie man sonst potentielle Wirkstoffe gegen Schizophrenie testet. Blockiert man bei Ratten die Dopamin-Rezeptoren mit Haloperidol, so werden die Tiere kataleptisch, das heißt, sie verharren unbewegt in einer bestimmten Körperhaltung. Stimuliert man hingegen die Rezeptoren, so treten

unwillkürliche Mund- und Kaubewegungen (orale Stereotypien) sowie ein auffälliges Sitz- und Putzverhalten auf. Man prüft dann, wie eine zu testende Substanz sich auf die durch beide Stoffe induzierten Verhaltensweisen auswirkt.

Da es einen langfristigen Effekt zu untersuchen galt, haben wir zwei Gruppen neugeborener Rattenweibchen die Eierstöcke entfernt und die eine über längere Zeit mit relativ hohen Östrogendosen, die andere mit einem Scheinpräparat behandelt; eine dritte Gruppe, die ebenfalls ein Placebo bekam, behielt die Eierstöcke, so daß ihr Hormonspiegel normal war. Das Ergebnis fiel nur teilweise erwartungsgemäß, dann aber eindeutig aus: Unter langfristigen Östrogengaben traten die dopaminabhängigen Verhaltensweisen signifikant schwächer auf, gleich ob sie durch Blockade oder durch Stimulation ausgelöst worden waren.

Wie wir durch radioimmunchemische Untersuchungen am Gehirn nachweisen konnten, beruht dieser Effekt darauf, daß sich die Empfindlichkeit von Dopamin-Rezeptoren, die dem Typ 2 angehören, durch Östrogen verringert. Das weibliche Geschlechtshormon wirkt hier offensichtlich neuromodulatorisch und nicht wie Haloperidol als blockierender Bindungspartner (Bild 6).

Bei erwachsenen Tieren, an denen wir die Versuche ebenfalls durchführten, waren die Effekte gleichsinnig, aber eindeutig schwächer. Damit war zwar ein neuroleptika-ähnlicher Effekt der Östrogene am Tier bewiesen, nicht aber, daß dieser neurohormonale Mechanismus auch bei Menschen abläuft und Frauen im gewissen Maße vor der Manifestation schizophrener Symptome schützt.

Anita Riecher-Rössler hat zusammen mit uns deshalb bei 32 akut erkrankten schizophrenen Frauen mit normalem menstruellen Zyklus die jeweilige Höhe des Östrogenspiegels (der vor der Monatsblutung sinkt und danach wieder steigt) mit der Stärke der schizophrenen Symptomatik verglichen; bei hohem Spiegel war diese in der Tat am schwächsten ausgeprägt, bei niedrigem verstärkte sie sich rapide. Das bedeutet, daß die am Tierversuch gewonnenen Ergebnisse mit einiger Wahrscheinlichkeit auf den Menschen übertragbar sind.

Der neuromodulatorische Effekt der Östrogene, der die Sensitivität der D_2-Rezeptoren im Gehirn reduziert und vermutlich bereits vor Abschluß der Hirnentwicklung wirksam wird, erhöht offenbar die Schwelle für Schizophrenie beim weiblichen Geschlecht; dadurch verzögert sich der Anstieg von Ersterkrankungen in Jugend und Adoleszenz. Der zweite Gipfel von Ersterkrankungen um die Wechseljahre erklärt sich dann daraus, daß zur Schizophrenie disponierte Frauen, die bis dahin gesund geblieben sind, nun ihren relativen Schutz verlieren: Ihre Östrogenproduktion fällt ab, und die Vulnerabilitätsschwelle sinkt, so daß sie die Erkrankung gleichsam nachholen.

Wie die Neuroleptika, die nur die Symptomatik der Krankheit unterdrükken, ihre Ursache aber nicht beeinflussen, scheinen auch Östrogene lediglich auf den pathophysiologischen Entstehungsmechanismus der Symptome, nicht aber auf die eigentlich ursächlichen Faktoren der Schizophrenie einzuwirken. Offensichtlich muß das Dopamin-System intakt oder hypersensitiv sein, damit sich schizophrene Symptome manifestieren (möglicherweise gilt das auch für jene anderen ausgedehnten Psychosen, die sich durch Neuroleptika erfolgreich behandeln lassen). Wird es durch Östrogene unempfindlicher gemacht oder durch Neuroleptika blockiert, so wird der Ausbruch der schizophrenen Symptomatik gebremst oder sogar vollständig unterdrückt.

Mit diesen neuesten Ergebnissen ist zwar die Ursache der Schizophrenie noch immer ungeklärt; die größte Hoffnung richtet sich jetzt auf molekulargenetische Studien. Doch die Entdeckung des pathophysiologischen Mechanismus, auf den Östrogen wirkt, ist trotz seiner begrenzten Erklärungskraft für die weitere Forschung interessant. Die Untersuchungen haben jedenfalls unser Verständnis der neurobiologischen Prozesse, die am Entstehen der Symptome beteiligt sind, ebenso erweitert wie das der Wirkungsweise neuroleptischer Medikamente. Aus all dem lassen sich neue Ansatzpunkte für Therapie und Prävention erkennen.

Molekulare Grundlagen des Lernens

Nach neueren Befunden scheint Lernen auf einfachen zellinhärenten Mechanismen
zu beruhen, die die Stärke von Nervenverbindungen verändern. Solche Vorgänge haben
wesentlichen Anteil an der Ausprägung von Individualität.

Von Eric R. Kandel und Robert D. Hawkins

In den letzten Jahrzehnten sind zwei ursprünglich getrennte Wissenschaftsgebiete erst allmählich, dann aber immer schneller zusammengewachsen: die Neurobiologie, also die Wissenschaft vom Gehirn, seinem Aufbau und seinen Strukturen, und die kognitive Psychologie, die sich mit den geistigen Prozessen befaßt. Als Ergebnis hat sich ein neuer wissenschaftlicher Rahmen zur Erforschung von Phänomenen wie Wahrnehmung, Sprache, Gedächtnis, Denken oder Bewußtsein herausgebildet: Man vermag nun solche mentalen Funktionen auch auf ihr biologisches Substrat hin zu untersuchen.

Dazu gehört auch das Lernen. Was an Erkenntnissen darüber in den letzten Jahren gewonnen worden ist, demonstriert eindrucksvoll die Leistungsfähigkeit des neuen Ansatzes. Elementare Aspekte, einzelne Schritte der für verschiedene Lernformen wichtigen neuronalen Mechanismen, lassen sich heute detailliert auf zellulärer und sogar molekularer Ebene untersuchen. Die Erforschung des Lernens könnte zum erstenmal einen Einblick in die an einem mentalen Geschehen beteiligten molekularen Prozesse erlauben. Vielleicht finden sich so die ersten Bausteine zu einem Brückenschlag zwischen Kognitionspsychologie und Molekularbiologie.

Unter Lernen versteht man den Erwerb neuen Wissens, unter Gedächtnis die Fähigkeit, dieses Wissen wiederfindbar zu bewahren. Das meiste, was wir von der Welt wissen, haben wir gelernt. Somit sind Lernen und Gedächtnis zum einen wesentlich für das, was die Individualität jedes einzelnen ausmacht, zum anderen sind es überindividuelle Funktionen, durch die kulturelle Inhalte von Generation zu Generation tradiert werden. Lernen ist unerläßlich für flexible Verhaltensanpassung und zugleich eine treibende Kraft des sozialen Fortschritts. Darum bedeutet Gedächtnisverlust, die Verbindung zu seinem Selbst, seiner Vergangenheit und seiner Umwelt samt den Mitmenschen zu verlieren.

Bis Mitte dieses Jahrhunderts hielten die meisten Wissenschaftler, die sich mit der Erforschung von Verhalten befaßten, das Gedächtnis nicht für eine eigene geistige Funktion, nicht für etwas, das unabhängig ist von Bewegung, Wahrnehmung, Aufmerksamkeit oder Sprache. Diese Phänomene bestimmten Hirngebieten zuzuordnen war schon länger gelungen; ob glei-

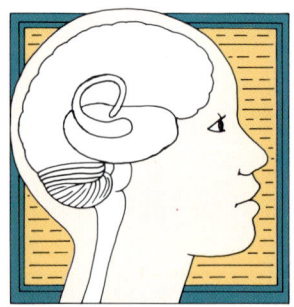

ches jemals für das Gedächtnis möglich sein würde, schien zweifelhaft.

Der erste, der auf eine derartige Region stieß, war der Neurochirurg Wilder G. Penfield am Neurologischen Institut in Montreal (Kanada). In den vierziger Jahren begann er, wenn er Epileptiker operierte, an der freigelegten Hirnrinde mit Hilfe schwacher Stromstöße die für Bewegung, Wahrnehmung und Sprache wichtigen Areale abzugrenzen, ehe er den Anfallsherd auszuschalten versuchte. Weil das Gehirn selbst nicht schmerzempfindlich ist, lassen sich solche Eingriffe unter lediglich örtlicher Betäubung durchführen. Der Patient bleibt also wach und kann mitteilen, was er bei Reizung verschiedener Stellen verspürt.

Penfield tastete Oberflächenbereiche der Hirnrinde von mehr als tausend Patienten ab. Gelegentlich rief der elektrische Reiz ein früheres Erlebnis hervor: Der Patient erinnerte sich in allen Einzelheiten an eine bestimmte Begebenheit. Diese gedächtnisartigen Reaktionen wurden nun ausnahmslos bei Stimulation der Schläfenlappen evoziert.

Weitere Hinweise, daß die Schläfenlappen beim Gedächtnis eine Rolle spielen, fand man Mitte der fünfziger Jahre bei einigen wenigen Epileptikern, denen beidseits der Hippocampus und die angrenzenden Gebiete der Schläfenlappen entfernt worden waren. Der erste und am gründlichsten untersuchte Patient war ein 27 Jahre alter Fließbandarbeiter, H. M., von dem Brenda Milner vom Neurologischen Institut in Montreal berichtete. Er hatte seit mehr als zehn Jahren unter unbehandelbaren, kräftezehrenden epileptischen Anfällen gelitten, die von den Schläfenlappen ausgingen. William B. Scoville, der Operateur, schnitt dem Kranken den der Hirnmittelachse

Bild 1: Auf die Existenz von zwei getrennten Lernformen wurde man erstmals im Jahre 1960 aufmerksam, als Patienten mit beidseitig geschädigten Schläfenlappen im Spiegel Konturen nachzeichnen sollten. Die eine umfaßt eher automatisch bewältigte Anforderungen wie die hier dargestellte Geschicklichkeitsaufgabe, das Nachzeichnen eines Sterns – solche Leistungen sind bei Schläfenlappen-Läsionen nicht beeinträchtigt. Die andere erfordert bewußte Wahrnehmung und kognitive Prozesse; diese Lernfähigkeit ist nach dem Gehirneingriff nicht mehr vorhanden.

zugewandten Bereich beider Schläfenlappen heraus. Daraufhin besserte sich die Epilepsie tatsächlich erheblich. Jedoch zeigte sich gleich nach der Operation eine andere schwere Beeinträchtigung: H. M. litt nun an einer verheerenden Gedächtnisstörung – er hatte die Fähigkeit verloren, irgend etwas Neues länger zu behalten, also im Langzeitgedächtnis zu speichern.

Was er früher gewußt hatte, war dagegen noch abrufbar. Er kannte seinen Namen, meisterte die Sprache und behielt auch seinen Wortschatz bei; sein Intelligenzquotient entsprach durchaus dem guten Durchschnitt. Er erinnerte sich genau an Geschehnisse vor der Operation, so an seine frühere Arbeit, und konnte sich lebhaft Kindheitserlebnisse in Erinnerung rufen. Auch sein Kurzzeitgedächtnis – es hat die Funktion, Wahrnehmungen einige Augenblicke oder Minuten lang zu behalten – war völlig intakt. H. M. war es allerdings unmöglich, Eindrücke aus dem Kurzzeit- ins Langzeitgedächtnis zu bringen. Zum Beispiel konnte er sich normal mit dem Krankenhauspersonal unterhalten, aber nie jemanden wiedererkennen, auch nicht die Menschen, die er jeden Tag sah.

Zunächst dachte man, die Gedächtnisstörung nach einer Operation beider Schläfenlappen würde alles Lernen gleichermaßen betreffen. Doch vermochten die Patienten, wie Brenda Milner bald feststellte, trotz aller Ausfälle infolge des Eingriffs ganz bestimmte Typen von Lernaufgaben weiterhin zu meistern, geradesogut wie Gesunde, und das Gelern-

te dann lange Zeit zu behalten. H. M. eignete sich beispielsweise neue Bewegungsabläufe durchaus normal an (Bild 1). Wie Brenda Milner und danach auch Elizabeth K. Warrington vom Nationalen Krankenhaus für Nervenkrankheiten in London sowie Lawrence Weiskrantz von der Universität Oxford (England) feststellten, können die Patienten auch für solche Lerninhalte ein Gedächtnis haben, die sich auf vergleichsweise einfache Art einprägen, etwa weil dabei nur ein Reflex in seiner Stärke zu verändern ist; zu solch elementaren Arten des Lernens gehören die Habituation (Reizgewöhnung), Sensivierung (Empfindlichkeitssteigerung) und die klassische Konditionierung (das assoziative Verknüpfen von Reiz und Reaktion in Nervenbahnen).

Explizites und implizites Lernen

Aus diesen Befunden ließ sich schließen, daß es offensichtlich grundsätzlich verschiedene Formen des Wissenserwerbs gibt. Auch wenn man bislang nicht weiß, wieviele Lern- und Gedächtnissysteme nun eigentlich existieren, besteht doch Konsens darüber, daß die Ausfälle bei Schädigungen der Schläfenlappen Lern- und Gedächtnisformen betreffen, die bewußtes Registrieren eines Sachverhalts erfordern. Nach einem Vorschlag von Neal J. Cohen von der Universität von Illinois, Larry R. Squire von der Universität von Kalifornien in San Diego und Daniel L. Schacter von

der Universität Toronto (Kanada) nennt man diese Art Lernen und Gedächtnisaufbau deklarativ oder explizit. Dagegen geschieht das nicht-deklarative oder implizite Lernen und Gedächtnisbilden, das bei den operierten Epileptikern erstaunlicherweise völlig intakt blieb, ohne Beteiligung des Bewußtseins.

Explizites Lernen geht schnell: Es kann im Experiment schon während eines einzigen Versuchs stattfinden. Oft werden dabei gleichzeitig auftretende Reize verknüpft (assoziiert). Deshalb vermag man von einem bestimmten Ereignis die genauen Umstände und Einzelheiten im Gedächtnis zu behalten; so bleiben frühere Erlebnisse vertraut.

Implizites Lernen dagegen läuft langsam ab und erfordert, damit der Inhalt ins Gedächtnis übergeht, vielfache Wiederholung. Auch müssen die zu assoziierenden Reize oft zeitlich aufeinander abgestimmt erfolgen. Dieses Lernen vermittelt Wissen über vorhersagbare Beziehungen zwischen bestimmten Ereignissen.

Implizites Lernen zeigt sich vor allem darin, daß jemand etwas besser beherrscht als zuvor, ohne allerdings angeben zu können, was er nun eigentlich gelernt hat. Die beteiligten Gedächtnissysteme greifen auch nicht auf das Allgemeinwissen und frühere Erfahrungen eines Menschen zurück, bauen sie nicht mit ein, wie sich wiederum an Schläfenlappen-Operierten erkennen läßt. Denn fragt man jemanden wie H.M., warum er eine bestimmte Aufgabe nach fünf Tagen Übung besser beherrsche als zu Anfang, wird er etwa antworten: „Was meinen Sie eigentlich? Ich habe das noch nie gemacht."

Durch explizites Lernen ein Gedächtnis aufbauen können Säugetiere nur mittels Strukturen in den Schläfenlappen (andere Tiere mit hoch entwickeltem Lernvermögen nur mit analogen Hirnstrukturen). Dagegen sind für das durch implizites Lernen aufgebaute Gedächtnis vermutlich die durch die jeweilige Lernsituation aktivierten sensorischen und motorischen Systeme im Gehirn selbst zuständig; daß auf diese Weise etwas aufgenommen und gespeichert wird, liegt an der ihnen inhärenten Plastizität. Deswegen findet sich diese Art des Gedächtnisaufbaus bei den verschiedensten Reflexsystemen sowohl von Wirbeltieren als auch von Wirbellosen – und hier schon stark ausgeprägt auf ziemlich einfachen Entwicklungsstufen.

Die Existenz zweier grundverschiedener Lernformen hat die Reduktionisten unter den Neurobiologen fragen lassen, ob sich nicht dazu eine Entsprechung auf zellulärer Ebene finden lasse. In beiden

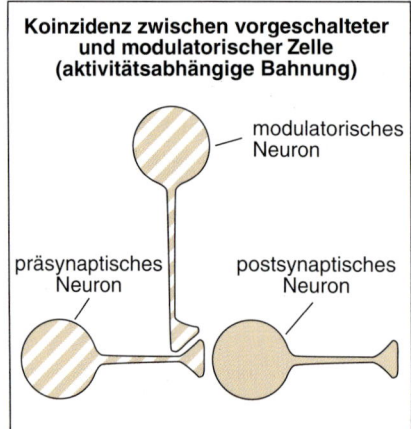

Koinzidenz zwischen vor- und nachgeschalteter Zelle (Hebb-Synapse)

präsynaptisches Neuron

präsynaptisches Neuron

postsynaptisches Neuron

synaptischer Spalt

Koinzidenz zwischen vorgeschalteter und modulatorischer Zelle (aktivitätsabhängige Bahnung)

modulatorisches Neuron

präsynaptisches Neuron

postsynaptisches Neuron

Bild 2: Zwei zelluläre Mechanismen dafür, wie sich die synaptische Übertragung beim Lernen von Assoziationen verändern könnte, sind vorgeschlagen worden. Nach einem Modell des kanadischen Psychologen Donald O. Hebb von 1949 müssen vor- und nachgeschaltetes – prä- und postsynaptisches – Neuron gleichzeitig (koinzident) feuern, damit sich die zwischen ihnen liegende Schaltstelle, die Synapse, ver- stärkt (links; gleichzeitig aktive Neuronen sind gestreift gezeichnet). Nach einem Modell von 1963, das aufgrund von Befunden an der Meeresschnecke *Aplysia* entwickelt wurde, braucht das nachgeschaltete Neuron zur Verstärkung der Synapse nicht erregt zu sein, sofern ein drittes, modulatorisches Neuron, das auf die Endigung des präsynaptischen Neurons geschaltet ist, gleichzeitig mit diesem feuert (rechts).

Klassische Konditionierung bei der marinen Nacktschnecke *Aplysia*

Die Meeresschnecke *Aplysia* (oben links mit geöffnetem Mantel) gehört zu den bestuntersuchten Organismen, was die neuronalen Grundlagen des Lernens betrifft. Ihr recht einfaches Zentralnervensystem hat lediglich etwa 20 000 Neuronen, die zudem vergleichsweise groß sind.

Das Diagramm unten links zeigt einen der Übertragungswege, die bei der klassischen Konditionierung des Kiemenrückziehreflexes eine Rolle spielen. Damit eine Konditionierung erfolgt, muß an den synaptischen Schaltstellen zu Motoneuronen mehr Neurotransmitter – Signalüberträgersubstanz – ausgeschüttet werden. Erreicht wird dies durch aktivitätsabhängige Bahnung (vergleiche Bild 2 rechts): Das Signal vom unkonditionierten – unbedingten – Reiz am Schwanz wird über modulatorische Neuronen den Sinnesnervenzellen des Siphons und des Mantelrandes zugeleitet; sind diese Zellen gerade durch den konditionierten – bedingten – Reiz erregt, wird die Synapse zum Motoneuron verstärkt. (Das motorische Neuron veranlaßt Muskeln der Kiemen zur Kontraktion.)

Das Schema der Endigung einer Sinnesnervenzelle (wie der vom Siphon) zeigt die molekularen Prozesse einer solchen aktivitätsabhängigen Bahnung (rechts). Stark verkleinert (grau) ist auf der linken Seite ein modulatorisches Neuron eingezeichnet, das mit seinem Transmitter Serotonin einen Membran-Rezeptor (hellblau) an der Endigung der Sinnesnervenzelle aktiviert. Dieser aktiviert seinerseits das Enzym Adenylatcyclase und setzt dadurch eine molekulare Kaskade in Gang, die letztlich bewirkt, daß die Sinnesnervenzelle an ihrer Synapse zum Motoneuron mehr Transmitter freisetzt.

Ein wichtiges Glied ist die Bildung von cyclischem AMP (Adenosinmonophosphat), das wiederum eine Proteinkinase aktiviert, die einerseits transmittergefüllte Bläschen (Vesikel) mobilisiert, andererseits auf Kaliumkanäle in der Zellmembran wirkt. Feuert die Zelle, hält ihr nun längeres Aktionspotential Calciumkanäle länger offen. Das einströmende Calcium bindet sich teilweise an Calmodulin, das sich daraufhin an die Adenylatcyclase anlagert und so ihre Kapazität, cyclisches AMP bereitzustellen, erhöht. Zugleich sorgt Calcium direkt für eine Ausschüttung von Transmitter. Das Serotonin des modulatorischen Neurons kann zudem über eine andere Proteinkinase den Nachschub von Vesikeln verstärken.

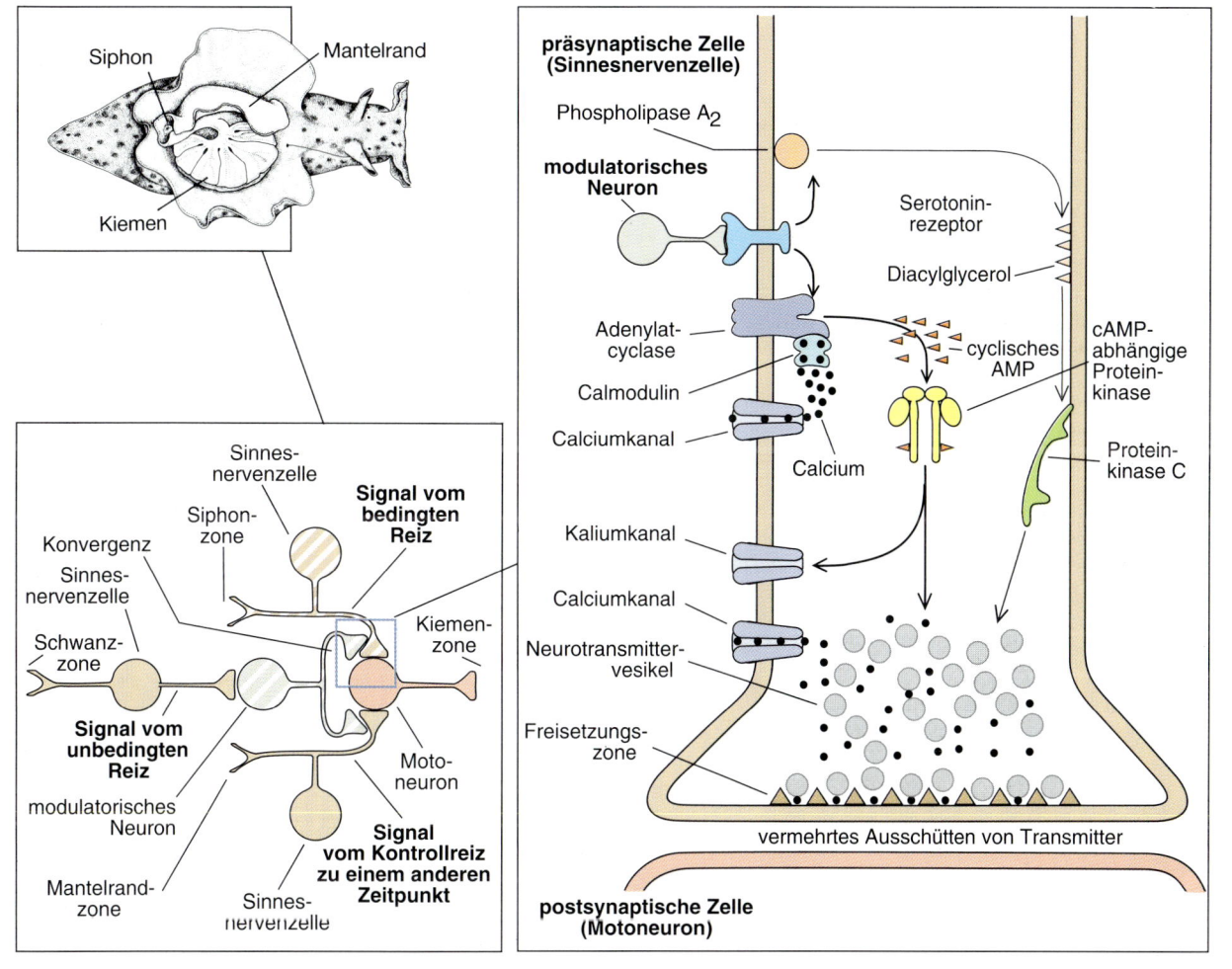

Fällen vermögen die gedächtnisaufbauenden neuronalen Systeme Information über die Assoziation von Reizen zu speichern. Aber funktionieren beide im zellulären Bereich nach denselben Regeln, oder hat jedes seine eigenen?

Zwei zelluläre Mechanismen

Ursprünglich nahm man an, zum Aufbau eines assoziativen Gedächtnisses – und zwar des impliziten wie des expliziten – seien ziemlich komplexe neuronale Verschaltungen erforderlich. Einer der ersten, der diese Position angriff, war der Psychologe Donald O. Hebb von der McGill-Universität in Montreal, bei dem auch Brenda Milner studiert hat. Hebb schlug einen einfachen zellulären Mechanismus für assoziatives Lernen vor. Eine Assoziation kann sich demnach durch gleichzeitige neuronale Aktivität ausbilden: „Erregt das Axon (die Nervenfaser, die Impulse weitergibt) einer Zelle *A* eine Zelle *B* und hat es wiederholt oder anhaltend am Feuern (von anderen) auf Zelle *B* teil, dann finden in einer oder beiden Zellen Wachstumsprozesse oder Stoffwechselveränderungen statt, wodurch sich die Wirkung von *A* als einer der anfeuernden Zellen auf *B* verstärkt." Der entscheidende Punkt nach der Hebb-Lernregel ist, daß die Aktivitäten der vor- und der nachgeschalteten Zelle (des prä- und des postsynaptischen Neurons) zusammenfallen müssen, damit ihre Verbindung – die Synapse – stärker, also effizienter wird; man nennt dies prä-post-assoziativen Mechanismus (Bild 2 links).

Einen zweiten Mechanismus für assoziatives Lernen entwarfen 1963 Ladislav Tauc und einer von uns (Kandel), als wir am Institut Marey in Paris forschten. Am Nervensystem der marinen Nacktschnecke *Aplysia* entdeckten wir, daß die synaptische Verbindung zwischen zwei Neuronen sich verstärken läßt, ohne daß die nachgeschaltete Zelle aktiv wäre; vielmehr muß dafür ein drittes Neuron auf die präsynaptische Zelle verschaltet sein und feuern.

Diesen Dritten im Bunde nennen wir modulatorisches Neuron. Mit seiner Aktivität bewirkt es, daß das präsynaptische Neuron an den eigenen axonalen Endigungen mehr Transmitter (den jeweiligen Überträgerstoff an Synapsen) ausschüttet. Nach diesem Modell sollte eine Assoziation stattfinden, wenn die Nervenimpulse in der präsynaptischen Zelle mit solchen in der modulatorischen einhergehen (Bild 2 rechts; zu den neurobiologischen Grundlagen der synaptischen Übertragung siehe Kasten auf Seite 10).

Dieser prämodulatorische assoziative Mechanismus wurde dann auch experimentell nachgewiesen – von uns und unseren Kollegen Thomas J. Carew und Thomas W. Abrams von der Columbia-Universität in New York sowie Edgar T. Walters und John H. Byrne vom Zentrum für Gesundheitswissenschaft der Universität von Texas in San Antonio. Wir fanden ihn bei *Aplysia*; bei dieser Schnecke wirkt er bei der klassischen Konditionierung mit, also bei einer Form impliziten Lernens (siehe Kasten auf Seite 117).

Der von Hebb postulierte Mechanismus kommt, wie Holger J. A. Wigström und Bengt E. W. Gustafsson von der Universität Göteborg (Schweden) dann 1986 nachwiesen, im Hippocampus von Säugetieren vor. Er dient dort synaptischen Veränderungen im Zusammenhang mit explizitem räumlichem Lernen.

Somit waren für assoziatives Verknüpfen zwei verschiedene zelluläre Lernmechanismen gefunden. Weder implizites noch explizites Lernen erfordern demnach unbedingt die Beteiligung komplexer Neuronennetze. Vielmehr spiegelt die Fähigkeit, Assoziationen zu erkennen, möglicherweise nur die Fähigkeiten wider, die in gewissen zellulären Interaktionen selbst stecken.

Haben aber diese offenbar unterschiedlichen Lernmechanismen dennoch irgendwie miteinander zu tun? Bevor wir uns damit befassen, möchten wir beide erst einmal näher beschreiben, zuerst den prä-modulatorischen Mechanismus, der bei einer klassischen Konditionierung von *Aplysia* eine Rolle spielt.

Einfaches Lernen bei einer Schnecke

Diesen Lerntyp hat als erster um die Jahrhundertwende der russische Physiologe Iwan Pawlow untersucht und gleich als einfachste Art des assoziativen Lernens erkannt. Bei der klassischen Konditionierung wird ein Reiz, der normalerweise eine bestimmte Reaktion – einen bestimmten Reflex – nicht oder nur relativ schwach auslöst, wiederholt zusammen mit einem Reiz präsentiert, der diese Reaktion – diesen Reflex – immer und leicht hervorbringt. Der von allein stark wirksame Stimulus heißt unkonditionierter oder unbedingter, der andere konditionierter (richtiger wäre eigentlich: zu konditionierender) oder bedingter Reiz.

Nach einigen Versuchen löst auch der bedingte Reiz die Reaktion aus – oder, wenn er es vorher schon in geringem Maße tat, nun viel stärker: Konditionierung – Lernen – hat stattgefunden. Das Läuten einer Glocke beispielsweise kann für einen Hund zum bedingten Reiz werden und ihn ein Bein zurückzucken lassen, wenn der Ton wiederholt mit einem Schmerz am Bein (dem unbedingten Reiz) gepaart wurde. Damit eine Konditionierung dieser Art zustande kommt, muß allerdings der bedingte Reiz gewöhnlich dem unbedingten jedesmal um eine bestimmte Zeitspanne vorausgehen. Das Versuchstier (in vergleichbaren Experimenten auch der Mensch) lernt dann offenbar, einen zeitlichen Zusammenhang zwischen den beiden Reizen herzustellen: Wird der eine verspürt, ist der andere auch gleich zu erwarten.

Das Zentralnervensystem von *Aplysia* weist nur etwa 20 000 Neuronen auf, von denen viele bereits funktional zugeordnet werden können und die zudem außerordentlich große Zellkörper haben. Es eignet sich darum besonders gut zur Untersuchung der klassischen Konditionierung und anderer noch einfacherer Mechanismen auf zellulärer Ebene. Das Tier zeigt eine Reihe einfacher unwillkürlicher Reaktionen, darunter den Kiemenrückziehreflex, der besonders gründlich untersucht ist: Normalerweise zieht es die Kiemen (das große Atmungsorgan auf dem Rücken) ein, wenn es etwa am Rand des Mantels, der die Kiemen schützt, oder an der Atemröhre – dem Siphon – gereizt wird (siehe Kasten Seite 117).

Mantelrand und Siphon werden jeweils von einer eigenen Population von sensorischen Neuronen innerviert, die auf mechanische Reize ansprechen. Jede Population hat zum einen direkten Kontakt zu den für den Rückziehreflex zuständigen Motoneuronen der Kiemenmuskeln, zum anderen zu verschiedenen Klassen erregender und hemmender Zwischenneuronen, die auch auf die Motoneuronen verschaltet sind.

Wie wir und unsere Kollegen Carew und Walters herausfanden, läßt sich sogar dieser einfache Kiemenrückziehreflex konditionieren. Der bedingte Reiz kann etwa eine leichte Berührung des Siphons sein, der unbedingte zum Beispiel ein kräftiger Schmerzreiz – ein Elektroschock – am Schwanz. Eine Reizung des Mantelrandes unabhängig vom Schmerzreiz kann dann als Kontrollversuch dienen (sie wird dafür ebensooft ausgeübt wie die des Siphons, nur eben nicht gepaart mit dem Schmerzreiz am Schwanz).

Bereits nach jeweils fünf Versuchen ist die Reaktion auf den Siphonreiz allein bereits stärker als die auf den Mantelrandreiz. Man kann auch die Prozedur umkehren und nun die Berührung des Mantelrandes mit dem Schmerzreiz am Schwanz koppeln. Dann wird nach einigen Durchgängen die Reaktion auf alleinige Reizung des Mandelrandes stärker als die bei Reizung des Siphons. Diese differenzierte Reaktionsweise erinnert in mancher Hinsicht verblüffend an bestimmte Konditionierungsphänomene bei Wirbeltieren.

Wir wollten herausfinden, was dabei in den Neuronen der Schnecke im einzelnen geschieht, und konzentrierten uns dazu auf die Verschaltungen zwischen den Sinnesnervenzellen und ihren Zielzellen, den Moto- und den Zwischenneuronen. Die Stimulation der Sinnesnervenzellen des Siphons beziehungsweise des Mantelrandes ruft bei beiden Sorten von Zielzellen erregende synaptische Po-

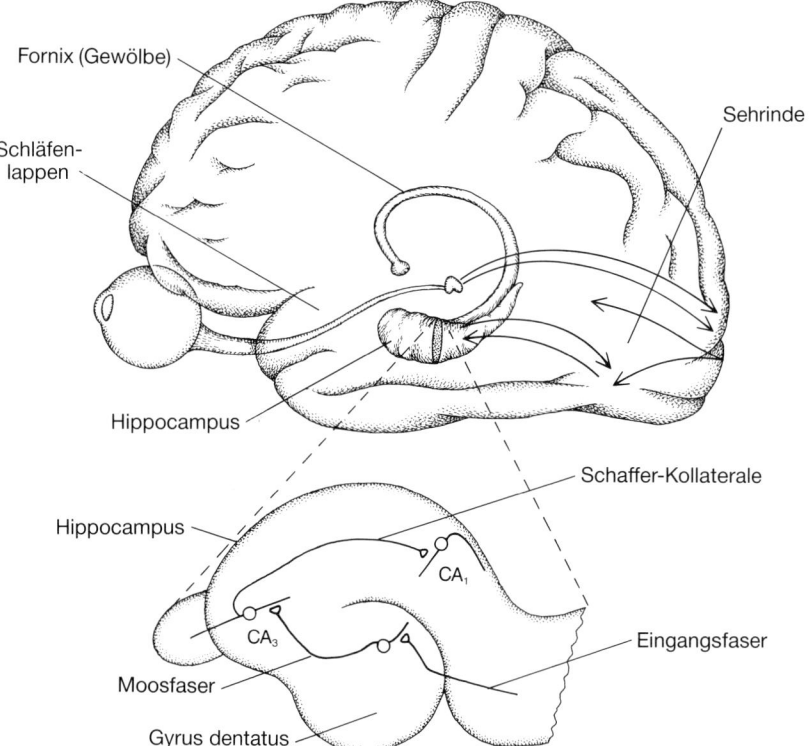

Fornix (Gewölbe)

Schläfen-
lappen

Sehrinde

Hippocampus

Hippocampus

Schaffer-Kollaterale

CA₁

CA₃

Eingangsfaser

Moosfaser

Gyrus dentatus

Bild 3: Bevor bleibende Gedächtnisinhalte in spezifische Regionen der Hirnrinde gelangen, werden sie einige Wochen lang im Hippocampus – einer Formation am Schläfenlappen – zwischengespeichert. Im Hirnschema oben deuten die Pfeile an, auf welchen neuronalen Bahnen ein visueller Sinneseindruck zur bleibenden Erinnerung wird. Die Nervensignale gelangen vom Auge zunächst zur primären Sehrinde und über assoziative visuelle Felder weiter in den Hippocampus. Einige Wochen später wird die Information wieder in die Rinde überführt und als Langzeitgedächtnisinhalt abgelegt. Unten ist in Vergrößerung ein Schnitt durch den Hippocampus gezeichnet (gepunkteter Bereich im oberen Bild). Dargestellt sind seine drei wichtigsten Leitungsbahnen, an deren synaptischen Verknüpfungen Langzeitpotenzierung stattfindet und von denen man annimmt, daß sie mit der Gedächtnisbildung zu tun haben (für jede Bahn ist nur eine Zelle stellvertretend eingezeichnet). Die Langzeitpotenzierung läuft in der CA_1-Region anders als in der CA_3-Region ab.**

tentiale hervor. Die Motoneuronen feuern daraufhin, erzeugen also ein Aktionspotential, und die Schnecke zieht nun ihre Kiemen ruckartig ein.

Der Schmerzreiz am Schwanz aktiviert verschiedene Neuronengruppen, von denen einige ebenfalls ein Einziehen der Kiemen veranlassen. Darunter sind wenigstens drei Gruppen modulatorischer Neuronen; eine davon benutzt Serotonin als Neurotransmitter, als Überträgerstoff an den Synapsen.

Diese modulatorischen Neuronen sind auf die Sinnesnervenzellen von Siphon und Mantelrand verschaltet (Kasten Seite 117, links unten). Sie erzeugen durch ihre Aktivität an deren Synapsen eine sogenannte präsynaptische Bahnung, das heißt, die synaptischen Endigungen der Sinnesnervenzellen schütten nun leichter Transmitter aus. Diese Art – nichtassoziativen – Lernens heißt Sensibilisierung: Das Tier führt verschiedene Abwehrreflexe auf einen unangenehmen

Reiz hin heftiger aus (siehe „Kleine Verbände von Nervenzellen" von Eric R. Kandel, Spektrum der Wissenschaft, November 1979, Seite 58). Eine Verknüpfung zweier Stimuli ist dafür nicht erforderlich.

Weil die modulatorischen Neuronen mit den Sinnesnervenzellen sowohl des Siphons als auch des Mantelrandes verschaltet sind, ist zu fragen, wie denn die spezifische Konditionierung von nur jeweils einem der beiden Reizwege zustande kommt. Hier erwies sich der Zeitfaktor als wichtige Einflußgröße. Wir haben schon erwähnt, daß bei der klassischen Konditionierung der bedingte Reiz dem unbedingten im allgemeinen um ein optimales, oft eng bemessenes Intervall vorausgehen muß – beim Kiemenrückziehreflex von *Aplysia* dem Schmerzreiz am Schwanz um etwa eine halbe Sekunde. Setzt man die gepaarten Reize in kürzerem oder längerem Abstand oder in umgekehrter Reihenfolge,

gelingt die Konditionierung erheblich schlechter oder mißlingt gänzlich.

Beim Kiemenrückziehreflex rührt das spezifische Timing unter anderem daher, daß die konditionierten wie die unkonditionierten Stimuli an individuellen Sinnesnervenzellen zusammenlaufen: Den konditionierten Reiz haben die Zellen selbst aufgenommen und repräsentieren ihn durch ihre Aktivität; der unkonditionierte, vom Schwanz kommende Stimulus wirkt sich auf sie durch die Aktivität der modulatorischen Neuronen aus, insbesondere jener, die Serotonin als Transmitter ausschütten.

Die präsynaptische Bahnung durch die letztlich vom Schmerzreiz aktivierten modulatorischen Neuronen erwies sich als stärker, wenn die stimulierten Sinnesnervenzellen von Mantelrand oder Siphon gerade selbst gefeuert hatten. Kommt hingegen das vom unbedingten Reiz ausgehende Signal bei den Sinnesnervenzellen schon an, bevor sie selbst auf den bedingten Reiz hin mit Aktionspotentialen geantwortet haben, hat es keine Wirkung.

Es handelt sich hier also um eine aktivitätsabhängige präsynaptische Bahnung (Bild 5 oben). Weil dabei dieselbe zeitliche Abstimmung erforderlich ist wie auf Verhaltensebene bei der Konditionierung, könnte sie daraus erklärlich sein. Auch sieht es so aus, als handele es sich bei dem zellulären Mechanismus für die klassische Konditionierung im Falle des Kiemenrückziehreflexes um eine Weiterentwicklung der präsynaptischen Bahnung, wie sie bei der oben beschriebenen Sensibilisierung auftritt, der Verstärkung eines Reflexes bei wiederholter Reizung. Das war ein erster Anhalt für die Überlegung, daß Zellen gewissermaßen über ein Alphabet zum Lernen verfügen dürften, über einfache Mechanismen, aus denen sich durch Kombination oder Weiterentwicklung komplexere Lernformen ergeben könnten.

Molekulare Kaskaden und Schleifen

Als nächstes war zu klären, wieso die präsynaptische Bahnung durch den – unkonditionierten – Schwanzreiz stärker ausfällt, wenn die Sinnesnervenzellen im Mantelrand oder Siphon gerade gefeuert haben.

Wir hatten zuvor herausgefunden, daß das von den modulatorischen Neuronen freigesetzte Serotonin in den Sinnesnervenzellen eine Serie biochemischer Veränderungen einleitet (Kasten Seite 117 rechts). Das Serotonin bindet sich an einen Rezeptor auf der Sinneszelle, der

119

daraufhin das Enzym Adenylatcyclase aktiviert. Dieses wandelt nun ATP (Adenosintriphosphat; es gehört zu den Molekülen, die der Zelle Energie bereitstellen) in cyclisches AMP (Adenosinmonophospat) um. Das cyclische AMP wirkt in der Zelle als sekundärer Botenstoff. (Als primäre Botenstoffe bezeichnet man unter anderem Neurotransmitter wie Serotonin, die zwischen Zellen vermitteln, als sekundäre Botenstoffe Substanzen, die innerhalb von Zellen Signale weitergeben.) Es aktiviert seinerseits eine Proteinkinase, ein Enzym, das anderen Proteinen eine Phosphatgruppe überträgt und sie dadurch aktiviert oder inaktiviert.

In diesem Falle phosphoryliert die Kinase Kaliumkanäle in der Zellmembran oder Proteine, die mit diesen Kanälen wechselwirken. Dies reduziert den Ausstrom von Kalium-Ionen, der normalerweise bewirkt, daß nach einem Aktionspotential an der Membran sogleich wieder die ursprünglichen Ladungsverhältnisse hergestellt werden. Der Effekt ist, daß das Aktionspotential länger anhält und dadurch auch die Calciumkanäle am Ende des Axons länger geöffnet bleiben – entsprechend mehr Calcium-Ionen können in die präsynaptische Endigung einströmen.

Calcium hat verschiedene zelluläre Funktionen. Unter anderem sorgt es dafür, daß die bläschenartigen Transmitterspeicher ihren Inhalt in den synaptischen Spalt entleeren. Wenn also wegen des länger anhaltenden Aktionspotentials mehr Calcium in das Axonende gelangt, werden auch mehr Transmittermoleküle freigesetzt.

Außerdem mobilisiert das Serotonin – ebenfalls über eine Proteinkinase-Aktivierung – Transmitterbläschen aus dem Vorrat der Zelle: Sie wandern zur Synapse hin, zu den spezifischen Stellen, wo sie später ihren Inhalt in den Spalt ausschütten können. So wird die Freisetzung von Transmitter unabhängig davon erleichtert, ob der Calcium-Einstrom zunimmt oder nicht. Bei diesem Vorgang wirkt cyclisches AMP parallel zu Proteinkinase C, einem weiteren sekundären Botenstoff, der ebenfalls von Serotonin aktiviert wird.

Wieso verstärkt nun ein Aktionspotential der Sinnesnervenzelle, das unmittelbar vor dem Signal des unbedingten Reizes an der Endigung eintrifft, die Wirkung von Serotonin? Bei einem Aktionspotential strömen Natrium- und Calcium-Ionen in die Zelle ein und kurz danach Kalium-Ionen aus ihr aus; dadurch kehrt sich das Membranpotential kurzfristig um. Wie Abrams und einer von uns (Kandel) herausfanden, ist der

Einstrom von Calcium-Ionen das Entscheidende für die aktivitätsabhängige Bahnung. Sie binden sich in der Zelle nämlich an Calmodulin, ein Protein, das nun die Aktivierung der Adenylatcyclase durch Serotonin verstärkt, so daß sie mehr cyclisches AMP bereitzustellen vermag.

Die Adenylatcyclase ist also für die aktivitätsabhängige Bahnung ein Schlüsselglied: Dadurch, daß sich an diesem einen Enzym zwei unterschiedliche Signale – über die Calcium-Ionen und über Serotonin – auswirken, laufen die vom bedingten und vom unbedingten Reiz ausgelösten molekularen Reaktionen in der Zelle zusammen. Das 0,5-Sekunden-Intervall zwischen diesen beiden Reizen

– die Voraussetzung für Lernen beim Kiemenrückziehreflex – entspricht möglicherweise der Zeit, in der sich das Calcium in der Zelle anreichert, an Calmodulin anlagert und in Form dieses Komplexes die Adenylatcyclase ansprechbarer macht, so daß sie in Reaktion auf Serotonin dann mehr cyclisches AMP (cAMP) als sonst produziert.

Die aktivitätsabhängige Verstärkung des cAMP-Weges ist durchaus nicht für *Aplysia* spezifisch. Auf einen ähnlichen molekularen Mechanismus für Konditionierung weisen auch genetische Untersuchungen bei der Taufliege *Drosophila* hin. Dieses kleine Insekt läßt sich normalerweise ebenfalls konditionieren. Es wurden aber Mutanten mit einem einzi-

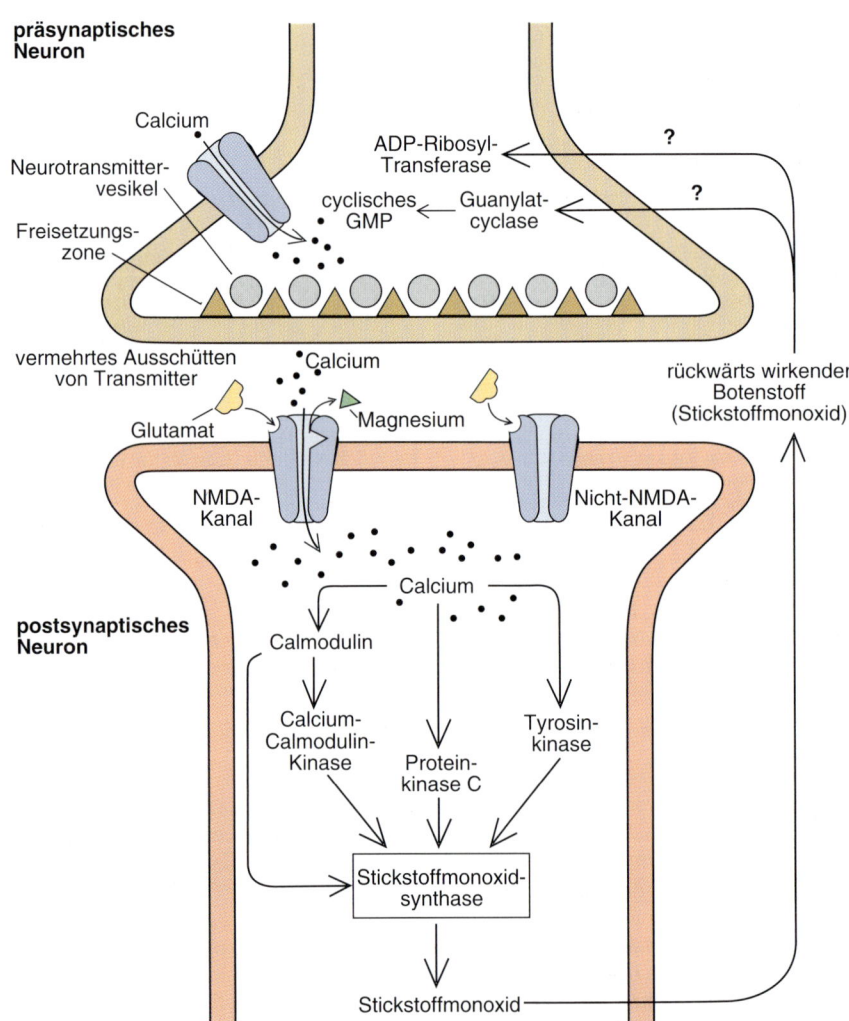

Bild 4: Bei einer Langzeitpotenzierung werden in der postsynaptischen Membran durch den Neurotransmitter Glutamat zunächst Ionenkanäle aktiviert, die nicht auf NMDA, eine synthetische Substanz, ansprechen. Erst eine hinreichend starke Depolarisierung der Membran hebt die Blockade der anderen, mit NMDA-Rezeptoren assoziierten Kanäle auf (die Blockade wird durch Magnesium bewirkt); durch sie können nun Calcium-Ionen in die Zelle einströmen. Das Calcium aktiviert verschiedene als Kinasen bezeichnete Enzyme, welche die Langzeitpotenzierung einleiten. Man vermutet, daß dabei die postsynaptische Zelle einen Botenstoff freisetzt, vielleicht Stickstoffmonoxid, der zur präsynaptischen Endigung diffundiert, wo er dann die Glutamat-Ausschüttung steigert, möglicherweise indem er bestimmte Enzyme – die Guanylatcyclase oder die ADP-Ribosyl-Transferase – aktiviert.

120

gen veränderten Gen gefunden, die einen Lerndefekt haben.

Eine solche Mutante, *rutabaga* genannt, haben William G. Quinn vom Massachusetts Institute of Technology in Cambridge, Margaret Livingstone von der benachbarten Harvard-Universität und Yadin Dudai vom Weizmann-Institut für Wissenschaft in Rehovot (Israel) untersucht.

Das Gen codiert für eine calcium-calmodulin-abhängige Adenylatcyclase; sie läßt sich bei den Mutanten nicht mehr von dem Calcium-Calmodulin-Komplex stimulieren. Ronald L. Davis und seine Kollegen am Cold-Spring-Harbor-Laboratorium (Bundesstaat New York) haben nun festgestellt, daß diese Adenylatcyclase insbesondere in einer speziellen Struktur des Fliegengehirns vorkommt: in den Pilzkörpern, die für verschiedene Formen assoziativen Lernens erforderlich sind. Mithin weisen sowohl die zellbiologischen Untersuchungen an *Aplysia* als auch die genetischen an *Drosophila* darauf hin, daß das molekulare System der Nervenzellen, in dem das cyclische AMP als sekundärer Botenstoff wirkt, für bestimmte elementare Formen von implizitem Lernen und Gedächnisaufbau bedeutsam ist.

Neuroplastizität im Hippocampus von Säugetieren

Welche zellulären Entsprechungen gibt es beim expliziten Lernen, also bei komplexeren Formen assoziierenden Verknüpfens? Die Mechanismen müßten sich von denen für implizites Lernen unterscheiden, denn anders als bei der klassischen Konditionierung gelingt explizites Lernen oft dann am besten, wenn die beiden zu assoziierenden Ereignisse simultan stattfinden. Ein flüchtig bekanntes Gesicht beispielsweise erkennt man leichter wieder, wenn man den Menschen im selben Umfeld wiedersieht. Das Gedächtnis hat sich die Stimuli von beidem eingeprägt und kann die Erinnerung an die Person leichter im Zusammenhang abrufen.

Wie eingangs ausgeführt, sind beim Menschen für explizites Lernen die Schläfenlappen unentbehrlich. Zunächst war allerdings nicht klar, von welcher Größe an beidseitige Schädigungen die Gedächtnisbildung merklich stören. Hilfreich waren hier Untersuchungen sowohl am Menschen wie an Versuchstieren. Mortimer Mishkin von den amerikanischen National Institutes of Health in Bethesda (Maryland) sowie Squire, David G. Amaral und Stuart Zola-Morgan von der Universität von Kalifornien

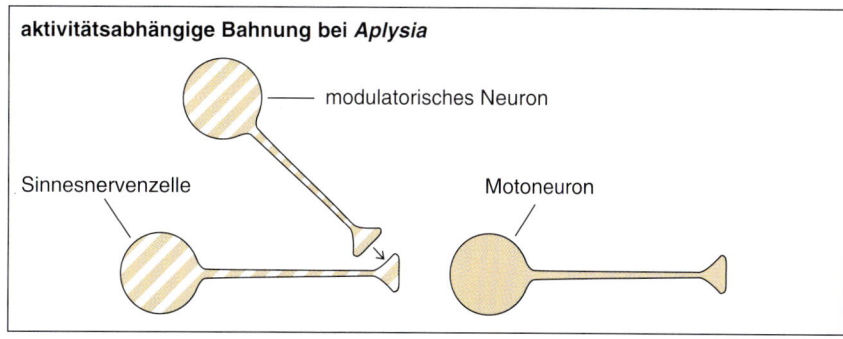

aktivitätsabhängige Bahnung bei *Aplysia*

modulatorisches Neuron
Sinnesnervenzelle
Motoneuron

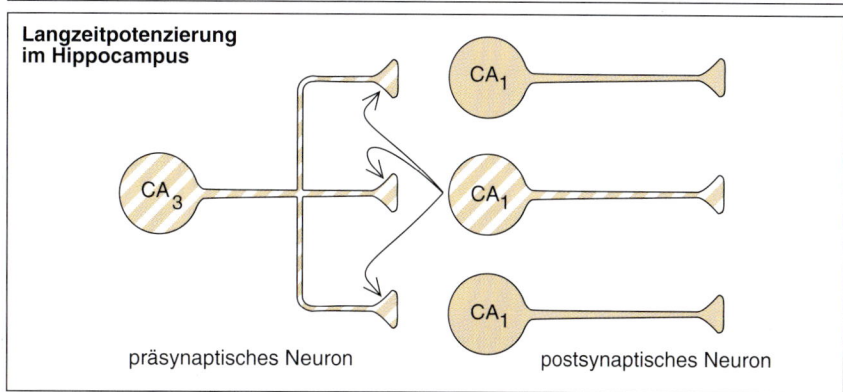

Langzeitpotenzierung im Hippocampus

CA_3 CA_1 CA_1 CA_1

präsynaptisches Neuron postsynaptisches Neuron

Bild 5: Den assoziativen Prozessen, die mutmaßlich bei der Meeresnacktschnecke *Aplysia* und im Hippocampus der Säugetiere am Lernen beteiligt sind, könnten gewisse neuronale Prinzipien gemein sein. In beiden Fällen könnte eine – jeweils andere – modulatorische Substanz (Pfeile) mitwirken, die im vorgeschalteten (präsynaptischen) Neuron eine aktivitätsabhängige Verstärkung der synaptischen Übertragung auslöst: Es würde dann mehr Transmitter ausgeschüttet. Gestreift gezeichnet sind wiederum die Neuronen, die gleichzeitig aktiv sein müssen. (Die Kürzel der Zellen stehen für deren Position im Hippocampus, wie er in Bild 3 dargestellt ist.)

in San Diego folgerten daraus, der Hippocampus, ein halbmondförmig gekrümmter Wulst am inneren Rand der nach unten eingerollten Schläfenlappen, sei beim Gedächtnis entscheidend beteiligt (Bild 3). Allerdings beeinträchtigen Hippocampus-Läsionen lediglich das Abspeichern neuer Gedächtnisinhalte; denn Patienten wie H. M. erinnern sich an frühere Erlebnisse gut.

Der Hippocampus scheint für das Langzeitgedächtnis nur ein Zwischenspeicher zu sein. Er bewahrt und verarbeitet die neu erlernte Information lediglich einige Wochen oder Monate und überführt sie dann zum dauerhafteren Abspeichern in dafür zuständige Areale der Großhirnrinde (siehe den Beitrag von Antonio R. Damasio und Hanna Damasio auf Seite 58). Auf diese Speicher hat dann das sogenannte Arbeitsgedächtnis des präfrontalen Cortex Zugriff (siehe den Beitrag von Patricia S. Goldman-Rakic auf Seite 68).

Timothy Bliss und Terje Lømo, die damals in Per Andersens Labor in Oslo arbeiteten, wiesen 1973 erstmals nach, daß Neuronen im Hippocampus beträchtliche plastische Eigenschaften haben, die sie für Lernvorgänge prädestinieren. Durchläuft eine kurze, hochfrequente Salve von Aktionspotentialen eine der Hippocampus-Bahnen, werden die darin eingeschalteten Synapsen stärker (Bild 3 unten). Bei narkotisierten Tieren hält dieser Effekt einige Stunden an, bei wachen Tieren, die sich frei bewegen dürfen, Tage und sogar Wochen.

Bliss und Lømo nannten den Verstärkungseffekt Langzeitpotenzierung (englisch *long-term potentiation*, LTP). Sie hat, wie sich später zeigte, an den verschiedenen Synapsentypen des Hippocampus unterschiedliche Eigenschaften. Wir werden uns hier auf einen bestimmten assoziativen Typ der Potenzierung beschränken, bei dem die assoziative Verknüpfung gemäß dem Hebbschen Modell vor sich geht: Für die Bahnung der Synapse müssen vor- und nachgeschaltetes Neuron gleichzeitig aktiv sein. Daraus ergibt sich zwangsläufig eine Spezifität – die Langzeitpotenzierung betrifft nur Synapsen der stimulierten Nervenbahnen.

Wieso müssen dafür die prä- und postsynaptischen Neuronen gleichzeitig feuern? Als Transmitter fungiert in den Hauptnervenbahnen des Hippocampus

Die Repräsentation der Körperoberfläche in der Hirnrinde

Ein Homunculus (links ein Schema für die Sinneseingänge) veranschaulicht im Größenvergleich, wie stark in der Körperfühlsphäre der Hirnrinde (dem somatosensorischen Cortex) einzelne Partien der Körperoberfläche vertreten sind.

Man erkennt, daß der Mundbereich und die Finger – und hier vor allem die Daumen – beim Menschen in besonders feiner Auflösung repräsentiert sind.

Kürzlich wurde an einem erwachsenen Nachtaffen demonstriert, wie sich bei gezielter Schulung bestimmter Körperzonen deren Repräsentation im Gehirn verändert. Die Finger des Affen sind im somatosensorischen Cortex in den Arealen 3b und 1 repräsentiert (*a*). Eine Stunde pro Tag mußte der Affe eine Scheibe drehen, wobei er nur den zweiten und dritten und mitunter den vierten Finger benutzen konnte. Die farbigen Karten zeigen die Regionen für die einzelnen Finger vor (*b*) und nach (*d*) dem Versuch: Nach drei Monaten Training waren die Areale für die benutzten Finger beträchtlich vergrößert.

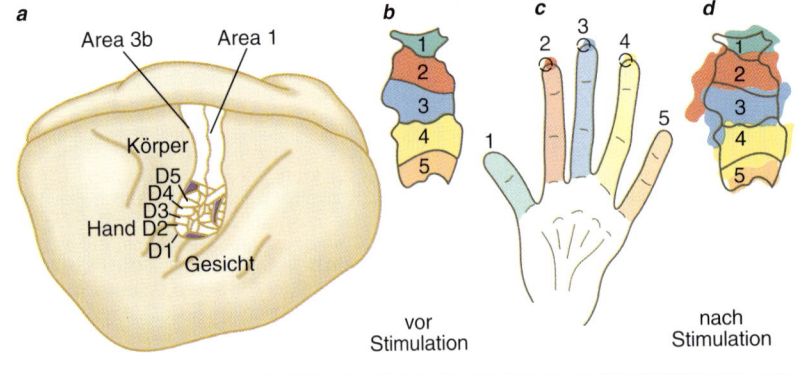

vor Stimulation

nach Stimulation

---

die Aminosäure Glutamat (Bild 4). Sie bewirkt eine Langzeitpotenzierung, indem sie sich an spezifische Rezeptoren der Zielzellen (der postsynaptischen Zellen) bindet. Davon gibt es zwei relevante Arten: die NMDA-Rezeptoren (benannt nach der synthetischen Substanz N-Methyl-D-Aspartat, die sich gleichfalls anlagern kann) und die Nicht-NMDA-Rezeptoren.

Letztere dominieren bei den meisten synaptischen Übertragungen, weil die mit den NMDA-Rezeptoren assoziierten Ionenkanäle normalerweise von Magnesium-Ionen blockiert sind und erst freigegeben werden, wenn die Membran der postsynaptischen Zelle depolarisiert wird. Zudem müssen für eine optimale Aktivierung der NMDA-Rezeptorkanäle in der postsynaptischen Zelle die beiden Signale zeitlich zusammentreffen – Glutamat muß sich also an den Rezeptor binden, während die Zelle depolarisiert ist.

Demnach hat der NMDA-Rezeptor – wie die Adenylatcyclase bei *Aplysia* – die assoziative Eigenschaft, Koinzidenzen zu erkennen. Seine andere zeitliche Charakteristik hingegen, daß die Aktivierung gleichzeitig (nicht nacheinander wie bei *Aplysia*) stattfinden muß, macht ihn eher für explizite als für implizite Lernformen geeignet.

Behalten des Gelernten

Entscheidend für eine Langzeitpotenzierung ist nämlich, daß durch die entblockierten NMDA-Rezeptorkanäle Calcium in die postsynaptische Zelle strömt. Das haben Gary Lynch von der Universität von Kalifornien in Irvine sowie die Gruppe von Roger A. Nicoll und Robert S. Zucker an der Universität von Kalifornien in San Francisco gezeigt. Calcium evoziert eine Langzeitpotenzierung, indem es mindestens drei Typen von Proteinkinasen aktiviert (Bild 4).

Während die Einleitung einer Langzeitpotenzierung offensichtlich auf den bisher beschriebenen Prozessen – postsynaptische Depolarisation, Calcium-Einstrom und dann Aktivierung der Pro-

teinkinasen – beruht, muß zu ihrem Erhalt die präsynaptische Endigung mehr Transmitter ausschütten. Dies haben mehrere Arbeitsgruppen nachgewiesen, so Bliss und seine Kollegen, John Bekkers und Charles Stevens vom Salk-Institute für Biologische Studien in San Diego (Kalifornien) sowie Roberto Malinow und Richard Tsien von der Universität Stanford (Kalifornien).

Bedarf es zum Aufbau einer Langzeitpotenzierung eines postsynaptischen Ereignisses, zum Weiterbestehen aber eines präsynaptischen, dann muß – wie als erster Bliss anmerkte – irgendein Signal vom nach- zum vorgeschalteten Neuron gelangen. Eben das ist für die Neurowissenschaftler ein Problem.

Der spanische Mediziner und Histologe Santiago Ramón y Cajal (1852 bis 1934; er erhielt 1906 zusammen mit Camillo Golgi den Nobelpreis für Medizin) hatte den Grundsatz aufgestellt, daß Nervenzellen polar funktionieren, also Signale immer nur in einer Richtung fortleiten; und seither haben sich auch sämtliche untersuchten chemischen Synapsen als polar erwiesen. (Chemische Synapsen heißen solche, die zur Signalübertragung einen Transmitterstoff ausschütten.)

Bei der Langzeitpotenzierung zeichnet sich nun ein anderes, früher nicht bekanntes Prinzip neuronaler Kommunikation ab. Die durch Calcium aktivierten Prozesse in der nachgeschalteten Zelle, vielleicht auch diese Ionen selbst, scheinen zu bewirken, daß die nachgeschaltete Zelle in aktivem Zustand einen quasi rückwärts wirkenden Plastizitätsfaktor freisetzt, der in die vorgeschaltete Nervenendigung diffundiert und dort einen oder auch mehrere sekundäre Botenstoffe aktiviert. Diese steigern dann den Transmitterausstoß – so bleibt die Langzeitpotenzierung erhalten (Bild 4).

Die postsynaptischen Endigungen können einen solchen Faktor allerdings nicht wie die präsynaptischen ihren Transmitter in besonderen Vesikeln anreichern und bei Bedarf an dazu geeigneten Membranstrukturen freisetzen; ihnen fehlt jegliches spezielle Gebilde dafür. So kam die Idee auf, bei dem rückwärts wirkenden Botenstoff könne es sich um eine Substanz handeln, die schnell aus der Zelle und über den synaptischen Spalt in die vorgeschaltete Nervenendigung diffundiert. Bis 1991 hatten mehrere Forschergruppen Hinweise darauf gefunden, daß der gesuchte Stoff Stickstoffmonoxid sein könne, darunter Thomas J. O'Dell und Ottavio Arancio in unserem Labor (siehe auch „Stickstoffmonoxid – Regulator biologischer Signale" von Solomon H. Snyder und

David S. Bredt, Spektrum der Wissenschaft, Juli 1992, Seite 72): Das Einsetzen einer Langzeitpotenzierung ließ sich verhindern, indem die Synthese von Stickstoffmonoxid im nachgeschalteten Neuron unterbunden und auch, indem diese Verbindung im Zellaußenraum abgefangen wurde. Umgekehrt bewirkte die Zugabe von Stickstoffmonoxid, daß die präsynaptische Zelle mehr Transmitter freigab.

Als wir sowie Scott A. Small und Min Zhuo Gewebescheiben des Hippocampus mit Stickstoffmonoxid versetzten, entdeckten wir zu unserer Überraschung, daß die Substanz nur dann eine Langzeitpotenzierung bewirkt, wenn zur gleichen Zeit die präsynaptischen Neuronen aktiv sind; auch bei *Aplysia* war ja die präsynaptische Bahnung von der eigenen Aktivität der Zelle abhängig gewesen. Vielleicht kommt es auch im Hippocampus außerdem auf den Calcium-Einstrom in die präsynaptische Zelle an.

Es sieht mithin so aus, daß bei der Langzeitpotenzierung zwei an sich unabhängige assoziative synaptische Lernmechanismen kombiniert werden: ein Hebbscher NMDA-Rezeptor-Mechanismus und ein aktivitätsabhängiger präsynaptischer Bahnungsmechanismus. Die Hypothese besagt, daß die Aktivierung der NMDA-Rezeptoren auf den postsynaptischen Neuronen ein auf die vorgeschaltete Zelle rückwirkendes Signal erzeugt, dessen Träger wahrscheinlich Stickstoffmonoxid ist. Dieses Signal setzt einen aktivitätsabhängigen Mechanismus in Gang, der das Freisetzen von Transmittersubstanz aus den präsynaptischen Endigungen erleichtert.

Allgemeine zellinhärente Prinzipien für Lernen?

Was könnte der funktionale Vorteil davon sein, daß zwei verschiedene assoziative Zellmechanismen in dieser Weise zusammenwirken? Eine in die präsynaptischen Endigungen diffundierende Substanz könnte theoretisch auch in benachbarte Nervenbahnen gelangen. Tatsächlich zeigen Untersuchungen von Tobias Bonhoeffer und seinen Kollegen am Max-Planck-Institut für Hirnforschung in Frankfurt, daß eine in einer postsynaptischen Zelle induzierte Langzeitpotenzierung durchaus auf benachbarte postsynaptische Zellen übergreift. Der Umstand, daß die präsynaptische Bahnung aktivitätsabhängig ist, könnte des weiteren sicherstellen, daß nur bestimmte präsynaptische Signalwege – nämlich die aktivierten – verstärkt werden (Bild 5 unten).

Daß in den behandelten Fällen impliziten wie expliziten Lernens offensichtlich Veränderungen an Synapsen eine Rolle spielen, eröffnet eine überraschende reduktionistische Perspektive. Da assoziative synaptische Veränderungen anscheinend keine komplexen neuronalen Netzwerke erfordern, könnten diese Lernformen eine direkte Entsprechung in den Grundeigenschaften von Zellen haben. Und diese Eigenschaften scheinen, zumindest in den beschriebenen Fällen, wiederum auf Eigenschaften bestimmter Proteine – der Adenylatcyclase beziehungsweise des NMDA-Rezeptors – zu beruhen, die nachweislich auf zwei unabhängige Signale ansprechen können (wie die vom bedingten und vom unbedingten Reiz).

Gewiß sind diese molekularen Vorgänge nicht von dem vielfältigen übrigen Geschehen in und zwischen Neuronen isoliert. Diese Zellen wiederum sind Komponenten von Netzen mit beträchtlicher Redundanz, Parallelität und Verrechnungskapazität, so daß die elementaren Mechanismen im Zusammenhang der hochkomplexen Strukturen und Funktionen zu sehen sind.

Daß im Hippocampus als einem maßgeblichen gedächtnisbildenden Organ Langzeitpotenzierung stattfindet, ließ fragen, ob diese auch etwas mit der Gedächtniskonsolidierung in dieser Hirnregion zu tun habe. Hinweise darauf fanden Richard Morris und seine Kollegen an der Medizinischen Fakultät der Universität Edinburgh. Blockierten sie im Hippocampus von Versuchstieren die NMDA-Rezeptoren, versagten die Tiere bei einer bestimmten räumlichen Aufgabe. Demnach dürften zumindest am räumlichen Lernen Mechanismen beteiligt sein, bei denen die NMDA-Rezeptoren involviert sind; und somit könnte auch Langzeitpotenzierung dabei mitspielen.

Noch haben wir offengelassen, durch welche Mechanismen die synaptischen Veränderungen beim expliziten und impliziten Lernen gefestigt werden und wie schließlich ein langanhaltendes Gedächtnis entsteht.

Wie Experimente mit *Aplysia* und auch mit Säugetieren zeigen, erfolgt die Konsolidierung in Stufen. Die Anfangsphase, eine Form des Kurzzeitgedächtnisses, hält einige Minuten bis Stunden an; unter anderem verändert sich dabei, wie beschrieben, die Stärke vorhandener synaptischer Verbindungen. Am selben Ort treten zwar auch die langanhaltenden, Wochen oder Monate bleibenden Veränderungen auf. Diese Form des Speicherns erfordert aber völlig anders geartete Vorgänge, nämlich

die Aktivierung von Genen, die Expression bestimmter Proteine und das Wachstum neuer synaptischer Verbindungen. Bei *Aplysia* vermehren sich die präsynaptischen Endigungen, wenn Reizkonstellationen eine langfristige Sensibilisierung oder klassische Konditionierung bewirken; dies haben das Team von Craig H. Bailey, Mary C. Chen und Samuel M. Schacher an der Columbia-Universität sowie Byrne und seine Kollegen zeigen können. Im Hippocampus von Säugetieren treten nach Langzeitpotenzierung ähnliche anatomische Veränderungen auf.

Individualität: immerwährende Feinanpassung

Bedeutet dies, daß sich anatomisch stets etwas im Gehirn ändert, wenn wir etwas lernen oder vergessen? Widerfährt uns das beispielsweise, wenn wir dieses Heft lesen und uns einiges daraus merken? Viele Forscher haben sich schon damit befaßt, aber zum vielleicht Aufregendsten gehört, was Michael Merzenich und seine Kollegen von der Universität von Kalifornien in San Francisco entdeckt haben. Sie untersuchten die Repräsentation der Hand in der sensorischen Großhirnrinde bei Affen. Die Hautempfindungen der einzelnen Körperpartien und eben auch der Finger sind dort Arealen zugeordnet (siehe Kasten auf Seite 122). Bislang galt, daß diese Karte, nachdem sie einmal entstanden ist, lebenslang unverändert bleibt. Doch in Wirklichkeit wandelt sie sich fortwährend, je nach Gebrauch der sensorischen Bahnen.

Jeder von uns wächst in einer anderen Umgebung auf, ist anderen Reizen ausgesetzt und beansprucht seine sensorischen und motorischen Fähigkeiten auf andere Art. Entsprechend wird, auch noch im Erwachsenenalter, die Feinarchitektur des Gehirns bei jedem Individuum auf immer etwas andere Weise abgewandelt. Unsere Individualität beruht nicht nur darauf, daß sich alle Menschen in ihrer genetischen Ausstattung unterscheiden, sondern auch auf solchen fortwährenden Entwicklungsprozessen.

Dazu lieferte Merzenich eindrucksvolle Daten. Er brachte einem Affen bei, eine Scheibe nur mit den drei mittleren Fingern der einen Hand zu drehen. Nach einigen tausend Rotationen (mehreren Monaten täglich ein bis zwei Stunden Übens) waren die Hirnareale, die diese Finger repräsentieren, größer geworden, teilweise auf Kosten der anderen (Kasten auf Seite 122).

Welche Mechanismen könnten solche Veränderungen bewirken? Nach neueren Befunden scheinen sich die Nervenverknüpfungen in der somatosensorischen Hirnrinde (der Körperfühlsphäre, wo auch die Sinnesempfindungen der Haut eingehen) immerfort leicht umzuorganisieren und zu aktualisieren, und zwar gemäß korrelierter Aktivität. Der beteiligte Mechanismus ähnelt offenbar dem für Langzeitpotenzierung.

Erste Ergebnisse von zellbiologischen Studien zur Gehirnentwicklung (vergleiche hierzu den Beitrag von Carla J. Shatz auf Seite 2) lassen vermuten, daß die aufgefundenen Lernmechanismen auch auf anderen neurobiologischen Forschungsfeldern weiterhelfen. Daß die Feinabstimmung der Neuronenkontakte in späteren Entwicklungsstadien möglicherweise einen aktivitätsabhängigen assoziativen synaptischen Mechanismus erfordern könnte, der dem für Langzeitpotenzierung ähnelt, ist eine durchaus berechtigte Annahme.

Sollte das auch auf molekularer Ebene gelten, sollten also bei der Entwicklung und Ausdifferenzierung des Gehirns teilweise die gleichen molekularen Prozesse ablaufen wie beim Lernen, dann würde die Lernforschung dazu beitragen, die kognitive Psychologie und die Molekularbiologie auch des menschlichen Organismus in weit umfassenderer Weise als bisher zusammenzubringen. Unter einem solchen einheitlichen Forschungsansatz würde auch die Entmystifizierung geistiger Prozesse rascher vorankommen. Dann fänden diese Untersuchungen ihr rechtes Umfeld – in dem an der Evolution orientierten Gedankengebäude der Biologie.

Molekulare Grundlagen von Geistes- und Gemütskrankheiten

Bei schizophrenen und manisch-depressiven Krankheitsbildern
lassen sich inzwischen strukturelle und biochemische Veränderungen im Gehirn nachweisen.
Die Wahrscheinlichkeit der Erkrankung ist offenbar von Erbfaktoren mitbestimmt,
doch sind prädisponierende Gene noch unbekannt.

Von Elliot S. Gershon und Ronald O. Rieder

Jahrhundertelang interpretierten Religion und Dichtkunst den Wahnsinn als seelisches Leiden, während die Medizin darin eine Störung von Säften und Organen des Körpers sah. Im vergangenen Jahrhundert erkannten die Ärzte, daß die chronischen Psychosen (unser heutiger Begriff für Verrücktsein) am häufigsten in zwei Formen auftreten: als Schizophrenie und als manisch-depressive Erkrankung.

Davon sind jeweils etwa ein Prozent der Bevölkerung betroffen. Beide Erkrankungen flammen episodisch auf; doch während sich der Zustand Schizophrener kontinuierlich verschlechtern kann, sind Manisch-Depressive zwischen den Krankheitsschüben im allgemeinen psychisch normal.

Die anatomischen, biochemischen und erblichen Grundlagen dieser Störungen beginnt man inzwischen besser zu verstehen. Manche Erkenntnisse haben bereits die Entwicklung neuer Behandlungsformen, auch medikamentöser, angeregt. Doch bevor wir uns diesen Forschungsergebnissen zuwenden, sollten wir uns vor Augen führen, was eine solche Krankheit überhaupt für den betroffenen Menschen bedeutet.

Ein Fall von Schizophrenie

Als Frau T. 16 Jahre alt war, erlebte sie zum ersten Mal Symptome einer Schizophrenie: Sie meinte deutlich zu fühlen, daß die Leute sie anstarrten. Diese Anfälle von Befangenheit zwangen sie, ihre öffentlichen Klaviervorträge einzustellen. Aus Verlegenheit zog die junge Frau sich immer mehr zurück, ängstigte sich bald in der wahnhaften Vorstellung, andere sprächen über sie, und hegte schließlich sogar den Verdacht, alle verschwörten sich, um ihr zu schaden.

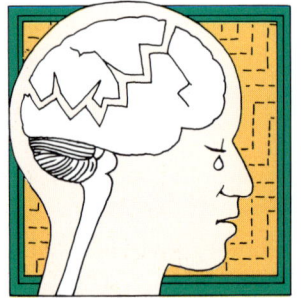

Die Erkrankung verlief zunächst episodenartig: Zwischen zwei Schüben verhielt sich Frau T. wieder genauso intelligent, warmherzig und ehrgeizig wie vor dem Durchbruch der Psychose. Trotz ihrer geistigen Störung vermochte sie mehrere Studienjahre am College abzuschließen, zu heiraten und zwei Kinder zu versorgen. Doch im Alter von 28 Jahren, nach der Geburt ihres dritten Kindes, begann sie unter Halluzinationen zu leiden und mußte zum ersten Mal in eine Klinik aufgenommen werden.

Heute, mit 45 Jahren, ist Frau T. nie ganz beschwerdefrei. Sie hat schon Dinosaurier auf der Straße und lebende Tiere in ihrem Kühlschrank gesehen. Während sie halluziniert, spricht und schreibt sie in einer zerfahrenen, jedoch geradezu poetisch anmutenden Weise. Selbst in lichteren Momenten treiben die Stimmen, die sie vernimmt, sie in gefährliche Situationen – beispielsweise dazu, mitten in der Nacht im Schlafanzug mit dem Auto auf dem Highway dahinzurasen.

Klingt ein Krankheitsschub ab, stürzt Frau T. meist in tiefe Depressionen und fühlt sich ihrem Zustand hoffnungslos ausgeliefert. Oft sitzt sie bei laufendem Motor in ihrem Wagen und grübelt, ob sie nicht ihrem Leben ein Ende setzen sollte.

In den letzten fünf Jahren hat Frau T. antipsychotische Medikamente – zum Beispiel das Neuroleptikum Haloperidol – eingenommen; sie unterdrücken die Halluzinationen und

Bild 1: Dieses Selbstporträt hat ein unter Halluzinationen leidender schizophrener Patient gemalt. Wie die Kunst von Geisteskranken zeigt, vermag der Verlust des Strukturzusammenhangs der Persönlichkeit, der mit einer Spaltung von Denken, Affekt und Erleben einhergeht, manchmal die Kreativität im visuellen Bereich zu beflügeln. Das Gemälde illustriert aber auch das tiefe Leiden an der Krankheit und die deformierte Wahrnehmung.

ermöglichen ihr ein Leben außerhalb des Krankenhauses. Doch nach belastenden Erlebnissen kann sie tage- oder gar wochenlang von Halluzinationen und Wahnvorstellungen heimgesucht werden – so kürzlich nach der Trennung von ihrem Mann und dem daraufhin nötigen Verkauf ihres Eigenheims.

Nach solchen Ereignissen verfolgen die halluzinierten Stimmen Frau T. mit vernichtender Kritik. Als ihre Tochter das Elternhaus verließ, um zu studieren, brüllten sie: „Du wirst sie nie mehr wiedersehen. Du warst eine schlechte Mutter. Sie wird sterben."

Manchmal wird Frau T. auch ohne offensichtlichen Anlaß von bizarren optischen Sinnestäuschungen heimgesucht; zum Beispiel begegneten ihr Cherubim im Lebensmittelgeschäft. Diese Erlebnisse nehmen ihre Aufmerksamkeit gänzlich in Beschlag, und vor lauter Verwirrung und Angst ist sie unfähig zu alltäglichen Verrichtungen wie Kochen oder Klavierspielen. Wenn sie sich hingegen gesund fühlt, arbeitet sie freiwillig in der Kirchengemeinde mit.

Von der Schizophrenie sind die affektiven oder Gemütsstörungen zu unterscheiden. Leidet der Patient ausschließlich unter depressiven Episoden, so spricht man von einer monopolaren Störung; bei einer bipolaren treten hingegen sowohl manische Phasen mit gehobener oder reizbarer Grundstimmung bis zur Exaltation oder Tobsucht als auch depressive auf. (Der Begriff „manisch-depressive Erkrankung" schließt beide Formen ein; der Begriff „bipolar" wird allerdings auch in den seltenen Fällen verwendet, in denen eine Manie ohne vorausgehende oder nachfolgende depressive Episoden auftritt.)

Die depressiven Verstimmungen sind äußerst schwerwiegend und münden nur allzu oft in den Freitod. In der manischen Episode sind die Patienten stark erregt und reagieren meist impulsiv. Bleibt die Manie unbehandelt, werden gewöhnlich Ehe, Karriere und Vermögen ruiniert.

Manien

Die schockierenden Symptome einer Manie können sich rasant entwickeln – wie im Falle des 25jährigen Tänzers Daryl, von dem die Forschergruppe um Robert L. Spitzer von der New Yorker Columbia-Universität berichtete. Daryl gehörte zur Besetzung einer Broadway-Show. Eines Tages begann er, nach den Proben zu Hause verächtliche Bemerkungen über die Theaterarbeit und den Regisseur zu machen. Eine Woche später beschwerte sich ein Kollege bei Daryls

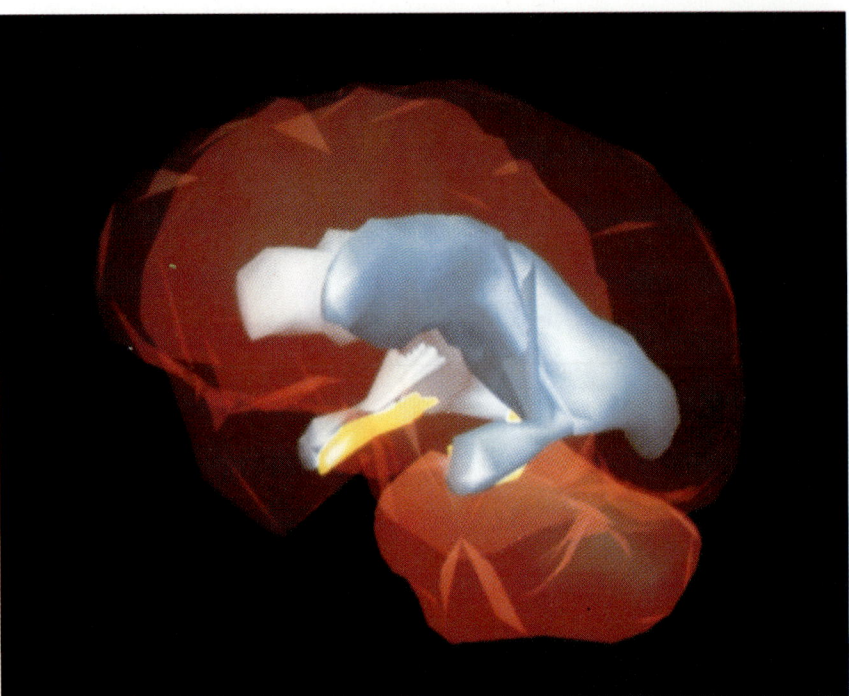

Bild 2: Das Gehirn eines schizophrenen Patienten (links) weist gegenüber dem einer gesunden Versuchsperson (rechts) charakteristische Strukturveränderungen auf: Der Hippocampus (gelb) erscheint beim Kranken geschrumpft, während die

Frau telephonisch über das Verhalten ihres Mannes: Er versuche, die Leitung der Proben an sich zu reißen, indem er dem Regisseur und den anderen Darstellern unerbetene Ratschläge gebe.

Nun merkte auch Daryls Frau, daß ihr sonst umgänglicher Mann verkrampft und gereizt geworden war. Er fing an, unflätige Bemerkungen über ihre Figur und ihr gemeinsames Sexualleben zu machen. Drei Tage später schrie er seinen Kollegen obszöne Bemerkungen zu, bis sie ihn hinauswiesen. Zu Hause redete Daryl wie ein Wasserfall und ging, nur mit Unterwäsche bekleidet, unentwegt auf und ab. Er fühlte sich weder hungrig noch müde. Am nächsten Tag blieb er der Arbeit fern, um eine ganze Reihe extravaganter Einkäufe zu tätigen.

Nun, zwei Wochen nach Auftreten der ersten Symptome, erklärte Daryl sich mit der Einweisung ins Krankenhaus einverstanden. Die Einzeldosis eines starken Beruhigungsmittels hinderte ihn jedoch nicht daran, die Station fast die ganze Nacht über in Atem zu halten. Am Morgen verließ er gegen ärztlichen Rat die Klinik.

Nach einiger Zeit besserte sich sein Zustand durch eine Behandlung mit Lithiumcarbonat. Daryls Vater hatte eine ähnliche, jedoch längere Krankengeschichte hinter sich, in deren Verlauf ihm innerhalb von 20 Jahren nach spektakulären Auseinandersetzungen mit seinen

Arbeitgebern immer wieder gekündigt worden war; doch auch sein Zustand hat sich während der letzten fünf Jahre durch Lithium sehr gebessert.

Obwohl Schizophrenie und manisch-depressive Störungen die soziale Existenz der Betroffenen zugrunde richten können, sind die Kranken mitunter überraschend kreativ. Gelegentlich haben schizophrene Patienten hinter Anstaltsmauern beispielsweise bemerkenswerte Zeichnungen und Malereien geschaffen (Bild 1).

Manisch-depressiv Erkrankte sind oft auf bestimmten Gebieten außergewöhnlich talentiert, ja geradezu genial – ob als politische und militärische Führer oder als Schriftsteller, Musiker und Schauspieler. Zu denen, die vermutlich an dieser Störung litten, gehören die englischen Dichter William Blake (1757 bis 1827) und Lord Byron (1788 bis 1824), die englische Schriftstellerin Virginia Woolf (1882 bis 1941), der deutsche Komponist Robert Schumann (1810 bis 1856) sowie die britischen Politiker Oliver Cromwell (1599 bis 1658) und Winston Churchill (1874 bis 1965). Man hat oft behauptet, daß extreme Stimmungsschwankungen und Einstellungsänderungen die Kreativität beflügeln; nach Meinung mancher kann sich Inspiration auch aus dem kräftigen und mühelosen Sprudeln der Gedanken speisen, das für milde verlaufende manische Episoden typisch ist. (Manische Patienten

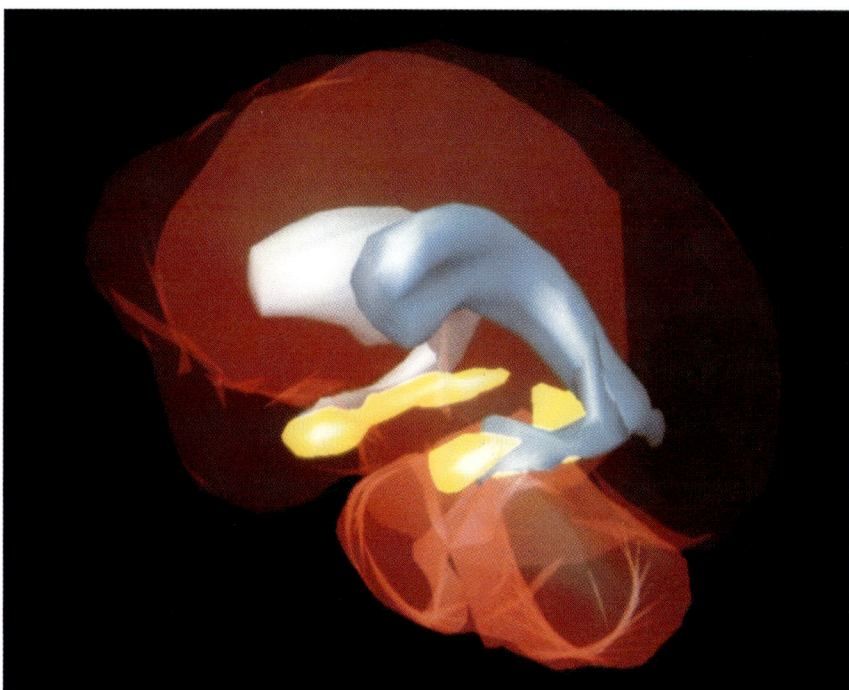

flüssigkeitsgefüllten Hirnkammern (grau) vergrößert sind. Dies deutet auf ein Defizit an Hirngewebe hin. Die räumlichen Hirn-darstellungen hat Nancy D. Andreasen an der Universität von Iowa per Computer aus Kernspintomogrammen rekonstruiert.

reden im allgemeinen sehr schnell und wechseln häufig das Thema, so daß man bei ihnen von Ideenflucht spricht.)

Erblichkeit

Obwohl Schizophrenie und schwere Gemütsleiden als immaterielle seelisch-geistige Erfahrungen auftreten, lassen sie sich großenteils aus biologischer Sicht erklären. (Wir können in diesem kurzen Artikel nur einige wenige der bislang entdeckten Aspekte diskutieren.) Erste Hinweise auf möglicherweise erbliche Faktoren ergaben sich zu Beginn dieses Jahrhunderts, als man erkannte, daß sowohl Schizophrenien als auch manisch-depressive Erkrankungen familiär gehäuft auftreten.

Eine solche Beziehung ist allerdings mit Skepsis zu betrachten, da blutsverwandte Familienmitglieder nicht nur Erb-, sondern auch Umweltfaktoren gemeinsam haben. Um diese Einflüsse zu trennen, untersuchten die Wissenschaftler Adoptierte, die von klein auf in einem neuen sozialen Umfeld aufgewachsen waren.

Mit der bekanntesten Studie dieser Art begannen Seymour S. Kety und seine Mitarbeiter am National Institute of Mental Health (NIMH) in Bethesda (Maryland) sowie an einem skandinavischen Institut für Psychologie in den sechziger Jahren. Sie wählten schizo-phrene Patienten aus, die im Säuglingsalter adoptiert worden waren, und spürten ihre Abkunft mit Hilfe des Adoptionsregisters auf. Der Studie zufolge tragen genetisch Verwandte ein erhöhtes Erkrankungsrisiko, Adoptivverwandte hingegen nicht. Auch bei der Kontrollgruppe – genetisch Verwandten nichtpsychotischer Adoptierter – fanden sich Schizophrenie oder ähnliche Krankheiten nicht überdurchschnittlich oft.

Des weiteren haben sich Zwillingsstudien als aufschlußreich erwiesen: Entwickelt sich bei einem eineiigen Zwilling eine Schizophrenie oder eine bipolare Störung, so ist die Wahrscheinlichkeit, daß auch der andere, genetisch identische erkrankt, viel größer als bei zweieiigen Zwillingen, die nur etwa die Hälfte ihrer Gene gemeinsam haben: Sie beträgt rund fünfzig Prozent. Selbst die Kinder der nicht betroffenen eineiigen Zwillingspartner tragen immer noch ein erhöhtes Erkrankungsrisiko.

Aus diesen Korrelationen lassen sich zwei Schlußfolgerungen ziehen. Das Erkrankungsrisiko unter direkt (nicht angeheirateten oder adoptierten) Verwandten steigt, wenn in der Familie überhaupt eine chronische Psychose auftritt, mit wachsender genetischer Ähnlichkeit; doch selbst absolute genetische Gleichheit bedeutet kein völlig entsprechendes Auftreten. Und somit müssen Umweltfaktoren – genauer ein Zusammenwirken von erblicher Veranlagung und soziokul-turellen Einflüssen sowie Lebensumständen – darüber entscheiden, ob die Schwelle zur Krankheit überschritten wird. Entsprechende Untersuchungen haben bereits einen möglichen Faktor ins Blickfeld gerückt: vorgeburtlichen Kontakt mit Grippe-Viren.

Auch Gemütsstörungen brechen dann durch, wenn genetische Disposition und bestimmte Umwelteinflüsse zusammentreffen. So erkranken in mehreren Industrieländern seit den vierziger Jahren anteilig immer mehr Menschen jeder Altersgruppe an schwerer Depression; diesen Trend stellte man vor erstmals etwa zehn Jahren bei einer epidemiologischen Studie in Schweden fest. In denselben vier Jahrzehnten stieg im kanadischen Alberta die Zahl der Selbstmorde gleichermaßen an.

Sicher belegt ist dies als sogenannter Kohorten-Effekt: Beispielsweise nahmen sich von den Fünfzehn- bis Neunzehnjährigen, die in den späten fünfziger Jahren geboren worden waren, zehnmal so viele das Leben wie von den Jugendlichen dieser Altersklasse, die in den frühen dreißiger Jahren zur Welt gekommen waren. Ähnliche jahrgangsbezogene Zunahmen stellte man für die betreffenden vier Jahrzehnte bei Selbsttötungen und unipolaren Störungen in den USA, bei bipolaren Störungen sowohl in den USA als auch in der Schweiz sowie bei Alkoholismus von Männern in den USA fest (Bild 4).

Die Rate der Depressionen, Manien und Selbsttötungen steigt in dem Maße an, in dem jede neue Jahrgangskohorte altert – ein für die öffentliche Gesundheit bedenklicher Trend. Bei den Verwandten Erkrankter sind solche Jahrgangseffekte sogar noch deutlicher zu beobachten als in der Allgemeinbevölkerung: Die Kinder dieser Patienten sind in vergleichbarem Lebensalter viel anfälliger für dieselbe Erkrankung als die Geschwister ihres kranken Elternteils. Dieser Zusammenhang weist deutlich auf ein Wechselspiel zwischen Erbfaktoren und einem – vorläufig noch mysteriösen – Umwelteinfluß hin, der sich in den letzten Jahrzehnten kontinuierlich verändert haben muß.

Bilder des lebenden Gehirns

Die Art der von Genen und Umwelt ausgelösten zentralnervösen Veränderungen blieb bis in die siebziger Jahre hinein rätselhaft. Doch dann ermöglichten neue bildgebende Verfahren den Ärzten, das lebende Gehirn höchst detailliert in Augenschein zu nehmen. Mit einer dieser

Methoden, der Computertomographie (einem Schnittbild-Verfahren), untersuchten Eve C. Johnstone und ihre Mitarbeiter am Klinischen Forschungszentrum in Middlesex (England) 1978 erstmals das Gehirn Schizophrener. Sie stellten fest, daß die Seitenventrikel, die erste und die zweite Hirnkammer, viel größer waren als bei nicht-psychotischen Personen. Erweiterte Ventrikel oder auch ein vergrößerter Abstand zwischen einzelnen Hirnwindungen lassen darauf schließen, daß das Gehirn ungenügend entwickelt ist oder Hirngewebe eingebüßt hat. Weitere Röntgenbefunde stützten diese Annahme: Im Bereich der Großhirnwindungen hatten schizophrene Patienten weniger Gewebemasse und größere flüssigkeitsgefüllte Räume.

Auch mit Hilfe der Kernspintomographie ließ sich die Ventrikel-Erweiterung erkennen. Eine Forschergruppe um Daniel R. Weinberger am NIMH verglich eineiige Zwillinge, von denen einer an Schizophrenie litt. Bei zwölf von fünfzehn untersuchten Paaren waren die Ventrikel des erkrankten Zwillings größer als die des gesunden. Des weiteren wurde die relative Verkleinerung spezieller Hirnstrukturen durch Autopsien und Kernspintomogramme an schizophrenen Patienten nachgewiesen. Die eindrucksvollsten Gewebedefizite fanden sich am Hippocampus, einer beidseitig angelegten Struktur am freien, nach innen eingekrümmten Rand der Schläfenlappen, die zum limbischen System gehört (Bild 2).

Der Hippocampus steuert emotionale Reaktionen, das Gedächtnis und andere Leistungen. Er entsendet Fasern in den vorderen Stirnlappen, der bei Primaten das Arbeitsgedächtnis verwaltet (siehe den Artikel von Patricia S. Goldman-Rakic auf Seite 68).

Die neuartigen Abbildungsverfahren machten auch erstmals funktionelle Defizite sichtbar. Im Jahre 1974 wies David H. Ingvar von der Universitätsklinik in Lund (Schweden) nach, daß das Stirnhirn schizophrener Patienten schlechter durchblutet ist und daß somit die Nervenzellen dort weniger aktiv sind als bei Gesunden. Dieser Befund ist seither vielfach bestätigt worden (Bild 3).

Hirnanomalien

Weinbergers Gruppe brachte die strukturellen und funktionellen Hirnanomalien mit gewissen typischen kognitiven Störungen Schizophrener in Verbindung. Die Forscher maßen die Hirndurchblutung bei schizophrenen und nicht-psychotischen Versuchspersonen, während diese mit dem Wisconsin Card

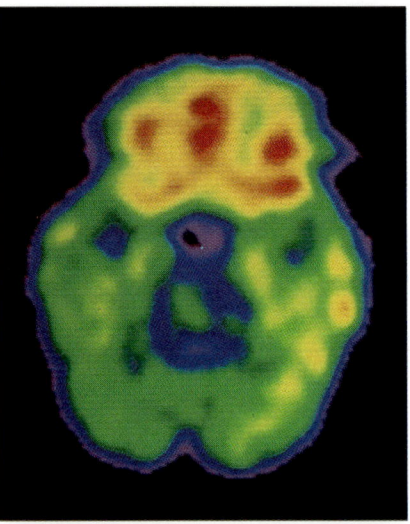

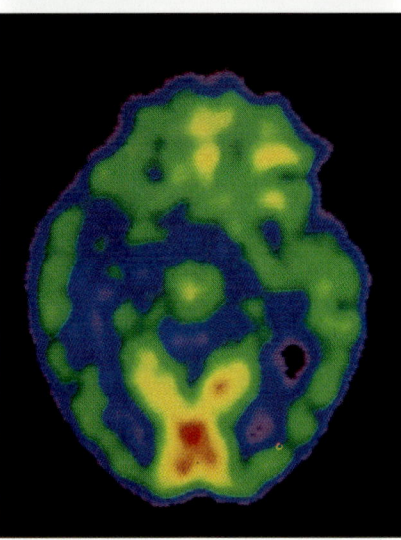

Bild 3: Während diese Positronen-Emissions-Tomogramme angefertigt wurden, führten eine gesunde Versuchsperson (oben) und ein schizophrener Patient (unten) jeweils denselben Aufmerksamkeitstest aus. Ein Vergleich verdeutlicht die Funktionsstörung des erkrankten Gehirns: Im Laufe des Tests verstärkte sich beim normalen Probanden der Stoffwechsel im vorderen Stirnlappen, beim Kranken hingegen nicht. Die Tomogramme hat Monte S. Buchsbaum von der Universität von Kalifornien in Irvine aufgenommen.

Sort beschäftigt waren; dieser Test prüft durch die Aufgabe, spezielle Karten zu sortieren, das Arbeitsgedächtnis und die Fähigkeit zu abstraktem Denken. Bei gesunden Probanden erhöhte sich während des Tests die Durchblutung im vorderen Stirnlappen stärker als bei den schizophrenen, die auch schlechter abschnitten. Am deutlichsten war der präfrontale Durchblutungsmangel bei den Schizophrenen mit den kleinsten Hippocampus-Strukturen.

Durch Autopsie verstorbener Schizophrener hat man außerdem – vor allem in

den Schläfenlappen – Abweichungen von der Norm bei Anzahl und Organisation der Hirnzellen entdeckt. Doch findet sich in dem Gewebe keine der für eine Infektion typischen Vernarbungen, und die Anomalien nehmen nicht mit dem Alter zu. Deshalb vermuten einige Forscher als Ursache eine Entwicklungsstörung: Vielleicht haben die Nervenzellen nicht normal wachsen und ihre Verbindungen ausbilden können, oder die endgültige Reifung des Nervensystems, die üblicherweise zwischen dem dritten und fünfzehnten Lebensjahr stattfindet, war behindert (siehe den Beitrag von Carla J. Shatz auf Seite 2).

Wie könnten solche Anomalien die Symptome der Schizophrenie verursachen? Bei Hirnoperationen an Nicht-Schizophrenen hatte Wilder G. Penfield vom Neurologischen Institut von Montreal (Kanada) entdeckt, daß gewisse Hirnstrukturen etwas mit Halluzinationen zu tun haben. Bei solchen Eingriffen wird oft nur lokal betäubt (das Gehirn selbst ist schmerzfrei), damit der Patient mithelfen kann, die Funktionen des Hirngewebes in der Nähe des Operationsgebiets festzustellen. Wenn Penfield mit der Diagnose-Elektrode den Schläfenlappen reizte, löste er beim Patienten oft akustische und visuelle Sinneseindrücke aus, die Halluzinationen glichen.

Weitere Forschungen ergaben, daß die vorderen Abschnitte der Schläfenlappen hochgradig verarbeitete und gefilterte sensorische Information aus anderen Regionen der Großhirnrinde aufnehmen. Schließlich erreicht diese Information auch das limbische System und weitere Strukturen, die Gefühlsreaktionen und Affekte vermitteln. Möglicherweise entstehen also typische schizophrene Symptome wie akustische Halluzinationen und das Gefühl der Reizüberflutung dadurch, daß die Schläfenlappen übererregt sind oder weil die eingehende Information nicht richtig gefiltert worden ist.

Psychopharmaka

Die ersten wirksamen Medikamente gegen schizophrene und depressive Zustände waren Zufallstreffer, von deren Wirkung auf die Chemie des Gehirns niemand eine Ahnung hatte. In den fünfziger Jahren entdeckte man, daß der neuentwickelte Wirkstoff Chlorpromazin nicht nur zur Narkosevorbereitung taugte, sondern überraschenderweise sowohl schizophrene als auch manische Symptome linderte; die Substanz wurde zum ersten breit angewendeten Antipsychotikum. Das Molekül diente als Grundmodell für die Synthese von Imipramin, wobei die Pharmakologen erwarteten, auch diese Variante würde gegen Psychosen wirken. Statt dessen entpuppte sie sich als hochwirksames Mittel gegen depressive Zustände. Und nachdem der australische Psychiater John Cade 1949 festgestellt hatte, daß Lithiumsalze seine Laborratten beruhigten, begann man manisch-depressive Erkrankungen mit Lithium zu behandeln.

Erste Einblicke in den Wirkmechanismus antidepressiver Substanzen ergaben sich durch Reserpin: Diese Substanz aus der Wurzel des Hundsgiftgewächses *Rauwolfia serpentina*, die seit langem in der indischen Volksmedizin verwendet wird, war eines der ersten wirksamen Medikamente gegen erhöhten Blutdruck; manchmal löste sie jedoch so schwere Depressionen aus, daß einige Patienten sich das Leben nahmen.

Wie Biochemiker herausfanden, bewirkt Reserpin, daß an den synaptischen Endigungen gewisser Nervenzellen die Speicher für Neurotransmitter wie Noradrenalin, Dopamin und Serotonin, die chemisch zu den Monoaminen gehören, leerlaufen. (An den Synapsen, den Schaltstellen, übertragen Neuronen ihre Signale durch Botenstoffe, Transmitter.) Hingegen reicherten alle damals bekannten Antidepressiva diese Monoamine im Bereich der Synapse an; entweder verzögern sie den biologischen Abbau in der Endigung, so daß mehr für die Ausschüttung bereitsteht, oder sie beeinträchtigen die Wiederaufnahme in die Endigung, so daß mehr vom ausgeschütteten Transmitter in dem synaptischen Spalt zwischen vor- und nachgeschalteter Zelle bleibt (siehe Kasten Seite 133). Das veranlaßte 1965 Joseph J. Schildkraut, der damals am NIMH arbeitete, zu der Hypothese, bei Depressionen seien an den Synapsen zu wenig Catecholamine – Noradrenalin und insbesondere Dopamin – verfügbar, bei manischen Zuständen hingegen zuviel. Allerdings fanden sich Stoffe (zum Beispiel Iprindol), die weder die Wiederaufnahme von Noradrenalin noch seinen Abbau nachweisbar verändern und doch antidepressiv wirken.

Darum verlagerten Pharmakologen und Biochemiker ihr Interesse von den Neurotransmittern auf die Rezeptormoleküle der nachgeschalteten Zelle, an die sie sich koppeln. Sie wußten zwar, daß für Noradrenalin mehrere pharmakologisch unterscheidbare, sogenannte adrenerge Rezeptoren existieren, doch als sie die Bindung verschiedener antidepressiver Substanzen daran untersuchten, ließen sich keine konsistenten Veränderungen feststellen.

Einen konsistenten Effekt fand 1975 eine Gruppe um Fridolin Sulser an der Vanderbilt-Universität in Nashville (Tennessee), als sie einen Schritt weiterging: vom Andocken der Substanzen zu den dadurch innerhalb der Nervenzelle ausgelösten Reaktionen. Sie untersuchten zunächst, was geschieht, wenn Noradrenalin Beta-Rezeptoren erregt. Diese Unterklasse adrenerger Rezeptoren veranlaßt dann, daß in der jeweiligen Nervenzelle cyclisches Adenosinmonophosphat (cAMP) gebildet wird, das als sekundärer Botenstoff wirkt. Doch wie sich zeigte, flacht diese sekundäre Reaktion – eigenartigerweise – stets ab, wenn über längere Zeit Iprindol oder gewisse andere antidepressive Substanzen eingesetzt werden. Das geschieht bei praktisch allen Antidepressiva – selbst jenen, die erst nach Veröffentlichung dieser Ergebnisse entdeckt wurden. Gleiches gilt auch für die Elektrokrampftherapie (das Auslösen künstlicher Krampfanfälle durch Stromstöße im Gehirn), eine umstrittene Behandlungsmethode bei Depression. (*Anmerkung der Redaktion*: Nach einer kürzlich an einer Tübinger Klinik abgeschlossenen Studie war die Elektrokrampftherapie bei Kranken mit therapieresistenten Depressionen nicht besonders erfolgreich und bei Patienten mit schizoaffektiven Psychosen praktisch wirkungslos. Bei den seltenen Kranken mit akuten perniziösen Katatonien – lebensbedrohlichen Schizophrenieformen – erwies sie sich allerdings als geradezu lebensrettend.)

Für jedes Monoamin kennt man bereits mehrere Rezeptoren, einige davon erst seit neuestem. Mit jeder weiteren Variante versteht man besser, wie Antidepressiva diese Rezeptoren und ihre Systeme sekundärer Botenstoffe beeinflussen. Wie sich herausstellte, bewirken viele, aber nicht alle Antidepressiva ein Herauf- oder Herunterregulieren anderer Rezeptoren – darunter von prä- und postsynaptischen adrenergen sowie bestimmten Unterklassen dopaminergen und serotonergen Rezeptoren. Über die eigenen – präsynaptischen – Rezeptoren beispielsweise erhält eine Zelle Rückmeldung über die von ihr ausgeschüttete Transmittermenge; solche Autorezeptoren beeinflussen dann die Synthese oder die weitere Freisetzung von Transmitter (siehe Bild im Kasten auf Seite 133).

Biochemische Fehlsteuerung

Diese Mehrfachwirkungen der therapeutischen Substanzen lassen vermuten, daß bei manisch-depressiven Erkrankungen zahlreiche verschiedene biochemische Defekte eine Rolle spielen. Als Ursachen für eine gestörte Signalübertragung beispielsweise kommen Anomalien von Rezeptoren und zugehörigen Molekülen ebenso in Frage wie von verschiedenen Komponenten des Sekundärbotensystems oder von Proteinen, die den Ionentransport regulieren und indirekt die Aktivität der Sekundärbotensysteme steigern oder drosseln. Und schließlich könnten auch defekte G-Proteine verantwortlich sein – sie binden sich an aktivierte Rezeptoren und stimulieren oder hemmen dann letztlich die Synthese der Sekundärbotenstoffe in der Zelle (siehe „G-Proteine" von Maurine E. Linder und Alfred G. Gilman, Spektrum der Wissenschaft, September 1992, Seite 54). Bis-

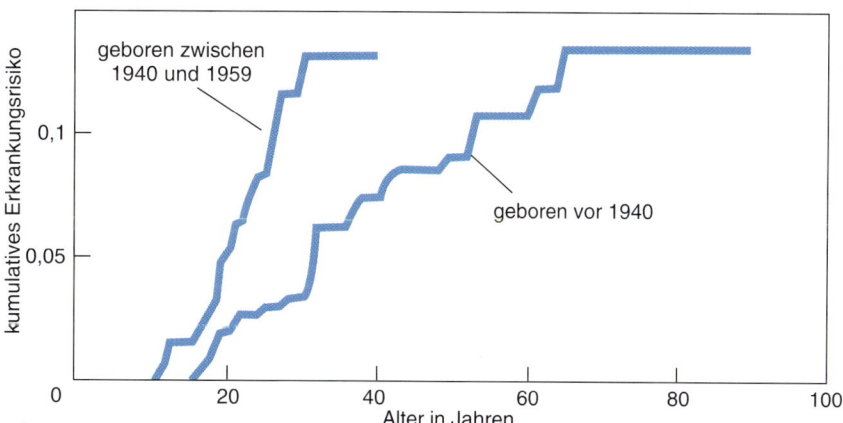

Bild 4: Offenbar sind bestimmte Umweltfaktoren dafür verantwortlich, daß die Häufigkeit, mit der genetisch entsprechend prädisponierte Menschen tatsächlich an Psychosen erkranken, im Laufe der letzten Jahrzehnte alarmierend zugenommen hat. Die Graphik zeigt einen Vergleich zwischen zwei Gruppen von Blutsverwandten manisch-depressiver Patienten; die Mitglieder der einen Gruppe wurden vor dem Jahr 1940 geboren, die der anderen später. In jeder Altersgruppe, für die ein Vergleich möglich ist, trägt die später geborene Jahrgangskohorte ein erheblich größeres Risiko, manisch-depressive Erkrankungen oder ähnliche Psychosen zu entwickeln.

lang ließ sich freilich noch keine dieser molekularen Anomalien direkt an Patienten belegen.

Bei vielen Manisch-Depressiven werden die Schübe allmählich immer häufiger und heftiger. Darin sah Robert M. Post vom NIMH eine Analogie zu einem experimentellen Prozeß, der unter dem englischen Begriff *kindling* (Anfachen) in der Fachwelt bekannt ist. Dabei provoziert man bei Nagetieren im Labor Krampfanfälle, indem man ihr Gehirn mit Strom stimuliert. Mit jedem Versuch sinkt die Reizschwelle, so daß immer geringere Ströme einen Anfall auslösen, bis schließlich die Krämpfe spontan auftreten.

Post meint, daß manisch-depressive Störungen auf ähnliche Art fortschreiten, wobei jeder Schub den Weg für den nächsten bahnt. Dies würde sowohl erklären, warum sich die Erkrankung mit der Zeit verschlimmert, als auch, warum es sich so nachteilig auswirkt, wenn Patienten die Einnahme von Lithiumsalzen oder von Mitteln gegen zerebral ausgelöste Krampfanfälle unterbrechen. Danach sprechen sie nämlich manchmal nicht mehr auf die medikamentöse Behandlung an, selbst wenn sie ihnen früher geholfen hat.

Auch aus den biochemischen Wirkungen neuroleptisch wirksamer Medikamente wie Chlorpromazin lassen sich molekularbiologische Aspekte der Schizophrenie ableiten. Arvid Carlsson von der Universität Göteborg (Schweden) suchte zu klären, warum Versuchstiere, die Neuroleptika erhalten hatten, vermehrt Dopamin-Abbauprodukte erzeugten. Er vermutet darin eine kompensatorische Reaktion der präsynaptischen Nervenzelle; denn bei einer postsynaptischen Blockade der Rezeptoren würde der quasi arbeitslose ausgeschüttete Transmitter über Rückkoppelungsmechanismen seinen Abbau in der produzierenden Zelle fördern (siehe Kasten auf Seite 133).

Antipsychotische Medikamente wirken hauptsächlich an dopaminergen Rezeptoren vom Typ D_2; dies stellte sich heraus, als man verschiedene molekulare und pharmakologische Arten von Dopamin-Rezeptoren identifiziert hatte. Der Effekt einiger dieser Substanzen beruht anscheinend auf Wechselwirkungen mit anderen Neurotransmitter-Systemen – etwa indem sie ein Ungleichgewicht zwischen den Nervenbahnen mit dopaminergen Rezeptoren vom Typ D_2 und solchen mit Typ D_1 oder dem Serotonin-Rezeptor-Typ $5HT_2$ ausgleichen.

Maria und Arvid Carlsson haben kürzlich die Hypothese aufgestellt, charakteristisch für Schizophrenie sei eine gestörte Balance zwischen dopaminergen Nervenzellen, die im Mittelhirn entspringen, und glutaminergen Neuronen aus der Großhirnrinde. Das Ungleichgewicht könnte von einem Dopaminüberschuß, einem Glutaminmangel oder beidem herrühren. Eine verringerte Anzahl glutaminerger Nervenzellen würde zu dem bei Schizophrenie beobachteten Gewebeschwund der Großhirnrinde passen. Diese Hypothese steht auch in Einklang mit der Wirkung von Suchtmitteln, die psychotische Zustände auslösen: Phencyclidin (Codename PCP oder Angel Dust, „Engelsstaub") ist ein Halluzinogen, das glutaminerge Rezeptoren blockiert, während Amphetamine, die bei Dauergebrauch manchmal Psychosen hervorrufen, die Dopamin-Freisetzung fördern.

Erkenntnisse über die klinische und biochemische Wirkweise solcher Substanzen ermöglichen es nun, gezielt – sozusagen per Design – neue Medikamente zu entwickeln. Sobald die Neuropharmakologen beispielsweise erkannt hatten, daß die antischizophrene Wirkung von Chlorpromazin auf der Blockade von Dopamin-Rezeptoren beruht, konnten sie Haloperidol synthetisieren, das fast ausschließlich und sehr effizient dopaminerge Rezeptoren erkennt. Ebenso wurde Fluoxetin entwickelt, nachdem man herausgefunden hatte, daß Imipramin deshalb als Antidepressivum wirkt, weil es auch die Wiederaufnahme des Neurotransmitters Serotonin blockiert: Fluoxetin blockiert ebenfalls die Serotonin-Wiederaufnahme, beeinträchtigt hingegen die Rückresorption anderer Monoamine kaum.

Pharmakologie und Neurobiologie profitieren weiterhin voneinander. Wie klinische Tests in den letzten Jahren gezeigt haben, hilft Clozapin in etwa 30 Prozent jener Fälle von Schizophrenie, bei denen andere antipsychotische Medikamente gar nicht oder nur mit unerträglich schweren Nebeneffekten wirken. Die ungewöhnlichen Eigenschaften von Clozapin – so seine spezifische Wechselwirkung mit bestimmten dopaminergen und serotonergen Rezeptoren (D_4 und $5HT_2$) – tragen vielleicht dazu bei, die Mechanismen der Schizophrenie besser zu verstehen.

Depression und Stress-System

Bei Depressionen spielen Hormonsysteme eine viel größere Rolle als zunächst vermutet. Cortisol, ein Hormon der Nebennierenrinde, stellt den größten Anteil der Steroide, die bei Stressreaktionen im menschlichen Organismus zirkulieren. Viele tief depressive Patienten haben dauerhaft erhöhte Cortisol-Konzentrationen im Blut.

Der Fehler resultiere – so George P. Chrousos vom amerikanischen National Institute of Child Health and Human Development in Bethesda und Philip W. Gold vom NIMH – aus einer bestehenbleibenden Aktivierung des Stress-Systems im Gehirn (Bild 5). Dieses komplexe System aus neuronalen, hormonellen und immunologischen Reaktionen kommt ins Spiel, wenn auf stressauslösende Reize hin die hypothalamischen Zentren des Gehirns das Corticotropin freisetzende Hormon CRH (für englisch: *corticotropin-releasing hormone*) ausschütten; CRH wiederum regt die Hirnanhangdrüse (Hypophyse) an der Unterseite des Gehirns an, das Hormon Adrenocorticotropin zu produzieren, das über die Blutbahn zur Nebennierenrinde gelangt und sie veranlaßt, Cortisol auszuschütten. Erreicht das überschüssige Cortisol seine Glucocorticoid-Rezeptoren (auch Glucosteroid-Rezeptoren genannt) im Gehirn, so vermindert sich normalerweise die CRH-Produktion wieder. Doch bei depressiven Patienten versagt nach Golds Befund diese Drosselung, und es wird weiter zuviel CRH und damit dann Cortisol produziert.

Die CRH-synthetisierenden Neuronen des Hypothalamus werden vorwiegend von Noradrenalin produzierenden (noradrenergen) Nervenzellen aus dem hinteren Bereich des Stammhirns gesteuert. Die beiden Neuronentypen – die CRH-produzierenden und die noradrenergen – bilden zentrale Schaltstellen des Stress-Systems und regen sich gegenseitig an. Überdies reagieren sie sehr ähnlich auf zahlreiche Neurotransmitter und Peptid-Modulatoren der synaptischen Übertragung. Da viele antidepressive Medikamente die Wirkung dieser Neurotransmitter verändern, beeinflussen sie auch die Steuerung des Stress-Systems.

Das Stress-System des Gehirns hat vielfältige Aufgaben. Es bestimmt das allgemeine Erregungsniveau (die Wachheit) und verleiht dem Erleben seine emotionale Färbung. Es entscheidet immer wieder neu darüber, wie leicht unterschiedliche Informationen zugänglich und verwertbar sind, und hilft, spezielle Handlungen in Gang zu setzen. Depressive Menschen können sich auf all diese Funktionen nicht mehr verlassen. Infolgedessen werden sie traurig, können sich nur schwer konzentrieren und sind unfähig, Entscheidungen zu treffen.

Das Stress-System beginnt anatomisch mit dem *Locus coeruleus*, einer bläulich wirkenden Stelle im Stammhirn (dem Hauptsitz der Noradrenalin synthe-

Medikamente gegen Geistes- und Gemütskrankheiten

Psychopharmaka können an mehreren Stellen der Synapse – der Kontaktstelle zwischen zwei verschalteten Neuronen, durch die das Nervensignal übertragen wird – wirksam werden. Einige Antidepressiva beeinflussen die präsynaptische Zelle, indem sie dort die Wiederaufnahme ausgeschütteter Transmitter aus der Gruppe der Monoamine blockieren (a). Dazu gehören tricyclische Antidepressiva wie Imipramin, welche die Wiederaufnahme mehrerer Monamine verhindern, aber auch spezifischere Blocker wie Fluoxetin für Serotonin sowie Buproprion für Dopamin. Andere Antidepressiva, die Monoaminooxidase-Hemmer, hindern die präsynaptische Nervenzelle, Monoamine abzubauen (b). Wieder andere Mittel wirken auf die postsynaptische Zelle und blockieren oder fördern dort die Ansprechbarkeit von Monoamin-Rezeptoren (c). Der Wirkstoff Haloperidol zum Beispiel blockiert Dopamin-Rezeptoren. Schließlich wirken sich einige Psychopharmaka auf das System des sekundären Botenstoffs aus, der normalerweise nach der Aktivierung eines Rezeptors produziert wird (d). Beispielsweise wirkt Lithiumcarbonat, ein Mittel gegen Depressionen und Manien, indem es die Synthese von Phosphatidylinositol-diphosphat hemmt – den Ausgangsstoff für die Bildung eines sekundären Botenstoffs wie Inositoltriphosphat. Hier ist ein postsynaptischer Rezeptor dargestellt, an den ein sogenanntes G-Protein gekoppelt ist. Es ist dadurch aktiviert und regt beispielsweise ein Enzym an, einen weiteren sekundären Botenstoff – cyclisches Adenosinmonophosphat – herzustellen. Solche Stoffe lösen dann ihrerseits eine Kaskade molekularer Reaktionen aus, die darüber bestimmen, wie die postsynaptische Zelle reagiert.

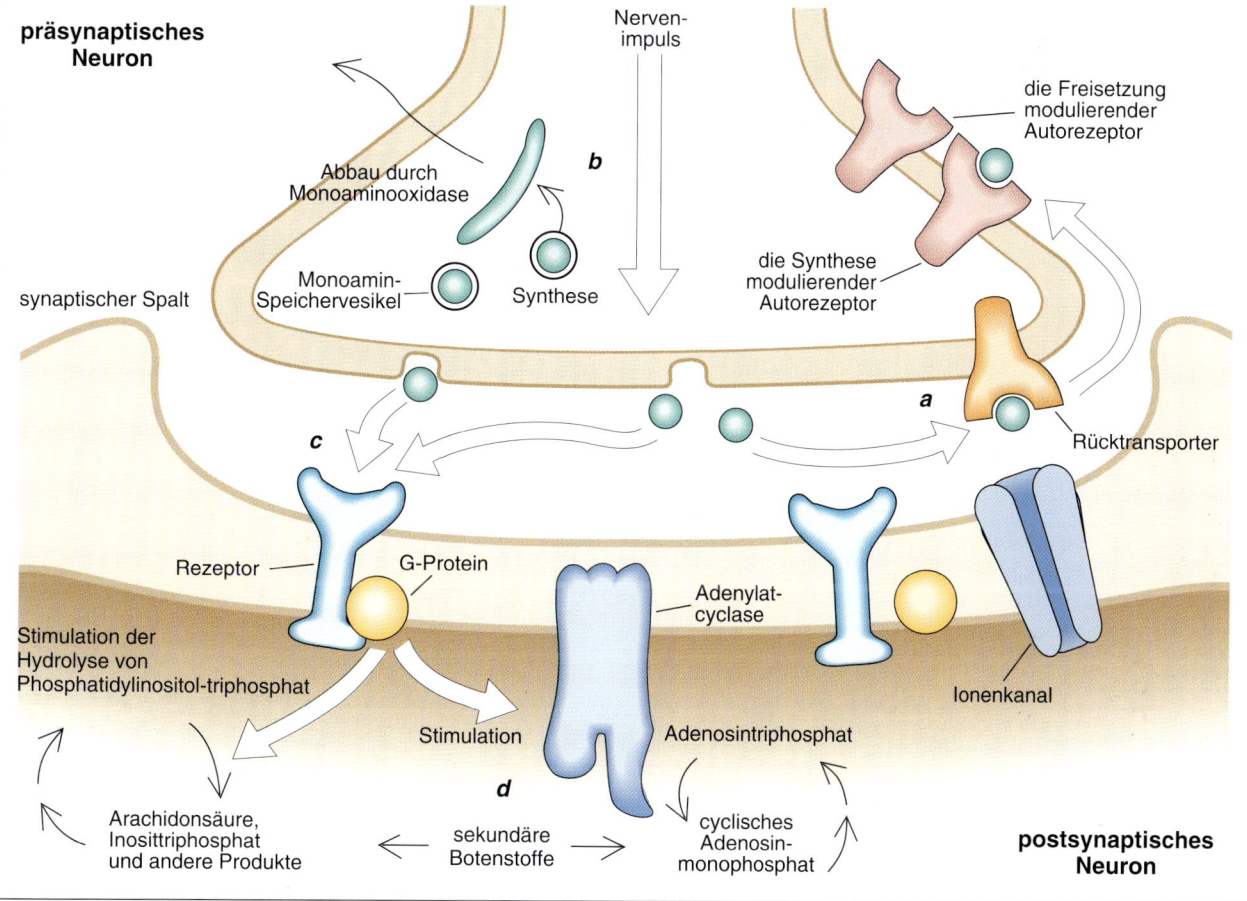

paraventrikulären Kern des Hypothalamus (der wichtigsten CRH-produzierenden Hirnregion). Von dort bestehen Verbindungen zum Großhirn; an ihnen sind auch Dopamin produzierende Neuronen beteiligt, die in das mesolimbische dopaminerge System Fasern entsenden (Bild 5); dieses System hilft, Motivationen – Belohnungs- und Verstärkungsverhalten – zu steuern. Eine Verbindung von CRH-Neuronen zum Mandelkern und zum Hippocampus ist schließlich wichtig für das Erinnern und für die emotionale Analyse von Informationen, die sich auf die stressauslösenden Umweltereignisse beziehen.

Die allgemeinen Modelle von Fehlregulationen im Stress-System lassen sich auf viele psychische und andere Erkrankungen anwenden. Ob eine ursächliche Beziehung zwischen Gemütsleiden und dieser Art gestörter Stressreaktion besteht, müssen aber umfangreiche Grundlagenforschungen und klinische Untersuchungen noch ergründen.

Da die Anfälligkeit für eine Psychose höchstwahrscheinlich erblich ist, sollten sich die mutmaßlichen biologischen Grundlagen solcher Erkrankungen im Prinzip molekulargenetisch erkennen oder ausschließen lassen. Leicht ist diese Aufgabe jedoch nicht, denn weder Schizophrenien noch manisch-depressive Störungen werden durch ein einziges dominantes oder rezessives Gen weitergegeben. Möglicherweise entscheidet das Zusammenspiel mehrerer Gene an verschiedenen Stellen auf einem oder mehreren Chromosomen über die Ausprägung der Krankheit; auch eine Heterogenie (wobei eine Mutation an

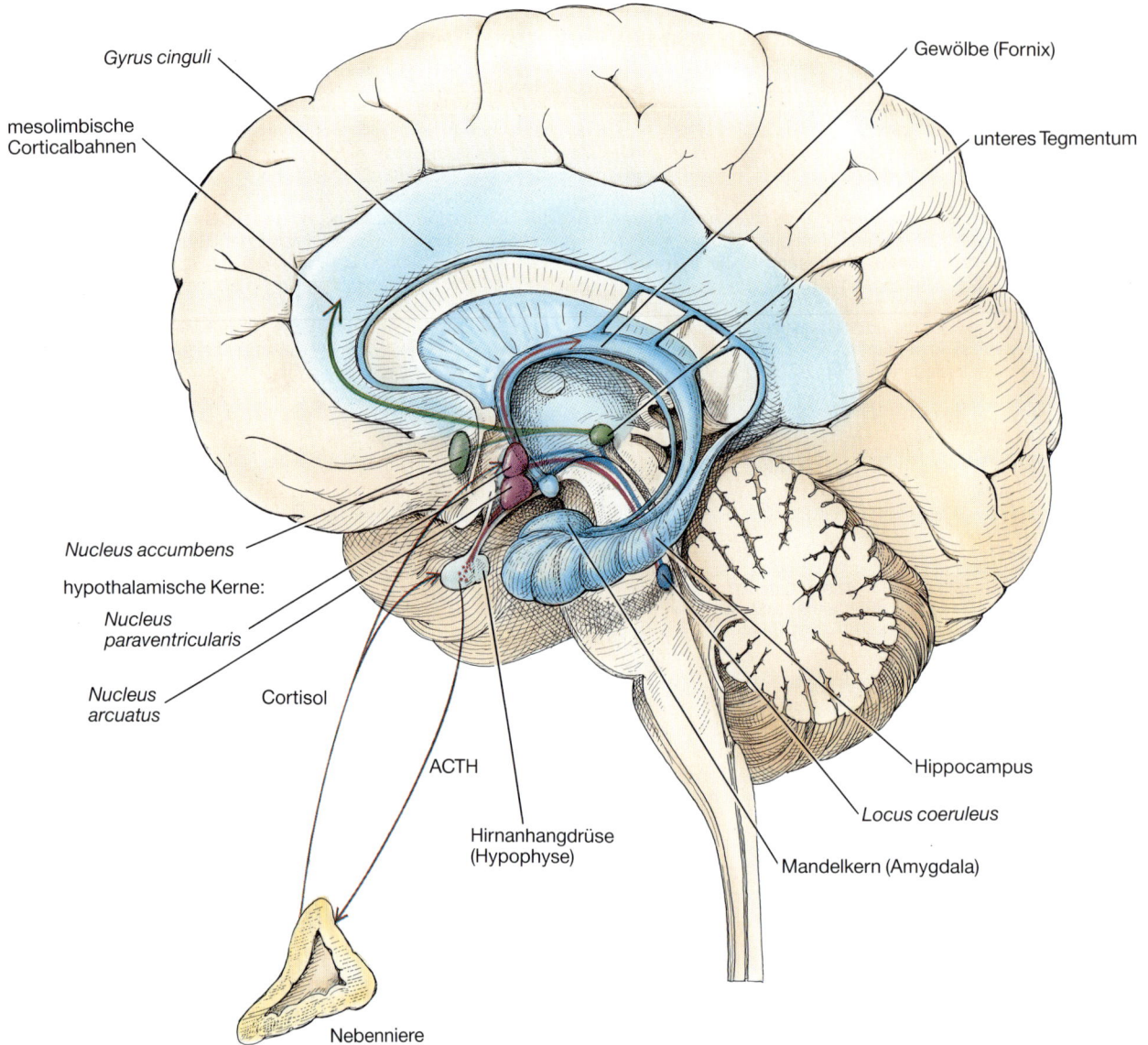

Gyrus cinguli

mesolimbische
Corticalbahnen

Gewölbe (Fornix)

unteres Tegmentum

Nucleus accumbens

hypothalamische Kerne:

Nucleus
paraventricularis

Nucleus
arcuatus

Cortisol

ACTH

Hirnanhangdrüse
(Hypophyse)

Hippocampus

Locus coeruleus

Mandelkern (Amygdala)

Nebenniere

Bild 5: Das Stress-System des Gehirns erstreckt sich vom Stammhirn aus über den Hypothalamus in das limbische System und andere Teile des Großhirns (hellblau). Es umfaßt Nervenbahnen, welche die Neurotransmitter Noradrenalin (dunkelblau) und Dopamin (grün) sowie das Hormon CRH (violett) enthalten. Ist das Stress-System aktiviert, beeinflußt es die Freisetzung des Hormons Cortisol in der Nebennierenrinde. Normalerweise wird es wieder deaktiviert, wenn sich Cortisol an die Rezeptoren im Hypothalamus anlagert. Doch bei depressiven Patienten versagt diese Bremse, und das Stress-System bleibt chronisch aktiviert.

ganz unterschiedlichen Genorten ein und dieselbe Erkrankung verursachen kann) kommt in Betracht.

Erblichkeit

Es gibt im Prinzip zwei Strategien, nach krankmachenden Genen zu fahnden: Man sucht entweder jedes einzelne Chromosom systematisch ab, oder man nimmt sich ein bestimmtes Gen – etwa das für einen bestimmten Rezeptor – vor, von dem man weiß, daß es für Proteine codiert, die mit der Krankheit in Beziehung stehen.

Mittlerweile kennt man DNA-Marker (charakteristische Erkennungszeichen)

für fast alle Abschnitte jedes Chromosoms (siehe Spektrum der Wissenschaft, April 1988, Seite 80). Jeder Elternteil steuert einen einfachen Chromosomensatz zum Erbgut seiner Nachkommen bei. Da die Chromosomenpaare vor der Weitergabe aber durch Crossing-over Stücke austauschen, ist das schließlich vererbte Chromosom ein Mosaik. Wird aber ein durch einen Marker gekennzeichneter Chromosom-Abschnitt stets in einer Abstammungslinie weitergegeben, in der auch die Krankheit auftritt, und ist der Zusammenhang zwischen Marker und Krankheit nachgewiesen, so steht fest, daß irgendwo auf diesem markierten Abschnitt ein in die Krankheit involviertes Gen liegt.

Solche Kartierungen haben übereinstimmend gezeigt, daß bei einem Teil der Familien von Alzheimer-Patienten die Krankheit mit Markern auf dem langen Arm von Chromosom 21 verknüpft ist. Für manisch-depressive Erkrankungen oder Schizophrenien ließen sich solche Zusammenhänge bisher nicht stichhaltig beweisen. Zwar zog man aus der Studie eines umfangreichen Stammbaums der Amischen Mennoniten – einer isoliert lebenden Sekte in den USA – den auch in der Öffentlichkeit weithin beachteten Schluß, manisch-depressive Erkrankungen seien mit Markern auf Chromosom 11 verknüpft; und eine andere Studie stellte aufgrund mehrerer isländischer und englischer Stammbäume einen Zusammenhang zwischen Schizophrenie und Markern auf Chromosom 5 her. Aber in beiden Fällen zwangen spätere Analysen die Autoren, ihre Folgerungen zurückzunehmen, und kein anderer Forscher hat ihre Ergebnisse bestätigt.

Mehrfach ist berichtet worden, die Spitze des langen Arms des X-Chromosoms berge für manisch-depressive Erkrankungen relevante Erbinformation; doch auch dies ist umstritten. Verläßlichere Ergebnisse sind von mehreren großangelegten internationalen Projekten zu erwarten, bei denen man gegenwärtig die gesamte Genkarte von Familien mit schizophrenen oder manisch-depressiven Mitgliedern systematisch durchforscht.

Viele Gene für Moleküle, die an der synaptischen Übertragung beteiligt sind, kommen als Urheber von biochemischen Defekten im Zusammenhang mit chronischen Psychosen in Frage. Anhand von zwanzig Stammbäumen haben Margret R. Hoehe, Sevilla D. Detera-Wadleigh, Wade H. Berrettini, Pablo V. Gejman und einer von uns (Gershon) am NIMH mehrere Gene auf eine mögliche Rolle bei manisch-depressiven Erkrankungen überprüft, darunter diejenigen für drei Alpha- und zwei Beta-Rezeptoren, den D_2- und den D_4-Rezeptor, ferner Corticosteroid-Rezeptoren sowie zusätzlich das Gen für die stimulierende Alpha-Untereinheit eines G-Proteins ($G_{s\alpha}$). Andere Wissenschaftler haben sich auf das Gen für den D_2-Dopamin-Rezeptor bei Stammbäumen Schizophrener konzentriert. In all diesen Fällen ließ sich eine Koppelung zwischen Gen und Krankheit strikt ausschließen.

In der Regel bedeutet dies, daß die Prädisposition für die Krankheit nicht von einer Mutation im betreffenden Gen herrührt. Allerdings gibt es statistische und technische Grenzen dafür, solche Kopplungen aufzuspüren beziehungsweise auszuschließen. Doch kann man verdächtige Gene auch mit anderen Methoden auf Mutationen prüfen, und zahlreiche in Frage kommende Gene sind noch zu testen.

Vermutlich wird sich das Verständnis der molekularen Ursachen von Schizophrenie und manisch-depressiven Erkrankungen durch die eindrucksvollen Fortschritte in Neurobiologie, kognitiver Neurowissenschaft und Genetik sehr vertiefen und erweitern. Was sich daraus ergeben könnte, sind präzise diagnostische Tests für Risikopersonen, Behandlungsmethoden, die sich an den molekularen Veränderungen bei Psychosen orientieren, und Einsichten in die Wechselwirkungen von Gehirn und Umwelt, die derartige Krankheiten hervorrufen; schließlich ist auf eine Gentherapie zu hoffen. All diese Ziele sollten sich durchaus erreichen lassen.

Wie neuronale Netze aus Erfahrung lernen

Elektronische Netzwerke aus künstlichen Neuronen können dazu gebracht werden, komplizierte Informationen zu repräsentieren. Vielleicht hilft das, auch die Lernfähigkeit des menschlichen Gehirns besser zu verstehen.

Von Geoffrey E. Hinton

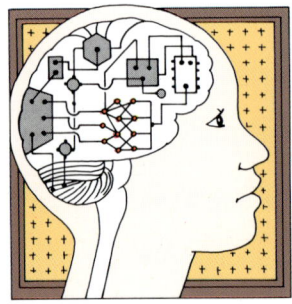

Die Fähigkeiten des Gehirns zur Informationsverarbeitung sind faszinierend. Mit verblüffender Geschwindigkeit interpretiert es ungenaue Eindrücke von den Sinnesorganen. Es kann ein Flüstern in einem lauten Zimmer wahrnehmen, ein Gesicht in einer dunklen Straße erkennen und zwischen den Zeilen der Aussagen eines Politikers lesen. Am eindrucksvollsten ist jedoch, daß das Gehirn ohne irgendeine explizite Anweisung aus Erfahrung lernt, das heißt jene internen Repräsentationen erzeugt, die diese Leistungen erst ermöglichen.

Nach wie vor ist weitgehend unbekannt, wie das Gehirn das bewerkstelligt, und so gibt es eine Unzahl von Hypothesen darüber. Um sie zu testen, arbeiten meine Mitarbeiter und ich daran, natürliche Lernprozesse mit Hilfe elektronischer Netzwerke aus künstlichen Neuronen zu simulieren. Dafür sind zunächst die wesentlichen Eigenschaften der Nervenzellen und ihrer Verbindungen herauszuarbeiten; dann programmieren wir typischerweise einen Computer zur Simulation dieser Eigenschaften.

Weil unser Wissen über die Zellen des Zentralnervensystems unvollständig und die verfügbare Rechenkapazität begrenzt ist, können unsere Modelle nur grobe Idealisierungen des natürlichen Vorbilds sein. Welche Eigenschaften der echten Neuronen es als die wesentlichsten nachzuahmen gilt, wird zudem noch heftig diskutiert. Aber indem wir unsere künstlichen neuronalen Netze mit verschiedenen dieser Eigenschaften ausstatten, konnten wir bereits zahlreiche Hypothesen über die Informationsverarbeitung im menschlichen Kopf verwerfen. Über die bemerkenswerten Lernleistungen des Gehirns geben unsere Modelle bereits erste Aufschlüsse.

Ein typisches Neuron im menschlichen Gehirn nimmt über seine zahlreichen Dendriten, baumartig verästelte Strukturen, Signale von anderen Neuronen auf. Über sein Axon – eine lange, dünne Nervenfaser, die sich gleichfalls in Tausende von Zweigen verästelt – leitet es eigene Signale in Form elektrischer Entladungen weiter. Diese können ihrerseits die nachgeschalteten Neuronen erregen oder hemmen.

Sind die erregenden Einflüsse auf ein Neuron im Verhältnis zu den hemmenden ausreichend groß, so schickt es einen elektrischen Impuls durch sein Axon. Wie stark sich ein Impuls in einem Neuron auf das nachgeschaltete auswirkt, hängt von der Effizienz der Übergangsstelle – der Synapse – ab. Lernen findet statt, indem sich diese synaptischen Übertragungsfaktoren verändern.

Künstliche neuronale Netze bestehen typischerweise aus untereinander verbundenen Einheiten, deren jede ein natürliches Neuron vertritt. In Analogie zu einem gewöhnlichen Netz spricht man von Knoten. Jeder Verbindung zwischen zwei Knoten ist eine Zahl – ein sogenanntes Gewicht – zugeordnet, die der synaptischen Effizienz entspricht. Die künstlichen Netze können allerdings bislang ein typisches Verknüpfungsmuster von Dendriten und Axonen weder in der Anzahl noch in der Komplexität der Verschaltungen nachbilden. Zudem gibt ein künstliches Neuron nicht wie das echte eine Folge von Impulsen aus, sondern eine Zahl, die seiner Aktivität (der Anzahl der Impulse pro Zeiteinheit) entspricht.

Jeder Knoten wandelt die Aktivitäten aller vorgeschalteten Knoten in eine einzige Ausgabeaktivität um, die er an die

Bild 1: Netzwerke aus Neuronen im Gehirn – hier eine malerische Darstellung von Tomo Narashima – befähigen den Menschen, Informationen zu verarbeiten. Zum einen sucht man mit Simulationen solcher Netze komplexe Aufgaben zu lösen, zum anderen jene Mechanismen aufzudecken, die dem Lernen zugrundeliegen.

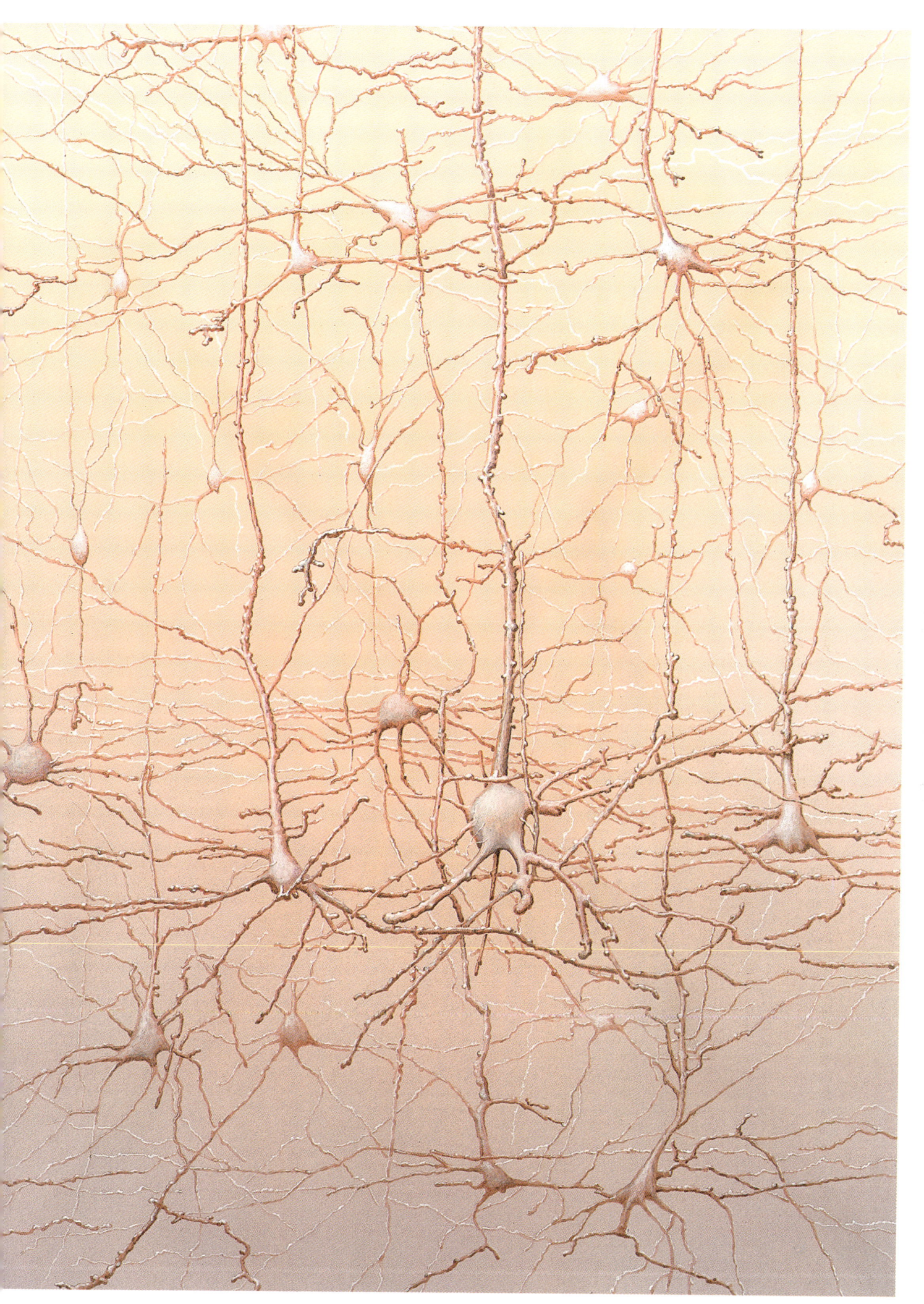

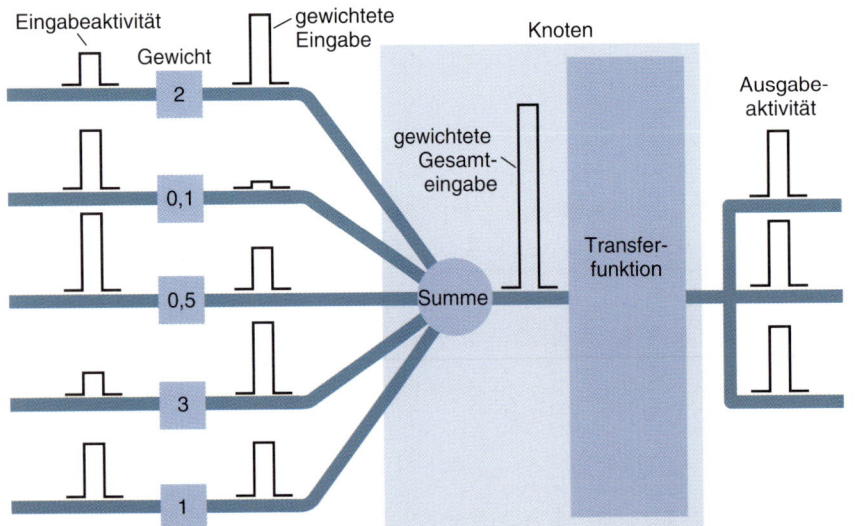

Bild 2: Idealisierte Darstellung eines Neurons. An die Stelle der Signale in der echten Nervenzelle treten hier Zahlenwerte, die sogenannten Aktivitäten. Jede eingehende Aktivität wird gewichtet, also mit einem entsprechenden Zahlenwert multipliziert. Der Knoten (das Pendant des Zellkörpers) addiert die gewichteten Eingaben auf und berechnet daraus seine Ausgabeaktivität mittels einer Transferfunktion.

nachgeschalteten Knoten weiterschickt. Diese Umformung geschieht in zwei Stufen. Zuerst multipliziert er die eingehenden Aktivitäten mit den Gewichten der zugehörigen Verbindungen und summiert diese gewichteten Eingaben zur Gesamteingabe. Auf diese wendet er die sogenannte Transferfunktion an, woraus sich die ausgehende Aktivität ergibt (Bild 2 und Kasten Seite 139).

Das Verhalten eines künstlichen neuronalen Netzes hängt mithin sowohl von den Gewichten als auch von der Transferfunktion jedes Knotens ab. Die letztere ist typischerweise eine lineare, eine Schwellenwert- oder eine sigmoide Funktion. Bei linearen Knoten ist die Ausgabeaktivität proportional zur gewichteten Gesamteingabe. In einem Schwellenwert-Knoten nimmt die Ausgabe einen von zwei möglichen Werten an, je nachdem, ob die Gesamteingabe größer oder kleiner als ein gewisser Schwellenwert ist. Knoten mit sigmoider Transferfunktion gehen nicht wie die Schwellenwert-Knoten plötzlich von Ruhe zu voller Aktivität über, wenn die Gesamteingabe die Schwelle überschreitet, sondern allmählich. (In der graphischen Darstellung der Funktion kann man mit etwas Phantasie ein langgezogenes S erkennen; das griechische Wort sigmoid steht für S-förmig.) Sigmoid-Knoten sind echten Neuronen ähnlicher als lineare oder Schwellenwert-Knoten; dennoch können alle drei nur als grobe Näherungen angesehen werden.

Um ein neuronales Netz für eine konkrete Aufgabe zu konstruieren, müssen wir die Verbindungen der Knoten untereinander festlegen und geeignete Gewichte für sie wählen. Die Verbindungen entscheiden, welcher Knoten welche anderen überhaupt beeinflussen kann; das zugehörige Gewicht bestimmt die Stärke dieses Einflusses und durch sein Vorzeichen, ob die Verbindung erregend oder hemmend wirkt.

In dem gängigsten Typ künstlicher neuronaler Netze sind die Knoten in drei Schichten angeordnet: Eine Schicht aus Eingabeknoten ist mit einer Schicht interner Knoten verbunden und diese wiederum mit einer Schicht von Ausgabeknoten (Bild 3). Es handelt sich um ein

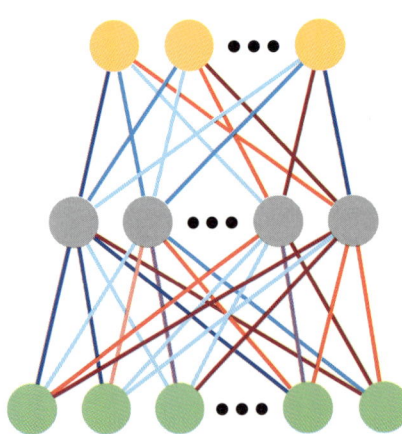

Bild 3: Die üblichen neuronalen Netze bestehen aus drei Schichten von Knoten. Jeder Knoten aus einer Schicht ist mit jedem Knoten der benachbarten Schichten verbunden. Die Aktivität wandert von den Eingabeknoten (grün) über die internen Knoten (grau) zu den Ausgabeknoten (gelb). Die Farben der Verbindungslinien stehen für unterschiedlich große Gewichte.

aufs äußerste vereinfachtes Modell eines Wahrnehmungssystems: Die Aktivitäten der Eingabeknoten entsprechen den Sinneseindrücken, die der Ausgabeknoten den Begriffen für die wahrgenommenen Gegenstände.

Dieser einfache Netztyp ist deshalb interessant, weil die internen Knoten nicht darauf festgelegt sind, wie sie die Information aus der Außenwelt repräsentieren. Für jeden internen Knoten bestimmen die von der Eingabeschicht eintreffenden Verbindungen, in welchem Maße er aktiviert wird; und da der interne Knoten seine Verbindungsgewichte zu modifizieren – das heißt zu lernen – vermag, kann er gewissermaßen selbst bestimmen, was er repräsentiert.

Lernen

Mit Hilfe der folgenden Prozedur können wir einem Drei-Schichten-Netz beibringen, eine bestimmte Aufgabe auszuführen. Zuerst präsentieren wir dem Netz einige Lernbeispiele, die aus Aktivitätsmustern für die Eingabeknoten und den zugehörigen gewünschten Aktivitätsmustern für die Ausgabeknoten bestehen. Dann ermitteln wir, wie gut die tatsächliche mit der gewünschten Ausgabe übereinstimmt. Als nächstes verändern wir die Gewichte jeder Verbindung so, daß das Netz eine bessere Annäherung an das gewünschte Ergebnis erzielt.

Die letzten beiden Schritte – Erkennen des Fehlers und Änderung des eigenen inneren Zustands zur Minderung des Fehlers – sind in dieser Lehrer-Schüler-Interaktion Aufgaben des Schülers. In der Tat kann man künstliche neuronale Netze so programmieren, daß jeder Knoten, mit einigen elementaren Rechenfähigkeiten ausgestattet, die dazu erforderlichen Schritte selbst ausführt.

Stellen wir uns zum Beispiel vor, wir wollten ein Netzwerk zur Erkennung handgeschriebener Ziffern konstruieren (Kasten Seite 139). Als Analogon eines Sinnesorgans könnten wir etwa eine Matrix von 256 Sensoren benutzen, deren jeder das Vorhandensein oder Fehlen von schwarzer Farbe in einem kleinen Teilbereich des Gesichtsfelds registriert. Das Netz hätte daher 256 Eingabeknoten (einen pro Sensor), zehn Ausgabeknoten (einen pro Ziffer) und eine noch zu bestimmende Anzahl interner Knoten. Wenn das von den Sensoren registrierte Bild einer Ziffer ähnelt, sollte der zu dieser Ziffer gehörige Ausgabeknoten stark, jeder andere dagegen möglichst wenig aktiv sein.

Um das Netz zu trainieren, bieten wir ihm ein Bild einer Ziffer an und verglei-

Repräsentation handgeschriebener Ziffern durch ein neuronales Netz

Ein neuronales Netz aus 256 Eingabe-, neun internen und zehn Ausgabeknoten wurde auf das Erkennen handgeschriebener Ziffern trainiert. Dabei haben die jeweils 256 Eingangs- und zehn Ausgangsgewichte der internen Knoten die rechts dargestellten Werte angenommen. Erregende (positive) Gewichte sind rot, hemmende (negative) gelb dargestellt. Worauf genau ein interner Knoten anspricht, ergibt sich aus dem Lernprozeß und ist nicht offensichtlich. Erst in ihrem Zusammenwirken kann das Netz seine Leistungen erbringen (unten): Auf eine handgeschriebene Drei liefert der dritte Ausgabeknoten die stärkste Reaktion und setzt sich damit gegen die Konkurrenten 8 und 9 durch.

Ausgabeknoten

interne Knoten

Eingabeknoten

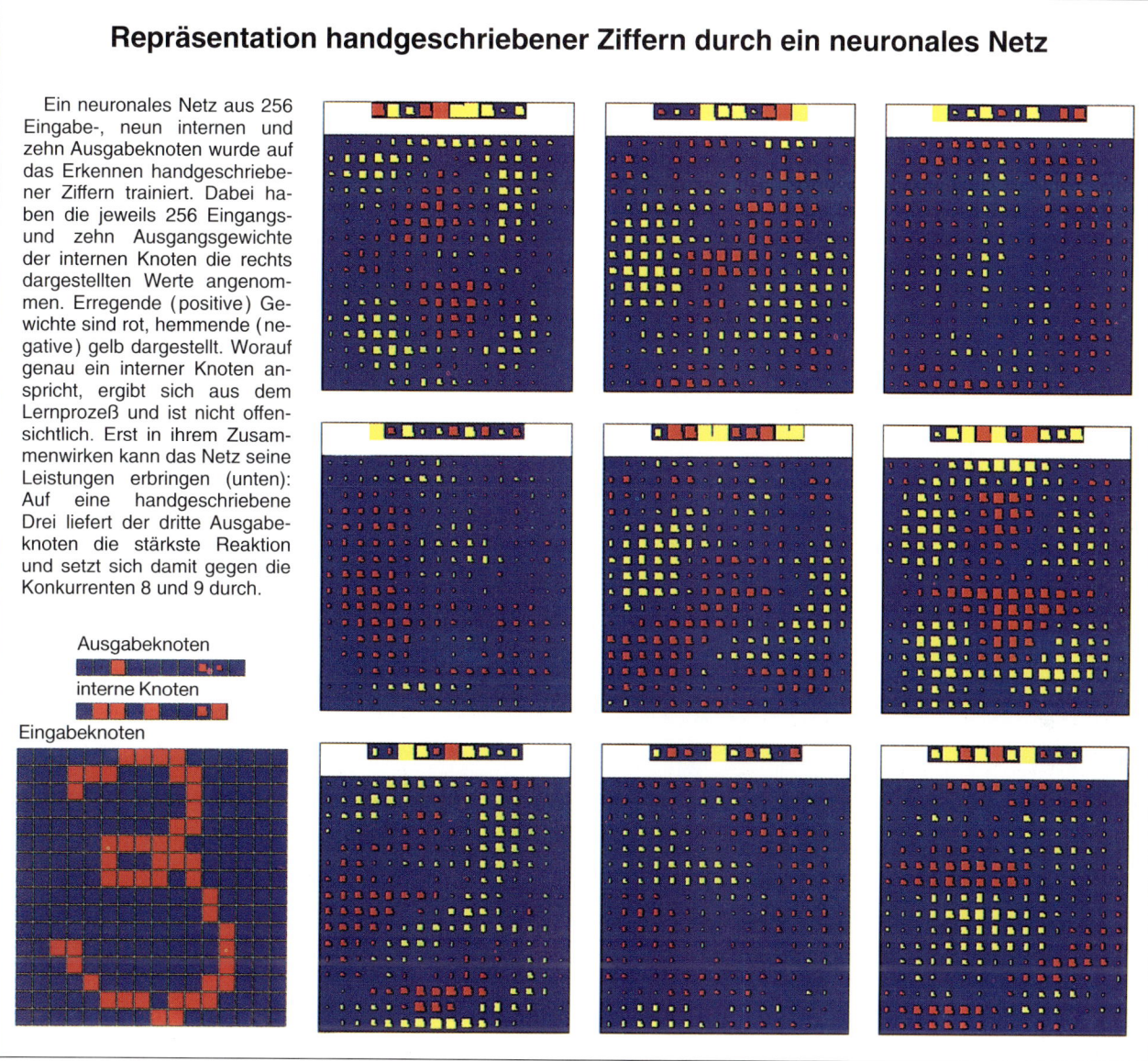

chen die tatsächlichen Aktivitäten der zehn Ausgabeknoten mit dem gewünschten Erregungsmuster (das heißt volle Aktivität auf dem richtigen Ausgabeknoten, keine auf den übrigen). Als Maß für die Abweichung verwenden wir den sogenannten Fehler; das ist das Quadrat der Differenz zwischen tatsächlicher und gewünschter Aktivität, summiert über sämtliche Ausgabeknoten (und zur Vereinfachung der nachfolgenden Rechnung durch 2 geteilt). Dann verändern wir die Gewichte aller Verbindungen derart, daß dieser Fehler reduziert wird. Wir wiederholen diese Trainingsprozedur so oft mit den unterschiedlichsten Darstellungen aller zehn Ziffern, bis das Netz jede einzelne davon richtig klassifiziert.

Wie findet man nun die Veränderungen, die an den Gewichten vorzunehmen sind? Wenn man ein Gewicht zunächst probeweise ein wenig modifiziert und alles andere unverändert läßt, wird sich der Gesamtfehler ebenfalls geringfügig ändern, und zwar annähernd proportional zur Änderung des Gewichts. Man wird daraufhin das Gewicht in der Richtung verändern, in der der Fehler abnimmt – aber nicht allzuviel, denn die Proportionalität gilt in guter Näherung nur für kleine Änderungen.

Der Proportionalitätsfaktor ist die aus der Differentialrechnung bekannte Ableitung des Fehlers nach dem Gewicht, kurz FW. Nun würde es sehr viel Rechenzeit kosten, jede dieser Ableitungen durch Modifikation des zugehörigen Gewichts und darauffolgende Neuberechnung des Netzzustands und des Fehlers zu berechnen. Um 1974 fand jedoch Paul J. Werbos im Rahmen seiner Doktorarbeit an der Harvard-Universität in Cambridge (Massachusetts) ein wesentlich effizienteres Verfahren. Dieser Backpropagation-Algorithmus ist mittlerweile zu einem der wichtigsten Hilfsmittel beim Trainieren neuronaler Netze geworden.

Der Backpropagation-Algorithmus

Das Verfahren läßt sich am einfachsten für den Fall verstehen, daß alle Knoten des Netzes linear sind. Zur Berechnung der FWs werden zuerst alle FAs bestimmt; FA ist die Rate, mit der sich der Fehler verändert, wenn sich das Aktivitätsniveau eines Knotens ändert. Für einen Ausgabeknoten ist FA die Differenz zwischen tatsächlichem und gewünschtem Ergebnis. Für einen internen Knoten in der unmittelbar vor den Ausgabeknoten liegenden Schicht ergibt sich FA aus den FAs der Ausgabeknoten, mit denen er direkt verbunden ist, sowie aus den Gewichten dieser Verbindungen. Für die Knoten der davorliegenden Schicht gehen wir analog vor, und so weiter. So können wir die *FA*s im gesamten Netz berechnen, indem wir uns Schicht für Schicht weiterarbeiten – immer entgegengesetzt zu der Richtung, in der sich die Aktivierungen durch das Netz ausbreiten (daher der Name Backpropagation, Rückwärtsausbreitung). Sobald *FA* für einen Knoten berechnet ist, sind die *FW*s für jede der in diesen Knoten eintreffenden Verbindungen einfach zu bestimmen: *FW* ist das Produkt aus *FA* und der Aktivität, die durch die eingehende Verbindung übertragen wird.

Für nichtlineare Knoten enthält der Backpropagation-Algorithmus einen zu-

sätzlichen Schritt: Zunächst muß *FA* in *FE* transformiert werden, das heißt in die Rate, mit der sich der Fehler verändert, wenn sich die Gesamteingabe eines Knotens ändert (Einzelheiten siehe Kasten unten).

Alle Rechenoperationen sind lokal: Wenn man die Knoten mit der Fähigkeit zur Addition und zur Multiplikation ausstattet, kann jeder von ihnen selbsttätig die Modifikationen seiner Eingangsgewichte bestimmen. Er verwendet dazu ausschließlich Information, die in ihm selbst oder in seinen Nachfolgerknoten verfügbar ist.

Nach seiner Entdeckung wurde der Backpropagation-Algorithmus jahrelang

ignoriert. Man wußte seine Nützlichkeit erst zu würdigen, als ihn in den frühen achtziger Jahren David E. Rumelhart, damals an der Universität von Kalifornien in San Diego, und David B. Parker, damals an der Universität Stanford, unabhängig voneinander wiederentdeckten. Rumelhart, Ronald J. Williams, ebenfalls in San Diego, und ich konnten 1986 zeigen, daß damit in internen Knoten interessante Repräsentationen komplexer Eingabe-Muster entstehen können.

Der Backpropagation-Algorithmus hat sich beim Training mehrschichtiger Netze für eine Vielzahl von Aufgaben überraschend gut bewährt. Am nützlichsten ist er dann, wenn die Beziehung

---

Der Backpropagation-Algorithmus

Will man ein neuronales Netzwerk für die Ausführung einer bestimmten Aufgabe trainieren, muß man es veranlassen, die Gewichte jedes Knotens so einzustellen, daß die Abweichung zwischen der tatsächlichen und der gewünschten Ausgabe möglichst gering wird. Zu diesem Zweck muß das Netzwerk für jedes Gewicht berechnen, wie sich diese Abweichung (der sogenannte Fehler) ändert, wenn das Gewicht um einen kleinen Betrag erhöht oder vermindert wird. Der Backpropagation-Algorithmus ist die wohl verbreitetste Methode, diese Zahlen – die Ableitungen des Fehlers nach den Gewichten – zu bestimmen.

Zunächst müssen wir das neuronale Netzwerk mathematisch beschreiben. Nehmen wir an, j sei die Nummer eines Knotens in der Ausgabeschicht und i die eines Knotens der vorhergehenden Schicht. Knoten j berechnet zunächst seine gewichtete Gesamteingabe x_j nach der Formel

$$x_j = \sum_i y_i w_{ij} \; ;$$

dabei ist y_i das Aktivitätsniveau des i-ten Knotens in der vorhergehenden Schicht und w_{ij} das Gewicht der Verbindung vom i-ten zum j-ten Knoten. In einem zweiten Schritt berechnet der Knoten seine Aktivität y_j als Funktion von x_j. Diese Funktion beschreibt einen Schwelleneffekt, und ihr Graph hat daher in der Regel die Gestalt einer abgerundeten Stufe (sigmoide Gestalt); ein typisches Beispiel ist die logistische Funktion

$$y_j = \frac{1}{1 + e^{-x_j}} \; .$$

Nachdem die Aktivitäten aller Knoten einschließlich der Ausgabeknoten bestimmt wurden, berechnet das Netzwerk den Fehler F, der durch den Ausdruck

$$F = \frac{1}{2} \sum_j (y_j - d_j)^2$$

definiert ist. Hierbei verläuft die Summe über alle Knoten der obersten Schicht; y_j ist die tatsächliche, d_j die gewünschte Ausgabeaktivität des j-ten Knotens.

Der Backpropagation-Algorithmus selbst besteht aus vier Schritten:

1. Berechne, wie schnell sich der Fehler ändert, wenn die Aktivität eines Ausgabeknotens verändert wird. Es stellt sich heraus, daß diese Zahl, die Ableitung FA_j des Fehlers F nach der Aktivität y_j, gleich der Differenz zwischen tatsächlicher und gewünschter Aktivität ist:

$$FA_j = \frac{\partial F}{\partial y_j} = y_j - d_j$$

2. Berechne, wie schnell sich der Fehler ändert, wenn sich die Gesamteingabe x_j eines Ausgabeknotens ändert. Diese Zahl FE_j ist nach der Kettenregel der Differentialrechnung gleich dem Ergebnis FA_j von Schritt 1, multipliziert mit der Rate, mit der sich die Ausgabe eines Knotens bei veränderter Gesamteingabe ändert:

$$FE_j = \frac{\partial F}{\partial x_j} = \frac{\partial F}{\partial y_j} \frac{dy_j}{dx_j} = FA_j y_j (1 - y_j)$$

3. Berechne, wie schnell sich der Fehler verändert, wenn sich das Gewicht einer Verbindung zu einem Ausgabeknoten ändert. Diese Größe *FW* ergibt sich nach der Formel für x_j aus dem Ergebnis *FE* von Schritt 2, multipliziert mit dem Aktivitätsniveau des Knotens, von dem die Verbindung kommt:

$$FW_{ij} = \frac{\partial F}{\partial w_{ij}} = \frac{\partial F}{\partial x_j} \frac{\partial x_j}{\partial w_{ij}} = FE_j y_i$$

4. Berechne, wie schnell sich der Fehler verändert, wenn sich die Aktivität eines Knotens der vorhergehenden Ebene ändert. Durch diesen entscheidenden Schritt ist der Backpropagation-Algorithmus auch auf mehrschichtige Netzwerke anwendbar. Wenn ein Knoten der vorhergehenden Schicht seine Aktivität ändert, so beeinflußt dies die Aktivitäten aller mit ihm verbundenen Ausgabeknoten. Um den Gesamteffekt auf den Fehler zu ermitteln, bilden wir die Summe aller einzelnen Effekte auf die Ausgabeknoten. Jeder Einzeleffekt läßt sich einfach berechnen: Man multipliziere das Ergebnis von Schritt 2 mit dem Gewicht der Verbindung zu dem betreffenden Ausgabeknoten.

$$FA_i = \frac{\partial F}{\partial y_i} = \sum_j \frac{\partial F}{\partial x_j} \frac{\partial x_j}{\partial y_i} = \sum_j FE_j w_{ij}$$

Mit Hilfe der Schritte 2 und 4 können wir aus den *FA*s der Knoten einer Schicht die *FA*s der vorhergehenden Schicht berechnen. Diese Prozedur kann iteriert werden, um für beliebig viele vorhergehende Schichten *FA* zu ermitteln. Sobald *FA* für einen Knoten bekannt ist, können wir mit Hilfe der Schritte 2 und 3 die *FW*s seiner eingehenden Verbindungen bestimmen.

Am Ende haben die Knoten des Netzwerks aus Informationen, die ihnen selbst oder ihren unmittelbaren Nachbarn zur Verfügung standen, errechnet, um wieviel die Gewichte w_{ij} zu verändern sind, um dem gewünschten Ziel näherzukommen. Mit den neuen Gewichten berechnen die Knoten des Netzwerks abermals ihre Aktivitäten und die Abweichung vom gewünschten Ergebnis. Das Verfahren wird wiederholt, bis eine ausreichende Annäherung erreicht ist.

zwischen Ein- und Ausgabe nichtlinear ist und Trainingsdaten reichlich vorhanden sind. Mit Hilfe des Algorithmus konnten Forscher neuronale Netze entwickeln, die handgeschriebene Ziffern erkennen (Kasten Seite 139), Wechselkurse vorhersagen und die Ausbeute chemischer Prozesse maximieren. In den anspruchsvollsten Anwendungen lernten neuronale Netze, in Gewebeabstrichen Zellen im Vorkrebs-Stadium zu identifizieren und die Spiegel eines Teleskops so nachzuführen, daß atmosphärische Störungen kompensiert werden.

Auf dem Gebiet der Neurologie zeigten Richard Andersen vom Massachusetts Institute of Technology (MIT) in Cambridge und David Zipser von der Universität von Kalifornien in San Diego, daß der Backpropagation-Algorithmus zur Erklärung der Funktionsweise einiger Neuronen der Großhirnrinde beitragen kann. Mit seiner Hilfe trainierten sie ein neuronales Netz, auf visuelle Reize zu reagieren. Die Aktivitäten der internen Knoten ähnelten bemerkenswert den Reaktionen der natürlichen Neuronen, welche die Information aus der Netzhaut des Auges in aufbereiteter Form an tiefergelegene visuelle Regionen des Gehirns vermitteln.

Einwände

Als Modell des natürlichen Lernprozesses ist der Backpropagation-Algorithmus freilich umstritten. Einerseits hat er einen wertvollen Beitrag auf einer eher abstrakten Ebene geliefert: Da er sich beim Generieren sinnvoller Repräsentationen in den internen Knoten als bemerkenswert gut erwies, wuchs das Vertrauen der Wissenschaftler in Lernprozeduren, bei denen die Fehler durch allmähliche Anpassung der Gewichte reduziert werden. Zuvor hatte man derartige Methoden vielfach für unbrauchbar gehalten, da nichts sie daran hindert, Lösungen zu finden, die zwar lokal optimal, global aber sehr schlecht sind; so könnte sich ein Netz zur Ziffernerkennung auf einen Zustand einpendeln, in dem es häufig Einsen und Siebenen verwechselt, obwohl ein idealer Satz von Gewichten existiert, mit dem es auch diese Ziffern unterscheiden würde. Darauf beruht die weitverbreitete Ansicht, eine Lernprozedur sei nur dann interessant, wenn sie garantiert gegen die global optimale Lösung konvergiert. Gerade der Backpropagation-Algorithmus zeigte jedoch, daß gute Leistungen häufig auch ohne diese Garantie erreichbar sind.

Andererseits erscheint das Backpropagation-Prinzip aus der Sicht des Biolo-

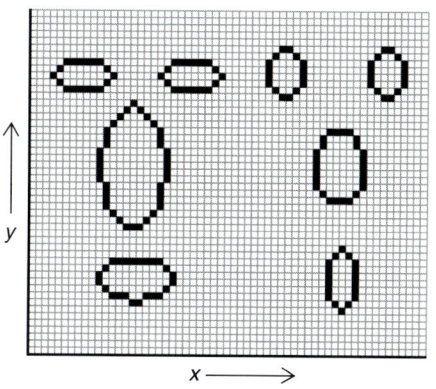

Bild 4: Zwei schematisch gezeichnete Gesichter, aufgebaut aus je vier Ellipsen, können durch viele Einzelpunkte in zwei Dimensionen repräsentiert werden (links). Da eine Ellipse durch nur fünf Parameter –

gen unplausibel. Es modelliert Lernen derart, daß Informationen auch entgegengesetzt zur vorgegebenen Richtung Eingabe–Verarbeitung–Ausgabe wandern. In natürlichen Neuronen ist das offensichtlich nicht der Fall. Dieser Einwand ist jedoch eher oberflächlich: Im Gehirn führen viele Nervenbahnen von einer Schicht zu vorhergehenden zurück; diese könnten die für das Lernen benötigten Rückmeldungen transportieren.

Ein größeres Problem ist die Geschwindigkeit des Backpropagation-Algorithmus, genauer: deren Abhängigkeit von der Netzgröße. Bei ein und demselben Trainingsbeispiel ist der zeitliche Aufwand für die Berechnung der Fehlerableitung nach den Gewichten proportional zur Größe des Netzes, da die Anzahl der Rechenoperationen proportional der Anzahl der Gewichte ist. Über diesen Mehrbedarf hinaus benötigen größere Netze aber typischerweise mehr Trainingsbeispiele und mehr Durchläufe des Algorithmus. Daher wächst die Lerndauer wesentlich stärker als die Netzgröße. Für ein Netz von der Komplexität des menschlichen Gehirns würde sie astronomische Größenordnungen annehmen.

Lernen ohne Lehrer

Der gewichtigste Einwand gegen Backpropagation als Modell des Lernens ist jedoch, daß ein damit arbeitendes System einen Lehrer braucht, der das gewünschte Ergebnis für jedes Trainingsbeispiel bereitstellt. Im Gegensatz dazu lernen wir Menschen das meiste ohne solche Hilfe. Niemand gibt uns im Detail die interne Repräsentation unserer Umgebung vor, die wir aus den Sinneseindrücken herzuleiten lernen müssen. Beispielsweise lernen wir schon als Kleinkinder ohne jede direkte Anwei-

Orientierung, vertikale Position, horizontale Position, Länge und Breite – vollständig bestimmt ist, reichen bereits acht Punkte in einem fünfdimensionalen Raum aus, um dasselbe Bild zu codieren (rechts).

sung, gesprochene Sätze oder visuelle Eindrücke zu verstehen.

Wie kann ein elektronisches Netzwerk ohne Vorwissen und ohne Lehrer geeignete interne Repräsentationen lernen? Präsentiert man ihm eine große Anzahl von Mustern ohne eine Anweisung, was damit zu tun sei, dann gibt es offensichtlich kein wohldefiniertes Problem zu lösen. Gleichwohl wurden einige Allzweck-Verfahren für lehrerloses Lernen entwickelt.

All diese Prozeduren haben zweierlei gemeinsam: Ihnen liegt implizit oder explizit ein Begriff der Qualität einer Repräsentation zugrunde, und sie verändern die Gewichte so, daß die Qualität der von den internen Knoten extrahierten Repräsentation ansteigt.

Im allgemeinen gilt eine Repräsentation dann als gut, wenn einerseits ihre Beschreibung nur geringen Aufwand erfordert, andererseits die in ihr enthaltene Information zur Rekonstruktion der Rohdaten in guter Näherung ausreicht. Stellen wir uns beispielsweise ein Bild aus mehreren Ellipsen vor (Bild 4). Man könnte es – wie jedes Bild – mit einer Fernsehkamera in sehr viele kleine schwarze und weiße Punkte auflösen und dadurch beschreiben, daß man angibt, welche dieser Punkte schwarz sind. Hier aber sind weitaus sparsamere Darstellungsformen möglich. Ellipsen unterscheiden sich nur in den Koordinaten des Mittelpunkts, den Längen beider Halbachsen sowie einem Drehwinkel; mithin reichen fünf Parameter pro Ellipse aus.

Obwohl eine derartige Beschreibung einer Ellipse mehr Bits erfordert als die Beschreibung eines schwarzen Rasterpunkts durch zwei Koordinaten, ist dieses Vorgehen insgesamt ökonomischer, da das Bild bei weitem weniger Ellipsen als schwarze Punkte enthält. Wir verlieren auch keine Information, denn aus den Parametern der Ellipsen läßt sich das Originalbild jederzeit rekonstruieren.

Fast alle lehrerlosen Lernprozeduren kann man als Verfahren zur Minimierung der Summe zweier Terme auffassen: der Codierungs- und der Rekonstruktionskosten. (Diese Bezeichnungen stammen ebenso wie der dahinterstehende Optimierungsgedanke aus den Wirtschaftswissenschaften.) Die Codierungskosten sind gleich der Anzahl der Bits, die zur Beschreibung der Aktivitäten der internen Knoten erforderlich sind. Die Rekonstruktionskosten sind nicht etwa der Aufwand für die Rekonstruktion, sondern der Verlust an Genauigkeit, den man in Kauf nehmen muß: Sie sind proportional dem Rekonstruktionsfehler, das heißt dem Quadrat der Differenz zwischen den Rohdaten und ihrer Rekonstruktion, summiert über alle Daten. Dieser Ansatz entspricht dem oben beschriebenen Konzept, nach dem sich Qualität aus den Komponenten Sparsamkeit und Wiedergabegenauigkeit zusammensetzt.

Zwei einfache Verfahren zur Bestimmung sparsamer Codes erreichen eine recht gute Rekonstruktion der Eingabe: Hauptkomponenten-Lernen und kompetitives Lernen. Bei beiden entscheidet man zunächst, wie sparsam die Codes sein sollen, und modifiziert dann die Gewichte im Netz, um den Rekonstruktionsfehler zu minimieren.

Die Strategie des Hauptkomponenten-Lernens basiert auf der Idee, daß es eine Verschwendung von Bits wäre, die Aktivitäten zweier Eingabeknoten separat zu beschreiben, wenn diese in irgendeiner Weise korreliert sind. Statt dessen ist es geschickter, das Verhalten der Eingabedaten möglichst weitgehend als Überlagerung einiger geeignet gewählter Muster, der sogenannten Hauptkomponenten, zu beschreiben. Soll beispielsweise ein Netz fähig sein, zehn Hauptkomponenten zu entdecken, benötigt man eine einzige interne Schicht von lediglich zehn internen Knoten. Da solche Netze die Eingabedaten durch nur wenige Komponenten repräsentieren, ist der Codierungsaufwand gering; und da die Eingabe recht gut aus den Hauptkomponenten rekonstruiert werden kann, sind auch die Rekonstruktionskosten gering.

Wie trainiert man ein solches Netz? Genauer: Auf welches Ziel hin programmiert man die einzelnen Knoten, damit das Gesamtnetz lernfähig wird? Man kann beispielsweise fordern, daß es auf einem Satz von Ausgabeknoten die Eingabe näherungsweise rekonstruiert. Damit gleicht das Verfahren dem oben beschriebenen Lernen mit Lehrer, nur

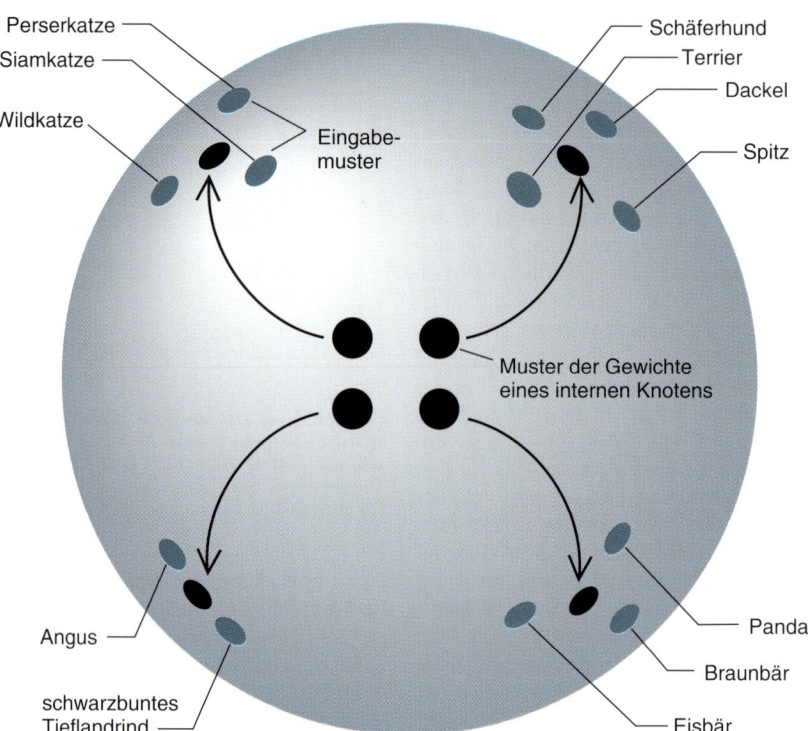

Bild 5: Kompetitives Lernen kann als ein Prozeß aufgefaßt werden, bei dem jedes Eingabemuster den im abstrakten Raum der Repräsentationen nächstliegenden Knoten – genauer: das Muster seiner Gewichte – anzieht. Jedes Eingabemuster entspricht einem Satz bestimmter Merk- **male. Die Gewichtsmuster der internen Knoten werden nun so verändert, daß sie ein kurzes Stück in Richtung des ihnen ähnlichsten Satzes von Eingabemustern wandern. Auf diese Weise lernt jeder interne Knoten, eine Gruppe einander ähnlicher Eingabemuster zu repräsentieren.**

daß an die Stelle der gewünschten Ausgabe die Eingabe tritt und daher der Lehrer sich erübrigt. In diesem Fall kann wieder Backpropagation eingesetzt werden, um die Differenz zwischen tatsächlicher und gewünschter Ausgabe zu minimieren.

Viele Forscher, unter ihnen Ralph Linsker vom Thomas-J.-Watson-Forschungszentrum der IBM in Yorktown Heights (New York) und Erkki Oja von der Technischen Hochschule Lappeenranta (Finnland), haben alternative Algorithmen für das Hauptkomponenten-Lernen entwickelt. Diese sind aus biologischer Sicht plausibler, da sie ohne Ausgabeknoten und Backpropagation auskommen. Statt dessen verwenden sie die Korrelation zwischen den Aktivitäten eines internen und eines Eingabeknotens und berechnen daraus, um wieviel das Gewicht der zugehörigen Verbindung zu modifizieren ist.

Im Gegensatz zum Hauptkomponenten-Lernen, bei dem relativ wenige interne Knoten bei der Repräsentation eines Eingabemusters kooperieren, konkurrieren beim kompetitiven Lernen viele interne Knoten, und zwar darum, welcher von ihnen das jeweils gegebene Eingabemuster repräsentieren darf. Es kann

immer nur einer gewinnen: derjenige, dessen Gewichte diesem Muster am nächsten kommen.

Nehmen wir nun an, wir müßten ein Eingabemuster rekonstruieren und wüßten lediglich, welcher interne Knoten in der Konkurrenz gewonnen hat. Dann bestünde die bestmögliche Rekonstruktion darin, das Muster der Eingangsgewichte dieses Knotens zu kopieren. Um den Rekonstruktionsfehler zu minimieren, sollten wir daher die Gewichte des ausgewählten internen Knotens noch ein Stück in Richtung des Eingabemusters modifizieren.

Genau dies ist das Prinzip des kompetitiven Lernens. Wenn man dem Netz Trainingsdaten vorlegt, die sich in Gruppen ähnlicher Eingabemuster aufteilen lassen, dann lernt jeder interne Knoten durch Selbstmodifikation eine andere Gruppe zu repräsentieren, und die Eingangsgewichte jedes Knotens konvergieren gegen einen gewissen Mittelwert seiner Gruppe (Bild 5).

Wie der Hauptkomponenten-Algorithmus minimiert auch das Verfahren des kompetitiven Lernens die Rekonstruktionskosten, während die Codierungskosten vorab auf einem niedrigen Niveau festgelegt sind. Man kann sich viele interne Knoten leisten, da selbst bei einer Million Knoten nur 20 Bits erforderlich sind, um den Gewinnerknoten – und damit die interne Repräsentation – eindeutig zu kennzeichnen.

In den frühen achtziger Jahren führte Teuvo Kohonen von der Universität Helsinki eine wichtige Modifikation ein. Sein Algorithmus für kompetitives Lernen adaptiert nicht nur die Gewichte des Gewinnerknotens, sondern auch die seiner Nachbarn. Dadurch werden ähnliche Eingabemuster in der Regel auf benachbarte Knoten abgebildet. Die Vermutung liegt nahe, daß das Gehirn eine ähnliche Prozedur für den Aufbau jener topographischen Karten verwendet, die in der Sehrinde entdeckt wurden (siehe den Beitrag von Semir Zeki auf Seite 32).

Algorithmen für lehrerloses Lernen lassen sich nach den von ihnen erzeugten Repräsentationsformen klassifizieren: Während beim Hauptkomponenten-Lernen die internen Knoten kooperieren und die Repräsentation eines Eingabemusters über alle Knoten verteilt ist, wetteifern bei kompetitiven Methoden die Knoten miteinander, und die Repräsentation eines Eingabemusters ist in dem einen ausgewählten Knoten lokalisiert. Bis vor kurzem konzentrierten sich die meisten Arbeiten auf eine dieser beiden Techniken – wahrscheinlich, weil sie einfache Regeln für die Veränderung der Gewichte liefern. Aber vermutlich liegen die interessantesten und mächtigsten Algorithmen irgendwo in der Mitte zwischen den beiden Extremen der vollständig verteilten und der vollständig lokalen Repräsentation.

Horace B. Barlow von der Universität Cambridge in England hat ein Modell vorgeschlagen, in dem jeder interne Knoten nur selten aktiv wird und nicht ein einziger, sondern eine kleine Anzahl von Knoten die Repräsentation eines gegebenen Musters übernimmt. Wie Barlow und seine Mitarbeiter zeigten, kommt diese Codierungsform dann zustande, wenn man zusätzlich zur Wiedergabegenauigkeit noch fordert, daß die internen Knoten untereinander unkorreliert sind.

Populationscodes

Minimierung der Codierungskosten bedeutet auch die Elimination jeglicher Redundanz: Ein Code ist sparsam, wenn kein Teil der Information doppelt vertreten ist. Fällt dann aber ein Knoten aus, so ist die zugehörige Information verloren, und die Funktion des Netzes ist empfindlich gestört. Hingegen wird das Gehirn durch den Verlust einiger Neuronen

im allgemeinen nicht merklich beeinträchtigt.

Das Gehirn scheint sogenannte Populationscodes zu verwenden, wie David L. Sparks und seine Mitarbeiter an der Universität von Alabama in Birmingham in eindrucksvollen Experimenten an Affen nachgewiesen haben. Sie stellten fest, daß die Bewegung der Augen durch die Aktivität einer ganzen Population von Neuronen codiert wird, wobei jede dieser Zellen eine etwas andere Bewegung repräsentiert. Die tatsächlich ausgeführte Augenbewegung ergibt sich dann aus deren Mittelwert. Als die Forscher einige dieser Neuronen betäubten, bewegte sich denn auch das Auge zu dem Punkt, der dem Mittelwert der noch aktiven Zellen entsprach.

Populationscodes dienen möglicherweise auch zur Repräsentation von Gesichtern, wie Malcolm P. Young und Shigeru Yamane vom RIKEN-Institut für physikalische und chemische Forschung in Wako-shi (Japan) kürzlich in Experimenten am unteren Teil des Schläfenlappens von Affen zeigten.

Sowohl dabei als auch bei Augenbewegungen geht es – wie bei allen Gegenständen der Wahrnehmung – darum, Größen zu repräsentieren, die entlang verschiedener Dimensionen variieren. Bei Augenbewegungen gibt es lediglich zwei Dimensionen; dagegen kommt es bei einem Gesicht nicht nur auf räumliche Parameter wie Position, Größe und Orientierung an, sondern auch auf komplexere Eigenschaften wie Behaartheit, Vertrautheit oder den Ausdruck von Freude. Wenn man nun jeder Zelle, die überhaupt auf Gesichter anspricht, diejenigen Parameterwerte zuordnet, durch die sie am stärksten aktiviert wird, dann ergibt sich im Einzelfall durch Mittelwertbildung über die aktiven Zellen die Wahrnehmung eines konkreten Gesichts. Abstrakt ausgedrückt: Jede für das Erkennen von Gesichtern zuständige Zelle repräsentiert einen bestimmten Punkt in einem vieldimensionalen Raum aller möglichen Gesichter. Somit kann jedes bestimmte Gesicht durch die Erregung all jener Zellen repräsentiert werden, die ähnliche Gesichter zu codieren gelernt haben; dadurch entsteht ein für dieses Gesicht spezifisches Gebiet erhöhter Aktivität in dem vieldimensionalen Raum möglicher Gesichter.

Populationscodes haben den großen Vorteil, gegen den Ausfall einer – vom Zufall bestimmten – Teilmenge von Neuronen relativ unempfindlich zu sein, da ein solcher Verlust den Mittelwert der Population nur geringfügig beeinflußt. Das gleiche gilt, wenn die Aktivität einiger Neuronen nicht mit verrechnet

wird, etwa weil das System unter Zeitdruck arbeitet. Natürliche Neuronen vermitteln Information in Form diskreter Signale, der sogenannten Aktionspotentiale, und bei sehr kurzen Zeitintervallen gelingt es möglicherweise nicht allen Zellen, gerade dann ein neues Aktionspotential zu erzeugen, wenn beispielsweise bei einem flüchtigen Blick über eine Menschenmenge ein bekanntes Gesicht auftaucht (die Impulsfrequenz eines Axons ist begrenzt). Dennoch kann selbst in dieser Situation über einen Populationscode eine Wahrnehmung zustande kommen, indem bereits der Mittelwert der gerade aktiven Teilpopulation ausreicht, anderwärts im Gehirn eine Vorstellung des unvollkommen wahrgenommenen Objekts zu evozieren.

Auf den ersten Blick scheint die Redundanz von Populationscodes nicht mit dem Prinzip der Sparsamkeit vereinbar zu sein. Glücklicherweise können wir diesen Widerspruch auflösen, indem wir die Codierungskosten anders definieren. Ein bestimmter Gegenstand wird im allgemeinen eine Aktivitätsverteilung in Form eines sanften Hügels auslösen, bei dem die Aktivität mit zunehmender Entfernung vom Hügelzentrum abnimmt (Bild 6). Ein solcher Hügel wird bereits durch Angabe seines Mittelpunkts, seiner Höhe und seiner Steilheit weitgehend beschrieben. Ein gerechteres Maß für die Codierungskosten ist daher der Aufwand für die Beschreibung dieser Größen und der Abweichung der tatsächlichen Aktivitätsverteilung von der Idealform.

Hierarchien

Mit dieser Definition der Codierungskosten bieten Populationscodes eine elegante Möglichkeit, eine Hierarchie von zunehmend besseren Codierungen der sensorischen Eingabe aufzubauen. Stellen wir uns beispielsweise ein neuronales Netz vor, dem das Bild eines Gesichts präsentiert wird. Es enthalte bereits eine

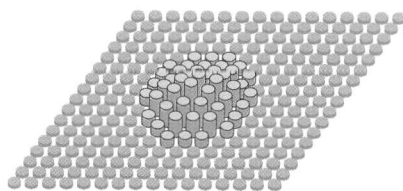

Bild 6: Bei der Populationscodierung ist ein Gegenstand durch einen Aktivitätshügel repräsentiert, der sich über viele interne Knoten erstreckt. Jede Scheibe stellt einen inaktiven, jeder Zylinder einen aktiven internen Knoten dar, wobei seine Höhe dem Aktivitätsniveau proportional ist.

Gruppe von Knoten, die auf die Repräsentation von Nasen spezialisiert ist, eine weitere für Münder und eine dritte für Augen. Wird diesem Netz nun ein bestimmtes Gesicht vorgelegt, entstehen je ein Aktivitätshügel in der Gruppe der Nasen- und jener der Mund-Knoten sowie zwei bei den Augen-Knoten. In der Lage jedes dieser Aktivitätsgebiete innerhalb seiner Gruppe steckt die Information über die räumliche Lage des zugehörigen Merkmals.

Die Beschreibung der vier Aktivitätshügel ist zwar schon weniger aufwendig – hat geringere Codierungskosten – als die Beschreibung der Rohdaten. Aber es wäre offensichtlich noch günstiger, auf eine höhere Hierarchieebene zu gehen und nur einen einzigen Aktivitätshügel in einer neuen Gruppe von Knoten zu beschreiben, die auf das Erkennen ganzer Gesichter spezialisiert sind – vorausgesetzt, daß Nase, Mund und Augen in der gewohnten Weise angeordnet sind.

Das wirft eine interessante Frage auf: Wie kann das Netz überprüfen, ob die einzelnen Teile eines Bildes sich zu einem Ganzen fügen? Vor einiger Zeit fand Dana H. Ballard an der Universität Rochester (Bundesstaat New York) für Probleme dieser Art ein elegantes Lösungsverfahren, das mit Populationscodes besonders gut funktioniert.

Wenn wir Position, Größe und Orientierung einer Nase kennen, können wir Position, Größe und Orientierung des zugehörigen Gesichts vorhersagen, da die räumlichen Beziehungen zwischen Nasen und Gesichtern einigermaßen konstant sind. Wir setzen daher die Gewichte des Netzes derart, daß eine Gruppe aktiver Nasen-Knoten versucht, Aktivität in einer räumlich entsprechenden Gruppe der hierarchisch höher angesiedelten Gesichts-Knoten auszulösen. Andererseits stellen wir deren Schwellenwerte so ein, daß die Nasen-Knoten allein sie nicht zu aktivieren vermögen. Versucht jedoch gleichzeitig eine Gruppe von Mund-Knoten Aktivitäten im selben Bereich der Gesichts-Knoten auszulösen, wird der Schwellenwert überschritten. Indem das System auf diese Weise überprüft, ob Mund- und Nasen-Knoten die gleichen räumlichen Parameter für ein Gesicht vorhersagen, können wir feststellen, ob sich beide in der richtigen Lage zueinander befinden (Bild 7).

Diese Methode ist bestechend, weil sie eine Redundanz zwischen verschiedenen Teilen eines Bildes ausnutzt. Das Auffinden solcher Redundanzen ist aber gerade eine Stärke des lehrerlosen Lernens. Daher scheint der Versuch naheliegend, mit Hilfe dieser Lernverfahren ein Netz zur Herausbildung hierarchischer

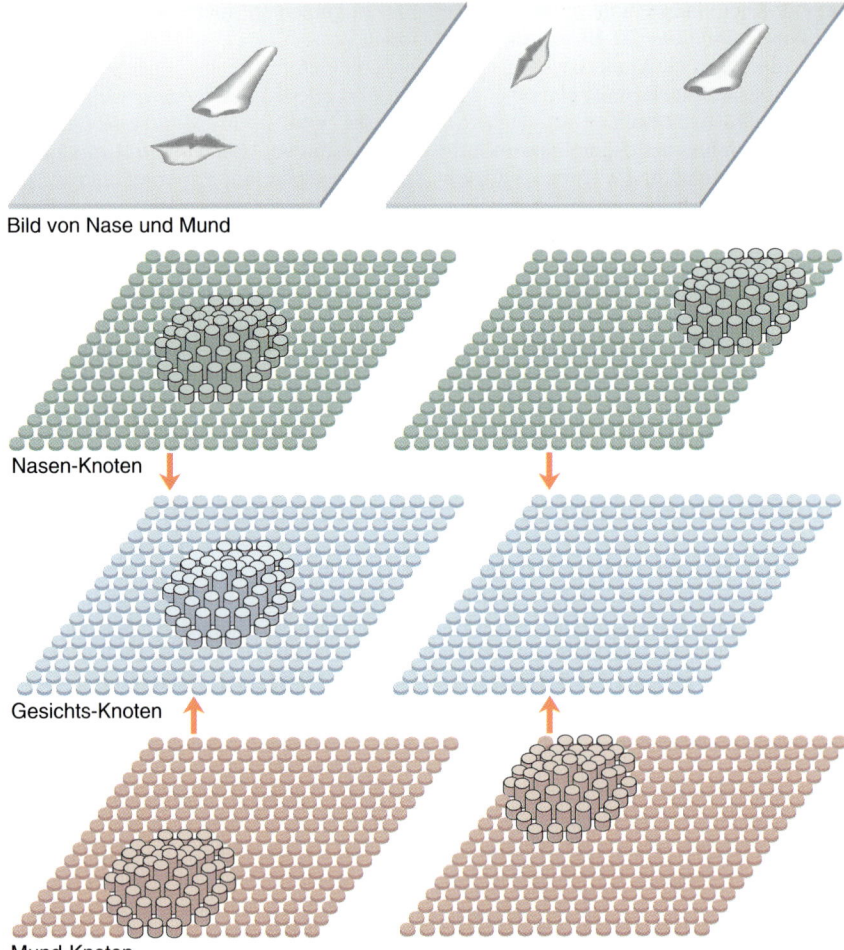

Bild von Nase und Mund

Nasen-Knoten

Gesichts-Knoten

Mund-Knoten

Bild 7: Aktivitätshügel in verschiedenen Gruppen interner Knoten repräsentieren mittels Populationscodierung das Bild einer Nase und das eines Mundes. Die Gruppen aktiver Knoten versuchen ein Gebiet in der hierarchisch darüberstehenden Gruppe der Gesichts-Knoten zu aktivieren. Das gelingt, wenn Nase und Mund in der richtigen räumlichen Beziehung stehen (links). Ist dies nicht der Fall, versuchen also die Nasen- und Mund-Knoten, Aktivität in verschiedenen Bereichen der Gesichts-Knoten auszulösen, so bleibt deren Eingangsaktivität unter einem gewissen Schwellenwert, so daß keine Repräsentation eines Gesichts entsteht (rechts).

Populationscodes für das Erkennen komplexer Formen zu veranlassen. Eric Saund vom MIT demonstrierte 1986 ein Verfahren, einfache Populationscodes für Formen zu lernen. Mit einer geeigneten Definition der Codierungskosten müßte ein lehrerloses Netz auch imstande sein, komplexere Hierarchien zu finden, indem es die Codierungskosten zu minimieren versucht. Richard Zemel und ich untersuchen diese Möglichkeit zur Zeit an der Universität Toronto.

Mit den gleichen Techniken sollte es möglich sein, die Lerngeschwindigkeit in großen, vielschichtigen Netzen enorm zu steigern. Jede Schicht des Netzes modifiziert ihre Eingangsgewichte mit dem Ziel, ihre Repräsentation besser zu machen als die der vorhergehenden Schicht, und kümmert sich nicht um die nachfolgenden Schichten. Damit entfallen viele der Interaktionen zwischen den

Gewichten, die das Lernen mit Backpropagation bei sehr vielschichtigen Netzwerken so langsam machen.

Alle bislang diskutierten Lernprozeduren sind in neuronalen Netzen implementiert, in denen die Aktivitäten nur in Vorwärtsrichtung – also von der Eingabe zur Ausgabe – fließen können, wenn auch die Fehlerableitungen bei Backpropagation in der umgekehrten Richtung weitergegeben werden. Einen weiteren wichtigen Ansatz stellen Netze dar, in denen die Aktivierungen über geschlossene Schleifen fließen können.

Einerseits ist es möglich, daß solche rekurrenten Netze zu stabilen Zuständen gelangen; in diesem Falle lassen sich die Fehlerableitungen weitaus einfacher als mit dem Backpropagation-Algorithmus berechnen. Andererseits können sie aber auch eine komplexe zeitliche Dynamik entwickeln, die sich dafür nutzen läßt, ihrerseits eine Folge von Aktionen zu steuern.

Obwohl schon einige mächtige und praktisch bedeutsame Lernalgorithmen entwickelt worden sind, wissen wir noch immer nicht, welche Repräsentationen und Lernprozeduren das Gehirn wirklich verwendet. Aber früher oder später wird uns die Erforschung von Lernprozessen in künstlichen neuronalen Netzen auf die Methoden bringen, die auch im Laufe der Evolution entstanden sind. Dann werden zum einen die unterschiedlichsten empirischen Daten über das Gehirn plötzlich einen Sinn ergeben, und zum anderen werden sich viele neue Anwendungen für künstliche neuronale Netze eröffnen.

Künstliche Intelligenz: eine Kontroverse

Seit 35 Jahren versuchen Informatiker, Maschinen mit Denkfähigkeit auszustatten. Dieses Unternehmen ist durch eine seltsame Mischung aus Fortschritten und Fehlschlägen gekennzeichnet: Computer meistern intellektuell höchst anspruchsvolle Aufgaben wie Schachspielen und Integrieren; aber wenn es um den Umgang mit den Dingen des Alltags geht, erreichen sie nicht einmal die Fähigkeiten eines Hummers. Kritiker außerhalb des Forschungsgebietes der Künstlichen Intelligenz haben denn auch argumentiert, das Projekt sei von vornherein zum Scheitern verurteilt, weil Computer ihrem Wesen nach prinzipiell unfähig zu wahren Denkleistungen seien. Auf den folgenden Seiten verficht John R. Searle von der Universität von Kalifornien in Berkeley ihren Standpunkt, daß Computerprogramme niemals Geist hervorzubringen vermöchten. Paul M. Churchland und Patricia Smith Churchland begründen dagegen, warum sie überzeugt sind, daß Schaltungen nach dem Vorbild des Gehirns sehr wohl bewußte Intelligenz an den Tag legen könnten. Hinter dieser Kontroverse steht letztlich die Frage nach dem Wesen des Denkens. Dies ist eines der tiefen Rätsel, welche die Menschheit, die sich selbst das Etikett *sapiens* (vernunftbegabt) als Unterscheidungsmerkmal zu anderen Lebewesen verliehen hat, schon seit Jahrtausenden beschäftigen. Computer, bisher sicherlich noch nicht mit Vernunft begabt, haben dieser Frage eine neue Richtung gegeben und zahlreiche mögliche Antworten ausgeschieden. Die endgültige Antwort aber steht noch immer aus.

Ist der menschliche Geist ein Computerprogramm?

Nein. Ein Programm manipuliert Symbole nur, während das Gehirn ihnen Bedeutung beilegt. Wie also soll ein Programm denken können, wenn es nicht versteht, womit es eigentlich hantiert?

Von John R. Searle

Kann eine Maschine denken? Kann eine Maschine in genau demselben Sinne bewußte Gedanken haben wie Sie und ich?

Wenn man mit dem Begriff „Maschine" ein physikalisches System meint, das bestimmte Funktionen auszuführen vermag (und was sonst kann man damit meinen?), dann sind Menschen Maschinen einer besonderen biologischen Art; und da Menschen denken können, können Maschinen es folglich auch. Zugleich scheint es nach derzeitigem Kenntnisstand nicht ausgeschlossen, eine denkende Maschine aus ganz anderem Material herzustellen — aus Silicium-Chips oder Vakuumröhren zum Beispiel. Ob das gelingt oder ob es sich letztlich doch als unmöglich erweist, ist eine offene Frage: Wir wissen es im Moment einfach noch nicht.

Indes wurde der Frage, ob Maschinen denken können, in den vergangenen Jahrzehnten eine ganz andere Bedeutung beigelegt. Wenn man sie stellte, meinte man nun: Kann eine Maschine allein dadurch denken, daß man ein Computerprogramm darauf installiert; macht das Ablaufenlassen eines Computerprogramms Denken aus? Dies ist eine ganz andere Frage; denn sie bezieht sich nicht auf die physikalischen, kausalen Eigenschaften eines realen oder möglichen physikalischen Systems, sondern auf die abstrakten Rechenfähigkeiten eines formalen Computerprogramms, das in jeder Art von Hardware ablaufen könnte, die für das Programm geeignet ist.

Eine erkleckliche Zahl von Forschern auf dem Gebiet der Künstlichen Intelligenz (KI) glaubt, daß die Antwort auf die zweite Frage ja ist: Ihrer Meinung nach ließe sich durch Entwerfen der richtigen Programme mit den richtigen Ein- und Ausgaben buchstäblich der menschliche Geist nachschaffen.

Diese Forscher glauben ferner, daß sie über einen wissenschaftlich einwandfreien Test verfügen, mit dem sie feststellen können, ob sie erfolgreich waren oder nicht: den von Alan M. Turing, dem geistigen Vater der Künstlichen Intelligenz, erdachten Turing-Test. Er beruht nach derzeitigem Verständnis auf dem folgenden einfachen Kriterium: Wenn ein Computer etwas so tut, daß ein Experte seine Leistung nicht von der eines Menschen mit einer bestimmten geistigen Fähigkeit — etwa der, zu addieren oder Chinesisch zu verstehen — zu unterscheiden vermag, dann besitzt der Computer diese Fähigkeit.

Das Ziel besteht also darin, Programme zu entwerfen, die den menschlichen Verstand so gut simulieren, daß sie den Turing-Test bestehen. Dabei wäre ein solches Programm nicht nur ein Modell des menschlichen Geistes — nein, es wäre selbst ein denkender Geist im gleichen Sinne, wie es der menschliche Geist ist.

Allerdings teilt nicht jeder KI-Forscher diese extreme Auffassung. Eine vorsichtigere Einstellung ist, Computermodelle für brauchbare Hilfsmittel beim Studium des menschlichen Geistes zu halten, so wie sie beim Studium des Wettergeschehens, ökonomischer Prozesse oder molekularbiologischer Vorgänge nützlich sind. Zur Unterscheidung möchte ich die erste Einstellung als starke und die zweite als schwache KI bezeichnen. Es ist wichtig zu erkennen, wie kühn der Anspruch der starken KI ist. Sie behauptet, daß Denken nur im Hantieren mit formalen Symbolen besteht; denn genau das tut der Computer. Diese Auffassung wird oft in dem Satz zusammengefaßt: „Der Verstand verhält sich zum Gehirn wie das Programm zur Hardware."

Die starke KI hebt sich in mindestens zwei Punkten von anderen Theo-

rien über das Wesen des Geistes ab: Sie läßt sich erstens klar formulieren und zweitens ebenso einfach wie eindeutig widerlegen.

Das chinesische Zimmer

Die Widerlegung, die jeder leicht selbst nachvollziehen kann, geht folgendermaßen. Nehmen Sie eine Sprache, die Sie nicht verstehen. Ich persönlich verstehe kein Chinesisch; für mich sind chinesische Schriftzeichen nur sinnlose Krakel. Stellen Sie sich nun vor, ich würde in ein Zimmer gesetzt, das Körbe voller Kärtchen mit chinesischen Symbolen enthält. Nehmen wir ferner an, man hätte mir ein Buch in meiner Muttersprache Englisch in die Hand gedrückt, das angibt, nach welchen Regeln chinesische Zeichen miteinander kombiniert werden. Dabei werden die Symbole nur anhand ihrer Form identifiziert, ohne daß man irgendeines verstehen muß. Eine Regel könnte also sagen: „Nimm ein Krakel-Krakel-Zeichen aus dem Korb Nummer 1 und lege es neben ein Schnörkel-Schnörkel-Zeichen aus Korb Nummer 2."

Angenommen, von außerhalb des Zimmers würden mir Menschen, die Chinesisch verstehen, kleine Stöße von Kärtchen mit Symbolen hereinreichen, die ich nach den Regeln aus dem Buch manipuliere; als Ergebnis reiche ich dann meinerseits kleine Kartenstöße hinaus. In die Computersprache übersetzt wäre also das Regelbuch das Computerprogramm, sein Autor der Programmierer und ich der Computer; die Körbe voller Symbole wären die Daten, die kleinen mir ausgehändigten Stöße die Fragen und die von mir hinausgereichten Stöße die Antworten.

Nehmen wir nun an, das Regelbuch sei so verfaßt, daß meine Antworten auf die Fragen von denen eines gebürtigen Chinesen nicht zu unterscheiden sind. Beispielsweise könnten mir die Leute draußen eine Handvoll Symbole hereinreichen, die — ohne daß ich das weiß — bedeuten: „Welches ist Ihre Lieblingsfarbe?" Nach Durcharbeiten der Regeln würde ich dann einen Stoß Symbole zurückgeben, die — was ich ebensowenig weiß — beispielsweise hießen: „Meine Lieblingsfarbe ist blau, aber grün mag ich auch sehr." Also hätte ich den Turing-Test für Chinesisch bestanden.

Gleichwohl habe ich nicht die geringste Ahnung von dieser Sprache. Und ich hätte auch keine Chance, in dem beschriebenen System Chinesisch zu lernen, weil es mir keine Möglichkeit bietet, die Bedeutung irgendeines

Symbols in Erfahrung zu bringen. Wie ein Computer hantiere ich mit Symbolen, aber verbinde keine Bedeutung mit ihnen.

Der Punkt des Gedankenexperiments ist der: Wenn ich kein Chinesisch verstehe, indem ich lediglich ein Computerprogramm zum Verstehen von Chinesisch ausführe, dann tut das auch kein Digitalcomputer. Solche Maschinen hantieren nur mit Symbolen gemäß den im Programm festgelegten Regeln.

Was für Chinesisch gilt, gilt für andere geistige Leistungen genauso. Das bloße Hantieren mit Symbolen genügt nicht für Fähigkeiten wie Einsicht, Wahrnehmung, Verständnis oder Denken. Und da Computer ihrem Wesen nach Geräte zur Manipulation von Symbolen sind, erfüllt das bloße Ausführen eines Computerprogramms auch nicht die Voraussetzungen einer geistigen Tätigkeit.

Der formale Gegenbeweis

Diese Beweisführung widerlegt auf ebenso einfache wie unumstößliche Weise den Anspruch der starken KI. Ihre erste Prämisse ist einfach der formale Charakter eines Computerprogramms. Programme sind definitionsgemäß Vorschriften zur Manipulation von Symbolen, und die Symbole sind rein formal oder syntaktisch. (Gerade dieser formale Charakter der Programme macht Computer übrigens so

leistungsfähig: Dasselbe Programm kann auf einer unbegrenzten Zahl von Rechnern laufen, und ein Rechner kann eine unbegrenzte Fülle von Programmen ausführen.) Kurz gesagt gilt

Axiom 1: *Computerprogramme sind formal (syntaktisch).*

Dieser Punkt ist so entscheidend, daß es sich lohnt, ihn noch etwas genauer zu untersuchen. Ein Digitalrechner verarbeitet Informationen, indem er sie zuerst in seine eigene Symbolsprache verschlüsselt und dann die Symbole mittels eines Satzes genau festgelegter Regeln manipuliert. Diese Regeln bilden das Programm. In Turings früher Computertheorie waren die Symbole zum Beispiel einfach Nullen und Einsen, und die Regeln des Programms verlangten Dinge wie: „Schreibe eine Null aufs Band, bewege dich um ein Feld nach links und lösche eine Eins." Das Erstaunliche an Computern ist, daß sich jede in einer Sprache ausdrückbare Information in einem solchen System codieren und jedes Problem der Informationsverarbeitung, das mit expliziten Regeln lösbar ist, damit programmieren läßt.

Zwei weitere Punkte sind wichtig. Zum einen sind Symbole und Programme rein abstrakte Gebilde: Sie haben keinerlei intrinsische physikalische Eigenschaften, und sie lassen sich in jedem beliebigen physikalischen System darstellen. Somit haben auch Nullen und Einsen in ihrer Funktion als Symbole keinerlei intrinsische physikalische Eigenschaften und damit insbesondere auch keine kausalen Ei-

genschaften wie reale physikalische Objekte.

Ich betone diesen Punkt, weil es verführerisch ist, Computer mit einer bestimmten Technologie − sagen wir Silicium-Chips − in Verbindung zu bringen und zu denken, daß es hier um die Physik von Silicium-Chips ginge oder daß sich Syntax auf irgendein physikalisches Phänomen bezöge, das vielleicht bislang unbekannte kausale Fähigkeiten ähnlich denen von elektromagnetischer Strahlung oder Wasserstoffatomen hätte.

Der zweite Punkt ist, daß Symbole völlig unabhängig von irgendwelchen möglichen Bedeutungen manipuliert werden. Die Symbole eines Programms können für alles stehen, was der Programmierer will. In diesem Sinne hat das Programm zwar eine Syntax, aber keine Semantik.

Das zweite Axiom ist nur eine Erinnerung an die offensichtliche Tatsache, daß Gedanken, Wahrnehmungen, Einsichten und so weiter einen geistigen Gehalt haben. Vermöge diese Gehalts können sie von Objekten und Zuständen in der Welt handeln. Wenn der Gehalt mit Sprache zusammenhängt, dann kommt zur Semantik auch Syntax, aber jedes linguistische Verständnis setzt zumindest einen groben semantischen Rahmen voraus. Wenn ich zum Beispiel an die letzten amerikanischen Präsidentschaftswahlen denke, kommen mir bestimmte Worte in den Sinn, aber diese Wörter beziehen sich nur deshalb auf die Wahlen, weil ich mit ihnen gemäß meiner Kenntnis des Englischen bestimmte Bedeutungen verbinde. In dieser Hinsicht sind sie für mich etwas ganz anderes als chinesische Schriftzeichen. In Kurzform läßt sich dies formulieren als

Axiom 2: *Dem menschlichen Denken liegen geistige Inhalte (Semantik) zugrunde.*

Nehmen wir nun noch das hinzu, was das chinesische Zimmer demonstriert hat. Die Symbole an sich − also die Syntax allein − ergeben noch keine Semantik. Die bloße Hantieren mit Symbolen impliziert nicht, daß man auch ihre Bedeutung kennt. Ich will dies zusammenfassen als

Axiom 3: *Syntax an sich ist weder konstitutiv noch hinreichend für Semantik.*

Im Grunde folgt dies aus der Definition der Begriffe Syntax und Semantik. Aber wie man diese Begriffe auch definiert − klar ist, daß ein Unterschied besteht zwischen formalen Elementen, die keine intrinsische Bedeutung (keinen Gehalt) haben, und solchen, bei denen dies der Fall ist. Aus diesen Prämissen ergibt sich

Ich bestehe den Turing-Test dafür, Chinesisch zu verstehen.

Folgerung 1: Programme sind weder konstitutiv noch hinreichend für Geist.

Dies aber ist lediglich eine andere Formulierung für die Aussage, daß die starke KI falsch ist.

Einige Klarstellungen

Es ist wichtig klarzustellen, was genau durch diese Argumentation bewiesen wurde und was nicht.

Erstens habe ich nicht versucht zu beweisen, daß ein Computer nicht denken könne. Alles, was sich rechnerisch simulieren läßt, ist als Computer beschreibbar, und die Arbeitsweise unseres Gehirns kann auf bestimmten Ebenen sehr wohl rechnerisch simuliert werden. Daraus folgt trivialerweise, daß unser Gehirn ein Computer ist. Außerdem kann das Gehirn ganz sicher denken. Aber die Tatsache, daß sich ein System durch Manipulation von Symbolen simulieren läßt und gleichzeitig denkt, bedeutet nicht, daß Denken und formale Symbolmanipulation äquivalent sind.

Zweitens habe ich nicht versucht zu beweisen, daß nur solche Systeme denken können, die wie unser Gehirn eine biologische Grundlage haben. Bis jetzt sind dies zwar die einzigen Systeme, von denen wir sicher wissen, daß sie zum Denken befähigt sind; aber vielleicht finden sich ja andere Systeme im Universum, die bewußte Gedanken hervorbringen können, und vielleicht sind wir irgendwann sogar selbst imstande, denkende Systeme künstlich zu erzeugen. Ich halte dies für eine offene Frage.

Drittens behauptet die starke KI nicht, daß — soweit sich das beurteilen läßt — Computer mit den richtigen Programmen unter Umständen denken könnten, weil sie vielleicht irgendwelche, bisher unentdeckten psychologischen Eigenschaften besäßen; die Behauptung ist vielmehr, daß Computer zwangsläufig dächten, weil, was sie tun, alles sei, was Denken ausmacht.

Es ist die so definierte starke KI, die ich zu widerlegen versucht habe. Die Widerlegung bestand aus dem Nachweis, daß das Programm an sich keine Gedanken hervorbringen kann, weil ein Programm lediglich mit formalen Symbolen hantiert — und wir wissen aus Erfahrung, daß das gekonnte Manipulieren von Symbolen für sich allein keine Gewähr dafür bietet, daß auch die Bedeutung der Symbole verstanden wird. Das ist der Kern dessen, was ich mit dem chinesischen Zimmer illustrieren wollte.

Ich hebe diese Punkte auch deswegen so hervor, weil mir scheint, daß die Churchlands (siehe „Ist eine denkende Maschine möglich?" von Paul M. Churchland und Patricia Smith Churchland, Seite 155) das Wesentliche meiner Argumentation nicht ganz verstanden haben. Sie meinen, die starke KI behaupte, daß Computer sich als denkfähig herausstellen könnten, und unterstellen mir, daß ich diese Möglichkeit auf der Basis des gesunden Menschenverstandes abstreite. Aber dies ist nicht die Behauptung der starken KI, und meine Gegenargumente haben nichts mit dem gesunden Menschenverstand zu tun.

Übertragung auf Neurocomputer

Ich werde später mehr zu ihren Einwänden sagen. Zuvor aber möchte ich darlegen, daß entgegen den Versicherungen der Churchlands das Argument mit dem chinesischen Zimmer auch alle Aussagen der starken KI über die neuen Techniken zur parallelen Informationsverarbeitung widerlegt, die durch neuronale Netzwerke angeregt und diesen nachempfunden sind.

Anders als der traditionelle Von-Neumann-Computer, der seine Berechnungen schrittweise durchführt, enthalten diese Systeme viele Rechenelemente, die parallel operieren und miteinander nach Regeln interagieren, die sich an neurobiologischen Vorgängen orientieren. Obwohl die Ergebnisse noch bescheiden sind, liefern diese parallelen, verteilten Systeme oder konnektionistischen Modelle nützliche Erkenntnisse darüber, wie komplexe, parallele Netzwerk-Systeme ähnlich denen des Gehirns an der Erzeugung intelligenten Verhaltens beteiligt sein könnten.

Der parallele, hirnähnliche Charakter der Verarbeitung von Daten ist unter rein rechnerischem Aspekt jedoch irrelevant. Jede Funktion, die auf einer parallel arbeitenden Maschine berechnet werden kann, ist auch auf einer seriell arbeitenden zu berechnen. Tatsächlich läßt man konnektionistische Programme üblicherweise auf traditionellen, seriellen Maschinen laufen, da es erst sehr wenige Parallelcomputer gibt. Mit Parallelverarbeitung kommt man daher nicht an dem Argument mit dem chinesischen Zimmer vorbei.

Außerdem läßt sich auch auf das konnektionistische Modell direkt eine Variante dieses Arguments anwenden. Stellen Sie sich statt des chinesischen Zimmers eine chinesische Turnhalle vor: einen Saal mit vielen nur Deutsch sprechenden Menschen. Sie würden die gleichen Operationen wie die Knoten und Synapsen innerhalb einer konnektionistischen Architektur ausführen, wie die Churchlands sie beschreiben, und das Ergebnis wäre dasselbe, wie wenn nur ein Mann die Symbole gemäß einem Regelwerk manipulieren würde. Niemand in der Turnhalle spricht ein Wort Chinesisch, und auch das System als Ganzes hat keine Möglichkeit, die Bedeutung irgendeines chinesischen Schriftzeichens zu erlernen. Dennoch kann es nach entsprechenden Anpassungen chinesisch gestellte Fragen richtig beantworten.

Wie ich schon sagte, haben konnektionistische Netze einige interessante Eigenschaften, dank denen sie Gehirnprozesse genauer zu simulieren vermögen als traditionelle, serielle Rechner. Aber die Vorteile paralleler Architekturen für die schwache KI sind völlig irrelevant, was die Gültigkeit des Arguments mit dem chinesischen Zimmer für die starke KI angeht.

Die Churchlands begreifen diesen Punkt nicht, wenn sie sagen, eine chinesische Turnhalle hinreichender Größe könnte zu höheren geistigen Leistungen fähig sein, weil diese einfach aus der Größe und Komplexität des Systems erwüchsen — gerade so, wie ein komplettes Gehirn geistige Fähigkeiten aufweist, welche die einzelne Nervenzelle nicht hat. Dies kann durchaus sein, aber es hat nichts mit dem Charakter der Maschinen als Rechner zu tun. Von der rechnerischen Seite her sind serielle und parallele Systeme im Prinzip äquivalent: Jede Berechnung, die parallel durchführbar ist, läßt sich auch seriell erledigen. Wenn der Mensch im chinesischen Zimmer also mit beiden Systemen rechnerisch äquivalent ist, dann verstehen beide genausowenig Chinesisch wie er.

Die Churchlands haben zwar recht mit der Behauptung, das Argument mit dem chinesischen Zimmer sei im Blick auf die traditionelle KI konzipiert; aber sie irren, wenn sie glauben, daß der Konnektionismus gegen es gefeit sei. Das Argument gilt für jedes System, das nur rechnet: Man bekommt keine semantisch befrachteten Gedankeninhalte allein durch formale Berechnungen, gleich ob sie parallel oder seriell ausgeführt werden. Daran liegt es, daß das Argument mit dem chinesischen Zimmer die starke KI in jeder Form widerlegt.

Was unterscheidet Denken und Datenverarbeitung?

Viele, die dieses Argument beeindruckt, sind sich dennoch über den eigentlichen Unterschied zwischen Menschen und Maschinen im unklaren.

**Computerprogramme sind formal (syntaktisch).
Der menschliche Geist hat mentale Gehalte (Semantik).**

Wenn Menschen — zumindest im trivialen Sinne — Computer sind und wenn sie eine Semantik besitzen, warum sollte man dann anderen Computern nicht auch eine Semantik vermitteln können? Warum sollte sich eine VAX oder Cray nicht so programmieren lassen, daß sie auch Gedanken und Gefühle hat? Oder warum sollte eine neue Computertechnologie nicht die Kluft zwischen Form und Inhalt, zwischen Syntax und Semantik überwinden? Was sind denn die Unterschiede zwischen Tiergehirnen und technischen Rechnersystemen, derentwegen sich das Argument mit dem chinesischen Zimmer zwar gegen Computer, aber nicht gegen Gehirne richtet?

Der offenkundigste Unterschied liegt darin, daß die Prozesse, die etwas als einen Computer definieren — Berechnungen nämlich —, gänzlich unabhängig davon sind, wie man sie auf irgendeiner bestimmten Hardware realisiert. Man könnte im Prinzip einen Computer aus Drähten verbundenen alten Bierdosen bauen, der durch Windmühlen angetrieben wird; tatsächlich hat Joseph Weizenbaum vom Massachusetts Institute of Technology gezeigt, wie man einen (sehr langsamen) Heimcomputer aus Toilettenpapier und kleinen Steinchen basteln kann (vergleiche auch den Seil- oder den Stabilbaukasten-Computer in Computer-Kurzweil, Spektrum der Wissenschaft, April beziehungsweise Dezember 1989).

Was das Gehirn betrifft, so weiß man bisher zwar kaum etwas darüber, wie es mentale Zustände erzeugt; aber auffällig ist doch die extreme Spezifität seiner Anatomie und Physiologie. Dort, wo gewisse Erkenntnisse darüber vorliegen, wie Gehirnprozesse mentale Phänomene wie Schmerz, Durst, Sehen und Riechen hervorbringen, wird deutlich, daß spezifische neurobiologische Prozesse daran beteiligt sind. Das Gefühl von Durst, zumindest bestimmter Formen davon, wird durch spezielle Arten von Nervenzellen im Hypothalamus erzeugt, die ihrerseits von einem bestimmten Peptid — Angiotensin II — aktiviert werden. Die Kausalkette verläuft in dem Sinne von unten nach oben, als neuronale Prozesse auf niedrigeren Ebenen jeweils höhere mentale Phänomene bewirken. In der Tat wird, soweit man weiß, jedes „mentale" Ereignis, vom Durstempfinden bis hin zu Gedanken über mathematische Sätze und Erinnerungen aus der Kindheit, durch das Feuern spezifischer Neurone in spezifischen Zellverbänden hervorgebracht.

Aber warum sollte diese Spezifität von Bedeutung sein? Schließlich ließe sich das Feuern von Nervenzellen auf Computern simulieren, deren Physik und Chemie sich völlig von der des Gehirns unterscheidet. Die Antwort lautet, daß das Gehirn nicht einfach ein formales Muster oder Programm aktiviert (es macht das auch), sondern kraft spezifischer neurobiologischer Prozesse zugleich mentale Ereignisse verursacht.

Gehirne sind spezifische biologische Organe, und ihre besonderen biochemischen Eigenschaften befähigen sie, Bewußtsein und andere Formen mentaler Phänomene hervorzurufen. Computersimulationen von Gehirnprozessen liefern dagegen nur Modelle der formalen Aspekte dieser Prozesse. Man sollte Simulation nicht mit Nachschaffen oder Duplikation verwechseln. Das Computermodell mentaler Prozesse ist um nichts realer als ein Computermodell irgendeines anderen natürlichen Phänomens.

Man kann sich zum Beispiel eine Computersimulation der Wirkungsweise von Peptiden im Hypothalamus vorstellen, welche die Vorgänge bis hinunter zur letzten Synapse akkurat beschreibt. Aber genausogut kann man sich eine Computersimulation der Oxidation von Benzin in einem Automotor oder des Ablaufs von Verdauungsprozessen nach dem Verspeisen einer Pizza denken. Und die Simulation ist im Falle des Gehirns um nichts realer als im Falle des Autos oder des Magens: Wunder ausgeschlossen, können Sie kein Auto durch eine Computersimulation der Verbrennung von Benzin zum Fahren bringen und keine Pizza verdauen, indem Sie ein Programm laufen lassen, das die Verdauung simuliert. Entsprechend kann ganz offensichtlich auch eine Simulation von Denkvorgängen nicht die realen Effekte der Neurobiologie des Denkens erzeugen.

Alle mentalen Phänomene entstehen also durch neurophysiologische Prozesse im Gehirn. Ich fasse diese Idee zusammen als

Axiom 4: *Gehirne verursachen Geist.*

In Verbindung mit meiner früheren Ableitung erhalte ich damit trivialerweise sofort die

Folgerung 2: *Jedes andere System, das Geist hervorrufen kann, benötigt kausale Kräfte, die denen von Gehirnen (mindestens) äquivalent sind.*

Das entspricht etwa der Aussage, daß ein Elektromotor, wenn er ein Auto so schnell antreiben soll wie ein Benzinmotor, (mindestens) die äquivalente Menge an Kraft erzeugen muß. Über den Mechanismus ist damit nichts gesagt.

Nun ist Denkvermögen in der Tat ein biologisches Phänomen: Mentale Zustände und Prozesse werden durch Gehirnvorgänge hervorgerufen. Dennoch heißt das nicht, daß nur ein biologisches System denken könnte; was es dagegen impliziert ist, daß jegliches alternative System, ob es nun aus Silicium, Bierdosen oder sonst etwas besteht, auch die relevanten kausalen Fähigkeiten — äquivalent denen des Gehirns — besitzen muß. Das führt mich auf die

Folgerung 3: *Jedes Artefakt, das mentale Phänomene erzeugt, also jedes künstliche Gehirn, muß imstande sein, die spezifischen kausalen Kräfte von Gehirnen aufzubringen, und dies ist nicht einfach durch Ausführen eines formalen Programms zu erreichen.*

Ferner erhalte ich als Aussage über menschliche Gehirne die wichtige

Folgerung 4: *Menschliche Gehirne können nicht allein durch Abarbeiten eines Computerprogramms mentale Phänomene produzieren.*

Einwände gegen das Argument mit dem chinesischen Zimmer

Ich habe die Parabel vom chinesischen Zimmer erstmals 1980 in der Zeitschrift „Behavioral and Brain Sciences" dargestellt, wo sie — wie dort üblich — zusammen mit Kommentaren von Wissenschaftlerkollegen erschien; in diesem Falle waren es 26. Offen gesagt, denke ich, ist der Kernpunkt meiner Argumentation ziemlich klar; aber zu meiner Überraschung folgte auf diese Veröffentlichung eine Flut von Einwänden, die — noch erstaunlicher — bis heute nicht verebbt ist. Offensichtlich hat das Argument mit dem chinesischen Zimmer an einen wunden Punkt gerührt.

Die Behauptung der starken KI lautet, daß jedes wie auch immer geartete rechenfähige System — ob es nun aus Bierdosen, Silicium-Chips oder Toilettenpapier besteht — nicht nur Gedanken und Gefühle haben könnte, sondern Gedanken und Gefühle haben müsse, sofern es nur mit dem adäquaten Programm gefüttert wird und die richtigen Eingaben erhält. Nun ist dies eine zutiefst anti-biologische Sichtweise, und man sollte eigentlich meinen, daß die Vertreter der KI sich lieber heute als morgen davon trennen würden. Viele von ihnen, insbesondere aus der jüngeren Generation, stimmen mir zu; aber ich wundere mich über die Zahl und die Vehemenz der Verteidiger. Hier sind einige der typischen Einwände.

a. Im chinesischen Zimmer verstehen Sie tatsächlich Chinesisch, selbst wenn Sie es nicht wissen. Es ist schließlich möglich, etwas zu verstehen, ohne sich dessen bewußt zu sein.

b. Sie selbst verstehen zwar kein Chinesisch, aber es gibt ein (unbewußtes) Subsystem in Ihrem Inneren, das dies tut. Es ist doch schließlich möglich, unbewußte mentale Zustände zu haben, und es gibt keinen Grund auszuschließen, daß ihre Chinesisch-Kenntnisse nicht gleichfalls unbewußt sein könnten.

c. Sie selbst verstehen zwar kein Chinesisch, aber das ganze Zimmer tut es. Sie sind wie ein einzelnes Neuron im Gehirn, und ebensogut wie ein einzelnes Neuron für sich allein genommen nichts verstehen kann, sondern nur seinen Beitrag zur Verständnisleistung des Gesamtsystems beisteuert, verstehen Sie kein Chinesisch, wohingegen das System als Ganzes es sehr wohl tut.

d. Es gibt überhaupt keine Semantik, sondern nur Syntax. Es ist eine Art vorwissenschaftlicher Illusion anzunehmen, im Gehirn befänden sich mysteriöse „mentale Inhalte", „Gedanken" oder „Semantik". Was sich im Gehirn abspielt, ist die gleiche Art von syntaktischer Symbolmanipulation, die in Computern stattfindet — sonst nichts.

e. Sie führen das Computerprogramm nicht wirklich aus — Sie denken bloß, daß sie es tun. Sobald man ein Wesen mit Bewußtsein das Programm schrittweise abarbeiten läßt, handelt es sich nicht mehr um eine echte Implementierung des Programms.

f. Computer besäßen Semantik und nicht nur Syntax, wenn ihre Ein- und Ausgaben in einer angemessenen kausalen Beziehung zum Rest der Welt stünden. Stellen Sie sich vor, man baute einen Computer in einen Roboter ein, brächte Fernsehkameras im Roboterkopf an, installierte elektrische Wandler für die Übermittlung der Fernsehbilder an den Computer und verwendete die Computerausgabe zur Steuerung der Roboterarme und -beine. Dann besäße das Gesamtsystem eine Semantik.

g. Würde das Programm die Vorgänge im Gehirn eines Chinesen simulieren, verstünde es Chinesisch. Angenommen, man könnte das Gehirn eines Chinesen auf der Ebene der Nervenzellen simulieren. Dann verstünde dieses System bestimmt ebensogut Chinesisch wie das Gehirn eines Chinesen.

Und so weiter.

Alle diese Einwände haben eines gemeinsam: Sie gehen am Kernpunkt des Arguments mit dem chinesischen Zimmer vorbei. Dieser besteht in der Unterscheidung zwischen formaler Symbolmanipulation, wie ein Computer sie vornimmt, und dem biologisch produ-

zierten mentalen Gehalt des Gehirns; diesen Unterschied habe ich — hoffentlich nicht mißverständlich — in den zwischen Syntax und Semantik gefaßt.

Ich werde meine andernorts bereits publizierten Entgegnungen auf all diese Einwände hier nicht wiederholen; aber es kann zur Klärung der Sachlage beitragen, wenn ich die Schwächen des am häufigsten vorgetragenen Einwands erläutere: die des Arguments *c*, das ich als System-Einwand bezeichnen möchte. (Der Gehirnsimulator-Einwand, Argument *g*, ist ebenfalls ziemlich populär, aber ich bin darauf schon im vorausgegangenen Abschnitt eingegangen.)

Die Widerlegung des System-Einwands

Der System-Einwand macht geltend, daß zugegebenermaßen nicht Sie selbst Chinesisch verstehen, aber das gesamte System es tue: Sie, das Zimmer, das Regelbuch und die Körbe voller Symbole. Als ich diese Erklärung zum ersten Mal hörte, fragte ich einen ihrer Vertreter: „Behaupten Sie im Ernst, das Zimmer verstehe Chinesisch?", und seine Antwort war ja. Diese Behauptung ist so tapfer wie gewagt; aber abgesehen davon, daß sie leicht absurd anmutet, kann sie auch aus rein logischen Gründen nicht richtig sein.

Der Kernpunkt meiner Argumentation ist, daß das Hin- und Herschieben von Symbolen allein keinen Zugang zu ihrer Bedeutung verschaffen kann. Dies aber gilt in gleichem Maße für den gesamten Raum wie für die Person in seinem Inneren.

Man kann diesen Punkt noch verdeutlichen, indem man das Gedankenexperiment erweitert: Stellen Sie sich vor, ich hätte den Inhalt der Körbe und das Regelwerk auswendig gelernt und würde alle Berechnungen in meinem Kopf durchführen; Sie dürfen sich sogar vorstellen, daß ich unter freiem Himmel arbeite. Es gibt dann nichts an diesem „System", das sich nicht in mir befände — und da ich kein Chinesisch verstehe, versteht es auch das System nicht.

In ihrem nachfolgenden Artikel entwerfen die Churchlands eine Variante des System-Einwands, indem sie eine amüsante Analogie konstruieren. Angenommen, jemand hätte vor 100 Jahren behauptet, Licht könne nicht elektromagnetisch sein; wenn man nämlich mit einem Stabmagneten in einem dunklen Zimmer herumfuchtele, würde es dadurch keineswegs hell. Die Churchlands fragen nun, ob diese Argumentation nicht der mit dem chinesischen Zimmer genau entspreche? Wird da nicht einfach behauptet, das Herumhantieren mit chinesischen Symbolen in einem semantisch dunklen Raum könne unmöglich das Licht des Verstehens der chinesischen Sprache aufscheinen lassen? Aber genau wie spätere Untersuchungen zeigten, daß Licht aus elektromagnetischer Strahlung besteht, könnten dann nicht auch spätere Untersuchungen beweisen, daß Semantik vollständig durch Syntax erzeugt wird? Ist dies also nicht eine Frage, die weiterer wissenschaftlicher Untersuchungen bedarf?

Vergleiche sind bekannt dafür, daß sie hinken, und bevor man Analogieschlüsse zieht, muß man sicherstellen, daß die betrachteten Fälle wirklich analog sind; dies aber ist hier meiner Meinung nach nicht der Fall. Die Erklärung von Licht als einer Form elektromagnetischer Strahlung ist eine durch und durch kausale Angelegenheit: Licht ist eine kausale Folge der Physik elektromagnetischer Strahlung. Die Analogie zu formalen Symbolen versagt, weil formale Symbole im Unterschied dazu keine kausalen Kräfte im physikalischen Sinne besitzen. Die einzige Kraft, die Symbolen als solchen innewohnt, ist die Fähigkeit, den nächsten Schritt eines Programms auszulösen, wenn der Computer läuft.

Mithin gibt es auch keinen Grund, auf weitere Forschungsergebnisse zu warten, welche die physikalischen, kausalen Eigenschaften von Nullen und Einsen erhellen könnten. Die einzigen relevanten Attribute von Nullen und Einsen sind abstrakte Recheneigenschaften, und diese sind bereits hinlänglich bekannt.

Die Churchlands bemängeln, daß ich etwas Unbewiesenes unterstellte, wenn ich behaupte, nicht interpretierte formale Symbole seien nicht mit mentalen Inhalten identisch. Zugegeben, ich habe diese Annahme nicht groß zu begründen versucht, weil ich sie für eine selbstevidente logische Grundwahrheit halte. Wie bei jeder solchen Wahrheit kann man die Gültigkeit daran erkennen, daß man sich in Widersprüche verwickelt, wenn man sich das Gegenteil vorzustellen versucht. Also versuchen wir es einmal.

Nehmen wir an, in dem chinesischen Zimmer fände tatsächlich ein nicht wahrnehmbares chinesisches Denken statt. Was genau soll aus der Manipulation syntaktischer Elemente dann spezifisch chinesische Gedankeninhalte machen? Nun gut, immerhin nehme ich an, daß die Programmierer Chinesisch sprechen konnten und das System so programmierten, daß es chinesische Informationen zu verarbeiten vermag.

So weit, so gut. Aber stellen Sie sich nun vor, daß mich, während ich im chinesischen Zimmer sitze und mit den chinesischen Symbolen herumhantiere, das Kombinieren der — mir völlig unverständlichen — Symbole zu langweilen beginnt. Ich beschließe daher, die Zeichen als Züge eines Schachspiels zu interpretieren. Welche Semantik erzeugt das System nun? Ist es eine chinesische Semantik, eine Schach-Semantik oder beides zugleich? Nehmen wir weiter an, es gäbe noch eine dritte Person, die durch ein Fenster hereinschaut und die Symbolmanipulationen als Börsenvorhersagen deutet. Und so fort. Es gibt keine Begrenzung für die Zahl der semantischen Interpretationen, die den Symbolen zugeordnet werden können, da — um es noch einmal zu sagen — diese rein formaler Natur sind; sie besitzen keine intrinsische Semantik.

Läßt sich die Licht-Analogie der Churchlands vielleicht doch irgendwie retten? Ich habe oben gesagt, daß formale Symbole keine kausalen Eigenschaften besitzen. Selbstverständlich ist jedes Programm immer auf irgendeiner Hardware installiert, und der Hardware sind zweifellos spezifische physikalische, kausale Kräfte eigen. So erzeugt jeder reale Computer durchaus diverse physikalische Phänomene. Meine Computer geben zum Beispiel Wärme ab und machen summende und manchmal auch knirschende Geräusche. Existieren irgendwelche logisch überzeugenden Gründe, warum sie nicht auch Bewußtsein von sich geben könnten?

Nein, solche Gründe gibt es nicht. Wissenschaftlich gesehen könnte die Hardware beim Abarbeiten eines Programms neben physikalischen Phänomenen wie Wärme und Geräuschen durchaus auch Bewußtsein von sich geben. Doch das soll durch das Argument mit dem chinesischen Zimmer auch gar nicht widerlegt werden. Außerdem ist es nichts, was die Anhänger der starken KI verteidigen möchten; denn jede solche Hervorbringung müßte von den physikalischen Besonderheiten des Mediums herrühren, auf dem das Programm installiert ist. Dagegen lautet die grundlegende Prämisse der starken KI ja gerade, daß die physikalischen Eigenschaften des betreffenden Mediums absolut keine Rolle spielen. Worauf es ankommt, sind allein die Programme, und die sind rein formal.

Für die von den Churchlands gezogene Parallele zwischen Syntax und Elektromagnetismus stellt sich daher ein Dilemma: Entweder ist die Syntax rein formal durch ihre abstrakten mathematischen Eigenschaften bestimmt, oder sie ist es nicht. Wenn ja, bricht die Analogie zusammen, weil Syntax in diesem Sinne keinerlei physikalische Kräfte aufweist. Geht es dagegen um die physikalischen Eigenschaften des benutzten Mediums, dann existiert tatsächlich eine Analogie; aber es ist keine, die für die starke KI irgendwie relevant wäre.

Eine paradoxe Mischung aus Behaviorismus und Dualismus

Die Argumente, die ich vorgebracht habe — Syntax ist nicht dasselbe wie Semantik, Gehirnprozesse verursa-

Welche Semantik bringt das System im Moment gerade hervor?

Wie kann man eine Computersimulation mentaler Prozesse mit diesen selbst verwechseln?

chen mentale Phänomene –, sind eigentlich unmittelbar einleuchtend. Deshalb stellt sich die Frage, wie wir überhaupt in diese gedankliche Sackgasse hineingeraten sind.

Wie konnte irgend jemand auf die Idee kommen, daß eine Computer-Simulation von mentalen Prozessen tatsächlich ein mentaler Prozeß sei? Schließlich ist es das Charakteristikum von Modellen, daß sie nur bestimmte Merkmale des zu modellierenden Systems enthalten und den Rest außer acht lassen. Niemand würde erwarten, in einem Schwimmbecken voller Tischtennisbällchen, die als Modelle für Wassermoleküle dienen sollen, naß zu werden. Warum also sollte jemand glauben, daß ein Computermodell von Gedankenprozessen tatsächlich denken würde?

Zum Teil liegt die Antwort darin, daß immer noch Relikte der Theorien aus der behavioristischen Psychologie der vergangenen Generation in den Köpfen der Leute herumspuken. Der Turing-Test wurzelt in dem Glauben, daß etwas, was sich so verhält, als

habe es bestimmte mentale Prozesse, diese wirklich besitzt; und dies ist ein Teil der irrigen Annahme der Behavioristen, daß die Psychologie, um wissenschaftlich zu sein, ihre Untersuchungen auf extern beobachtbares Verhalten beschränken müsse.

Paradoxerweise ist dieser Rest-Behaviorismus mit einem Rest-Dualismus gepaart. Niemand glaubt, daß eine Computersimulation von Verdauungsprozessen tatsächlich irgend etwas verdauen würde; aber wo es um Denkvorgänge geht, sind die Leute gewillt, ein solches Wunder für möglich zu halten, da sie nicht erkennen, daß Geist ebensosehr ein biologisches Phänomen ist wie die Verdauung. Der Geist ist in ihrer Vorstellung etwas Formales und Abstraktes, nicht ein Teil der glibberig-feuchten Substanz in unseren Köpfen.

Die polemische Literatur der KI ergeht sich gewöhnlich in Attacken auf etwas, das ihre Autoren als Dualismus bezeichnen; dabei übersehen sie, daß sie selbst eine hochgradig dualistische Position vertreten. Denn wenn man

den Geist nicht für gänzlich unabhängig vom Gehirn oder von irgendeinem anderen spezifischen physikalischen System hielte, könnte man schlechterdings nicht erwarten, daß sich einfach durch ein Programm Geist erzeugen ließe.

Historisch gesehen, wurden wissenschaftliche Errungenschaften im Westen, die zeigten, daß die Menschheit lediglich ein Teil der gewöhnlichen physikalischen und biologischen Ordnung ist, oft von der Nachhut einer veralteten Weltanschauung bekämpft. Nikolaus Kopernikus und Galileo Galilei wurden angegriffen, weil sie bestritten, daß die Erde das Zentrum des Universums sei, und Charles Darwin wurde bekämpft, weil er behauptete, der Mensch stamme von den tiefer stehenden Tieren ab. Am besten versteht man die starke KI als eine der letzten Ausprägungen dieser antiwissenschaftlichen Tradition, da sie leugnet, daß dem menschlichen Geist irgend etwas essentiell Physikalisches und Biologisches anhaftet. Der Geist ist danach unabhängig vom Gehirn. Er ist ein Computerprogramm und als solches nicht essentiell an irgendeine spezifische Hardware gebunden.

Viele Zeitgenossen, welche die psychologische Bedeutung der KI in Zweifel ziehen, halten den Computer zwar im Prinzip für fähig, Chinesisch zu verstehen und über Zahlen nachzudenken, sprechen ihm aber die Fähigkeit zu solchen spezifisch menschlichen Dingen ab wie sich zu verlieben, einen Sinn für Humor zu besitzen, das Unbehagen der postindustriellen Gesellschaft im Spätkapitalismus zu empfinden oder was immer für den Betreffenden die ihm teuerste Verkörperung des Menschlichen ist. KI-Wissenschaftler beschweren sich hier zu Recht, daß solche Leute willkürlich die Meßlatte einfach immer höher legen: Sobald eine KI-Simulation gelingt, wird ihr die psychologische Bedeutung abgesprochen.

In dieser Debatte entgeht beiden Seiten der Unterschied zwischen Simulation und Duplikation. Soweit es ums Simulieren geht, ist es ein Leichtes, meinen Computer so zu programmieren, daß er „Ich liebe dich, Susi", „Ha ha" oder „Ich leide unter dem Unbehagen der postindustriellen Gesellschaft im Spätkapitalismus" ausdruckt. Aber Simulation ist eben nicht gleich Duplikation, und dies gilt genauso für das Nachdenken über Arithmetik wie für das Empfinden von Unbehagen.

Es geht nicht darum, daß der Computer statt des Ziels nur die 40-Meter-Linie erreicht. Er läuft gar nicht erst los. Dies ist nicht sein Rennen.

Ist eine denkende Maschine möglich?

Ja. Obwohl sich mit herkömmlichen Computern wohl kein Bewußtsein erzeugen läßt, könnte dies mit Systemen, die das Gehirn nachahmen, durchaus gelingen.

Von Paul M. Churchland und Patricia Smith Churchland

Auf dem Forschungsgebiet der Künstlichen Intelligenz (KI) findet zur Zeit ein gewaltiger Umbruch statt. Um die Art dieses Umbruchs und seine Ursache zu verstehen und um John R. Searles Argumentation (siehe „Ist der menschliche Geist ein Computerprogramm?", Seite 148) einordnen zu können, beginnt man am besten mit einer Rückblende.

In den frühen fünfziger Jahren wurde die alte, vage Frage „Kann eine Maschine denken?" durch die präzisere „Kann eine Maschine denken, die physikalische Symbole nach struktursensitiven Regeln manipuliert?" ersetzt. Dies war ein Fortschritt, weil die formale Logik und die Berechenbarkeitstheorie in dem halben Jahrhundert davor wesentliche neue Erkenntnisse erbracht hatten. Die Theoretiker hatten die enorme Leistungsfähigkeit abstrakter Symbolsysteme erkannt, die nach bestimmten Regeln umgeformt werden. Könnte man diese Systeme automatisieren, müßte sich — so schien es — ihre auf abstrakten Berechnungen beruhende Leistungsfähigkeit auch in realen physikalischen Systemen verwirklichen lassen. Diese Erkenntnis initiierte ein genau umrissenes Forschungsprogramm, das auf einem tiefen theoretischen Unterbau gründete.

Die Grundlagen der klassischen KI

Ist eine denkende Maschine möglich? Es gab viele Gründe, diese Frage mit Ja zu beantworten. Zu den frühesten und theoretisch am besten fundierten zählten zwei wichtige Ergebnisse der Berechenbarkeitstheorie.

Das erste bestand in der 1936 von dem amerikanischen Mathematiker und Logiker Alonzo Church aufgestellten These, daß jede effektiv berechenbare Funktion auch rekursiv berechenbar sei. Effektiv berechenbar heißt, daß es eine Routinevorschrift — einen eindeutig definierten Algorithmus — gibt, nach der sich in endlicher Zeit das Ergebnis einer Funktion für bestimmte Ausgangswerte berechnen läßt. Rekursiv berechenbar bedeutet, daß eine endliche Menge von Operationen existiert, die — auf die Ausgangswerte und dann immer wieder auf die jeweiligen Zwischenergebnisse angewandt — nach endlich vielen Schritten den Funktionswert liefern.

Da der Begriff „klar definierter Algorithmus" intuitiv und nicht formalisierbar ist, läßt sich Churchs These nicht formal beweisen. Aber sie erfaßt den Kern dessen, was „berechnen" heißt, und wird inzwischen durch viele Überlegungen und Befunde aus verschiedenen Richtungen untermauert.

Das zweite wichtige Resultat war der von dem britischen Mathematiker Alan M. Turing (1912 bis 1954) geführte Nachweis, daß sich jede rekursiv berechenbare Funktion in endlicher Zeit durch eine äußerst einfache, Symbole manipulierende Maschine berechnen läßt, die man heute als universelle Turing-Maschine bezeichnet. Sie wird durch einen Satz rekursiv anwendbarer Regeln gesteuert. Welche Regel jeweils gilt, hängt von der Art und Reihenfolge der betreffenden elementaren Eingabesymbole ab.

Diese beiden Ergebnisse haben eine äußerst bemerkenswerte Konsequenz; aus ihnen folgt nämlich, daß ein Standard-Digitalcomputer mit dem richtigen Programm, ausreichendem Speicherplatz und genügend viel Zeit jede beliebige regelgesteuerte Eingabe-Ausgabe-Funktion berechnen, das heißt jedes systematische Reaktionsmuster auf eine beliebige Umgebung erzeugen kann.

Insbesondere implizieren diese Resultate auch, daß eine Symbole manipulierende Maschine (im folgenden als SM-Maschine bezeichnet) mit dem geeigneten Programm fähig sein sollte, den Turing-Test für bewußte Intelligenz zu bestehen. Der Turing-Test ist ein rein verhaltensorientiertes Prüfverfahren für auf Bewußtsein beruhende Intelligenz, wenn auch ein sehr anspruchsvolles. (Ob dieser Test fair ist, wird weiter unten näher untersucht, wo wir auch einen zweiten, ganz anderen „Test" für bewußte Intelligenz kennenlernen werden.)

Die Originalversion des Turing-Tests besteht in einer Art Konversation. Die SM-Maschine erhält als Eingabe Fragen oder Bemerkungen, die irgendein menschliches Wesen an einer Konsole eintippt, und gibt ihre Antworten gleichfalls schriftlich aus. Die Maschine besteht den Test, wenn ihre Antworten nicht von den getippten Antworten einer intelligenten, realen Person zu unterscheiden sind. Natürlich kennt zum gegenwärtigen Zeitpunkt niemand die Funktion, die das Ausgabeverhalten einer mit Bewußtsein ausgestatteten Person erzeugen würde; aber die Ergebnisse von Church und Turing versichern uns, daß eine geeignete SM-Maschine diese (vermutlich effektiv berechenbare) Funktion berechnen könnte, wie immer sie auch aussehen mag.

Dies ist eine bedeutsame Schlußfolgerung, zumal Turings Forderung einer rein schriftlichen Kommunikation heute eine unnötige Einschränkung darstellt. Dieselbe Folgerung ergibt sich auch dann, wenn die SM-Maschine in komplexerer Weise — durch direktes Sehen oder Sprechen und so weiter — mit der Umwelt interagiert; denn schließlich bleibt auch eine kompliziertere rekursive Funktion mit einer Turing-Maschine berechenbar. Das einzige Problem ist, die zweifellos komplexe Funktion zu ermitteln, welche die menschlichen Antwortmuster auf die Umgebung beschreibt, und das Programm (den Satz rekursiv anwendbarer Regeln) niederzuschreiben, mit dessen Hilfe die SM-Maschine diese Funktion berechnen kann. Darin besteht das fundamentale Forschungsziel der klassischen KI.

Die ersten Ergebnisse waren ermutigend. SM-Maschinen mit raffinierten Programmen meisterten eine Vielzahl von geistig anspruchsvoll scheinenden Aufgaben. Sie befolgten komplizierte Anweisungen, lösten schwierige arithmetische, algebraische und taktische Probleme, spielten Dame und Schach, bewiesen mathematische Sätze und waren imstande, einfache Dialoge zu führen. Die Leistungsfähigkeit erhöhte sich kontinuierlich in dem Maße, wie größere Speicher und schnellere Maschinen entwickelt wurden und die

Länge und Raffinesse der Programme wuchs. Die klassische oder programmorientierte KI erwies sich in beinahe jeder Beziehung als vitale und erfolgreiche Forschungsunternehmung. Wenn gelegentlich jemand abstritt, daß eine SM-Maschine eines Tages denken könne, erschien das als ignorant und voreingenommen. Die Indizien für eine positive Antwort auf die im Titel gestellte Frage waren, wie es schien, überwältigend.

Es gab freilich noch gewisse Probleme. Beispielsweise waren SM-Maschinen zugegebenermaßen dem Gehirn nicht sehr ähnlich. Aber selbst darauf hatte die klassische KI überzeugende Antworten. Erstens ist das physikalische Material, aus dem eine SM-Maschine besteht, unwesentlich für die Funktion, die sie berechnet; diese wird allein durch das Programm bestimmt. Zweitens sind auch die ingenieurtechnischen Details ihrer funktionellen Architektur irrelevant, weil ganz unterschiedlich aufgebaute Rechner, auf denen völlig verschiedenartige Programme ablaufen, dennoch dieselbe Eingabe-Ausgabe-Funktion berechnen können.

Dementsprechend versuchte die KI-Forschung, jene abstrakte Eingabe-Ausgabe-Funktion zu bestimmen, die für Intelligenz charakteristisch ist, und unter den vielen möglichen Programmen zur Berechnung dieser Funktion das effizienteste zu finden. Auf welche Art nun zufälligerweise das Gehirn die Funktion berechnet, hatte keinerlei Bedeutung — so dachte man. Dies also waren die gedanklich-logischen Fundamente der klassischen KI und die Gründe dafür, unsere Titelfrage positiv zu beantworten.

Erste Zweifel am klassischen KI-Konzept

Es gab auch einige Gründe, sie zu verneinen. In den sechziger Jahre waren bedenkenswerte Gegenargumente allerdings spärlich. Gelegentlich tauchte der Einwand auf, daß Denken ein nicht-physikalischer Prozeß einer immateriellen Seele sei. Aber diese dualistische Position war weder aus evolutionärer Sicht plausibel, noch besaß sie Erklärungskraft. Ihr Einfluß auf die KI-Forschung war vernachlässigbar.

Ein Einwand ganz anderer Art fand in KI-Kreisen wesentlich mehr Beachtung. Im Jahre 1972 veröffentlichte Hubert L. Dreyfus ein Buch, das die Paradebeispiele für die Simulation geistiger Aktivitäten ausgesprochen kritisch beleuchtete. Dreyfus qualifizierte sie als inadäquat für die Simula-

Das chinesische Zimmer

Axiom 1: Computerprogramme sind formal (syntaktisch).

Axiom 2: Dem menschlichen Denken liegen geistige Inhalte (Semantik) zugrunde.

Axiom 3: Syntax an sich ist weder konstitutiv noch hinreichend für Semantik.

Folgerung 1: Programme sind weder konstitutiv noch hinreichend für Geist.

Das erleuchtete Zimmer

Axiom 1: Elektrizität und Magnetismus sind Kräfte.

Axiom 2: Die wesentliche Eigenschaft von Licht ist Helligkeit.

Axiom 3: Kräfte an sich sind weder konstitutiv noch hinreichend für Helligkeit.

Folgerung 1: Elektrizität und Magnetismus sind weder konstitutiv noch hinreichend für Helligkeit.

Bild 1: Oszillierende elektromagnetische Kräfte erzeugen Licht, auch wenn von einem Stabmagneten, den eine Person hin und her bewegt, keine wahrnehmbare Helligkeit ausgeht. Ganz ähnlich könnte auch regelgesteuerte Symbolmanipulation auf Bewußtsein beruhende Intelligenz hervorbringen, obwohl das regelgesteuerte System in John R. Searles chinesischem Zimmer scheinbar jedes wirkliche Verständnis vermissen läßt.

tion echten Denkens und verwies auf eine Reihe von typischen Fehlschlägen der KI. Seiner Einschätzung nach scheiterten bestimmte Programme daran, daß ihnen der riesige Schatz an unausgesprochenem Hintergrundwissen fehlte, über den jeder Mensch verfügt, und zugleich die intuitive Fähigkeit abging, gemäß den Umständen auf die jeweils relevanten Aspekte dieses Wissens zurückzugreifen. Dreyfus bestritt keineswegs die Möglichkeit, daß ein

geeignetes künstliches physikalisches System denken könne, aber er bezweifelte, daß dies allein mit Symbolmanipulationen nach rekursiv anwendbaren Regeln erreichbar sei.

Diese Einwände wurden in KI-Kreisen wie auch unter Philosophen zwar zur Kenntnis genommen, aber weithin als kurzsichtig und beckmesserisch empfunden. Man warf Dreyfus vor, auf den in einer jungen Wissenschaftsdisziplin unvermeidlichen Vereinfachungen herumzureiten. Unzulänglichkeiten mochten zwar wirklich existieren, sie seien aber sicherlich nur vorübergehender Natur. Mit größeren Maschinen und besseren Programmen sollten sie sich mit der Zeit beheben lassen; denn die Zeit, so wurde angenommen, arbeite für die KI-Forschung. Auch diese Kritik hatte also kaum Auswirkungen auf das Forschungsprogramm.

Die Zeit arbeitete jedoch ebenso für Dreyfus: In den späten siebziger und den frühen achtziger Jahren ließen sich die wachsenden Rechengeschwindigkeiten und Speicherkapazitäten immer weniger auch in höhere kognitive Leistungen ummünzen. Ein Beispiel war das Erkennen von Gegenständen durch das visuelle System des Menschen: Die Simulation dieses Vorgangs erwies sich als unerwartet rechenintensiv. Ungeachtet aller Hardware-Verbesserungen benötigten realistische Ergebnisse Rechenzeiten, welche die Verarbeitungsspannen von Auge und Gehirn weit überschritten.

Diese Unterlegenheit der Digitalrechner war auf geheimnisvolle Weise kurios: In einem Computer breiten sich die Signale grob geschätzt eine Million mal so schnell aus wie im Gehirn, und die Taktfrequenz für den Zentralprozessor liegt um eine ähnlich gewaltige Größenordnung über jeder Frequenz, die im Gehirn zu beobachten ist; dennoch überholte bei realistischen Problemen der Igel mit Leichtigkeit den Hasen.

Überdies muß das Computerprogramm bei realistischen Anwendungen auf eine extrem umfangreiche Wissensbasis zugreifen können. Sie aufzubauen ist schon schwierig genug; aber noch größere Probleme bereitet es, die jeweils kontextrelevanten Teile dieser Wissensbasis in Echtzeit aufzurufen. Je umfangreicher und besser die Wissensbasen wurden, desto schwieriger gestaltete sich der Zugriff. Eine erschöpfende Suche kostete zuviel Zeit, und die Heuristiken für Relevanz funktionierten mehr schlecht als recht. Befürchtungen der Art, wie Dreyfus sie erstmals formuliert hatte, wurden hier und da selbst unter KI-Forschern laut.

Die fundamentale Kritik des John R. Searle

Ungefähr um diese Zeit (1980) trat John Searle von der Universität von Kalifornien in Berkeley mit einer neuen, ganz andersartigen Kritik hervor, die sich gegen die wichtigste Grundannahme des Forschungsprogramms der klassischen KI richtete: die Vorstellung, daß die angemessene Manipulation von strukturierten Symbolen durch die rekursive Anwendung struktursensitiver Regeln bewußte Intelligenz hervorbringen könne.

Searles Argument basiert auf einem Gedankenexperiment mit zwei zentralen Punkten. Erstens wird eine SM-Maschine beschrieben, die eine Eingabe-Ausgabe-Funktion für eine vollständig in Chinesisch geführte Turing-Test-Konversation realisieren soll. Zweitens ist die Maschine so konstruiert, daß — wie auch immer sie sich verhält — ein Beobachter sicher sein kann, daß weder die Maschine noch irgendein Teil von ihr Chinesisch versteht. Alles was sie enthält, ist ein Mensch ohne Chinesisch-Kenntnisse, der gemäß einem schriftlichen Satz von Instruktionen kleine Stöße von Karten mit chinesischen Symbolen manipuliert, die durch einen Briefschlitz hinein- und herausgegeben werden. Die Behauptung ist nun, daß das System den Turing-Test bestehe, obwohl ihm jegliches echte Verständnis des Chinesischen oder des semantischen Gehalts dieser Sprache fehle.

Daraus wird die allgemeine Folgerung gezogen, daß jedes System, das lediglich gemäß struktursensitiven Regeln physikalische Symbole manipuliere, bestenfalls ein hohler Abklatsch einer realen bewußten Intelligenz sein könne, weil es unmöglich sei, „wirkliche Semantik" allein durch Abspulen einer „leeren Syntax" zu erzeugen. Wichtig ist, daß Searle damit einen nicht verhaltensbezogenen Test für Bewußtsein vorschlägt: Die Elemente bewußter Intelligenz müssen einen realen semantischen Gehalt haben.

Man ist versucht, Searles Gedankenexperiment als unfair zu bemängeln, weil sein Karl-Valentin-System mit absurder Langsamkeit arbeitet. Searle beharrt jedoch darauf, daß Geschwindigkeit in diesem Falle absolut irrelevant sei — ein Denker bleibe ein Denker, auch wenn er etwas langsam denkt. Alle essentiellen Voraussetzungen für die Duplikation von Denken im Sinne der klassischen KI seien im chinesischen Zimmer gegeben.

Searle provozierte mit seinem Artikel lebhafte Reaktionen von KI-Forschern, Psychologen und Philosophen gleichermaßen. Insgesamt freilich begegnete man ihm noch feindseliger als Dreyfus. In seinem Diskussionsbeitrag in diesem Heft referiert Searle offenherzig einige der vorgebrachten Einwände. Wir halten viele davon für gerechtfertigt, besonders jene, welche die Kröte schlucken, darauf zu beharren, daß das Gesamtsystem aus Zimmer und Inhalt tatsächlich Chinesisch verstehe, obwohl alles entsetzlich langsam abläuft.

Die Schwächen des Arguments mit dem chinesischen Zimmer

Wir halten diese Einwände für gut — allerdings nicht, weil wir annehmen, das Zimmer verstünde wirklich Chinesisch. Wir stimmen mit Searle darin überein, daß es das nicht tut. Vielmehr sind es gute Einwände, weil sie der Weigerung entspringen, das kritische dritte Axiom von Searles Argumentation zu akzeptieren: „Syntax an sich ist weder konstitutiv noch hinreichend für Semantik". Vielleicht ist dieses Axiom richtig, aber Searle kann nicht guten Gewissens behaupten zu wissen, daß dem so sei. Dann nämlich müßte man das Forschungsprogramm der klassischen KI schon als im negativen Sinne entschieden ansehen; denn dieses Programm beruht ja gerade auf der hochinteressanten Annahme, daß ein angemessen strukturierter, interner Tanz von syntaktischen Elementen in Verbindung mit angemessenen Ein- und Ausgaben dieselben kognitiven Zustände und Leistungen erzeugen kann, wie menschliche Individuen sie zeigen.

Daß Searle die Antwort auf diese Frage mit seinem Axiom 3 bereits unterstellt, wird klar, wenn man es direkt mit seiner Folgerung 1 vergleicht: „Programme sind weder konstitutiv noch hinreichend für Geist." Offensichtlich trägt das dritte Axiom bereits 90 Prozent der Last dieser beinahe identischen Schlußfolgerung. Deshalb sucht Searle es auch mit seinem eigens konstruierten Gedankenexperiment besonders abzustützen. Das ist der ganze Sinn der Geschichte mit dem chinesischen Zimmer.

Obwohl diese Geschichte einen Unbedachten verleiten kann, Axiom 3 ohne weiteres hinzunehmen, glauben wir nicht, daß sie es rechtfertigt. Warum, werden wir weiter unten anhand einer analogen Argumentation aufzeigen. Ein einziges Beispiel, an dem eine strittige Aussage sich als offensichtlich falsch erweist, sagt oft mehr als ein ganzes Buch voll logischer Argumente.

Searles Art des Skeptizismus hat eine lange Tradition in der Geschichte der Wissenschaft. Im 18. Jahrhundert fand es der irische Bischof George Berkeley nicht einsehbar, daß die Druckwellen der Luft an sich konstitutiv oder hinreichend für objektive Laute sein könnten. Der englische Lyriker William Blake und der deutsche Dichter und Naturphilosoph Johann Wolfgang von Goethe hielten es für undenkbar, daß kleine Teilchen an sich konstitutiv oder hinreichend für das objektive Phänomen des Lichtes sein könnten. Selbst in diesem Jahrhundert gibt es noch Menschen, denen es als unvorstellbar erscheint, daß tote Materie allein, wie auch immer sie organisiert sein mag, konstitutiv oder hinreichend für Leben sein könne. Kurzum, was sich bestimmte Menschen vorstellen können oder nicht, hat oft nichts mit dem zu tun, was richtig ist oder nicht — auch wenn es sich um hochintelligente Menschen handelt.

Das erleuchtete Zimmer

Um zu verdeutlichen, wie diese Erkenntnis auf den Fall von Searle paßt, betrachten wir eine mit Bedacht konstruierte Parallele zu seiner Argumentation und das sie stützende Gedankenexperiment:

Axiom 1: *Elektrizität und Magnetismus sind Kräfte.*

Axiom 2: *Die wesentliche Eigenschaft von Licht ist die Helligkeit.*

Axiom 3: *Kräfte an sich sind weder konstitutiv noch hinreichend für Helligkeit.*

Folgerung 1: *Elektrizität und Magnetismus sind weder konstitutiv noch hinreichend für Licht.*

Stellen Sie sich vor, jemand hätte diesen Pseudobeweis geführt, kurz nachdem James Clerk Maxwell 1864 Lichtstrahlen als elektromagnetische Wellen gedeutet hatte, aber bevor die systematischen Parallelen zwischen den Eigenschaften von Licht und elektromagnetischen Wellen allgemein anerkannt waren. Dieser Beweis hätte als überzeugende Widerlegung von Maxwells kreativer Hypothese vorgebracht werden können, insbesondere in Verbindung mit den folgenden Erläuterungen zur Untermauerung von Axiom 3:

„Stellen Sie sich einen dunklen Raum vor, in dem sich ein Mann befindet, der einen Stabmagneten oder einen elektrisch geladenen Gegenstand in der Hand hält. Wenn der Mann den Magneten auf und ab bewegt, dann müßte dieser nach Maxwells Theorie der künstlichen Helligkeit (KH) einen sich ausbreitenden Kreis elektromagnetischer Wellen und damit Helligkeit erzeugen. Aber wie jeder von uns, der mit Magneten oder geladenen Kugeln herumgespielt hat, nur zu gut weiß, produzieren ihre Kräfte (oder irgendwelche anderen Kräfte), selbst wenn sie bewegt werden, keinerlei Helligkeit. Es ist somit unvorstellbar, daß man wirkliche Helligkeit einfach

dadurch erzeugen kann, daß man Kräfte umherbewegt!"

Wie sollte Maxwell diesem Einwand begegnen? Er könnte zunächst darauf beharren, daß das Experiment mit dem beleuchteten Zimmer eine irreführende Darstellung des Phänomens Helligkeit sei, weil der Magnet absurd langsam auf und ab bewegt würde, nämlich um den Faktor 10^{15} zu langsam. Dies könnte die ungeduldige Entgegnung hervorrufen, die Frequenz habe nichts damit zu tun, daß der Raum nach Maxwells eigener Theorie mit dem auf und ab bewegten Magneten bereits alles enthalte, was für Licht essentiell sei.

Zur Antwort könnte Maxwell die Kröte schlucken, indem er ganz richtig behauptete, daß der Raum tatsächlich in Helligkeit getaucht sei, wenn diese auch im Grad oder in der Qualität zu schwach sei, um wahrgenommen zu werden. (Bei der geringen Frequenz, mit der ein Mensch den Magneten auf und ab bewegen kann, ist die Wellenlänge der erzeugten elektromagnetischen Wellen viel zu groß und ihre Intensität viel zu gering, als daß die menschliche Netzhaut darauf anspre-

chen würde). Aber in dem hier betrachteten Klima der Unwissenheit über Elektromagnetismus — in den sechziger Jahren des letzten Jahrhunderts — und des Beharrens auf dem gesunden Menschenverstand würde er mit dieser Auskunft nur Gelächter und johlenden Spott ernten: „Ein erleuchtetes Zimmer, ich bitte Sie, Herr Maxwell. Es ist stockdunkel hier!"

Der arme Maxwell hätte es nicht leicht, gegen diese Logik anzukommen. Er könnte nur auf den folgenden drei Punkten beharren. Erstens nimmt Axiom 3 der obigen Beweiskette die Antwort auf die zu untersuchende Frage schon voraus und unterstellt trotz seiner intuitiven Plausibilität eine unbewiesene Behauptung als wahr. Zweitens demonstriert das Experiment mit dem erleuchteten Zimmer nichts, was für die Natur des Lichtes von Belang ist. Und drittens bedarf es, um Klarheit über die Natur des Lichtes und die Möglichkeit künstlicher Helligkeit zu schaffen, eines langfristig angelegten Forschungsprogramms zur Prüfung, ob unter angemessenen Bedingungen das Verhalten elektromagnetischer Wellen

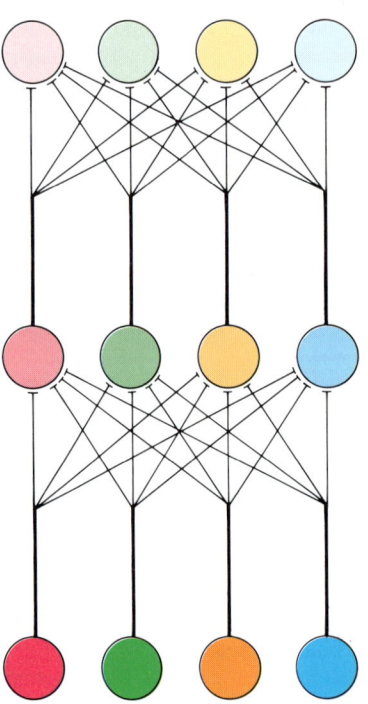

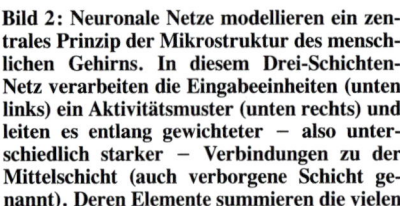

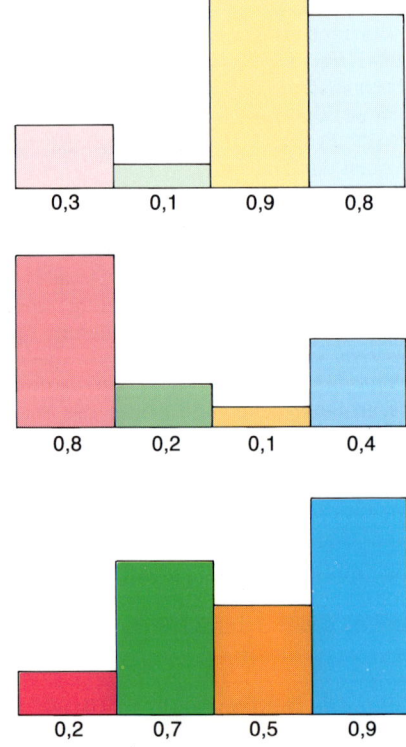

Bild 2: Neuronale Netze modellieren ein zentrales Prinzip der Mikrostruktur des menschlichen Gehirns. In diesem Drei-Schichten-Netz verarbeiten die Eingabeeinheiten (unten links) ein Aktivitätsmuster (unten rechts) und leiten es entlang gewichteter — also unterschiedlich starker — Verbindungen zu der Mittelschicht (auch verborgene Schicht genannt). Deren Elemente summieren die vielen
Eingaben auf und produzieren so ein neues Aktivitätsmuster. Dieses wird an die Ausgabeschicht weitergeleitet und dort erneut transformiert. Insgesamt überführt das Netz also jedes beliebige Eingabe- in ein spezifisches Ausgabemuster, wobei die Art der Transformation durch die Verteilung und Stärke der zahlreichen Verbindungen zwischen den axonartigen „Neuronen" festgelegt wird.

tatsächlich das Verhalten von Licht perfekt widerspiegele.

Dies ist genau die Antwort, welche die klassische KI auf Searles Argument geben sollte. Obwohl Searles chinesisches Zimmer als „semantisch dunkel" erscheinen mag, berechtigt dieser Anschein nicht zu der Behauptung, daß regelgesteuerte Symbolmanipulation niemals semantische Phänomene erzeugen könne, insbesondere, wenn man ohne tieferes Verständnis der zu klärenden semantischen und kognitiven Phänomene lediglich mit dem gesunden Menschenverstand urteilt. Anstatt auf Kenntnisse der Leser über diese Dinge zu bauen, nutzt Searles Argumentation hemmungslos ihr Unwissen aus.

Das Gehirn als Vorbild

Nachdem dies klargestellt ist, kehren wir nun zu der Frage zurück, ob mit dem Forschungsprogramm der klassischen KI eine reelle Chance besteht, das Problem bewußter Intelligenz zu lösen und eine denkfähige Maschine zu schaffen. Auch wir schätzen die Aussichten dafür als gering ein, aber aus ganz anderen Gründen als Searle: Unsere skeptische Einstellung beruht auf den spezifischen Mängeln des klassischen Forschungsprogramms der KI und dem, was uns die Hirnforschung und eine neue Klasse von Berechnungsmodellen gelehrt haben, die von der Struktur des Gehirns inspiriert sind. Wie erwähnt, scheitert die klassische KI bei einigen Aufgaben, die das Gehirn mühelos und effizient erledigt. Auf Grund dessen setzt sich immer mehr die Ansicht durch, daß die funktionelle Architektur klassischer SM-Maschinen für die geforderten, sehr anspruchsvollen Aufgaben schlicht unangemessen sei.

Was wir wissen müßten ist, wie das Gehirn Denken bewerkstelligt. „Re"-Konstruieren ist eine gängige Praxis in der Industrie: Sobald ein neues technisches Produkt auf den Markt kommt, zerlegt es die Konkurrenz in seine Einzelteile und versucht das Grundprinzip der Struktur zu erraten. Das Gehirn ist für diese Strategie das denkbar anspruchsvollste Objekt — handelt es sich doch um das komplizierteste und raffinierteste Gebilde auf unserem Planeten. Trotzdem haben die Neurowissenschaftler auf einer Vielzahl struktureller Ebenen schon sehr viel darüber herausbekommen (Bild 3). Wie sich zeigt, stehen drei anatomische Sachverhalte in grundlegendem Gegensatz zur Architektur herkömmlicher Elektronenrechner.

Zunächst einmal sind Nervensysteme parallele Maschinen in dem Sinne, daß Signale in Millionen von verschiedenen Bahnen gleichzeitig verarbeitet werden. So gibt die Netzhaut ihre komplexen Daten nicht wie ein typischer Computer in Blöcken von 8, 16 oder 32 Elementen an das Gehirn weiter; vielmehr erreichen fast eine Million einzelner Signalelemente simultan das Zielgebiet des Sehnerven (den seitlichen Kniehöcker) und werden dort alle auf einmal verarbeitet.

Zum zweiten ist die grundlegende Verarbeitungseinheit des Gehirns, die Nervenzelle, relativ einfach gebaut. Außerdem sind ihre Antworten auf eingehende Signale analog und nicht digital; denn die Frequenz der abgegebenen Impulse hängt kontinuierlich von den Eingabesignalen ab.

Drittens gibt es im Gehirn zu Nervenfasern, die von einer Gruppe von Nervenzellen zu einer anderen ziehen, häufig andere Axone, die umgekehrt von der Zielpopulation zurücklaufen. Diese absteigenden Fasern oder Rückprojektionen erlauben es dem Gehirn, seine sensorische Verarbeitung zu modulieren. Aber was noch wichtiger ist, ihre Existenz macht das Gehirn zu einem — im mathematisch-physikalischen Sinne — dynamischen System, dessen beständige Aktivität hochkomplex und zugleich bis zu einem gewissen Grade unabhängig von äußeren Reizen ist. Hochgradig vereinfachte Modelle von neuronalen Netzen haben interessante Einsichten in die mutmaßliche Arbeitsweise realer Nervennetze vermittelt und zugleich aufgezeigt, wie sich mit parallelen Architekturen effizient rechnen läßt. Stellen Sie sich zum Beispiel ein Modell aus in drei Schichten angeordneten neuron-ähnlichen Elementen vor, von denen jedes jeweils über axon-ähnliche Verbindungen, die unterschiedlich stark sind, mit sämtlichen Einheiten der nächsten Schicht verbunden ist (Bild 2). Ein Eingabereiz erzeugt ein gewisses Erregungsniveau in einer bestimmten Eingabeeinheit in der untersten Schicht; diese übermittelt daraufhin ein Signal proportionaler Stärke entlang ihrem „Axon" über dessen viele „synaptische" Verbindungen an alle Einheiten der mittleren oder verborgenen Schicht. Insgesamt also ruft ein gegebenes Aktivierungsmuster bei den Eingabeeinheiten der untersten Schicht ein bestimmtes, durch die Verbindungen moduliertes Aktivierungsmuster in den Einheiten der Mittelschicht hervor.

Entsprechendes gilt für die Ausgabeeinheiten in der obersten Schicht.

Das Erregungsmuster der Mittelschicht wird nämlich seinerseits über die zugehörigen „Axone" und „Synapsen" an die Ausgabeeinheiten der obersten Schicht weitergegeben und erzeugt dort wiederum ein bestimmtes Aktivierungsmuster. Insgesamt ist das Netz also eine Vorrichtung, die jeden denkbaren Eingabevektor (jedes Aktivierungsmuster) aus der Fülle möglicher solcher Vektoren in einen eindeutig zugeordneten Ausgabevektor überführt. Damit ist es ein Gerät zur Berechnung einer bestimmten Funktion. Um welche Funktion es sich dabei handelt, wird durch die Gesamtkonfiguration seiner synaptischen Gewichte — das heißt die Stärke der jeweiligen Verbindungen — festgelegt.

Es gibt eine Reihe unterschiedlicher Methoden, die Gewichte so zu justieren, daß das resultierende Netz beinahe jede gewünschte Funktion berechnet, das heißt jede Vektor-Vektor-Transformation vornimmt. Tatsächlich kann man ihm sogar eine Funktion aufprägen, die man selbst gar nicht explizit anzugeben vermag; dazu braucht man es nur mit genügend Beispielen von gewünschten Eingabe-Ausgabe-Paaren zu versorgen. In einer Art Lern- oder Trainingsphase werden dabei die Gewichte sukzessive so lange angepaßt, bis das Netz schließlich die gewünschte Eingabe-Ausgabe-Transformation ausführt.

Die Vorzüge neuronaler Netze

Obwohl dieses Modell die Struktur des Gehirns gröblich vereinfacht, demonstriert es doch einige wichtige Eigenschaften paralleler Systeme, die auch das Gehirn kennzeichnen.

Zum einen ermöglicht die parallele Architektur eine drastische Steigerung der Verarbeitungsgeschwindigkeit gegenüber einem konventionellen Computer; denn die zahlreichen Synapsen auf jeder Schicht führen viele kleine Berechnungen simultan durch, anstatt sie mühsam der Reihe nach abzuarbeiten. Die Überlegenheit ist dabei um so größer, je mehr Neuronen jede Schicht enthält, weil dann kompliziertere Funktionen in der gleichen Zeit berechnet werden können. Bestechenderweise nämlich hängt die Verarbeitungsgeschwindigkeit weder von der Anzahl der auf jeder Ebene beteiligten Einheiten noch von der Komplexität der Funktion ab, die sie berechnen. Jede Schicht könnte vier oder aber hundert Millionen Einheiten enthalten, und die Konfiguration der synaptischen Gewichte könnte einfache einstellige Summen berechnen oder Differentialgleichungen zweiter Ordnung lösen; die Rechenzeit wäre exakt dieselbe.

Zum zweiten macht der massive Parallelismus das System fehlertolerant und robust gegen Störungen: Der Verlust einiger, ja sogar recht vieler Verbindungen wirkt sich kaum merklich auf den Charakter der Gesamt-Transformation aus, die das verbleibende Netz ausführt.

Zum dritten speichert ein paralleles System große Informationsmengen verteilt — und zwar so, daß auf jeden Teil davon innerhalb von Millisekunden zugegriffen werden kann. Diese Informationen stecken in der spezifischen Konfiguration der synaptischen Verbindungsstärken, wie sie durch das vorausgegangene Lernen eingestellt wurden. Die relevante Information wird schlicht dadurch „ausgelesen", daß der Eingabevektor die Konfiguration von Verbindungen durchläuft und dabei transformiert wird.

Allerdings ist Parallelverarbeitung keineswegs für alle Berechnungsarten ideal. Bei Aufgaben, die nur kleine Eingabevektoren, dafür aber Millionen von schnell iterierten rekursiven Berechnungen erfordern, tut sich das Gehirn sehr schwer, während klassische SM-Maschinen hier brillieren. Die Klasse dieser Aufgaben ist sehr umfangreich und wichtig, so daß klassische Computer immer brauchbar, ja unverzichtbar sein werden.

Daneben existiert jedoch eine ebenso große Klasse von Aufgaben, bei denen die Architektur des Gehirns überlegen ist. Das sind all jene Berechnungen, auf deren blitzartige Durchführung Lebewesen im täglichen Daseinskampf angewiesen sind: das Erkennen der schemenhaften Umrisse eines Raubtiers in einer Umgebung voller verwirrender, unwesentlicher Details; das unmittelbare Sich-Erinnern an die Möglichkeiten, eine Entdeckung zu vermeiden, vor dem Räuber zu fliehen oder den Angriff abzuwehren; das Unterscheiden von Eßbarem und nicht Eßbarem oder von Freund und Feind; das Sich-Zurechtfinden in einer komplexen und sich immerfort wandelnden physischen und sozialen Umwelt und so fort.

Schließlich ist die Feststellung wichtig, daß das beschriebene parallele System nicht nach struktursensitiven Regeln Symbole manipuliert. Regelgesteuerte Symbolmanipulation scheint vielmehr nur eine von vielen kognitiven Fähigkeiten zu sein, die ein Netz erlernen kann oder auch nicht; sie ist jedenfalls nicht sein grundlegender Modus operandi. Searles Argumentation richtet sich gegen regelgesteuer-

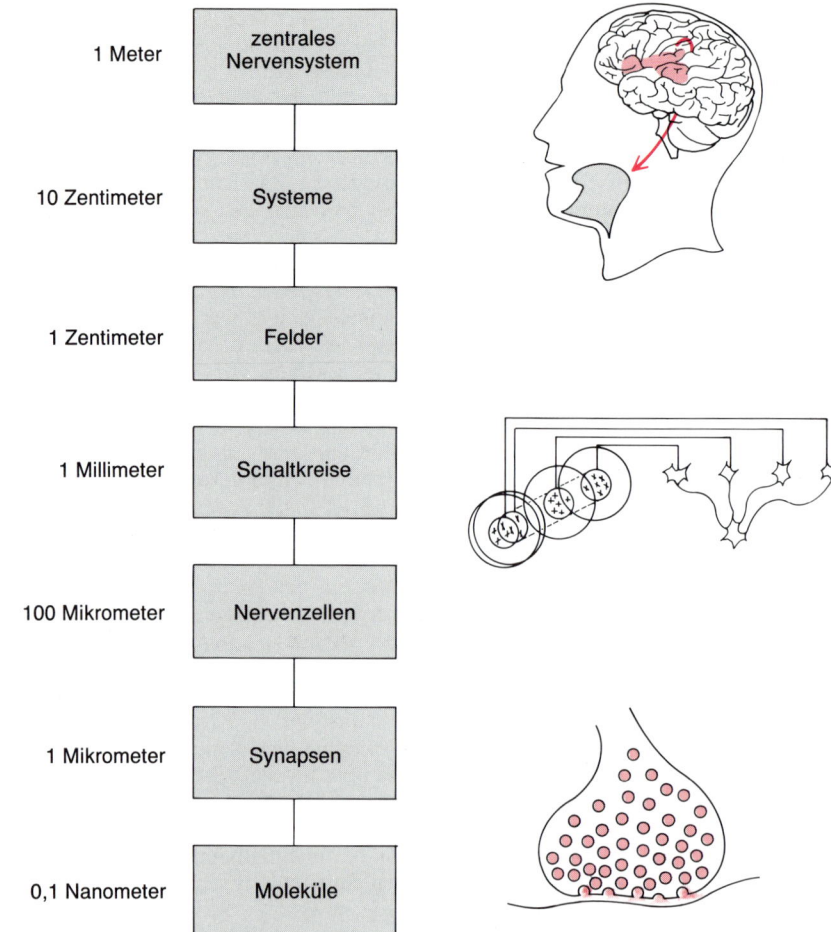

Bild 3: Nervensysteme sind hierarchisch in viele Organisationsebenen unterschiedlicher Dimension gegliedert; auf der untersten Ebene befinden sich die Neurotransmitter-Moleküle (unten), während die oberste das gesamte Gehirn einschließlich Rückenmark umfaßt. Dazwischen liegen die Ebenen der einzelnen Nervenzellen, der Neuronen-Schaltkreise — etwa jene, welche die Orientierungsselektivität für visuelle Reize bewirken (Mitte) —, und der Systeme aus vielen Schaltkreisen — wie diejenigen, die dem Sprachverständnis dienen (oben rechts). Nur weitere Forschung kann zeigen, wie weit ein künstliches System das biologische nachahmen muß, um Intelligenz hervorzubringen.

te SM-Maschinen. Vektor-Transformatoren der hier beschriebenen Art sind deshalb nicht von dem Argument mit dem chinesischen Zimmer betroffen, selbst wenn es stichhaltig wäre.

Die chinesische Turnhalle

Searle kennt Parallelprozessoren, spricht aber auch ihnen die Fähigkeit ab, mit wirklichem semantischen Gehalt umzugehen. Um ihr unausweichliches Versagen zu illustrieren, entwirft er ein zweites Gedankenexperiment: die chinesische Turnhalle. Darunter versteht er eine Halle voller Leute, deren Tätigkeit wie in einem parallelen Netz organisiert ist. Von hier aus geht seine Argumentation wie beim chinesischen Zimmer.

Wir halten diese zweite Geschichte für weitaus weniger gelungen oder

überzeugend als die erste. Zum einen ist es irrelevant, daß keine Einheit dieses Systems Chinesisch versteht, weil dasselbe auch auf das Nervensystem zutrifft: Kein Neuron in einem Gehirn versteht Englisch, auch wenn das gesamte Gehirn das vermag. Zweitens vergißt Searle zu erwähnen, daß diese Simulation (mit einer Person pro Neuron plus einem Kind für jede synaptische Verbindung) mindestens 10^{14} Personen erfordert, weil das menschliche Gehirn etwa 10^{11} Nervenzellen enthält und jedes Neuron im Mittel etwa 10^3 Verbindungen eingeht. Dieses System würde die gesamte menschliche Bevölkerung von mehr als 10000 Erden erfordern. In einer Turnhalle gäbe das einiges Gedränge.

Würde ein solches System dagegen in den geeigneten kosmischen Maßstäben verwirklicht — mit allen Verbindungen wie im menschlichen Fall —, erhielten wir vielleicht ein monströses, langsames, merkwürdig konstruiertes, aber dennoch funktionsfähiges Gehirn. Was seine geistige Leistungsfähigkeit angeht, so läge es sicherlich näher zu vermuten, daß das Monstrum – würde es mit passenden Eingaben versorgt – tatsächlich denken könnte, als daß es nicht dazu imstande wäre. Zwar hätte man keine Garantie dafür, daß seine Aktivität reale Gedanken konstituieren würde, weil die oben skizzierte Theorie der Vektor-Transformation die Arbeitsweise von Gehirnen vielleicht doch nicht korrekt beschreibt. Aber genausowenig gäbe es eine A-priori-Garantie, daß es nicht denken könnte. Searle verwechselt wieder einmal die Grenzen seines (oder des Lesers) derzeitigen Vorstellungsvermögens mit denen der objektiven Realität.

Das Gehirn ist eine Art Computer, obwohl die meisten seiner Eigenschaften erst noch entdeckt werden müssen. Diese Charakterisierung ist weder trivial noch leichtfertig. Das Gehirn berechnet zweifellos Funktionen, und zwar Funktionen von großer Komplexität; aber es tut das nicht in der Manier der klassischen KI. Wenn man sagt, Gehirne seien Computer, so impliziert das nicht, daß sie serielle, digitale Computer sind, daß sie programmiert sind, daß sie eine Unterscheidung zwischen Hardware und Software aufweisen oder daß sie Symbole manipulieren oder Regeln befolgen müssen. Gehirne sind Computer eines radikal anderen Stils.

Wie das Gehirn Bedeutung zustande bringt, ist immer noch unklar, aber fest steht, daß diese Leistung nicht an den Gebrauch von Sprache oder an den Menschen gebunden ist. Ein kleines Häufchen frischen Drecks kann einem Menschen genauso wie einem Kojoten anzeigen, daß eine Ratte in der Nähe ist, und ein Echo mit einer bestimmten spektralen Verteilung verrät einer Fledermaus die Gegenwart einer Motte. Um eine Theorie der Bedeutung zu entwickeln, müssen wir mehr darüber erfahren, wie Nervenzellen sensorische Signale kodieren und transformieren, welches die neuronale Basis von Gedächtnis, Lernen und Gefühlen ist und wie die Wechselwirkungen zwischen diesen Fähigkeiten und dem motorischen System aussehen. Eine neuronal fundierte Theorie der Bedeutung könnte die Revision gerade der intuitiven Vorstellungen erfordern, die heute so gesichert scheinen und deren sich Searle in seiner Argumentation so großzügig bedient. (Derartige Revisionen hat es in der Wissenschaftsgeschichte oft gegeben.)

Was ist relevant für bewußte Intelligenz?

Kann es der Wissenschaft gelingen, auf der Grundlage unseres Wissens über das Nervensystem künstliche Intelligenz zu erzeugen? Wir sehen keinen prinzipiellen Hinderungsgrund. Searle scheint dem zuzustimmen, obwohl er diese Aussage einschränkt, indem er sagt: „Jedes andere System, das Geist hervorrufen kann, benötigt kausale Kräfte, die denen von Gehirnen (mindestens) äquivalent sind." Diese Behauptung verdient noch ein paar Worte zum Schluß.

Wir vermuten, daß Searle nicht behaupten will, ein künstliches Gehirn müsse über sämtliche kausalen Kräfte des Gehirns verfügen — beispielsweise auch über die Fähigkeit, üble Gerüche wahrzunehmen, wenn etwas verrottet, Kuru-Viren zu beherbergen oder mit Meerrettich-Peroxidase gelb einfärbbar zu sein. Perfekte Entsprechung zu verlangen, käme der Forderung gleich, ein künstliches Fluggerät habe auch Eier zu legen.

Vermutlich meint er lediglich, daß man von einem künstlichen Verstand all jene kausalen Kräfte verlangen muß, die — wie er sagt — relevant für bewußte Intelligenz sind. Aber welche genau sind das? Damit sind wir wieder bei der Frage, was relevant ist und was nicht. Darüber läßt sich natürlich streiten, aber es handelt sich um eine empirische Frage, die geprüft und untersucht werden muß. Da man noch so wenig darüber weiß, was in das Denken und das Erwerben von Semantik einfließt, wäre es jedenfalls verfrüht, sich allzu sicher zu sein, welche Eigenschaften wesentlich sind. Searle deutet mehrfach an, daß seiner Ansicht nach jede Ebene, einschließlich der biochemischen, in jeder denkfähigen Maschine repräsentiert sein müsse. Diese Forderung ist mit ziemlicher Sicherheit überzogen. Ein künstliches Gehirn könnte sich anderer als biochemischer Vorgänge für dieselben Zwecke bedienen.

Dies illustrieren beispielsweise Arbeiten von Carver A. Mead am California Institute of Technology in Pasadena. Mead und seine Mitarbeiter haben mit höchstintegrierten Schaltungen (VLSI-Chips) eine künstliche Netzhaut und eine künstliche Cochlea (Innenohrschnecke) gebaut. (Bei Tieren sind Netzhaut und Cochlea nicht einfach elektrische Wandler: Beide beinhalten ein komplexes Verarbeitungssystem.) Bei dieser Nachahmung von Sinnesleistungen handelt es sich nicht einfach um Simulationen in einem Minicomputer in der Art, wie

Searle sie verspottet; die von Mead geschaffenen künstlichen Sinnesorgane sind reale Informationsverarbeitungseinheiten, die in Echtzeit auf wirkliches Licht beziehungsweise wirkliche Geräusche reagieren. Ihre Verschaltung basiert auf der bekannten Anatomie und Physiologie der Netzhaut von Katzen und der Cochlea von Schleiereulen, und ihre Ausgabe ist den bekannten Reaktionen der betreffenden Organe erstaunlich ähnlich.

Diese Chips benutzen keinerlei neurochemische Stoffe. Mithin sind Neurochemikalien für die von Netzhaut und Cochlea ausgeübte Funktion keine unabdingbare Voraussetzung. Natürlich kann man nicht davon sprechen, daß die künstliche Netzhaut irgend etwas sieht, weil kein künstlicher Thalamus oder Cortex vorhanden ist, an den die Ausgabe weitergeht. Ob sich Meads System zu einem vollständigen künstlichen Gehirn erweitern läßt, bleibt abzuwarten; aber es gibt im Moment nicht den geringsten Anhaltspunkt dafür, daß dies am Fehlen biochemischer Stoffe scheitern würde.

Wie Searle verwerfen auch wir den Turing-Test als hinreichende Bedingung für bewußte Intelligenz. Auf einer Ebene ähneln unsere Gründe dafür den von Searle vorgebrachten: Auch unserer Meinung nach kommt es sehr darauf an, auf welche Weise die Eingabe-Ausgabe-Funktion realisiert wird; es ist wichtig, daß in der künstlichen Maschine die richtigen Dinge vorgehen.

Auf einer anderen Ebene weichen unsere Argumente jedoch stark von denen Searles ab. Searle gründet seine Position auf die vom gesunden Menschenverstand inspirierten intuitiven Vorstellungen über das Vorhandensein oder Fehlen semantischer Inhalte. Unsere Argumente basieren auf den typischen Schwächen klassischer SM-Maschinen und auf den spezifischen Vorzügen von Maschinen, deren Architektur derjenigen des Gehirns nachempfunden ist.

Die Unterschiede in der Leistungsfähigkeit beider Architekturen zeigen, daß bestimmte Berechnungsstrategien im Vergleich zu anderen entscheidende Vorteile aufweisen, wenn es um typische kognitive Aufgaben geht Vorteile, die empirisch zu belegen sind. Fraglos macht das Gehirn systematischen Gebrauch von diesen Berechnungsvorteilen. Aber es braucht nicht das einzige physikalische System zu sein, das dazu fähig ist. Künstliche Intelligenz in einer nicht-biologischen, aber massiv parallelen Maschine bleibt eine fesselnde und realistische Perspektive.

Das Problem des Bewußtseins

Welche neuralen Aktivitäten bestimmten Bewußtseinsinhalten entsprechen, läßt sich in einfachen Fällen nunmehr experimentell untersuchen. Die Befunde erfordern freilich eine Interpretation in enger Zusammenarbeit von Psychologen, Neurophysiologen und Theoretikern.

Von Francis Crick und Christof Koch

Die große Frage der heutigen Neurobiologie ist eine Variante des alten Leib-Seele-Problems: Welche Beziehung besteht zwischen Gehirn und Bewußtsein?

Daß das Gehirn – und nicht das Herz, wie der mazedonische Philosoph, Logiker und Naturforscher Aristoteles (384 bis 322 vor Christus) dachte – der Träger des Bewußtsein ist, steht mittlerweile außer Zweifel. Wie aber im einzelnen die physiologischen Prozesse im Gehirn mit Erlebnissen wie dem Schmerz oder dem Selbstbewußtsein zusammenhängen, ist noch weitgehend rätselhaft (vergleiche den Beitrag „Was macht Bewußtsein zu einem Rätsel?" von Peter Bieri auf Seite 172).

In der Vergangenheit hielten viele Denker, besonders prononciert der französische Mathematiker und Philosoph René Descartes (1596 bis 1650), Geist und Seele für immateriell und von gänzlich anderer Natur als das Gehirn, wenngleich sie Wechselwirkungen zwischen beiden nicht bestritten. Heute beharren nur noch wenige Neurowissenschaftler, unter ihnen der australische Neurophysiologe Sir John Eccles (Nobelpreis 1963), auf einem Dualismus, einer strikten Trennung von Geist und Gehirn. Die meisten dagegen erachten es in einer materialistischen Grundhaltung für wahrscheinlich, daß alle Aspekte des Geistigen durch das Verhalten großer, interagierender Gruppen aktiver Nervenzellen erklärbar seien.

„Bewußtsein ist kein Ding, sondern ein Prozeß." Ein Jahrhundert, nachdem William James (1842 bis 1910; Bild 2), der Begründer der amerikanischen Psychologie, diese Worte niederschrieb, ist immer noch ungeklärt, was im einzelnen dieser Prozeß ist. Jahrzehntelang galt unter der Vorherrschaft des Behaviorismus nur das von außen wahrnehmbare Verhalten als legitimer Forschungsgegenstand, nicht aber interne Zustände wie das Bewußtsein; das änderte sich erst in den fünfziger Jahren mit dem Aufkommen der Kognitionswissenschaften. Gleichwohl schoben bis vor kurzem deren Vertreter ebenso wie die Neurowissenschaftler das Problem als zu philosophisch oder als experimentell unzugänglich beiseite. Wenn ein Neurowissenschaftler Forschungsmittel schlicht zur Untersuchung des Bewußtseins beantragt hätte, wäre ihm kaum Erfolg beschieden gewesen.

Nach unserer Überzeugung ist solche Scheu lächerlich. Deshalb begannen wir vor einigen Jahren darüber nachzuden-

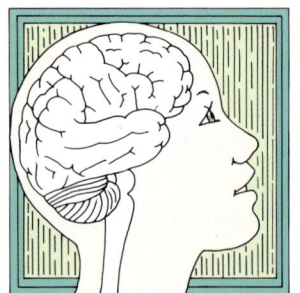

ken, wie man das Problem wissenschaftlich angehen könnte. Wie lassen sich geistige Ereignisse durch die Aktivität großer Neuronenverbände erklären?

Wir halten es, im Gegensatz zu unseren pessimistischeren Kollegen, nicht für hilfreich, sich allzuviele Gedanken über Aspekte des Problems zu machen, die der Wissenschaft – genauer: dem gegenwärtigen theoretischen Instrumentarium – nicht zugänglich sind. Wahrscheinlich brauchen wir völlig neue Konzepte; man erinnere sich nur an den Umsturz im wissenschaftlichen Denken, den uns die Quantenmechanik aufgenötigt hat. Der einzig vernünftige Ansatz besteht darin, das Experiment so weit voranzutreiben, bis neue Fragen neue Denkweisen herausfordern.

Es gibt viele vorstellbare Zugänge. Manche Psychologen erwarten von einer zufriedenstellenden Theorie die Erklärung jedweder Aspekte des Bewußtseins bis hin zu Emotionen, der Phantasie, Träumen und mystischen Erfahrungen. Das ist sicherlich ein erstrebenswertes Fernziel; doch hielten wir es für sinnvoller, mit einem möglichst leicht zugänglichen Einzelphänomen anzufangen. Welches man da auswählt, ist Ermessenssache. Wir entschieden uns für das visuelle System der Säuger, weil wir Menschen sehr augenorientiert sind, weil dazu schon viele experimentelle und theoretische Arbeiten vorliegen (siehe den Beitrag von Semir Zeki, Seite 32) und weil wir beide dazu schon erhebliche Vorarbeiten geleistet haben.

Es ist nicht einfach zu erfassen, was genau wir eigentlich erklären wollen, und bis zu einer wissenschaftlich exakten Beschreibung des visuellen Bewußtseins bedarf es noch vieler sorgfältiger Experimente. Wir haben nicht versucht, eine Definition von Bewußtsein schlechthin zu geben, weil es nach

Bild 1: Der Inhalt des visuellen Bewußtseins ist in erster Linie das, was man in jedem Moment direkt sieht; er kann jedoch von einer im Gehirn vorliegenden dreidimensionalen Repräsentation des gesehenen Gegenstandes beeinflußt werden. Wenn wir den Hinterkopf eines Menschen sehen, folgert unser Gehirn, daß auf der Vorderseite ein Gesicht ist. Das wird dadurch bestätigt, daß wir sehr überrascht wären, wenn – etwa durch einen Spiegel gesehen – die Vorderseite genauso aussähe wie die Rückseite. Das 1937 entstandene Bild „Reproduction interdite" stammt von dem belgischen Surrealisten René Magritte (1898 bis 1967).

unserer Überzeugung noch zu früh dafür ist. (Auch die Definition eines Gens mußte unscharf bleiben, bis die Molekularbiologen ausreichend experimentelle Befunde und darauf gestützte Erkenntnisse gesammelt hatten.) Gleichwohl gibt es aus experimenteller Forschung bereits hinreichend wegweisende Anhaltspunkte über die Natur der bewußten visuellen Wahrnehmung. In diesem Beitrag wollen wir beschreiben, welche neuen Ansätze sich daraus für die Analyse dieses grundlegenden, faszinierenden Problems ergeben.

Welcher Sinn von Bewußtsein?

Wenn wir im folgenden kurz von „visuellem Bewußtsein" reden, meinen wir zunächst das Bewußtsein, insoweit sich seine Inhalte auf soeben direkt Gesehenes beziehen. Es liegt nahe, das neurale Korrelat des visuellen Bewußtseins in den Teilen des Gehirns zu suchen, die nachweislich auf die Verarbeitung visueller Information spezialisiert sind. Es stellt sich jedoch sehr bald heraus, daß eine Abgrenzung des visuellen vom Rest des Bewußtseins bestenfalls in einem sehr unscharfen Sinne möglich ist. Die Hauptfunktion des visuellen Systems besteht zwar darin, Gegenstände und Ereignisse unserer Umwelt wahrzunehmen; aber das bedeutet nicht einfach, die Information aufzunehmen, die uns über unsere Augen zufließt.

Nach übereinstimmender Auffassung der Theoretiker ist das Problem des Sehens schlecht gestellt (*ill-posed*) im Sinne der Mathematik. Das heißt, daß weitere Bedingungen erforderlich sind, um die eindeutige Lösbarkeit herzustellen. Die zweidimensionalen Netzhautbilder reichen für sich genommen nicht aus, um die dreidimensionale Szene des Gesichtsfeldes eindeutig zu rekonstruieren. Das wird offensichtlich an den bekannten Zeichnungen, die verschiedene dreidimensionale Interpretationen zulassen, gilt jedoch allgemein. Es gehört stets eine Interpretation dazu und damit der Rückgriff auf Erfahrung: unsere eigene und die in unseren Genen niedergelegte unserer Vorfahren.

Sehen ist, gleichfalls unbestritten, ein konstruktiver Prozeß, für den das Gehirn komplexe Aktivitäten ausführen muß, um zwischen konkurrierenden Interpretationen der vieldeutigen visuellen Daten zu entscheiden. Diese Aktivitäten werden gelegentlich Berechnungen genannt, weil sie auf eine Repräsentation, eine Abbildung – im mathematischen Sinne – gewisser Aspekte der Außenwelt auf Teilstrukturen des Gehirns hinauslaufen

(vergleiche „Wie Computer und Menschen sehen" von Tomaso Poggio, Spektrum der Wissenschaft, Juni 1984).

Ein Gegenstand der Wahrnehmung hat nach einer verbreiteten Vorstellung eine materielle Entsprechung, ein sogenanntes Symbol, im Gehirn, ebenso wie in der mathematischen Formelsprache ein Buchstabe als Symbol für irgendeinen Gegenstand verwendet wird. Das Gehirn verknüpft Wahrnehmungen, indem es, analog zum Buchstabenrechnen, die zugehörigen Symbole manipuliert. Somit läuft unsere Fragestellung darauf hinaus, die Strukturen zu finden, die bestimmte Bewußtseinsinhalte symbolisieren.

Nicht jedes Symbol muß uns bewußt sein. Ray Jackendoff von der Brandeis-Universität in Waltham bei Boston (Massachusetts) ist – wie die meisten Kognitionsforscher – davon überzeugt, daß die Berechnungen des Gehirns großenteils unbewußt geschehen und nur deren Ergebnis uns bewußt wird. Während jedoch üblicherweise dieses Gewahrwerden nur auf der höchsten Ebene des hierarchisch organisierten Rechenprozesses angesiedelt wird, vermutet Jackendoff es in einer Zwischenschicht.

Sehen ist nach seiner Theorie verknüpft mit einer Repräsentation der unmittelbar sichtbaren Flächen zusammen mit ihren Rändern, ihrer Orientierung, Farbe, Textur und Bewegung: der sogenannten betrachterzentrierten Repräsentation. Eine ähnliche Repräsentation hatte David C. Marr (1946 bis 1980) vom Massachusetts Institute of Technology in Cambridge als eine „zweieinhalbdimensionale Skizze" bezeichnet; sie ist mehr als zweidimensional, weil sie die Orientierung der sichtbaren Flächen enthält, aber weniger als dreidimensional, weil die Tiefeninformation nicht explizit repräsentiert ist. Eine Schicht höher verarbeitet das Gehirn diese Skizze zu einer dreidimensionalen Repräsentation. Jackendoff behauptet, diese sei uns nicht direkt visuell bewußt.

Ein Beispiel mag das verdeutlichen. Wenn ein Mensch Ihnen den Rücken zuwendet, sehen Sie seinen Hinterkopf, aber nicht sein Gesicht. Gleichwohl folgert Ihr Gehirn, daß dieser Mensch ein Gesicht hat. Sie wären nämlich sehr überrascht, wenn der Mensch sich umdrehte und kein Gesicht hätte (Bild 1).

Die betrachterzentrierte Repräsentation – entsprechend dem sichtbaren Hinterkopf – ist das, was Sie lebhaft und klar wahrnehmen. Was Ihr Gehirn über die Vorderseite folgert, kommt dagegen von einer hierarchisch höhergelegenen dreidimensionalen Repräsentation. Information fließt also nicht nur von unten nach oben, sondern so gut wie sicher in beiden

Richtungen. Denn wenn Sie sich das Gesicht des Menschen vorstellen, ist der Gegenstand Ihres Bewußtseins eine Oberflächen-Repräsentation, die das Gehirn unter Verwendung von Information aus dem dreidimensionalen Modell erzeugt hat.

Repräsentationsformen

Es ist wichtig, zwischen expliziter und impliziter Repräsentation zu unterscheiden. Bei ersterer gibt es für den repräsentierten Gegenstand eine symbolische Darstellung, die ihn unmittelbar bezeichnet. Eine implizite Repräsentation enthält zwar dieselbe Information; aber um sie explizit zu machen, bedarf es weiterer Verarbeitung. Beispielsweise kann das Muster der farbig leuchtenden Punkte auf einem Fernsehschirm die implizite Repräsentation eines Gesichts enthalten; explizit sind jedoch nur die einzelnen Punkte und ihre räumlichen Positionen. Wenn Sie darin ein Gesicht sehen, dann muß es in Ihrem Gehirn Neuronen geben, deren Aktivität dieses Gesicht symbolisiert. Wenn Ihr Fernsehgerät zur expliziten Gesichtsrepräsentation fähig wäre, müßte es beispielsweise ein Lämpchen enthalten, das genau dann aufleuchtet, wenn auf dem Bildschirm ein Gesicht erscheint.

Dieses Muster feuernder – Impulse aussendender – Neuronen nennen wir eine aktive Repräsentation. Da wir uns an ein Gesicht erinnern können, muß auch eine latente Repräsentation davon im Gehirn gespeichert sein, vermutlich als spezielles Muster synaptischer Verknüpfungen unterschiedlicher Stärke (vergleiche den Beitrag von Eric R. Kandel und Robert D. Hawkins auf Seite 114 sowie den von Geoffrey Hinton auf Seite 136). Wahrscheinlich haben Sie in Ihrem Gehirn unter anderem eine Repräsentation des Brandenburger Tors, die gewöhnlich inaktiv ist. Erst wenn Sie an dieses Bauwerk denken, wird die Repräsentation aktiv – die zugehörigen Neuronen senden Impulse an die nachgeschalteten Zellen.

Ein Gegenstand kann auf mehr als eine Weise repräsentiert sein: als Bild, als eine Gruppe von Worten in geschriebener oder gesprochener Form oder gar als Berührungs- oder Geruchsreiz. Höchstwahrscheinlich werden diese Repräsentationen einander beeinflussen. Jede ist zudem auf viele Neuronen verteilt: teils auf mehr oder weniger benachbarte, wie in Hintons Artikel beschrieben, teils auf weiter verstreute, und das oft in unerwartet komplizierter Weise. Untersuchungen der spezifischen Ak-

Bild 2: Von William James, dem Begründer der amerikanischen Psychologie und Bruder des berühmten Autors Henry James, stammt der Ausspruch: „Bewußtsein ist kein Ding, sondern ein Prozeß."

tivitäten in Affengehirnen legen ebenso wie die Auswirkungen von Hirnschädigungen beim Menschen die Vermutung nahe, daß verschiedene Repräsentationen eines Gesichtes – und dessen, was wir damit verbinden – in verschiedenen Teilen des Gehirns repräsentiert sind.

Es gibt zunächst die Repräsentation für ein Gesicht als solches: zwei Augen, Nase, Mund und so weiter. Die beteiligten Neuronen sind im allgemeinen nicht sonderlich empfindlich gegen Änderungen in Größe, Position und Orientierung dieses Gesichtes im Sehfeld. Bei Affen sprechen gewisse Neuronen besonders dann an, wenn das Gesicht sich in eine bestimmte Richtung wendet, während andere mehr auf die Richtung reagieren, in die dessen Augen blicken.

Außerdem gibt es Repräsentationen für Teile des Gesichts, im Gegensatz zu denen für das Gesicht als Ganzes. Ferner ist wahrscheinlich alles, was wir mit einem Gesicht verbinden – das Geschlecht der Person, der Gesichtsausdruck, die Vertrautheit und insbesondere die Information, wessen Gesicht das ist – mit der Aktivität von Neuronen an weit entfernten Stellen korreliert.

Nicht alles, was dem Bewußtsein im Prinzip zugänglich ist, wird auch in je-

dem Moment wirklich bewußt wahrgenommen. (Wer ist sich schon des Druckes, den der Fußboden auf seine Fußsohlen ausübt, dauernd bewußt?) Wir haben daher vorgeschlagen, daß es eine flüchtige Form des Bewußtseins gebe, die nur sehr einfache Merkmale repräsentiert und keinen Aufmerksamkeitsmechanismus erfordert. Daraus konstruiert das Gehirn eine betrachterzentrierte Repräsentation, die ohne Aufmerksamkeit nicht zustande kommt: das, was wir lebhaft und deutlich sehen. Darauf wiederum bauen wahrscheinlich eine dreidimensionale Gegenstands-Repräsentation und auf dieser noch höhere Stufen der Kognition auf.

Bewußtsein und Kurzzeitgedächtnis

Repräsentationen, die einer lebhaften, bewußten Wahrnehmung entsprechen, haben sehr wahrscheinlich besondere Eigenschaften. William James glaubte, daß zu Bewußtsein sowohl Aufmerksamkeit als auch Kurzzeitgedächtnis gehörten. Darin würden ihm heute wohl die meisten Psychologen zustimmen. Jakkendoff schreibt, Bewußtsein werde durch Aufmerksamkeit „bereichert", und meint damit, daß diese für gewisse eingeschränkte Formen des Bewußtseins entbehrlich, für das volle Bewußtsein jedoch unerläßlich sei.

Es ist kaum vorstellbar, daß jemand Bewußtsein haben könnte, ohne sich an das soeben Geschehene erinnern zu können, und sei es auch nur für eine extrem kurze Zeitspanne. Die Psychologen unterscheiden zwischen dem bildlichen – ikonischen – Gedächtnis, dessen jeweils aktueller Inhalt lediglich Bruchteile einer Sekunde überdauert, und dem Arbeitsgedächtnis, das die Information (zum Beispiel über eine soeben gelesene Telephonnummer) auch nur einige Sekunden lang speichert, wenn sie nicht aufgefrischt wird. Es ist nicht klar, ob beide Arten des Kurzzeitgedächtnisses für das Bewußtsein unerläßlich sind; und die genannte Unterteilung könnte immer noch zu grob sein.

Vermag man Näheres darüber zu sagen, in welchen Teilen des Gehirns diese komplexen Prozesse des visuellen Bewußtseins – wenn überhaupt – lokalisiert sind? Viele Regionen mögen beteiligt sein, aber es ist nahezu sicher, daß die Großhirnrinde (genauer: der Neocortex) eine dominante Rolle spielt. Visuelle Informationen von der Netzhaut des Auges erreichen die Rinde hauptsächlich über den seitlichen Kniehöcker (*Corpus geniculatum laterale*), einen Teil des Thalamus; ein weiterer wesentlicher Teil

fließt über das visuelle Tectum oberhalb des Hirnstamms.

Die beiden stark gefalteten Großhirnhemisphären des Menschen, in deren Rinde sich die Zellkörper konzentrieren, sind durch den Balken (das *Corpus callosum*) verbunden. Wenn dieser massige Trakt aus etwa 500 Millionen Fasern (Axonen), etwa bei schwerer, anders nicht behandelbarer Epilepsie, durchtrennt wird, weiß die eine Seite des Gehirns nicht, was die andere sieht.

Insbesondere scheint die linke Hirnhälfte (bei Rechtshändern) visuelle Information nicht bewußt wahrzunehmen, die ausschließlich von der rechten Seite empfangen wird. Dies zeigt, daß die zugehörige Information nicht auf dem Umweg über den Hirnstamm fließen kann, sondern – beim gesunden Menschen – nur über den Balken von der einen auf die andere Seite.

Ein anderer Teil des Gehirns, das Hippocampus-System, speichert episodische, das heißt auf einen sehr kurzen Zeitraum bezogene Gedächtnisinhalte und leitet sie über Wochen oder Monate an den Neocortex weiter (siehe auch dazu den Beitrag von Kandel und Hawkins). Dieses System ist so gelegen, daß es ein- und ausgehende Verbindungen von und zu vielen Teilen des Gehirns hat.

Deshalb könnte man vermuten, das Hippocampus-System sei im wesentlichen der Sitz des Bewußtseins. Dies ist jedoch nicht der Fall: Studien an hirngeschädigten Patienten zeigen, daß dieses System nicht unentbehrlich für visuelles Bewußtsein ist. Allerdings bedeutet sein Fehlen, wie bei dem von Kandel und Hawkins beschriebenen Patienten H. M., im alltäglichen Leben eine schwere Behinderung, da der Patient sich an nichts erinnern kann, was länger als etwa eine Minute zurückliegt. (Gedächtnisinhalte, die H. M. vor der Operation erworben hatte, sind jedoch abrufbar.)

Flüchtige Neuronenkoalitionen

Die Großhirnrinde eines wachen Säugers hat wahrscheinlich, vereinfacht gesprochen, zwei Funktionen. Ausgehend von einer groben und in gewissem Umfang redundanten Verschaltung, die genetisch festgelegt ist und durch embryonale Prozesse weiter ausgestaltet wird (siehe den Beitrag von Carla J. Shatz auf Seite 2), modifiziert die Großhirnrinde ihre eigene Verschaltung allmählich anhand von visuellen und anderen Erfahrungen. Sie schafft sich dadurch das neurale Korrelat von Kategorien, das heißt Abstraktionen – zum Beispiel von visuellen Merkmalen –, auf die sie ansprechen und zurückgreifen kann. So können sich einige Neuronen darauf spezialisieren, die Kategorie „Gesicht" zu repräsentieren; das heißt, sie werden in der Zukunft immer dann aktiv sein, wenn der Mensch ein Gesicht sieht oder die Assoziation an ein solches sich einstellt. Eine neue Kategorie wird nicht schon dann vollständig angelegt, wenn wir ein einziges Beispiel gesehen haben; immerhin kann ein solches einige kleinere Modifikationen der Verknüpfungen auslösen.

Die zweite Funktion der Großhirnrinde (zumindest ihres visuellen Teils) besteht darin, extrem schnell auf eingehende Signale zu reagieren. Dabei versucht sie, unter Verwendung der bereits gelernten Kategorien diejenigen Kombinationen aktiver Neuronen zu finden, die im Lichte der bisherigen Erfahrung am ehesten das soeben Gesehene repräsentieren. Diese Bildung von Koalitionen aktiver Neuronen unterliegt möglicherweise auch Einwirkungen aus anderen Teilen des Gehirns, die zum Beispiel vermitteln, welcher Reiz als nächstes zu erwarten ist oder worauf es im Moment besonders ankommt.

Das Bewußtsein verändert sich fortwährend, wie James bemerkte. Neuronenkoalitionen bilden sich auf verschiedenen Hierarchie-Ebenen; sie beeinflussen einander und schließen sich zu größeren Koalitionen auf höherer Ebene zusammen. Sie sind flüchtig; normalerweise bestehen sie nur für Sekundenbruchteile. Da solche Koalitionen die physiologische Basis des Sehens sind, müssen sie sich so rasch wie möglich bilden; kein auf den Sehsinn angewiesenes Lebewesen – ob Mensch oder Tier – könnte sonst überleben. Allerdings schalten Neuronen im Vergleich zu elektronischen Bauteilen um das Millionenfache langsamer. Das Gehirn kompensiert diesen Mangel teilweise, indem es einerseits nach dem Prinzip der Parallelverarbeitung sehr viele Neuronen gleichzeitig einsetzt, andererseits seine Tätigkeit hierarchisch organisiert.

Hier stellt sich die naheliegende Frage: Wo im Gehirn liegen diese Neuronen, und wie sieht ihr Aktivitätsmuster aus? Mit großer Sicherheit ist nicht jedes Neuron, das zu einem bestimmten Zeitpunkt mehr als die zufällige Hintergrundaktivität zeigt, in diesem Moment am visuellen Bewußtsein beteiligt. Vielmehr ist denkbar, daß zumindest einige dieser Neuronen Berechnungen ausführen, das heißt optimale Koalitionen zu bilden versuchen, während andere die Ergebnisse dieser Berechnungen – das, was wir bewußt sehen – zum Ausdruck bringen.

Das Experiment mit der Cheshire-Katze

In „Alice im Wunderland", dem berühmten Kinderbuch des englischen Logikers Lewis Carroll (1832 bis 1898), begegnet Alice einer Cheshire-Katze, die sich langsam unsichtbar macht, so daß zum Schluß nur noch ihr Grinsen übrigbleibt. Ein einfaches Experiment kann eine ähnliche Wahrnehmung auslösen.

Es beruht auf dem Phänomen der binokularen Rivalität. Wenn beide Augen im selben Teil des Gesichtsfelds unterschiedliche Bilder empfangen, konkurrieren diese um die Aufmerksamkeit des Gehirns. Bewegung in einem Feld kann dabei das Bild des anderen gänzlich oder teilweise auslöschen, weil sie die Aufmerksamkeit an sich reißt.

Experimente zum visuellen Bewußtsein

Diese theoretische Erwartung wird glücklicherweise durch experimentelle Indizien gestützt, und zwar beim Phänomen der binokularen Rivalität. Am Exploratorium in San Francisco, einem Wissenschaftsmuseum nach dem Vorbild des Deutschen Museums in München, demonstriert eine Versuchsanordnung von Sally Duensing und Bob Miller diesen Effekt in eindrucksvoller Weise.

Binokulare Rivalität ist zu beobachten, wenn beide Augen unterschiedliche optische Reize empfangen, die sich auf denselben Teil des Gesichtsfeldes beziehen. Die erste Verarbeitungsstufe des Sehsystems in der linken Hälfte der Großhirnrinde erhält Information von beiden Augen, nimmt jedoch nur den Teil des Gesichtsfeldes rechts vom Fixationspunkt wahr. Das Umgekehrte gilt für die rechte Seite. Wenn diese Signale sich nun widersprechen, sieht man nicht beide überlagert, sondern immer abwechselnd das eine und dann das andere.

Im Exploratorium kann der Besucher einen Selbstversuch mit dem „Cheshire-Cat"-Effekt machen (Kasten auf dieser Doppelseite). Dazu bringt der Betrachter

seinen Kopf in eine feste Position und hält den Blick fixiert. Mit Hilfe eines geeignet plazierten Spiegels blickt eines der Augen direkt auf das Gesicht einer anderen Person (es kann auch eine Katze sein), das andere über den Spiegel auf eine gleichförmig weiße Fläche. Bewegt der Betrachter eine Hand vor dieser Fläche an der Stelle des Gesichtsfeldes, die das andere Gesicht einnimmt, so wird dieses ausgelöscht: Die ins Auge springende Bewegung der Hand hat die Aufmerksamkeit des Gehirns gefangen; und ohne Aufmerksamkeit kann das Gesicht nicht gesehen werden. Erst wenn der Betrachter die Augen bewegt, erscheint das Gesicht wieder.

Während es sehr schwierig ist, die Aktivität einzelner Neuronen im menschlichen Gehirn aufzuzeichnen, können solche Studien an Affen durchgeführt werden. Nikos K. Logothetis und Jeffrey D. Schall, damals am Massachusetts Institute of Technology, untersuchten eine einfache Form der binokularen Rivalität bei einem Makaken. Sie trainierten ihn, seine Augen ruhig zu halten und zu erkennen zu geben, ob er eine Aufwärts- oder eine Abwärtsbewegung eines horizontalen Gitters sah. Projiziert man eine Aufwärtsbewegung in ein Auge

Der Betrachter teilt sein Gesichtsfeld mit einem Spiegel. Das linke Auge sieht die Katze, das rechte das Spiegelbild einer weißen Wand oder eines sonstwie uninteressanten Hintergrundes. Der Betrachter wedelt dann, ohne die Augen zu bewegen, mit der rechten Hand über denjenigen Teil des Gesichtsfeldes, in dem für das linke Auge die Katze erscheint. Daraufhin kann die Katze scheinbar verschwinden.

Wenn er aber seine Aufmerksamkeit zuvor auf ein bestimmtes Merkmal gerichtet hatte, kann dieses Merkmal – es kann auch ein Grinsen sein – in der Wahrnehmung bestehen bleiben, obgleich der Rest der Katze verschwindet.

und eine Abwärtsbewegung in das andere, so daß sich die beiden Bilder im Gesichtsfeld überlappen, so meldet der Affe – genau wie ein Mensch – abwechselnd Auf- und Abwärtsbewegungen. Obwohl der optische Reiz immer derselbe ist, ändert sich die Wahrnehmung des Affen etwa jede Sekunde.

Das Areal MT der Großhirnrinde (im Artikel von Zeki V5 genannt) ist hauptsächlich mit Bewegung befaßt. Was tun die Neuronen in dieser Region, wenn die Wahrnehmung des Affen zwischen aufwärts und abwärts wechselt? Die Wissenschaftler untersuchten nur die jeweils erste Reaktion des Affen, und das Datenmaterial ist sehr komplex. Aber vereinfacht könnte man sagen, daß die mittlere Aktivität mancher Neuronen relativ unabhängig davon ist, welche Bewegungsrichtung der Affe im Moment sieht, während die Impulsrate anderer Neuronen mit den Änderungen der Wahrnehmung korreliert ist. Das bestätigt unsere theoretische Vermutung, daß nur ein Teil der zu einem bestimmten Zeitpunkt aktiven Neuronen zum visuellen Bewußtsein beiträgt. Welche Neuronen genau das sind, bleibt noch zu klären.

Wir haben postuliert, daß dann, wenn wir etwas klar und bewußt visuell wahr-

nehmen, Neuronen aktiv sein müssen, die für das stehen, was wir sehen. Dies könnte man das Aktivitätsprinzip nennen. Auch hierfür gibt es einige experimentelle Indizien, wie etwa die von Zeki beschriebene Aktivität von Neuronen im Rindenareal V2 in Reaktion auf nicht vorhandene, aber durch optische Täuschung wahrgenommene Konturen.

Experimente zum blinden Fleck

Ein weiteres und vielleicht noch überzeugenderes Beispiel ist das Ergänzen des blinden Flecks. An der Stelle, wo der Sehnerv die Netzhaut verläßt und zum Gehirn zieht, etwa 15 Grad von der Sehgrube (dem Zentrum höchster Sehschärfe) entfernt, hat das Auge keine Photorezeptoren. Dennoch sieht man, wenn man ein Auge schließt, kein Loch im eigenen Gesichtsfeld.

Der Philosoph Daniel C. Dennett von der Tufts-Universität in Medford (Massachusetts), einer der wenigen Vertreter seines Fachs, die sich erfreulicherweise auch für Psychologie und für das Gehirn interessieren, argumentiert in seinem kürzlich veröffentlichten Buch „Consciousness Explained", es sei falsch, in

diesem Zusammenhang von „ergänzen" zu reden. Ausgehend von der richtigen Beobachtung, daß „die Abwesenheit von Information nicht dasselbe ist wie die Information über die Abwesenheit von etwas", behauptet er, das Gehirn fülle den blinden Fleck nicht aus, sondern ignoriere ihn.

Das allein beweist jedoch nicht, daß eine Ergänzung des blinden Flecks nicht stattfände, sondern nur, daß sie nicht unbedingt stattfinden muß. Dennett behauptet jedoch außerdem, daß „das Gehirn keine Verdrahtung (machinery) für das Ergänzen dieser Stelle" habe. Das ist falsch. Den Zellen der primären Sehrinde (V1) fehlt zwar in den sogenannten Augendominanzsäulen ein direkter Eingang von jeweils einem der beiden Augen; sie verfügen jedoch über die Mittel, sich die Information vom jeweils anderen Auge verfügbar zu machen. Ricardo Gattass und seine Kollegen an der staatlichen Universität von Rio de Janeiro (Brasilien) haben gezeigt, daß bei Makaken einige der Neuronen im Areal V1, die in ihrer räumlichen Lage dem blinden Fleck entsprechen, auf Signale von beiden Augen reagieren, was wahrscheinlich durch Informationen aus anderen Teilen der Gehirnrinde unterstützt wird. Außerdem reagieren einige Neuronen in dieser Region bei einfachen Ergänzungsexperimenten so, als würden sie aktiv das Fehlende auffüllen.

Des weiteren haben psychologische Experimente von Vilayanur S. Ramachandran gezeigt, daß das, was ergänzt wird, je nach der Szene im umgebenden Gesichtsfeld sehr komplex sein kann (Bild 3; siehe auch seinen Artikel in Spektrum der Wissenschaft, Juli 1992, Seite 52). Wie, so argumentiert er, könnte das Gehirn etwas ignorieren, das in Wirklichkeit Aufmerksamkeit beansprucht?

Man darf daher das Phänomen der Ergänzung nicht leugnen oder als exotisch abtun. Wahrscheinlich ist es vielmehr eine Ausprägung eines fundamentalen Interpolationsprozesses, der auf vielen Ebenen der Verarbeitung stattfinden kann. Es ist außerdem ein gutes Beispiel für einen konstruktiven Prozeß.

Suche nach dem Sitz des Bewußtseins

Wie können wir die Neuronen entdecken, deren Aktivität eine bestimmte Wahrnehmung symbolisiert? William T. Newsome und seine Kollegen von der Universität Stanford (Kalifornien) haben eine Reihe raffinierter Experimente an Nervenzellen im Rindenareal MT des Makakengehirns durchgeführt. Einige dieser Zellen sprechen auf sehr spezifische visuelle Merkmale im Zusammenhang mit Bewegung an. Zum Beispiel kann ein Neuron darauf spezialisiert sein, nur dann zu feuern, wenn ein gerader Strich an einer bestimmten Stelle des Gesichtsfeldes in einem bestimmten Winkel orientiert ist und sich innerhalb eines bestimmten Geschwindigkeitsbereiches in einer der zwei Richtungen senkrecht zum Strich bewegt.

Ein einzelnes Neuron elektrisch zu erregen ist technisch sehr schwierig; es ist jedoch bekannt, daß Rindenneuronen, die auf angenähert die gleiche Position, Orientierung und Bewegungsrichtung eines Strichs reagieren, in der Regel räumlich eng benachbart sind. Newsome und seine Kollegen trainierten den Affen darauf, Bewegungen zu erkennen und daraufhin eine einfache Handlung auszuführen. Sie zeigten ihm dann auf einem Bildschirm eine Ansammlung von Punkten, von denen sich einige zufällig, alle übrigen in eine bestimmte Richtung bewegten. Wenn sie nun eine kleine Region an der richtigen Stelle des Areals MT elektrisch stimulierten, konnten sie die Bewegungswahrnehmung des Affen fast immer in die erwartete Richtung beeinflussen.

Also kann die Stimulation dieser Neuronen das Verhalten des Affen und wahrscheinlich auch seine visuelle Wahrnehmung beeinflussen. Solche Experimente zeigen jedoch nicht zwangsläufig, daß die Aktivität dieser Neuronen das genaue neuronale Korrelat des Wahrgenommenen ist. Es könnte sich auch nur um eine Untergruppe der aktivierten Neuronen handeln; oder vielleicht ist das Korrelat in Wirklichkeit die Aktivität von Neuronen in einem nachgeschalteten Teil der visuellen Hierarchie.

Dieselben Vorbehalte gelten auch für die Untersuchungen zur binokularen Rivalität. Das Problem, genau die Neuronen zu finden, deren Feuern einen bestimmten Wahrnehmungsinhalt symbolisiert, wird nicht einfach zu lösen sein, sondern in jedem Einzelfall viele sorgfältige Experimente erfordern.

Wo auch immer die Neuronen für das visuelle Bewußtsein zu finden sein werden – ihr Zweck ist offensichtlich, diejenigen Areale der Großhirnrinde zu speisen, die mit dem Gesehenen Schlußfolgerungen verknüpfen; von dort aus wandert die Information einerseits zum Hippocampus-System, wo sie eine Weile im episodischen Langzeitgedächtnis gespeichert bleibt, andererseits zu den planenden Hierarchie-Ebenen des motorischen Systems. Aber ist es überhaupt möglich, daß ein visueller Input in eine motorische Reaktion (ein Verhalten) mündet,

ohne daß irgend etwas nennenswert bewußt wahrgenommen wird?

Erstaunlicherweise ja. Den Beweis liefert das Phänomen des sogenannten Blindsehens (*blindsight*). Die Betroffenen, die sämtlich eine Schädigung ihrer Sehrinde erlitten haben, können mit einiger Genauigkeit auf sichtbare Ziele zeigen oder sie mit den Augen verfolgen, während sie entschieden bestreiten, irgend etwas zu sehen. Erklärt man ihnen ihre Fähigkeit, sind sie genauso überrascht wie ihre Ärzte bei der Beobachtung. Die Menge an Information, die durchkommt, ist jedoch begrenzt; blindsehende Patienten haben zwar noch eine gewisse Fähigkeit, auf Farbe, Orientierung und Bewegung zu reagieren, können aber ein Dreieck nicht von einem Quadrat unterscheiden.

Es ist einleuchtenderweise von großem Interesse zu wissen, welche Nervenbahnen bei diesen Patienten benutzt werden. Ursprünglich vermutete man, daß der Weg über das vordere Vierhügelpaar verlaufe. Neuere Experimente legen indes nahe, daß eine direkte, wenn auch schwache Verbindung zwischen dem seitlichen Kniehöcker und anderen Rindenarealen wie V4 beteiligt sein könnte. Es ist unklar, ob eine intakte Region V1 für die unmittelbare visuelle Wahrnehmung unerläßlich ist. Anscheinend ist das visuelle Signal bei Blindsehen so schwach, daß die neurale Aktivität kein Bewußtsein erzeugen kann, obwohl es stark genug bleibt, um zum motorischen System durchzudringen.

Menschen, die normal sehen können, reagieren regelmäßig auf visuelle Signale, ohne sich ihrer voll bewußt zu sein. Bei automatisch ablaufenden Tätigkeiten wie Schwimmen oder Autofahren vollführen wir komplexe, aber stereotype Handlungen mit allenfalls geringer Beteiligung des Bewußtseins. In anderen Fällen ist die ins Bewußtsein gelangte Information sehr begrenzt oder sehr schwach. Ohne bewußte visuelle Wahrnehmung können wir also irgendwie funktionieren, sind dann allerdings in unserem Verhalten sehr eingeschränkt.

Der Zeitbedarf des Bewußtwerdens

Es ist einleuchtend, daß zwischen dem Eintreffen eines visuellen Signals und dessen Bewußtwerden eine gewisse Zeit verstreicht. Wieviel genau, ist schwierig zu bestimmen. Immerhin gibt es einen experimentell zugänglichen Aspekt des Problems: Das Gehirn behandelt zeitlich gestaffelte Signale, wenn sie nur rasch genug aufeinanderfolgen, als würden sie gleichzeitig eintreffen.

In einem solchen Experiment betrachtet die Versuchsperson beispielsweise eine Mattscheibe, die etwa 20 Millisekunden rot und unmittelbar danach ebenso lange grün aufleuchtet. Was der Betrachter wahrnimmt, ist jedoch ein gelbes Licht, so als ob das rote und das grüne Licht gleichzeitig aufgeleuchtet hätten. Das beweist nicht nur, daß das Gehirn den roten und den grünen Lichtreiz trotz des Zeitunterschieds vermischt und zusammen verarbeitet, sondern daß es mindestens diese 20 Millisekunden braucht, bis die Wahrnehmung des gelben Lichtes ins Bewußtsein dringt.

Experimente dieser Art veranlaßten den Psychologen Robert Efron, der jetzt an der Universität von Kalifornien in Davis tätig ist, zu dem Schluß, daß die Verarbeitungszeit bis zur Wahrnehmung etwa 60 bis 70 Millisekunden betrage. Ähnliche Zeiten ergaben sich in Experimenten mit Tönen für das Hörsystem. Für höhere Ebenen der visuellen Hierarchie und in anderen Teilen des Gehirns sind abweichende Zeiten denkbar; Training pflegt die Verarbeitungszeit zu verkürzen.

Aktive Aufmerksamkeit

Es wäre sehr hilfreich, wenn wir die neuronale Grundlage der aufmerksamen Hinwendung entdecken könnten, da sie offensichtlich bei einigen Formen der bewußten visuellen Wahrnehmung beteiligt ist. Augenbewegungen sind ein Beispiel dafür. Da der Bereich des Gesichtsfeldes mit maximaler Sehschärfe bemerkenswert klein ist – er hat ungefähr die Ausdehnung eines Daumennagels, auf Armeslänge entfernt gehalten –, bewegen wir unsere Augen ungefähr drei- bis viermal pro Sekunde auf das Objekt oder Detail unseres Interesses. Psychologen haben jedoch gezeigt, daß es eine noch schnellere Form dieser aktiven Form von Aufmerksamkeit zu geben scheint, die selbst dann gewissermaßen umherschweift, wenn unsere Augen stillstehen.

Die genaue psychologische Natur dieses schnelleren Mechanismus wird gegenwärtig kontrovers diskutiert. Immerhin haben verschiedene Neurowissenschaftler, darunter Robert Desimone und seine Kollegen an den National Institutes of Health in Bethesda (Maryland) gezeigt, daß die Impulsrate bestimmter Neuronen im Sehsystem des Makaken davon abhängt, auf welchen Gegenstand im Sehfeld die Affe gerade seine Aufmerksamkeit lenkt, ohne daß er seine Augen tatsächlich bewegt (siehe „Optischer Reiz und visuelle Aufmerksamkeit" von Robert H. Wurtz, Michael E. Goldberg und David Lee Robinson, Spektrum der Wissenschaft, August 1982, Seite 92). Mithin ist Hinwendung in diesem Sinne nicht nur ein psychologischer Begriff; sie hat auch beobachtbare neuronale Korrelate.

Verschiedene Forscher haben gefunden, daß der polsterförmige, nach hinten unten vorspringende Teil des Thalamus (*Pulvinar thalami*) bei der visuellen Hinwendung eine Rolle zu spielen scheint. Wir sind geneigt zu glauben, daß der Thalamus das Organ der aufmerksamen Hinwendung ist, aber der Beweis steht noch aus.

Dezentrales Bewußtsein

Kehren wir nun zu dem Hauptproblem zurück: herauszufinden, welche Aktivität im Gehirn direkt mit dem visuellen Bewußtsein korrespondiert. Es ist überlegt worden, ob nicht jedes der Areale der Sehrinde nur jene visuellen Merkmale bewußt mache, auf die seine säulenartig angeordneten Gruppen von Neuronen spezifisch ansprechen: V1 für Orientierung, MT für Bewegung und so weiter. Wie Zeki in seinem Beitrag zu diesem Buch ausführt, haben die Experimentatoren noch keine besondere Region im Gehirn gefunden, wo alle für eine einheitliche bewußte visuelle Wahrnehmung erforderlichen Informationen zusammenlaufen. Dennett hat einen solchen hypothetischen Ort „das Cartesische Theater" genannt und behauptet, daß es ihn aus theoretischen Gründen nicht geben könne.

Allem Anschein nach ist das neuronale Korrelat des Bewußtwerdens nicht nur über einen Bereich weniger benachbarter Neuronen verteilt, analog der Situation in einigen der künstlichen neuronalen Netze, die Hinton in seinem Beitrag beschreibt, sondern weiträumig über die Gehirnrinde – allerdings nicht über alle Regionen, denn einige Areale zeigen keine Reaktion auf visuelle Signale. Eine bewußte visuelle Wahrnehmung könnte beispielsweise auf die Areale beschränkt sein, die direkt mit V1 rückverschaltet sind, oder auch jene, die in die Schicht 4 des jeweils anderen Areals projizieren. (Die letzteren Areale befinden sich immer auf gleicher Ebene in der visuellen Hierarchie).

Wie aber bildet das Gehirn daraus seine globalen Repräsentationen? Wenn tatsächlich die aufmerksame Hinwendung entscheidend für visuelles Bewußtsein ist, könnten Repräsentationen dadurch zustande kommen, daß es seine Aufmerksamkeit zu jedem Zeitpunkt nur

Bild 3: Ein Experiment von Vilayanur S. Ramachandran zur optischen Täuschung demonstriert die Fähigkeit des Gehirns, den Teil eines Bildes zu rekonstruieren, der auf den blinden Fleck des Auges fällt. Wenn Sie auf das obere Muster aus unterbrochenen grünen Streifen schauen, erzeugt Ihr visuelles System die Wahrnehmung eines breiten vertikalen gelben Streifens, der die grünen bedeckt; seine seitlichen Konturen sind eine Illusion. Schließen Sie nun Ihr rechtes Auge und fixieren Sie mit dem linken das kleine weiße Quadrat. Nähern Sie die Seite Ihrem Auge, bis in einer Entfernung von etwa 15 Zentimetern der blaue Kreis zu verschwinden scheint. Die meisten Betrachter ergänzen nun nicht den schmalen grünen, sondern den breiten gelben Streifen an der Stelle des blinden Flecks. Machen Sie denselben Versuch mit dem unteren Bildteil, wo der vertikale Streifen nicht so deutlich erscheint. In diesem Falle neigt das visuelle System eher dazu, über den blinden Fleck hinweg den horizontalen Streifen zu ergänzen. Der Ergänzungsprozeß ist also vom globalen Kontext des Bildes abhängig: eine komplexe Leistung unseres Sehsystems.

auf jeweils ein Objekt richtet und alle Objekte nacheinander in schneller Folge durchgeht. Dabei würden alle Neuronen, welche die unterschiedlichen Aspekte des jeweiligen Zielobjekts repräsentieren, gleichzeitig für sehr kurze Zeit feuern, möglicherweise in Form intensiver Salven.

Die simultane Aktivität würde nicht nur die Neuronen erregen, die mit dem Gegenstand Verbundenes symbolisieren, sondern auch vorübergehend die relevanten Synapsen verstärken, so daß dieses besondere Aktivitätsmuster schnell reproduziert werden könnte – eine Form des Kurzzeitgedächtnisses. (Wenn nur eine einzige Repräsentation im Kurzzeitgedächtnis gehalten werden muß, wie bei der Erinnerung an eine einzelne Aufgabe, könnten die beteiligten Neuronen eine Zeitlang weiterfeuern, wie Patricia S. Goldman-Rakic in ihrem Beitrag auf Seite 68 beschreibt.)

Was aber ist, wenn man die Aufmerksamkeit auf mehrere Objekte genau gleichzeitig richten muß? Wenn alle Eigenschaften von zwei oder mehr Gegenständen durch schnell feuernde Neuronen repräsentiert würden, könnten ihre Eigenschaften durcheinandergeraten – die Farbe des einen könnte der Form eines anderen zugeordnet werden. Dies geschieht auch gelegentlich, wenn Testobjekte für extrem kurze Zeit gezeigt werden.

Im Jahre 1982 hat Christoph von der Malsburg, der jetzt an der Ruhr-Universität Bochum arbeitet, eine Hypothese unterbreitet, die dieses Problem umgeht: Alle Neuronen, die ein bestimmtes Objekt repräsentieren, müßten im Gleichtakt feuern, jedoch asynchron zu denen, die anderen Objekten zugeordnet sind. Es müßten also nicht ganze Salven, sondern die einzelnen Nervenimpulse synchronisiert sein. Tatsächlich berichteten kürzlich zwei deutsche Forschergruppen, daß es korrelierte Neuronenaktivitäten in der Sehrinde der Katze gibt, wobei die Zellen oft rhythmisch im Gleichtakt feuern – mit einer Frequenz zwischen 35 und 75 Hertz. Dies sind die sogenannten 40-Hertz- oder Gamma-Oszillationen. (Siehe den Beitrag von Andreas K. Engel, Peter König und Wolf Singer auf Seite 42.)

Von der Malsburgs Vorschlag veranlaßte uns zu der Annahme, diese rhythmische und synchrone Aktivität könnte das neurale Korrelat des Bewußtwerdens sein, indem sie Aktivitäten in unterschiedlichen Rindenarealen, die dasselbe Objekt betreffen, regelrecht zusammenbindet. Das Problem ist aber immer noch nicht gelöst, und gegenwärtig sprechen die spärlichen experimentellen Ergebnisse nicht gerade für diese Vorstellung. Für die 40-Hertz-Oszillationen sind auch andere Erklärungen denkbar: Sie könnten dazu beitragen, eine Figur von ihrem Hintergrund zu unterscheiden (siehe „Das Vermächtnis der Gestaltpsychologie" von Irvin Rock und Stephen Palmer, Spektrum der Wissenschaft, Februar 1991, Seite 68) oder den Mechanismus der aufmerksamen Hinwendung zu unterstützen.

Gibt es über die Sehrinde verteilt spezielle Arten von Neuronen, deren Aktivität direkt den Inhalt visuellen Bewußtseins symbolisiert? Nach einer sehr vereinfachenden Hypothese sind die Aktivitäten der oberen Schichten im Cortex vorwiegend unbewußt, während die in den tieferen Schichten 5 und 6 meist mit dem Bewußtsein zusammenhängen.

Wir haben uns gefragt, ob die Pyramidenzellen in der Schicht 5 der Großhirnrinde, vor allem die größeren, die relevanten sein könnten. Sie sind die einzigen corticalen Neuronen, die unmittelbar aus dem corticalen System hinaus projizieren (das heißt nicht zurück in die Großhirnrinde, den Thalamus oder das – auch als Vormauer bezeichnete – Claustrum). Wenn visuelles Bewußtsein das Ergebnis von Berechnungen im Cortex ist, liegt die Vermutung nahe, daß das, was der Cortex nach außen sendet, diese Ergebnisse symbolisiert. Außerdem neigen die Neuronen in Schicht 5 dazu, in Salven zu feuern, was recht ungewöhnlich ist. Der Gedanke, daß diese Neuronen selbst visuelle Bewußtseinsinhalte symbolisieren könnten, ist also attraktiv, bislang jedoch reine Spekulation.

Das visuelles Bewußtsein zu verstehen ist offensichtlich schwierig. Weitere Forschungen zu den psychologischen und neuronalen Grundlagen sowohl der aufmerksamen Hinwendung als auch des Kurz- und des Ultrakurzzeitgedächtnisses sind erforderlich. Bedeutende Fortschritte erwarten wir von der Untersuchung von Neuronen in Experimenten, bei denen sich der Wahrnehmungsinhalt trotz gleichbleibenden visuellen Inputs ändert. Es gilt, neurobiologische Theorien des visuellen Bewußtseins zu entwickeln und zu prüfen; Molekularbiologie, Neurobiologie und bildgebende Verfahren werden Prüfsteine dafür liefern.

Ist erst einmal das Geheimnis dieser einfachen Form des Bewußtseins aufgeklärt, dann, so glauben wir, wird der Mensch der Lösung des ganz großen Rätsels nahe sein – dem der Beziehung zwischen dem physiologischen Geschehen in unserem Kopf und unseren subjektiven Empfindungen oder kurz: zwischen Gehirn und Geist.

Was macht Bewußtsein zu einem Rätsel?

Selbst wenn wir in einem menschlichen Gehirn wie in einer Fabrik herumlaufen und es auf jeder Ebene der Abstraktion erforschen könnten, verstünden wir immer noch nicht, wie Erleben zustande kommt. Das bedeutet auch, daß wir noch nicht verstehen, wie unser Erleben unser Tun bestimmen kann.

Von Peter Bieri

In seinem berühmten Vortrag von 1872 mit dem Titel „Über die Grenzen des Naturerkennens" sagte der in Berlin tätige Emil du Bois-Reymond (1818 bis 1896), einer der Begründer der experimentellen Physiologie:

Es tritt nunmehr, an irgend einem Punkt der Entwicklung des Lebens auf Erden, den wir nicht kennen und auf dessen Bestimmung es hier nicht ankommt, etwas Neues, bis dahin Unerhörtes auf, etwas . . . Unbegreifliches. Der in negativ unendlicher Zeit angesponnene Faden des Verständnisses zerreißt, und unser Naturerkennen gelangt an eine Kluft, über die kein Steg, kein Fittich trägt: Wir stehen an der . . . Grenze unseres Witzes. Dies . . . Unbegreifliche ist das Bewußtsein. Ich werde jetzt, wie ich glaube, in sehr zwingender Weise dartun, daß nicht allein bei dem heutigen Stand unserer Kenntnis das Bewußtsein aus seinen materiellen Bedingungen nicht erklärbar ist, was wohl jeder zugibt, sondern daß es auch der Natur der Dinge nach aus diesen Bedingungen nicht erklärbar sein wird.

Und er schloß den Vortrag mit der sprichwörtlich gewordenen Auskunft: „Ignorabimus" (Wir werden es nicht wissen). Wie weit sind wir heute, fast 120 Jahre danach, mit dem Rätsel des Bewußtseins? Ist es uns gelungen, du Bois-Reymonds Pessimismus zu widerlegen?

Welcher Sinn von „Bewußtsein"?

Das Wort „Bewußtsein", für das es in vielen Sprachen kein Äquivalent gibt, bezeichnet kein einheitliches Phänomen.

Es ist vieldeutig und sein Gebrauch plastisch; man muß den Kontext kennen, um zu wissen, was gemeint ist. Das hat das Wort gemeinsam mit anderen wichtigen Wörtern wie „Leben", „Intelligenz" oder „Verstehen". Zuerst ist deshalb zu klären, von welchem der vielen Phänomene, die mit dem gleichlautenden Wort angesprochen werden, in diesem Zusammenhang die Rede ist.

Wir sagen von anderen, sie seien „bei Bewußtsein", und meinen damit: Sie sind wach. Wir haben dabei Charakteristika ihres Verhaltens im Auge: Sie bewegen sich von selbst, kraft eines inneren Antriebs und einer inneren Steuerung; ihr Verhalten ist diskriminativ, das heißt, sie reagieren auf von außen kommende Information; es ist koordiniert in dem Sinne, daß die verschiedenen Verhaltenselemente sich zu einem Muster zusammenfügen; es ist der Situation angemessen; und schließlich gilt diese Angemessenheit über längere Zeiträume: Das Verhalten ist kohärent. Ein Verhalten, das diese Facetten in sich vereinigt, werde ich integriertes Verhalten nennen.

Bewußtsein im Sinne der Fähigkeit zu integriertem Verhalten stellt, für sich genommen, kein Rätsel dar, das uns von vornherein unlösbar erschiene und uns wieder einmal an die Grenzen unserer Erkenntnisfähigkeit erinnerte. Gewiß, wir sind meilenweit davon entfernt, die richtige und vollständige Erklärung für das integrierte Verhalten von Menschen und Tieren zu kennen. Zwar ist klar, daß die entscheidenden Dinge im Gehirn und im Nervensystem geschehen, und unser

Wissen über diese Systeme wächst immer weiter. Aber Fachleute mit nüchternem Temperament versichern einem, daß noch niemand ernsthaft eine Ahnung davon hat, wie das Gehirn das Ganze macht; und selbst wenn man die Prinzipien einmal verstehen wird, so wird die gigantische Komplexität der Vorgänge immer noch zum Verzweifeln sein. Und trotzdem: Wir haben nicht den Eindruck, daß uns ein Verstehen prinzipiell verwehrt ist, wenn es um das biologische Uhrwerk hinter integriertem Verhalten geht. Wir wissen hier richtige von falschen Fragen zu unterscheiden, und wir wissen, wie man nach Antworten auf die richtigen Fragen sucht.

Ein Bewußtsein zu haben kann als nächstes heißen, über eine Reihe kognitiver Fähigkeiten zu verfügen. Daß man sich einer Sache bewußt ist, bedeutet dann, daß man von ihr durch solche Fähigkeiten weiß. Es kann sich erstens um verschiedene Formen des Wissens von der Außenwelt handeln, wie die folgenden Sätze illustrieren. Kollektives Wissen: „Das Umweltbewußtsein ist gewachsen." Individuelles Wissen: „Er war sich der Folgen nicht bewußt." Wahrnehmung: „Ich war mir im Dunkeln des Zauns nicht bewußt." Erinnerung: „Ich bin mir bewußt, das gesagt zu haben." Aufmerksamkeit: „Jetzt erst kam mir das Geräusch zu Bewußtsein, vorher hatte ich es nicht bemerkt."

Es kann sich, zweitens, um reflexives Wissen handeln, also solches, das man von den eigenen mentalen Zuständen hat. Hier kann der Begriff „bewußt", insbesondere im Gegensatz zu „unbewußt", sich wiederum auf unterschiedliche kognitive Fähigkeiten beziehen. Mit bewußten Zuständen kann ich solche meinen, von denen ich auf unmittelbare Weise weiß, während ich unbewußte erschließen muß; solche, die der Erinnerung zugänglich sind, im Gegensatz zu anderen, die es nicht sind, weil sie beispielsweise zu kurz dauerten oder psychodynamisch blockiert sind; solche, die im Fokus der Aufmerksamkeit sind, und schließlich solche, die ich in Worte fassen kann. (Sigmund Freud [1856 bis 1939], der Begründer der Psychoanalyse, hat seine Begriffe des Bewußten und des Unbewußten in jeder der vier Bedeutungen und dementsprechend schillernd verwendet.)

Bewußtsein im Sinne dieses Spektrums kognitiver Fähigkeiten ist noch viel schwerer zu verstehen als das biologische Geschehen hinter einem integrierten Verhalten, das schon in verhältnismäßig einfacher Gestalt anzeigen kann, daß jemand wach ist. Die am besten erforschte kognitive Fähigkeit ist die der Wahrnehmung; für die Aufmerksamkeit gibt es differenzierte Modelle. Dagegen ist die Fähigkeit des Erinnerns erst wenig verstanden, und für die verschiedenen Formen reflexiven Wissens sind die Erklärungsversuche noch sehr schemenhaft. Ferner sind die Verstehenslücken dort besonders groß, wo Bewußtsein durch Sprache bestimmt ist; denn weder ist klar, wie das für Sprachverstehen erforderliche Kontextwissen in einem System repräsentiert sein kann (dies ist das *frame-problem* der Forschung in künstlicher Intelligenz), noch gibt es Einigkeit in der Frage, was semantischer Gehalt (Bedeutung eines Satzes oder Gedankens) eigentlich ist und wie er biologisch realisiert sein kann.

Und trotzdem: Bewußtsein im kognitiven Sinne erscheint heute nicht mehr als etwas intellektuell Undurchdringliches. Eine Reihe von empirischen Disziplinen hat viele der offenen Fragen handhabbar gemacht, und der Funktionalismus in der philosophischen Psychologie hat den Eindruck zu zerstreuen vermocht, daß kognitiver Gehalt und materielles Geschehen einander prinzipiell fremd seien. Wir vermögen diese Dinge heute anders zu sehen als René Descartes (1596 bis 1650), für den das entscheidende Problem Bewußtsein im kognitiven Sinne war.

Erleben

Weder integriertes Verhalten noch Kognition geben uns also unlösbare Rätsel auf. Ein solches kommt erst in Sicht,

wenn wir uns einer dritten Lesart zuwenden: Bewußtsein im Sinne von Erleben. Gemeint sind damit Sinnesempfindungen wie Farben und Töne, Körperempfindungen wie Lust und Schmerz, Emotionen wie Angst und Haß, Stimmungen wie Melancholie und Heiterkeit, schließlich Wünsche, Triebe und Bedürfnisse, also der Wille. Alle solchen Zustände sind in uns nicht nur vorhanden, sondern wir erleben sie auch: Es fühlt sich auf bestimmte Weise an, in ihnen zu sein. Sie bestimmen, wie es für uns ist, ein

Mensch zu sein. (Der amerikanische Philosoph Thomas Nagel hat diesen Punkt durch seine berühmt gewordene Frage „What is it like to be a bat?" einzufangen versucht.)

Obwohl das nicht ganz unbestritten ist, kann man Erlebnissen einige besondere Charakteristika zuschreiben. Einmal gibt es sie nur, solange sie bewußt sind im Sinne des Erlebtwerdens. Es bleiben kein Schmerz und keine Angst übrig, wenn die Empfindungen von Schmerz und Angst verschwunden

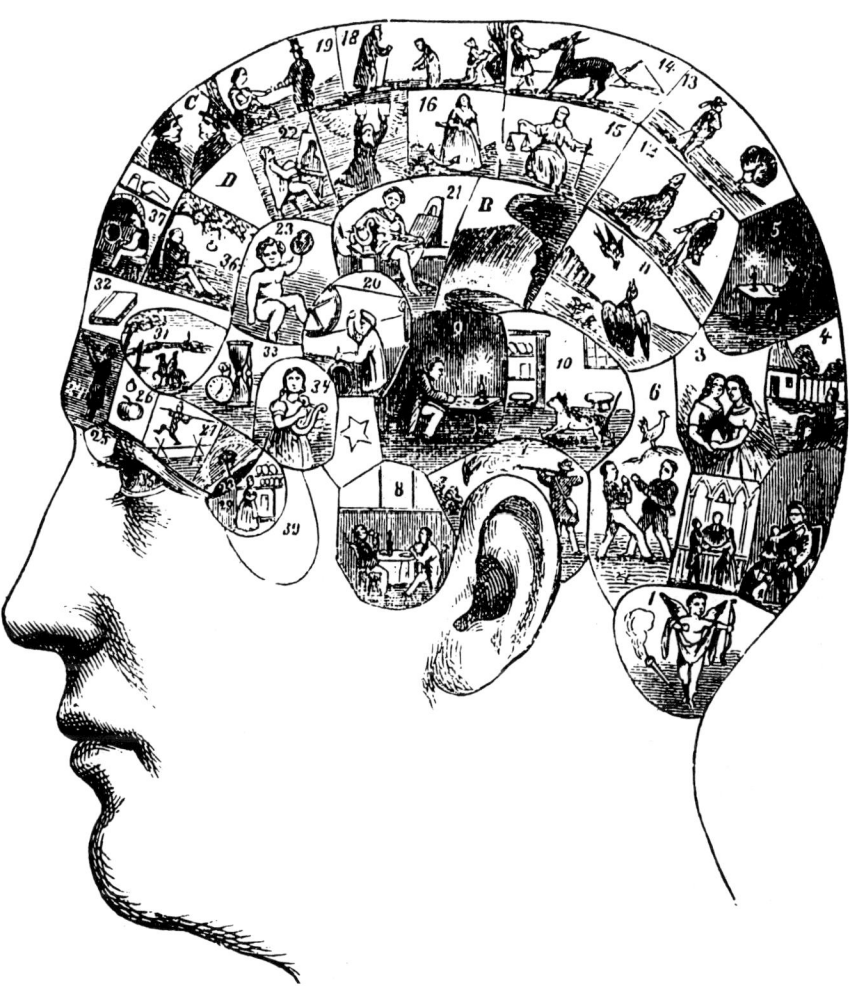

Organ

A. der Gattenliebe, B. des Stolzes, C. des Begriffsinnes, D. der Anmuth, 1. der Geschlechtsliebe, 2. der Aelternliebe, 3. der Freundschaft, 4. der Heimatsliebe, 5. der Emsigkeit, 6. des Kampfsinnes, 7. des Zerstörungsinnes, 8. der Eßlust, 9. des Erwerbsinnes, 10. der Verschwiegenheit, 11. der Vorsicht, 12. des Ehrgeizes, 13. der Selbstachtung, 14. der Festigkeit, 15. der Gewissenhaftigkeit, 16. der Hoffnung, 17. der Gläubigkeit, 18. der Demuth, 19. der Gutmüthigkeit, 20. des Bausinnes, 21. des Idealitätsinnes, 22. des Nachahmungsinnes, 23. des Frohsinnes, 24. des Beobachtungsinnes, 25. des Formsinnes, 26. des Maßsinnes, 27. des Wägesinnes, 28. des Farbensinnes, 29. des Ordnungsinnes, 30. des Zahlensinnes, 31. des Ortssinnes, 32. des Erinnerungsinnes, 33. des Zeitsinnes, 34. des Tonsinnes, 35. des Sprachsinnes, 36. des Causalitätsinnes, 37. des Vergleichssinnes.

Bild 1: Nach volkstümlichen Vorstellungen noch des 19. Jahrhunderts bestand das Gehirn aus verschiedenen Organen. Dieses „phrenologische Lehrbild" von 1864 würde man heute einen (rührend naiven) Versuch nennen, die funktionale Architektur des Gehirns darzustellen: Jeder seiner Tätigkeiten – die man mit der Liste allen Ernstes erschöpfend zu beschreiben glaubte – ist ein eigenes Kästchen zugeordnet.

sind. Zweitens sind Erlebnisse genau so, wie sie erscheinen: Wenn ein Zustand als Freude oder Trauer erlebt wird, dann ist er Freude oder Trauer. Und schließlich ist das Erlebtwerden eines solchen Zustands etwas anderes als sein Gedacht-, Geglaubt- oder Beurteiltwerden. Wenn ich einen Zustand als Lust empfinde, so ist das etwas anderes, als wenn ich ihn für Lust halte.

Bewußtsein im Sinne von Erleben ist ausschlaggebend dafür, daß ich mich als Subjekt meines Tuns erfahre. Dazu genügt es nicht, daß irgend etwas in mir meine Bewegungen steuert und dadurch ein integriertes Verhalten zustande kommt. Das würde auch auf einen Schlafwandler zutreffen. Damit ein Stück meines Verhaltens eine Handlung im vollen Sinn des Wortes ist, muß ich es erfahren als von mir vollzogen. Damit ist die Erfahrung gemeint, daß ich als Subjekt meinen Körper gleichsam von innen kontrolliere, und das heißt nichts anderes, als daß meine Bewegungen sich aus dem jeweiligen Muster meiner Erlebnisse ergeben.

Es ist fraglich, ob ein Wesen, das sein Verhalten nicht in dieser Weise vollzieht, weil es keine Innenperspektive in dem genannten Sinne besitzt, überhaupt einen echten Willen, echte Motive und echte Ziele haben kann. Bereits der Begriff der Handlung ist möglicherweise ohne die Idee der Innenperspektive unvollständig. Jedenfalls schreiben wir, so scheint es, einem anderen Menschen in aller Regel ein Bewußtsein im Sinne von Erleben zu, wenn wir sein Verhalten moralisch bewerten und ihn dafür verantwortlich machen.

Worin besteht das Rätsel?

Wenn etwas an Bewußtsein vollkommen unbegreiflich ist, dann ist es die Fähigkeit zu erleben und die Erfahrung des Subjektseins. Doch worin besteht das Rätsel eigentlich? Was genau heißt es, daß – wie du Bois-Reymond sagte – „das Bewußtsein aus seinen materiellen Bedingungen nicht erklärbar ist"? Und warum sollte es überhaupt aus diesen Bedingungen erklärbar sein?

Wenn es zwischen Ihnen und mir einen Unterschied im Erleben geben soll, dann geht das nur, wenn es zwischen uns einen physiologischen Unterschied gibt; und wenn sich in Ihrem Erleben etwas verändern soll, dann ist das nur möglich, wenn sich in Ihnen auch materiell, physiologisch etwas verändert. (Das ist auch bei psychosomatischen Phänomenen nicht anders: Wenn Angst Herzklopfen verursacht, so gibt es für die Angst ihrerseits eine physiologische Basis.) Man könnte das den Grundsatz des minimalen Materialismus nennen. Zahllose Handlungen beweisen, daß wir alle an ihn glauben: Wir drehen den Kopf, wenn wir etwas anderes sehen oder besser hören wollen; wir gehen an die Sonne, wenn uns kalt ist, und nehmen ein Aspirin gegen Kopfschmerzen; wir trinken Alkohol, um uns in Stimmung zu bringen, und stürzen uns in Bewegung, um die Wut abzukühlen.

An dem Gedanken, der uns dabei leitet, kann man verschiedene Facetten unterscheiden. Erstens: Zwischen Erlebnissen und bestimmten physiologischen Prozessen gibt es eine Beziehung der Kovarianz: Sie verändern sich stets zusammen. Zweitens gibt es eine asymmetrische Beziehung der Abhängigkeit: Das Erleben hängt vom physiologischen Geschehen ab, nicht umgekehrt. Und drittens besteht – als Gegenstück dazu – eine asymmetrische Beziehung der Determination: Das physiologische Geschehen bestimmt das Erleben, nicht umgekehrt. (Die hier gemachte Unterscheidung zwischen Abhängigkeit und Determination ist der Unterscheidung zwischen notwendiger und hinreichender Bedingung nachgebildet.) Damit sind die Voraussetzungen gegeben, um zwischen Erleben und physiologischem Geschehen eine Beziehung des Erklärens herzustellen und zu sagen, daß ein bestimmtes Erleben auftritt, *weil* ein bestimmter physiologischer Prozeß abläuft. (Das muß noch nicht heißen, daß das eine das andere verursacht. Es gibt außer kausalen noch andere empirische Erklärungsbeziehungen.)

Wir kennen bis heute nur ganz wenige der detaillierten Zusammenhänge, die es da zu erforschen gibt. Aber nehmen wir einmal an, wir kennten sie alle. Warum sollten wir dann nicht sagen können, daß wir nun „das Bewußtsein aus seinen materiellen Bedingungen erklärt" hätten? Was wäre jetzt immer noch unbegreiflich?

Du Bois-Reymond beschrieb das Rätsel folgendermaßen:

Welche denkbare Verbindung besteht zwischen bestimmten Bewegungen bestimmter Atome in meinem Gehirn einerseits, andererseits den für mich ursprünglichen, nicht weiter definierbaren, nicht wegzuleugnenden Tatsachen: „Ich fühle Schmerz, fühle Lust; ich schmecke Süßes, rieche Rosenduft, höre Orgelton, sehe Roth" . . . Es ist eben durchaus und für immer unbegreiflich, daß es einer Anzahl von Kohlenstoff-, Wasserstoff-, Stickstoff-, Sauerstoff- usw. Atomen nicht sollte gleichgültig sein, wie sie liegen und sich bewegen, wie sie lagen und sich bewegten, wie sie liegen und sich bewegen werden. Es ist in keiner Weise einzusehen, wie aus ihrem Zusammensein Bewußtsein entstehen könne."

Rundgang durch das Gehirn

Es ist leicht, sich von dieser Empfindung des Rätselhaften gefangennehmen zu lassen. Sehr schwer dagegen ist es, ihren genauen Gehalt ausdrücklich vor sich zu bringen und zu artikulieren. Versuchen wir, ihn einzukreisen, und folgen wir zu diesem Zweck für eine Weile einem Gedankenexperiment, das Gottfried Wilhelm Leibniz (1646 bis 1716) in seiner „Monadologie" vorgeführt hat.

Stellen wir uns vor, ein menschliches Gehirn sei maßstabgetreu so weit vergrößert, daß wir in ihm umhergehen könnten wie in einer riesigen Fabrik. Wir machen eine Führung mit, denn wir möchten wissen, woran es liegt, daß der entsprechend vergrößerte Mensch, dem das Gehirn gehört, ein erlebendes Subjekt mit einer Innenperspektive ist. Der Führer, ein Gehirnforscher auf dem neuesten Stand des Wissens, hat Zeit und ist bemüht, uns alles zu zeigen und alle Fragen zu beantworten.

Zunächst führt er uns vor, wie die einzelnen Neuronen aufgebaut sind; dann lernen wir die schwindelerregende Vielfalt der Verbindungen zwischen ihnen kennen und die verschiedenen Arten von Synapsen (Bilder 3 und 4); wir werden darauf hingewiesen, daß es zwischen verschiedenen räumlichen Abschnitten große Unterschiede in der Anordnung und Dichte des Materials gibt; der Führer erklärt uns die verschiedenen Arten von Neurotransmittern und zeigt uns, was sie an den Synapsen anrichten; er erläutert uns die Gehirnströme, die Muster der Spikes; und schließlich klärt er uns darüber auf, daß es gemeinsame Aktivitätsmuster größerer Zellverbände gibt und daß Dinge wie Synchronisation und zeitliche Verschiebung von Aktivität für das Gesamtgeschehen offenbar eine wichtige Rolle spielen.

„Alles sehr eindrucksvoll", sagen wir zu ihm, „aber wo in dem Ganzen ist das Bewußtsein, das erlebende Subjekt?" „Komische Frage", lacht er, „das bewußte Subjekt, wie Sie das nennen, ist nicht irgendwo in dieser Fabrik; es ist die Fabrik als ganze, die für das Bewußtsein verantwortlich ist."

Das sehen wir ein. Ein Kategorienfehler: Wir haben die Frage in einem Zusammenhang gestellt, wo sie keinen Sinn ergibt. Aber eigentlich wollten wir ja auch etwas ganz anderes wissen: Wir können uns ohne weiteres vorstellen, daß hier drin alles genau so wäre, wie es ist, ohne daß der Mensch, in dessen Kopf wir sind, auch nur den Schatten eines Erlebnisses hätte. Nichts an dem, was uns gezeigt worden ist, scheint es notwendig zu machen, daß da einer etwas erlebt: nicht die Art des Materials, nicht der Aufbau der Fabrik, nicht die chemischen Reaktionen, nicht die elektrischen Muster. Es dünkt uns in gewissem Sinne zufällig, daß da nun auch noch ein erlebendes Subjekt auftaucht; es ist, als sei es nur einfach drangepappt. Und wir wissen: Dieser Eindruck der Zufälligkeit ist einfach ein Symptom dafür, daß wir den Zusammenhang nicht verstanden haben.

„Es ist eine Gesetzmäßigkeit der Natur", sagt der Führer. „daß dann, wenn hier drin bestimmte Prozesse ablaufen, wie ich sie Ihnen gezeigt habe, der Mensch eben bestimmte Dinge empfindet. Das ist notwendigerweise so, das wissen wir."

Er hat unser Problem nicht verstanden. Wir bezweifeln nicht, daß es hier Gesetzmäßigkeiten und also Notwendigkeiten gibt. Was wir nicht verstehen, ist, warum es sie gibt. Wir können nicht erkennen, was hier drinnen es notwendig macht, daß der Mensch etwas erlebt. Wir können einsehen, warum die eine chemische Reaktion eine andere nach sich

zieht, warum durch die chemischen Prozesse an den Synapsen elektrische Potentiale sich aufbauen und so weiter. Ganz anders beim Erleben: Warum ist der eine chemische Stoff relevant für Schmerz und der andere für Angst? Warum nicht umgekehrt? Warum läßt mich dieses Erregungsmuster im visuellen Cortex rot sehen und nicht grün oder blau oder gelb?

Manchmal, so grübeln wir, erscheinen uns Zusammenhänge nur deshalb als zufällig und mithin als unerklärlich, weil es verborgene Zwischenglieder gibt, die wir nicht kennen. Daß uns Zyankali tötet, wenn wir es einnehmen, wird verständlich, wenn wir die physiologische Kausalkette im einzelnen aufklären. Aber das kann es hier nicht sein. Wir könnten die gesamte Maschinerie hier drin so kleinteilig erforschen, wie wir wollten, bis hinunter zu den Molekülen, Atomen oder sogar noch weiter: Stets blieben wir mit unseren Entdeckungen auf der Seite des Gehirns, keine von ihnen würde uns hinüber zum Erleben führen. Die vertraute Idee der Zwischenglieder funktioniert hier einfach nicht.

„Was von beidem wollen Sie denn nun eigentlich wissen", fragt der Führer: „warum ein bestimmtes Geschehen hier drin gerade dieses Erleben nach sich

zieht, oder warum sich überhaupt ein Erleben einstellt?"

Wir erklären ihm, daß es sich bei diesen beiden Fragen um ein und dasselbe Problem handelt: Wenn wir wüßten, warum ein bestimmtes nervliches Geschehen eine ganz bestimmte Erlebnisqualität nach sich zieht, so daß uns der Zusammenhang nicht mehr zufällig vorkäme, sondern notwendig, so wüßten wir damit auch, warum es sich um ein Erlebnis handeln muß.

Es ist ein vertrautes Phänomen, sagen wir uns, daß ein System als Ganzes Eigenschaften hat, die sich an keinem seiner Teile finden. Man denke etwa an die Härte und Durchsichtigkeit von Edelsteinen. Ist das vielleicht der Schlüssel? Sind wir vielleicht deshalb verwirrt, weil wir, in der Nervenfabrik umhergehend, immer nur Teile sehen und das Ganze aus den Augen verloren haben? Hätten wir nicht ein ähnliches Problem, wenn wir in einem vergrößerten Diamanten umherliefen?

Nein, sagen wir uns nach einer Weile mit Entschiedenheit. Eben gerade nicht. Wir sähen dann die Gitterstruktur der Kohlenstoffatome, wir kennten die energetischen Verhältnisse und vieles mehr und könnten uns genau ausrechnen, daß das Ganze sich bei Druck und Licht so und nicht anders verhalten muß. Und

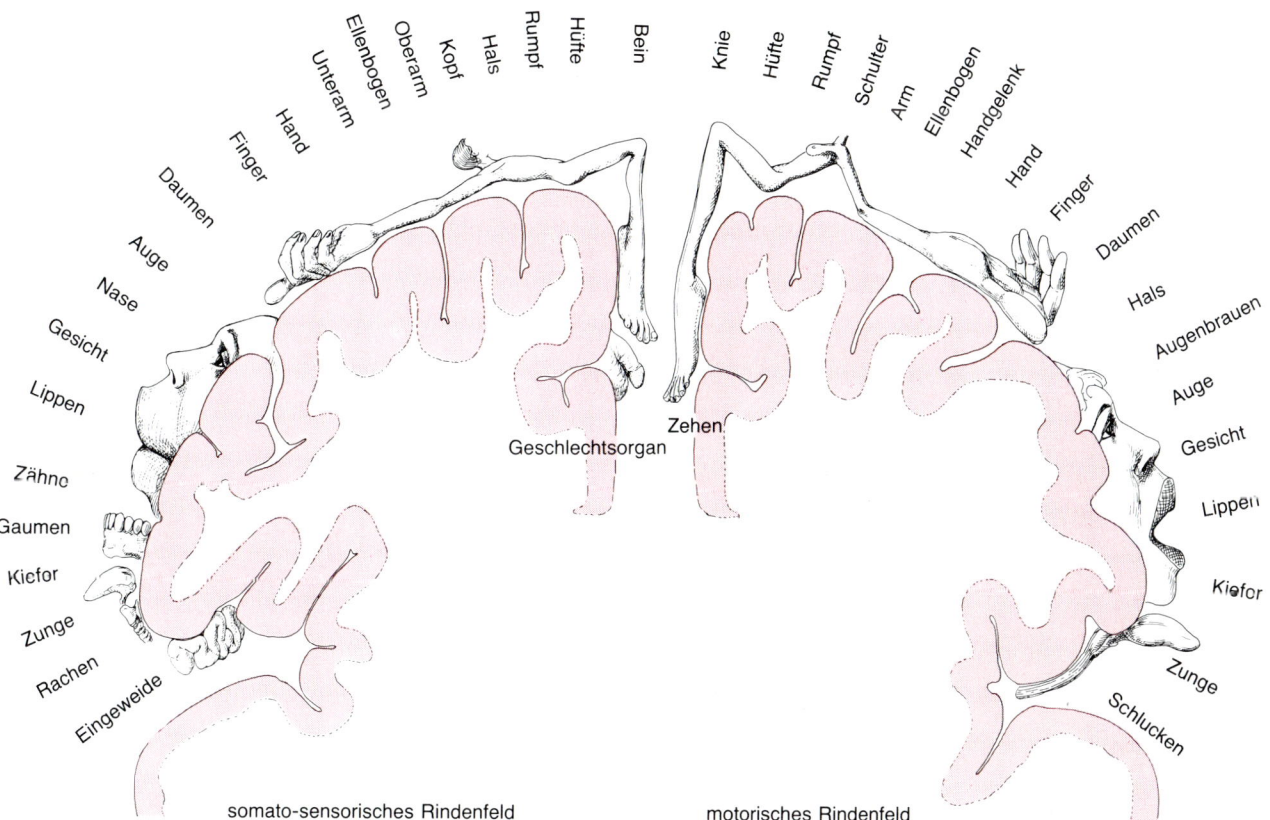

Bild 2: Ein kleiner Teil der funktionalen Architektur des menschlichen Gehirns in heutiger Sicht. Tatsächlich sind gewisse Areale der Großhirnrinde gesetzmäßig Körperteilen zugeordnet. Das linke Bild zeigt die sensorischen, das rechte die motorischen Felder.

ähnlich wäre es bei zahllosen anderen Beispielen: der Oberflächenspannung oder dem Gefrierpunkt einer Flüssigkeit, der Brennbarkeit oder der Lichtabsorption eines Materials und so weiter. Hier ist die Systemeigenschaft als notwendig herleitbar und in diesem Sinne verstehbar aus den Elementen, ihren Eigenschaften und ihrer Anordnung. Und im Prinzip verhält es sich nicht anders bei lebendigen Systemen wie etwa Pflanzen. Aus diesem Grunde sind das ehemalige Rätsel des Lebens und das Rätsel des Bewußtseins nicht miteinander vergleichbar.

Das Vertrackte an Bewußtsein ist aber gerade, daß diese ganze Betrachtungsweise hier nichts einbringt. Wenn einer zum ersten Mal einen Diamanten baute, so wäre er am Schluß nicht überrascht über seine Härte und Durchsichtigkeit. Wenn einer zum ersten Mal eine Pflanze baute, so wüßte er, daß sie am Ende atmen und sich dem Licht entgegen ranken würde. Wenn einer dagegen zum ersten Mal ein Gehirn baute, so würde es selbst ihn, den Konstrukteur, der über jede Einzelheit Bescheid wüßte, vollständig überraschen, daß er damit auch ein erlebendes Subjekt geschaffen hätte, wie er selbst eines ist. Und noch anders ausgedrückt: Wenn einer nur die Eigenschaften der materiellen Welt kennte, wie komplex sie auch sein mögen, so wäre es für ihn aus diesem Wissen nicht vorhersehbar, daß bei einer bestimmten Konfiguration dieser Eigenschaften mit einem Male Erlebnisqualitäten auftreten würden; diese Art von Eigenschaften war vorher in keiner Weise vorstellbar für ihn, und in diesem Sinne ist sie vollständig neu. (Solche Eigenschaften nennt man manchmal „emergente", neu „auftauchende".) Oder zumindest muß

uns das so scheinen, solange wir den entscheidenden Zusammenhang nicht verstanden haben.

Unser Führer versteht nach wie vor nicht, warum wir hier ein besonderes Rätsel sehen, und man kann ihm ansehen, daß er unser Räsonnement allmählich skurril findet. „Irgendwann hören doch alle Erklärungen auf", sagt er mit einer gewissen Ungeduld, „und man kann dann nur noch zur Kenntnis nehmen, daß die Welt eben so ist, wie sie ist. Warum ziehen sich zwei beliebige Körper an, warum stoßen sie sich nicht vielmehr ab?"

Die Bemerkung gefällt uns nicht, aber sie macht uns unsicher, und wir halten einen Moment inne. Bewußtsein ist eine Systemeigenschaft, Gravitation dagegen eine grundlegende Eigenschaft aller Komponenten. Systemeigenschaften sind sowohl erklärungsbedürftiger als auch erklärungsfähiger als andere, weil es stets sinnvoll erscheint zu fragen, wie sie aus den Eigenschaften der Komponenten entstehen. Trotzdem könnte an dem Vergleich etwas dran sein: Auch die Gesetzmäßigkeit, die ein Geschehen im Gehirn mit einem Erlebnisgeschehen verbindet, ist – wie genau sie auch aufgeschlüsselt werden mag – letztlich eine Gesetzmäßigkeit, die man sich zwar vielleicht auch anders hätte denken können, die aber tatsächlich nicht anders ist. Sie ist, wie die Gravitation, ein *factum brutum*.

Ist es vielleicht einfach eine Frage der Gewöhnung, ob man ein solches Faktum als rätselhaft empfindet oder nicht? Und gibt es nicht zahllose Kontexte, in denen wir den fraglichen Zusammenhang tatsächlich als etwas Gewohntes und daher nicht Rätselhaftes hinnehmen, etwa wenn wir bei Kopfschmerzen zum Aspi-

rin greifen? Rührt also der Eindruck des Rätselhaften daher, daß wir einen gewohnten und in diesem Sinne verstandenen Zusammenhang verfremden? Und ist das hier nicht genau so fruchtlos und künstlich, wie wenn wir das vertraute Phänomen der Gravitation verfremden würden?

Die Diagnose überzeugt uns nicht. Erstens will sich bei Erlebnissen – im Gegensatz zu anderen Systemeigenschaften – der Eindruck der Notwendigkeit einfach nicht einstellen, und das heißt: Das *factum brutum*, das es hinzunehmen gälte, ist von anderer Art. Zweitens, und damit zusammenhängend: Die Kovarianzen zwischen Gehirnprozessen und Erlebnissen sind, selbst wenn wir sie als Gesetze auffassen, nicht weiter einbettbar in das Netz der übrigen bekannten Gesetze; sie bilden allesamt lose Enden – was nichts anderes bedeutet, als daß in diesem ganzen Bereich etwas sich systematisch unserem Verständnis entzieht.

Und schließlich: Während alle anderen Gesetzmäßigkeiten, an die man sich am Ende einfach gewöhnt, vollständig objektive Phänomene zueinander in Beziehung setzen, geht es hier darum, daß aus rein objektiven Determinanten etwas Subjektives entsteht. Dabei kann man auf die problematischen Wörter „subjektiv" und „objektiv" durchaus verzichten. Hier geht es nur um den entscheidenden Punkt: Erleben ist in der Tat gegenüber allen anderen Systemeigenschaften noch etwas anderes, Neues. Und deshalb ist es so: Es ist niemand verpflichtet, gewohnte Zusammenhänge zu verfremden, weder bei Gravitation noch bei Bewußtsein. Aber wenn die Verfremdung erst einmal eingetreten ist, läßt sie sich bei Bewußtsein, anders als bei Gravitation, nicht

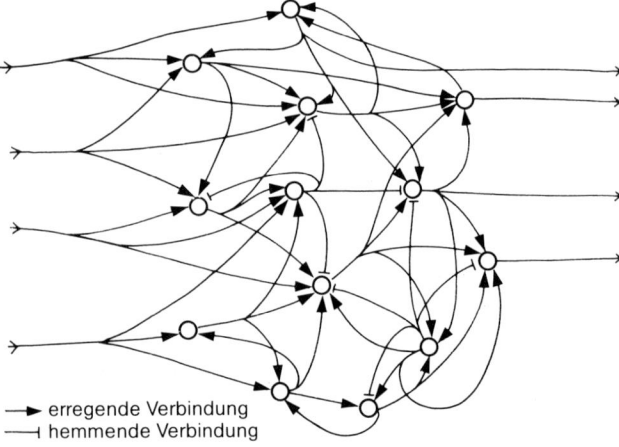

→ erregende Verbindung
⊣ hemmende Verbindung

Bild 3: Die ungefähr zehn Milliarden Nervenzellen der Gehirnrinde sind jeweils über Zehntausende von Verbindungen untereinander zu einem hochkomplizierten Geflecht vernetzt. Dem von Valentin Braitenberg vom MPI für biologische Kybernetik in Tübingen angefertigten anatomischen Bild, auf dem dieses Netzwerk durch Silberfärbung sichtbar gemacht wurde, ist hier eine Schemazeichnung gegenübergestellt, die in abstrakter Form die Verknüpfungen zwischen sehr wenigen Nervenzellen aufzeigt.

176

mehr einfach rückgängig machen. Sie bleibt.

Der Führer überreicht uns nun zwei riesige Schaltpläne. Auf dem einen erkennen wir noch schemenhaft die materielle Architektur der Fabrik, und er ist deshalb verwirrend mit seinem Gewirr von Schaltungen. Der andere Plan ist übersichtlicher; auf ihm sind große Komplexe von Schaltungen zu Einheiten zusammengefaßt, und einige von ihnen tragen die Namen von Fähigkeiten, die Bewußtsein im Sinne von Kognition definieren. „Das ist jetzt die rein funktionale Architektur des Ganzen", sagt der Führer. „Sie könnte selbstverständlich auch mit einem ganz anderen Material verwirklicht werden."

Die letzte Bemerkung finden wir zweifelhaft, denn eine Fabrik aus einem vollständig verschiedenen Material mit vollständig anderen kausalen Eigenschaften wäre dann doch eine sehr andere Fabrik. Insbesondere haben wir Zweifel an dem Gedanken, man könne eine Funktion (in dem hier relevanten Sinne) stabil halten bei beliebiger Variation im Material. Aber wir fragen uns trotzdem, ob wir nicht vielleicht die ganze Zeit in der falschen Richtung gesucht haben. Wenn es bei Bewußtsein im kognitiven Sinne vor allem auf funktionale Architektur ankommt: Ist es vielleicht beim Erleben auch so? Würden wir verstehen, wie es durch diese Fabrik zu einer Innenperspektive kommt, wenn es uns gelänge, das, was wir sehen, funktional richtig zu lesen und vielleicht noch einen dritten Plan zu zeichnen, der abstrakter wäre als der erste, aber irgendwie konkreter als der zweite?

Wir verwerfen auch diesen Gedanken. Denn wir hätten bei jeder funktionalen Architektur, die wir uns zurechtlegen könnten, denselben Eindruck: Sie könnte haargenau so auch in einem System verwirklicht sein, das überhaupt nichts erlebt. Und entsprechend: Statt daß die Erlebnisqualitäten gerade so über das funktionale Netz verteilt wären, könnten sie auch ganz anders verteilt sein, systematisch verschoben oder auch ohne jegliche Ordnung. Zwischen Funktion und Erlebnisqualität gibt es, so scheint uns, nicht mehr inneren Zusammenhang als zwischen materieller Struktur und Erlebnis.

„Man darf das, was Sie hier sehen, nicht isoliert vom übrigen Körper draußen betrachten", meint der Führer, „und auch nicht isoliert von der weiteren Umgebung."

Dieser Hinweis, denken wir, wäre der Schlüssel, wenn unsere Frage, wie bei Leibniz, die wäre, wie durch die Nervenfabrik Denken möglich wird und also

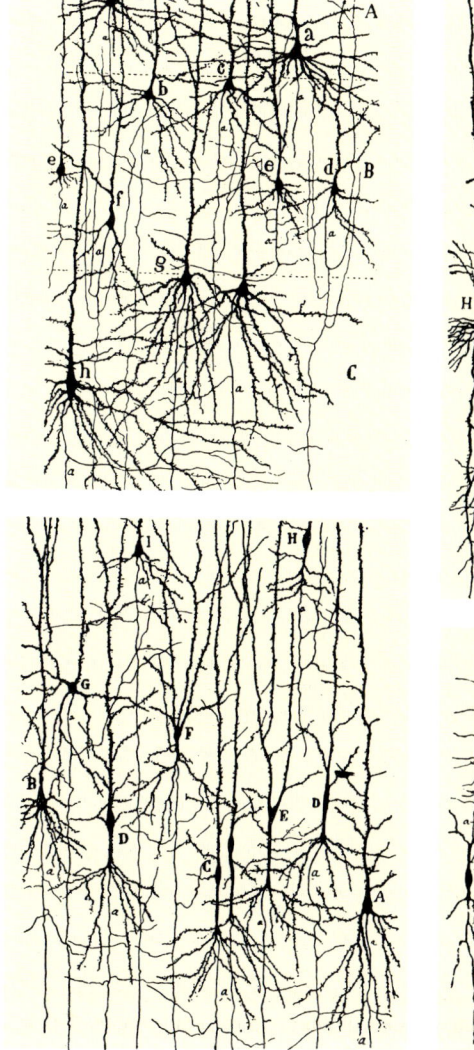

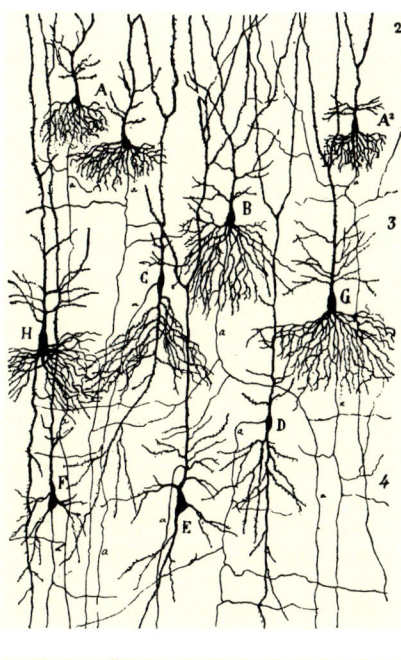

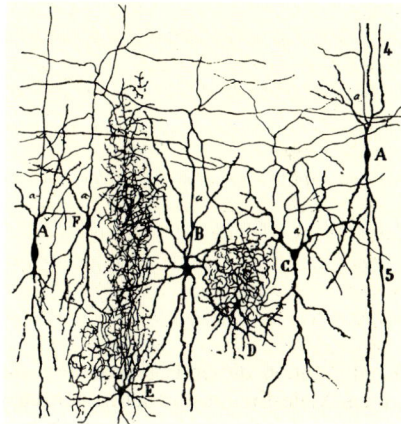

Bild 4: Ein bescheidener Schritt von der materiellen zur funktionalen Architektur des Gehirns. Vier Zeichnungen von Nervenzellen in sogenannten Golgi-Präparaten aus dem 1911 erschienenen monumentalen Werk des spanischen Histologen Santiago Ramón y Cajal. Die hier abgebildeten Präparate entstammen verschiedenen Gebieten der Großhirnrinde; die Formvarianten hängen vermutlich mit verschiedenen Verbindungsmustern zusammen, die ihrerseits verschiedene Funktionen widerspiegeln.

kognitives Bewußtsein. „Ein bestimmtes Geschehen in der Fabrik", könnten wir zu Leibniz sagen, „bekommt zum einen dadurch einen kognitiven Gehalt, daß es gesetzmäßig mit Geschehnissen draußen verknüpft ist, die es kraft dieser Verknüpfung repräsentiert, und zweitens dadurch, daß es dem ganzen Menschen zu einem situationsangemessenen Verhalten verhilft. Betrachten Sie etwa diesen ganzen Bereich da drüben: Die Dinge, die dort geschehen, gehen alle auf Reizungen der Augennerven zurück, es sind daher Repräsentationen mit einem visuellen Gehalt oder einer visuellen Bedeutung. Oder diese Ecke hier: Was da passiert, geht darauf zurück, daß der Mensch Gesichter sieht, und was Sie sehen, hat den entsprechenden Gehalt, die entsprechende Bedeutung. Aber man

kann diesen kognitiven Gehalt, diese Bedeutung, unmöglich erkennen, solange man nur in der Fabrik herumläuft" (Bild 5).

Doch unser Problem ist ja nicht Bedeutung, nicht kognitiver Gehalt, sondern Erlebnisgehalt. Und da ist die entscheidende Frage: Warum könnte die Fabrik mit dem übrigen Körper und seiner Umgebung nicht genau so verbunden sein wie jetzt, so daß der kognitive Gehalt der Vorgänge, ihre Bedeutung, genau dieselbe wäre, aber ohne daß ein Erleben stattfände? Und so schenken wir uns den langen Weg durch den übrigen Körper, denn uns ist klar: Die gleichen Fragen würden sich dort einfach wiederholen.

„Übrigens", fragt unser Führer beim Hinausgehen, „auf welchem Gebiet arbeiten Sie?" „Philosophie", antworten wir. „Ach so", sagt er und schließt hinter sich ab.

Kann man sich die Frage abgewöhnen?

Es ist Zeit, sich daran zu erinnern, daß Rätsel nicht auf der Straße liegen, daß sie nicht etwas sind, was es in der Welt einfach so gibt. Ein Phänomen, ein Sachverhalt ist stets nur rätselhaft vor dem Hintergrund bestimmter Erwartungen des Erklärens und Verstehens; und die können, wie andere Erwartungen auch, berechtigt sein oder unangebracht. Ist es vielleicht so, daß wir einfach zuviel erwarten, wenn wir unbedingt verstehen wollen, in welcher Weise die materiellen oder die funktionalen Eigenschaften des Gehirns – oder beide zusammen – das Entstehen von Erleben notwendig machen? Ist dieses Verstehen vielleicht eine Chimäre? Können wir uns die entsprechenden Fragen, die ja nach einiger Zeit etwas von einer tibetanischen Gebetsmühle bekommen, einfach abgewöhnen und uns mit dem zufriedengeben, was wir im Prinzip haben: Kovarianz, Abhängigkeit, Determination?

Die Antwort lautet: Nein, und der Grund ist: Wenn wir das fragliche Verstehen nicht erreichen, dann verstehen wir auch nicht, wie Erleben in unserem Verhalten kausal wirksam werden kann, und damit verstehen wir an unserem Subjektsein etwas nicht, und zwar etwas, woran uns mehr liegt als an den allermeisten anderen Dingen unseres Lebens.

Diesen Zusammenhang kann man sich auf zwei Weisen verdeutlichen. Die erste Möglichkeit ist diese: Das physiologische Geschehen, das unser integriertes Verhalten steuert, ist kausal lückenlos. Es gibt in dem neurobiologischen Uhrwerk keine Stelle, an der Episoden des Erlebens nötig wären, damit es weiterläuft. Es gibt, bedeutet das, im Prinzip eine vollständige Kausalerklärung für unser gesamtes waches, integriertes Verhalten, in der wir als erlebende Subjekte überhaupt nicht vorkommen. Was die Verursachung und also die Kontrolle unseres Verhaltens anbelangt, so scheint das Bewußtsein demnach ohne Funktion zu sein, es wäre überflüssig. Wir würden ohne Innenperspektive genau so durch die Welt stolpern wie mit ihr.

Wäre das wahr, dann wäre die eingangs beschriebene Vorstellung, daß wir unser Verhalten von innen her vollziehen, wenn es ein Tun ist und nicht nur ein Geschehen, eine durchgehende Illusion. Wir wissen, wie es ist, wenn unser Verhalten sich gegenüber unserem Erle-

ben verselbständigt: Das ist die Erfahrung eines entfremdeten Verhaltens. Ist in Wirklichkeit unser gesamtes Verhalten entfremdet – auch wenn wir es, in einer Illusion befangen, die meiste Zeit nicht bemerken?

Wir weigern uns, das zu glauben, wir können es nicht einfach gelassen einräumen: Zu vieles in unserem Selbstbild geriete durcheinander. Aber die Weigerung allein reicht nicht; wir möchten zeigen können, daß wir wirklich Herr unseres Tuns sind in dem Sinne, daß es kausal aus unserem Erleben fließt. Dafür reicht es nicht, auf die Beziehungen der Kovarianz, Abhängigkeit und Determination hinzuweisen, in denen das Erleben zum physiologischen Geschehen steht. Denn all diese Beziehungen würden genau so auch dann bestehen, wenn das Erleben kausal ohne Belang wäre. Und hier ist nun der Zusammenhang mit du Bois-Reymonds Rätsel: Wir könnten die kausale Macht des Bewußtseins erst dann beweisen, wenn es uns gelänge, seinen inneren Zusammenhang mit dem physiologischen Geschehen verständlich zu machen. Wenn sich Erlebnisqualitäten irgendwie aus biologischen Eigenschaften herleiten ließen, dann könnten wir auch die kausale Rolle der einen aus der kausalen Rolle der anderen herleiten. (Das braucht noch keine Identifikation der beiden Eigenschaften zu sein.) Das wäre das übliche Verfahren, bei dem eine Systemeigenschaft ihre kausale Rolle von den elementaren Eigenschaften erbt, aus denen sie sich erklärt. Nur funktioniert dieses Modell hier nicht, wie wir oben gesehen haben.

Der zweite Zusammenhang ist dieser: Wenn wir eine Kausalerklärung für ein Verhalten damit beginnen, daß wir einen physiologischen Prozeß geltend machen, so wissen wir, wie wir diese Erklärung fortsetzen können. Wir wissen die Frage zu beantworten: Wie macht es die Ursache, daß die Wirkung zustande kommt? (Wie macht es der Attentäter, daß die Bombe explodiert?) Wir wissen, mit anderen Worten, wie man den *modus operandi* der Ursache angibt. Nicht so, wenn die Erklärung mit einem Erlebnis beginnt: Wie wollen Sie den *modus operandi* Ihres Schmerzes, Ihrer Angst oder Ihrer Trauer angeben? Wie macht es die Angst, daß Ihnen das Herz klopft? Sie müssen auf die physiologische Ebene wechseln. Aber dann haben Sie das Thema gewechselt und hätten gerade so gut physiologisch beginnen können. Ein Themenwechsel wäre es nur dann nicht, wenn die Erlebnisse aus dem biochemischen Geschehen so weit verständlich gemacht werden könnten, daß sich sagen ließe: Wenn wir über dieses Geschehen

reden, reden wir ja eigentlich immer noch über das Erleben.

Also: Du Bois-Reymonds Frage zu stellen ist nicht etwas, das man einfach aufgeben kann wie eine schlechte Angewohnheit. Solange wir die Antwort nicht kennen, haben wir etwas Grundlegendes an unserem Subjektsein nicht verstanden. Die Frage ist, mit anderen Worten, eingebettet in vieles andere, was uns interessiert. Sie ist deshalb nicht, wie unser Führer in der Fabrik argwöhnte, eine leerlaufende metaphysische Frage wie etwa „Warum gibt es überhaupt etwas und nicht vielmehr nichts?"

Was machen wir falsch?

Daß die Frage trotzdem unbeantwortbar erscheint, läßt den Verdacht aufkommen, daß wir etwas Grundlegendes falsch machen. Wenn es nicht die Erklärungserwartungen sind, dann könnte es die ganze Art sein, wie wir das Phänomen des Erlebens bisher beschrieben haben.

Entscheidend dabei war der Gedanke, daß es bei Erlebnissen keinen Unterschied zwischen Erscheinung und Wirklichkeit gibt, daß die Natur eines Erlebnisses sich uns vollständig dadurch enthüllt, daß es sich auf eine bestimmte Weise anfühlt. Dann ist jeder Versuch sinnlos, über die Empfindung hinaus noch weiteres über die Natur eines Erlebnisses herauszufinden. Genau das versuchen wir aber, wenn wir ein Erlebnis aus seinen materiellen Bedingungen heraus verständlich machen wollen. Ist es also vielleicht so, daß eine falsche Beschreibung von Erleben – genauer gesagt: ein falscher Kommentar dazu – uns von vornherein das gesuchte Verständnis verbaut?

Doch was könnte es heißen, daß ich, überfallen von einer panischen Angst oder unter einem unerträglichen Schmerz stöhnend, die Natur oder Wirklichkeit des Erlebnisses noch gar nicht richtig kenne, daß ich erst noch dahinter kommen muß? Das klingt abwegig, denn es kann ja nicht bedeuten: zu etwas vordringen, was gar kein Erlebnis ist. Was es gibt, ist dies: sich über den Gehalt des eigenen Erlebens erst allmählich klar werden, etwa über eine Eifersucht, eine Enttäuschung, eine Wut. Aber das ist nicht gemeint.

Vielleicht haben wir den Punkt nicht ganz getroffen, und der Fehler liegt in einer anderen, wenngleich verwandten Annahme: daß nämlich Erlebnisqualitäten in sich einfach sind, unstrukturiert. Die Diagnose könnte dann so lauten: Den Zusammenhang zwischen einem *X*

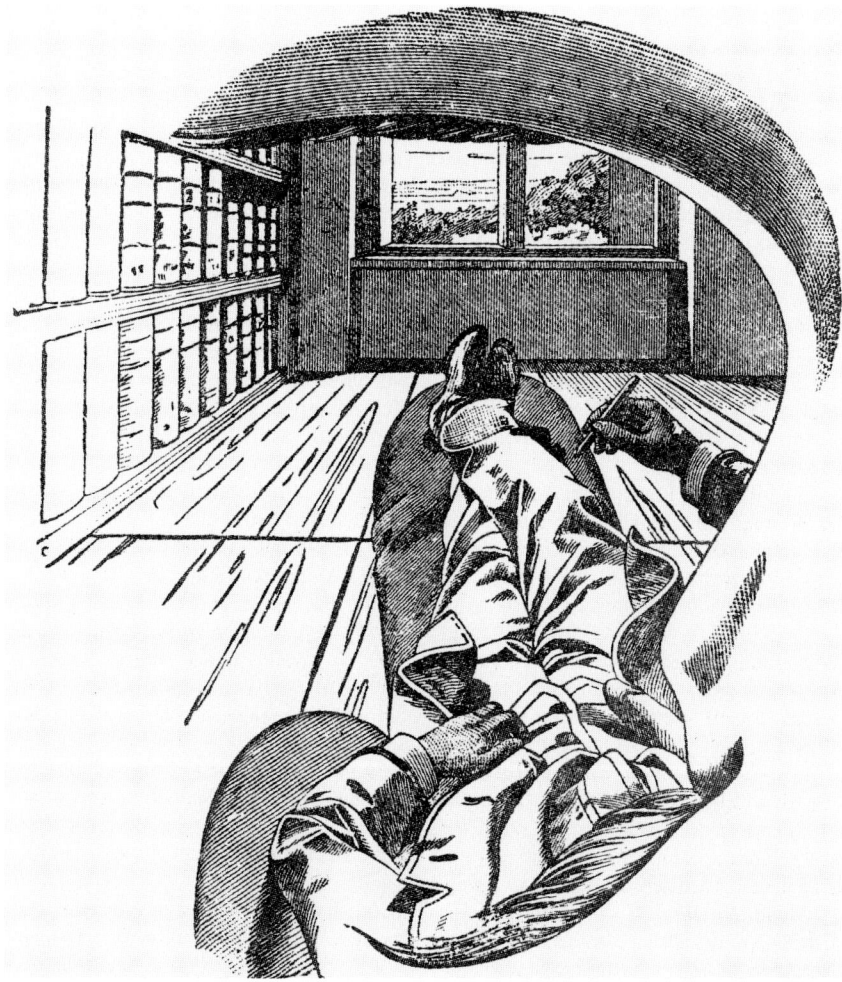

Bild 5: Das Ich eines (nicht einäugigen) Philosophen beim Versuch, sich selbst zu erfassen. Zeichnung des Physikers und Naturphilosophen Ernst Mach (1838 bis 1916) aus seinem Buch „Die Analyse der Empfindungen und das Verhältnis des Physischen zum Psychischen". Mach vertrat die Auffassung, das eigene Ich sei, ebenso wie Denken und jede Form des Erlebens, nichts weiter als ein Komplex von Sinneseindrücken; diese seien das einzig Gegebene und Denken nur zulässig als Funktion eines bestimmten („denkökonomischen") Umgangs mit Sinneseindrücken.

und einem *Y* aufzuklären geht Hand in Hand damit, mehr und mehr über die innere Struktur der beiden zu lernen, etwa bei einer chemischen Reaktion. Wenn ich von vornherein glaube, *X* hätte gar keine innere Struktur, dann darf ich mich nicht wundern, daß ich keine erklärende Beziehung zu *Y* finde.

Man kann manche neuropsychologischen Krankheitsbilder vielleicht so interpretieren, daß an ihnen tatsächlich eine Art innerer Komplexität und Vielschichtigkeit eines scheinbar einfachen, homogenen Erlebens sichtbar wird, etwa bei Störungen im Körperschema (der intuitiven Übersicht über den eigenen Körper) oder bei Dissoziationen im Schmerzerleben (wo beispielsweise jemand den Schmerz nicht als unangenehm empfindet). Das Einfache, so scheint es dann, ist gewissermaßen nur die Benutzeroberfläche. Aber es kommt

einem sofort zweierlei in den Sinn. Erstens gibt es im Normalfall eben trotzdem das Erlebnis der Einfachheit und Homogenität, das – obgleich jetzt nur als Schein beschrieben – so wirklich ist wie jede Benutzeroberfläche und das die alte Frage erneut entstehen läßt. Und zweitens haben ja auch die Komponenten, die sich am pathologischen Fall ausmachen lassen, einen Erlebnisgehalt. Versteckte Erlebniskomplexität führt uns also nicht hinüber zu physiologischer Komplexität und zurück.

Oder ist es womöglich so, daß das in seiner Einfachheit Widerspenstige in Wirklichkeit gar keine Erlebnisse sind, sondern nur Meinungen? Sind die vermeintlichen Erlebnisse am Ende nichts weiter als ideologische Konstrukte? Das kann man vielleicht für sehr komplizierte Emotionen sagen, in die viel Selbstbild verwoben ist, und für die – weitgehend

fiktive – Vorstellung von der Einheit des Selbst oder der Person. Aber wenn einer das von den Sinnesempfindungen, von Schmerz, Lust, Panik oder Enttäuschung sagte, so würde einen das sprachlos machen, zumindest mich.

Einen ähnlichen intuitiven Widerstand empfände ich bei jedem Versuch, unserem Rätsel beizukommen, indem man allen Erlebnisgehalt in kognitive Strukturen auflöst und damit im Effekt die ganze Unterscheidung zwischen kognitivem Bewußtsein und Erleben aufhebt. So gibt es die Beobachtung, daß vieles an unserem Erleben damit zu tun hat, daß wir Systeme sind, die über ein Selbstmodell verfügen und also im Wachzustand in vielfältiger Weise über sich auf dem laufenden, also rückgekoppelt, sind. Ich weiß nicht, was man über Sinnesempfindungen sagen soll, aber der Zusammenhang ist einleuchtend bei Körperempfindungen, Emotionen und auch beim erlebten Willen. Selbstmodelle als kognitive Strukturen geben uns, wie es scheint, kein prinzipielles Rätsel mehr auf. Aber diese Tatsache würde uns nur weiterhelfen, wenn wir ohne Umschweife sagen könnten, daß Erleben nichts anderes ist als Selbstmodellierung und Selbstrepräsentation. Und es wird Sie nicht überraschen, daß ich nun wieder mit der alten Leier komme: Es gibt in einem Organismus zahllose Rückkoppelungsmechanismen ohne das geringste Erleben; warum könnte nicht unser gesamtes Selbstmodell da sein, aber kein Erleben?

Kognitive Begrenzung?

Du Bois-Reymond glaubte, daß uns Bewußtsein für immer unbegreiflich bleiben werde. Das ist die Hypothese, daß wir in bezug auf dieses Phänomen einer prinzipiellen kognitiven Begrenzung unterliegen. Worin könnte eine solche Begrenzung bestehen?

Beschränkt sind wir offensichtlich in unserem sinnlichen Unterscheidungsvermögen. Doch das Problem ist nicht, daß wir die Dinge in der Fabrik des Gehirns nicht gut genug sehen. Die Beschränkung könnte, zweitens, darin bestehen, daß wir nicht fähig sind, die richtigen Begriffe zu entwickeln, um mit unserem Thema umzugehen, und drittens darin, daß wir diejenige Konzeption von Erklären und Verstehen einfach nicht finden, die dem Thema angemessen wäre. Für ein Wesen, das nicht in dieser Weise kognitiv begrenzt wäre, gäbe es durchaus eine Lösung unseres Rätsels – oder von vornherein gar kein Rätsel.

Betrachten wir zunächst die zweite Lesart: Die Hypothese könnte lauten,

179

daß die genannten Unfähigkeiten uns hindern herauszufinden, was am Gehirn es ist, das für Erleben verantwortlich ist. Wir haben in Betracht gezogen: seinen Stoff, seine materielle Architektur, seine funktionale Architektur auf verschiedenen Analyseebenen, wir haben eine atomistische und eine ganzheitliche Betrachtungsweise versucht, und schließlich haben wir auch den größeren kausalen Kontext nicht vergessen, in den das Gehirn eingebettet ist. Die fragliche Hypothese würde nun lauten, daß es noch an etwas völlig anderem liegt.

Darauf ist unsere Reaktion: Es ist nichts anderes mehr denkbar. Aber die Hypothese der kognitiven Begrenzung sagt ja gerade, daß wir das andere nicht denken können. Wir können sie nicht widerlegen, so ist sie gebaut. Aber es gibt etwas, was sie unglaubwürdig macht: Wenn es nicht gerade um Erleben geht, kommen wir mit unseren begrifflichen Mitteln und Erklärungsmustern beim Gehirn trotz der vielen noch offenen Fragen ganz gut zurecht: Wir können Mechanismen aufschlüsseln, Dinge vorhersehen, Einfluß nehmen. Das wäre nun seinerseits unverständlich, wenn sich eine ganze Klasse von Tatsachen über das Gehirn systematisch unserer Kenntnis entzöge. Denn das liefe auf die abenteuerliche Behauptung hinaus, daß diejenigen Tatsachen, die für das Erleben relevant sind, nichts zu tun haben mit den Tatsachen, die sonst für das Funktionieren des Gehirns relevant sind.

Schließlich die dritte Lesart: Die Hypothese der kognitiven Begrenzung könnte lauten, daß uns die richtige Art des Erklärens und Verstehens fehlt, warum die – korrekt identifizierten – Dinge am Gehirn gerade Erleben hervorbringen. Wir haben in Betracht gezogen: kausales Verstehen, strukturelles Verstehen, funktionales Verstehen, Verstehen des Ganzen aus den Teilen. Stets ging es darum, die Notwendigkeit zu verstehen, die in der Kovarianz, Abhängigkeit und Determination liegt, an die wir als minimale Materialisten glauben. Sind wir, eingeschlossen in unser begrenztes Repertoire des Verstehens, einfach nicht fähig, die richtigen Fragen zu stellen und die richtigen Überlegungen anzustellen?

Für Momente kommt mir das vor wie genau die richtige Diagnose, denn für das Rätsel des Bewußtseins gilt etwas, was für sonstige Rätsel nicht gilt: Wir haben keine Vorstellung davon, was als Lösung, als Verstehen zählen würde. Wenn uns Fernsehen rätselhaft ist oder Vererbung oder eben auch das Funktionieren des Gehirns, so wissen wir doch ungefähr, was wir als eine befriedigende Auskunft anerkennen würden. Im Falle von Bewußtsein, hat man den Eindruck, ist das nicht so. Und dennoch entgleitet mir die Idee der Begrenzung stets wieder, wenn ich mich länger auf sie konzentriere, und das aus zwei Gründen.

Erstens: Erklären, Überlegen und Verstehen heißt stets, eine bestimmte Art von Beziehungen zu entdecken. Die Hypothese liefe deshalb auf die Behauptung hinaus, daß es in der Welt eine Art von Beziehungen gibt, von denen wir nie etwas wissen werden. So unwiderlegbar auch dieser Gedanke ist: Es wäre schon sehr seltsam, wenn bei unserem Thema eine Art von verborgenen Beziehungen im Spiel wäre, die es sonst nirgendwo gibt oder die sich jedenfalls nirgends sonst als Behinderung unseres Verstehens bemerkbar machen. Es fehlt nicht viel, und man würde sagen: Dieser Gedanke ist nicht kohärent, das heißt, es ist gar kein Gedanke.

Der zweite Grund: Wenn es ein Wesen gäbe, das die uns verschlossene, aber für Bewußtsein entscheidende Art des Verstehens kennte, so könnte es sie uns nicht vorführen, weil wir sie nicht nachvollziehen könnten. Das macht die Hypothese nicht falsch; aber es macht sie so vollständig abstrakt, daß sie einem ganz leer vorkommt und man das Buch einfach zuklappen möchte.

Diese Zweifel an der Idee der kognitiven Begrenzung beweisen nicht, daß du Bois-Reymond eines Tages widerlegt sein wird. Aber sie zeigen, daß einer, der die Idee vorträgt, nicht zu sicher sein sollte, daß er etwas Substantielles sagt. Und sie liefern einen Grund weiterzusuchen: nach neuen Begriffen, neuen Modellen, neuen Analogien und vor allem auch nach neuen Einsichten in Fehlerquellen.

Ich habe das Rätsel des Bewußtseins nicht gelöst. Natürlich nicht. Aber ich hoffe, Sie sehen jetzt besser, worin es besteht und welche Rolle es spielt in unserem Denken über die Welt und uns selbst. Das wäre nicht wenig. Und mehr hat der Titel ja auch nicht versprochen.

Autoren

Peter Bieri ist seit 1990 Professor für Philosophie an der Universität Marburg. Er promovierte 1971 in Heidelberg; seine Arbeiten führten ihn an die Universität von Kalifornien in Berkeley und an die Harvard-Universität in Cambridge (Massachusetts), an das Wissenschaftskolleg zu Berlin und das Van-Leer-Institut in Jerusalem. Er wurde 1983 nach Bielefeld berufen; im Jahre 1988 war er an der Gründung des Forschungsschwerpunkts „Kognition und Gehirn" der Deutschen Forschungsgemeinschaft beteiligt; in den Jahren 1989 und 1990 leitete er die Forschungsgruppe „Mind and Brain" am Zentrum für interdisziplinäre Forschung (ZiF) in Bielefeld.

Paul M. Churchland und **Patricia Smith Churchland** sind Professoren für Philosophie an der Universität von Kalifornien in San Diego (UCSD). Gemeinsam haben sie in den beiden letzten Jahrzehnten das Wesen geistiger Vorgänge erforscht. Paul Churchland beschäftigt sich speziell mit der Natur und dem Wachsen wissenschaftlicher Erkenntnis, während sich Patricia Churchland besonders für die empirischen Neurowissenschaften interessiert sowie für die Frage, wie im menschlichen Gehirn Denkvorgänge ablaufen. „Matter and Consciousness" von Paul Churchland ist das Standard-Lehrbuch der Geistesphilosophie, und Patricia Churchland hat in ihrem Buch „Neurophilosophy" Theorien zum Denken aus Philosophie und Biologie miteinander verwoben. Paul Churchland ist gegenwärtig Dekan des Fachbereichs Philosophie an der UCSD sowie Präsident der Gesellschaft für Philosophie und Psychologie – ein Amt, das seine Frau zuvor bereits innehatte. Patricia Churchland ist Professorin am Salk-Institut für biologische Studien in San Diego. Beide sind ferner Mitglieder der Fakultät für Kognitionswissenschaften der UCSD und des angeschlossenen Institute for Neural Computation mit seinem Programm für wissenschaftliche Studien.

Francis Crick entdeckte gemeinsam mit James Watson und Maurice Wilkins die Doppelhelix-Struktur der Erbsubstanz DNA, wofür die drei Wissenschaftler 1962 mit dem Nobelpreis für Medizin ausgezeichnet wurden. Er erforschte am Laboratorium für Molekularbiologie des Medizinischen Forschungsrates in Cambridge (England) den genetischen Code und Fragen der Entwicklungsbiologie. Seit 1976 ist er am Salk-Institut für biologische Studien in San Diego (Kalifornien) tätig. Sein Hauptinteresse gilt dem visuellen System der Säugetiere und speziell der experimentellen Untersuchung des Bewußtseins, was ihn mit Christof Koch verbindet.

Antonio R. Damasio und **Hanna Damasio** erforschen seit zwei Jahrzehnten die neurale Grundlage von Sprache und Gedächtnis. Antonio Damasio ist Professor und Direktor des Instituts für Neurologie an der Medizinischen Fakultät der Universität von Iowa City sowie außerordentlicher Professor am Salk-Institut für biologische Studien in San Diego (Kalifornien). Er promovierte in Medizin an der Universität Lissabon (Portugal). Auch Hanna Damasio hat an dieser Universität Medizin studiert und promoviert. Sie ist Professorin für Neurologie sowie Direktorin des Laboratoriums für Neuro-Imaging (bildgebende Verfahren für neuronale Strukturen und Aktivitäten) und Neuroanatomie des Menschen an der Universität von Iowa.

Andreas K. Engel ist seit 1987 als wissenschaftlicher Mitarbeiter in der Neurophysiologischen Abteilung des Max-Planck-Instituts für Hirnforschung in Frankfurt tätig. Engel, sein Kollege Peter König und der Leiter der Abteilung, Wolf Singer, haben sich in zahlreichen gemeinsamen Projekten mit der Reizverarbeitung im Sehsystem höherer Wirbeltiere beschäftigt. Engel studierte Medizin und Philosophie in Saarbrücken, München und Frankfurt. Er promovierte 1987 mit einer Arbeit über morphologische und biochemische Veränderungen an regenerierenden Nervenzellen. Neben seinen physiologischen Forschungen beschäftigen ihn philosophische Probleme der Kognitionswissenschaft.

Walter J. Freeman ist Professor für Neurobiologie an der Universität von Kalifornien in Berkeley. Er hat 1954 an der Yale-Universität in New Haven (Connecticut) in Medizin promoviert und anschließend an der Universität von Kalifornien in Los Angeles auf dem Gebiet der Neurophysiologie geforscht. In Berkeley lehrt Freeman seit dem Jahre 1959.

Uta Frith arbeitet seit längerem an der Forschungsstelle für Kognitive Entwicklung des britischen Medizinischen Forschungsrates in London. Sie stammt aus Deutschland, wo sie bis zum Jahre 1964 an der Universität Saarbrücken Psychologie und Kunstgeschichte studierte. Vier Jahre später promovierte sie an der Universität London in Psychologie. Ihr Forschungsinteresse gilt außer dem Autismus dem Lesenlernen und den Lesestörungen.

Elliot S. Gershon leitet das Forschungsprogramm für klinische Neurogenetik des amerikanischen National Institute of Mental Health (NIMH) und hat sich auf die Populations- und Molekulargenetik von normalem und abweichendem Verhalten spezialisiert. Er hat im Jahre 1965 an der Medizinischen Fakultät der Harvard-Universität in Cambridge (Massachusetts) promoviert, bildete sich am Massachusetts Mental Health Center in Psychiatrie weiter und wechselte 1969 zum NIMH, wo er die Zusammenarbeit mit Ronald O. Rieder begann.

Patricia S. Goldman-Rakic untersucht den neuralen Zusammenhang von Gedächtnis und kognitiven Prozessen. Sie promovierte 1963 an der Universität von Kalifornien in Los Angeles. Zwei Jahre später ging sie an das National Institute of Mental Health in Bethesda (Maryland). Seit 1979 hat sie an der medizinischen Fakultät der Yale-Universität in New Haven (Connecticut) eine Professur für Neurowissenschaften. Sie arbeitet in mehreren nationalen Beratungsgremien der USA und ist Mitglied der nationalen Akademie der Wissenschaften. Vor kurzem war sie Präsidentin der amerikanischen Gesellschaft für Neurowissenschaften. Zur Zeit erforscht sie an Primaten die neuralen Mechanismen für höhere geistige Funktionen.

Heinz Häfner ist Direktor des Zentralinstituts für Seelische Gesundheit (ZiSG) in Mannheim, wo er unter anderem die Arbeitsgruppe Schizophrenieforschung, die psychiatrische Klinik des Instituts sowie das Collaborating Centre for Research and Training in Mental Health der Weltgesundheitsorganisation (WHO) leitet. Zugleich hat er eine Professur für Psychiatrie an der Universität Heidelberg. Er promovierte in Medizin und Philosophie an der Ludwig-Maximilians-Universität München. Häfner war Vorsitzender der Wissenschaftlichen Kommission und des Ausschusses Medizin des Wissenschaftsrates sowie Mitglied des European Advisory Board for

Biomedical Research der WHO und ist Mitglied der Deutschen Akademie der Naturforscher Leopoldina und der Heidelberger Akademie der Wissenschaften. Die Universitäten Helsinki und Konstanz haben ihm Ehrendoktorwürden verliehen. In seinem Forschungsgebiet, der psychiatrischen Epidemiologie, hat er seit 1965 mehrere Schwerpunkte bearbeitet: die Folgen extremer seelischer Belastungen, das Gewalttätigkeitsrisiko bei psychischen Krankheiten sowie die langfristigen transnationalen, regionalen und lokalen Trends des Selbstmordverhaltens und den Beitrag hierzu von Faktoren wie Arbeitslosigkeit und Modelleffekten (so den nach Johann Wolfgang von Goethes Roman „Die Leiden des jungen Werthers" und seinen Folgen benannten Werther-Effekt nach Fernsehsendungen). Vor allem aber beschäftigte er sich in zahlreichen Studien auf psychologischer und biologischer Ebene mit der Schizophrenie.

Robert D. Hawkins ist außerordentlicher Professor am Zentrum für Neurobiologie und Verhalten der Columbia-Universität in New York. Hawkins studierte an der Universität Stanford (Kalifornien) und promovierte in experimenteller Psychologie an der Universität von Kalifornien in San Diego. Gemeinsam mit Eric R. Kandel untersucht er die Neurobiologie des Lernens.

Geoffrey E. Hinton arbeitet seit 20 Jahren über Repräsentationen und Lernen in künstlichen neuronalen Netzen. Er promovierte 1978 an der Universität Edinburgh (Schottland) über künstliche Intelligenz. Gegenwärtig ist er Professor für Informatik und Psychologie an der Universität Toronto (Kanada).

Ned H. Kalin ist an der Medizinischen Fakultät der Universität von Wisconsin in Madison Professor für Psychiatrie und Psychologie sowie Leiter der Abteilung für Psychiatrie. Er arbeitet sowohl klinisch als auch in der Forschung, so am dortigen Primatenforschungszentrum und in den Harlow-Primatenlaboratorien. Nach dem Studium an der Staatsuniversität von Pennsylvania in University Park promovierte er 1976 an der Thomas-Jefferson-Universität in Philadelphia (Pennsylvania) in Medizin. Anschließend absolvierte er in Madison die klinische Ausbildung in Psychiatrie und forschte über klinische Neuropharmakologie am National Institute of Mental Health in Bethesda (Maryland).

Eric R. Kandel ist Professor am College für Allgemeinärzte und Chirurgen der Columbia-Universität in New York und Forschungsleiter am Howard-Hughes-Institut für Medizin. Er studierte an der Harvard-Universität in Cambridge (Massachusetts) und promovierte an der Medizinischen Fakultät der Universität New York; eine psychiatrische Ausbildung absolvierte er an der Medizinischen Fakultät der Harvard-Universität. Gemeinsam mit Robert D. Hawkins untersucht er die Neurobiologie des Lernens.

Doreen Kimura erforscht die neuralen und hormonalen Grundlagen des menschlichen kognitiven Verhaltens. Sie ist Professorin für Psychologie und Lehrbeauftragte am Fachbereich für klinische Neurologie an der Universität von West-Ontario in London (Kanada). Kimura ist Mitglied der Royal Society of Canada und erhielt dieses Jahr von der Ontario Mental Health Foundation den John-Dewan-Preis für hervorragende Forschung. Kürzlich hat sie ein Buch über neuromotorische Mechanismen kommunikativen Verhaltens fertiggestellt.

Christof Koch ist Professor für Informationsverarbeitung und neurale Systeme am California Institute of Technology in Pasadena. Er promovierte 1982 am Max-Planck-Institut für biologische Kybernetik in Tübingen und war anschließend vier Jahre am Massachusetts Institute of Technology im amerikanischen Cambridge tätig. Koch untersucht die Informationsverarbeitung in einzelnen Nervenzellen (siehe seinen gemeinsam mit Tomasio Poggio verfaßten Beitrag „Wie Synapsen Bewegung verrechnen", Spektrum der Wissenschaft, Juli 1987) und die neurale Grundlage der Bewegungswahrnehmung, der visuellen Aufmerksamkeit und der bewußten visuellen Wahrnehmung. Er befaßt sich auch mit dem Entwurf höchstintegrierter elektronischer Schaltkreise für intelligente bildverarbeitende Systeme.

Peter König ist seit 1987 als wissenschaftlicher Mitarbeiter in der Neurophysiologischen Abteilung des Max-Planck-Instituts für Hirnforschung in Frankfurt tätig. König, sein Kollege Andreas Engel und der Leiter der Abteilung, Wolf Singer, haben sich in zahlreichen gemeinsamen Projekten mit der Reizverarbeitung im Sehsystem höherer Wirbeltiere beschäftigt. König studierte in Bonn und Amsterdam Physik und Medizin. Er promovierte 1990 in Würzburg mit einer Arbeit über Regelkreise im menschlichen Hormonsystem und untersucht nun – abgesehen von der

Physiologie des Sehsystems – die Signalverarbeitung in neuronalen Netzen mit Hilfe von Computermodellen.

Ronald O. Rieder leitet an der New Yorker Columbia-Universität die psychiatrische Forschung und Weiterbildung. Er schloß 1968 sein Medizinstudium an der Harvard-Universität ab und spezialisierte sich am Albert Einstein College of Medicine in Psychiatrie. Am National Institute of Mental Health betrieb er Untersuchungen der Schizophrenie und begann die Zusammenarbeit mit Elliot S. Gershon.

John R. Searle ist Philosophie-Professor an der Universität von Kalifornien in Berkeley. Er hat an der Universität Oxford studiert und promoviert. Er möchte an dieser Stelle Stuart Dreyfus, Stevan Harnad, Elizabeth Lloyd und Irvin Rock für ihre Kommentare und Anregungen während der Erarbeitung dieses Artikels danken.

Dennis J. Selkoe ist Kodirektor des Zentrums für neurologische Erkrankungen am Brigham and Women's Hospital in Boston (Massachusetts) sowie Professor für Neurologie und Neurowissenschaften an der medizinischen Fakultät der Harvard-Universität im benachbarten Cambridge. Für sein Engagement in der Alzheimer-Forschung verliehen ihm die Nationalen Gesundheitsinstitute der USA 1988 den *Leadership and Excellence in Alzheimer's Disease Award*. Nach „Amyloid-Protein und Alzheimersche Krankheit" im Januar 1992 ist dies sein zweiter Artikel in Spektrum der Wissenschaft.

Carla J. Shatz ist Professorin für Neurobiologie an der Universität von Kalifornien in Berkeley. Sie hat am Radcliffe-College in Cambridge (Massachusetts) und am University College in London Physiologie studiert und an der Harvard-Universität in Cambridge (Massachusetts) in Neurobiologie promoviert. Später war sie lange Jahre an der Stanford-Universität in Kalifornien tätig. Ihre Untersuchungen zur Entwicklung von Verbindungen im Sehsystem der Säugetiere haben ihr viele Ehrungen eingebracht, zuletzt die Aufnahme in die American Academy of Arts and Sciences.

Wolf Singer ist Direktor am Frankfurter Max-Planck-Institut für Hirnforschung und Professor für Neurophysiologie. In Spektrum der Wissenschaft hat Singer bereits 1983 einen Beitrag über Hirnentwicklung und Umwelt veröffentlicht. Singer studierte Medizin in Paris und München, wo er 1968 mit einem neurophysiologischen Thema promovierte. Nach seiner Approbation als Arzt für Allgemeinmedizin ging er 1971 an die Universität Sussex in England, um sich weiter in die Methoden psychophysischer Untersuchungen einzuarbeiten. Von 1972 an war er am Max-Planck-Institut für Psychiatrie in München tätig. Nach seiner Habilitation erhielt Singer 1976 einen Ruf an die Universität Bielefeld und zwei Jahre später dann an das Hirnforschungsinstitut der Universität Zürich. Seit 1981 leitet er in Frankfurt die Neurophysiologische Abteilung. Sein Forschungsinteresse gilt unter anderem der Architektur und Entwicklung des Sehsystems sowie den Langzeitveränderungen der synaptischen Übertragung in neuronalen Netzwerken.

Jonathan Winson ist seit 1979 Professor an der New Yorker Rockefeller-Universität. Winson begann seine Laufbahn als Luftfahrtingenieur, nachdem er 1946 am California Institute of Technology in Pasadena das Diplom in Ingenieurwissenschaften erworben hatte. Später promovierte er an der New Yorker Columbia-Universität in Mathematik und ging dann für 15 Jahre in die freie Wirtschaft. Doch war er dermaßen an den Neurowissenschaften interessiert, daß er an der New Yorker Rockefeller-Universität über Gedächtnisprozesse im Wach- und Schlafzustand zu forschen begann. Das amerikanische National Institute of Mental Health (NIMH), die Nationale Wissenschaftsstiftung der USA und die Harry-F.-Guggenheim-Stiftung haben seine wissenschaftliche Arbeit unterstützt.

Semir Zeki ist Professor für Neurobiologie an der Universität London. Er hat am University College in London promoviert und anschließend am National Institute of Mental Health in der US-Hauptstadt Washington und an der Universität von Wisconsin in Madison gearbeitet. Im Verlauf seiner Karriere war er Gastprofessor an mehreren amerikanischen und europäischen Hochschulen. Sein besonderes Interesse gilt der funktionellen und anatomischen Organisation der Sehrinde beim Affen und neuerdings auch beim Menschen.

Literatur

Das sich entwickelnde Gehirn

Cowan, W. M. *Die Entwicklung des Gehirns*. In: *Spektrum der Wissenschaft* 11 (1979) S. 82–92.

Goodman, C. S.; Jessell, T. M. (Hrsg.) *Development*. In: *Current Opinion in Neurobiology* 2, Heft 1 (1992).

Miller, K. D.; Keller, J. B; Stryker, M. B. *Ocular Dominance Column Development: Analysis and Simulation*. In: *Science* 245 (1989) S. 605–615.

Rakic, P. *Prenatal Development of the Visual System in the Rhesus Monkey*. In: *Philosophical Transactions of the Royal Society of London*, Serie B, 278 (1977) S. 245–260.

Shatz, C. J. *Competitive Interactions Between Retinal Ganglion Cells During Prenatal Development*. In: *Journal of Neurobiology* 21 (1990) S. 197–211.

Shatz, C. J. *Impulse Activity and the Patterning of Connections During CNS Development*. In: *Neuron* 5 (1990) S. 745–756.

Alterndes Gehirn – alternder Geist

Coleman, P. D.; Flood, D. G. *Neuron Numbers and Dendritic Extent in Normal Aging and Alzheimer's Disease*. In: *Neurobiology of Aging* 8 (1987) S. 521–545.

Denzler, P.; Markowitsch, H.; Frölich, L.; Kessler, J.; Ihl, R. *Demenz im Alter. Pathologie, Diagnostik, Therapieansätze*. Weinheim (Beltz) 1989.

Finch, C. E. *Longevity, Senescence, and the Genome*. University of Chicago Press, 1990.

Finch, C. E.; Morgan, D. G. *RNA and Protein Metabolism in the Aging Brain*. In: *Annual Review of Neuroscience* 13 (Hrsg. Cowan, W. M.); *Annual Reviews, Inc.*, 1990.

Selkoe, D. J. *The Molecular Pathology of Alzheimer's Disease*. In: *Neuron* 6 (1991) S. 487–498.

Swaab, D. F. *Brain Aging and Alzheimer's Disease: „Wear and Tear" vs. „Use It or Lose It"*. In: *Neurobiology of Aging* 12 (1991) S. 317–324.

Weindruch, R.; Walford, R. L. *The Retardation of Aging and Disease by Dietary Restriction*. Springfield, Ill. (Charles C. Thomas) 1988.

Physiologie und Simulation der Geruchswahrnehmung

Braitenberg, V.; Schütz, A. *Cortex: hohe Ordnung oder größtmögliches Durcheinander*. In: *Spektrum der Wissenschaft* 5 (1989) S. 74–86.

Freeman, W. J. *Mass Action in the Nervous System: Examination of the Neurophysiological Basis of Adaptive Behavior Through the EEG*. London (Academic Press) 1975.

Haken, H.; Stadler, M. (Hrsg.) *Synergetics of Cognition: Proceedings of the International Symposium at Schloss Elmau, Bavaria, June 4–8, 1989*. Berlin/Heidelberg/New York (Springer) 1990.

Shepherd, G. M. *The Synaptic Organization of the Brain*. 3. Aufl. Oxford University Press, 1990.

Skarda, C. A.; Freeman, W. J. *How Brains Make Chaos in Order to Make Sense of the World*. In: *Behavioral and Brain Sciences* 10 (1987) S. 161–195.

Das geistige Abbild der Welt

Edelman, M. *The Remembered Present: A Biological Theory of Consciousness*. Basic Books, 1990.

Frisby, J. P. *Optische Täuschungen. Sehen – Wahrnehmen – Gedächtnis*. Augsburg (Weltbild-Verlag) 1988.

Hubel, D. H. *Auge und Gehirn. Neurobiologie des Sehens*. Heidelberg (Spektrum der Wissenschaft) 1989.

Livingstone, M.; Hubel, D. *Segregation of Form, Color, Movement, and Depth: Anatomy, Physiology, and Perception*. In: *Science* 240 (1988) S. 740–749.

Pöppel, E.; Held, R.; Forst, D. *The Residual Visual Function After Brain Wounds Involving the Central Visual Pathways in Man*. In: *Nature* 243 (1973) S. 295–296.

Ritter, M. *Wahrnehmung und visuelles System*. Heidelberg (Spektrum der Wissenschaft) 1986.

Rock, I. *Wahrnehmung. Vom visuellen Reiz zum Sehen und Erkennen*. Heidelberg (Spektrum der Wissenschaft) 1985.

Weiskrantz, L. *Blindsight: A Case Study and Implications*. Oxford University Press (Clarendon Press) 1986.

Zeki, M. *Functional Specialisation in the Visual Cortex of the Rhesus Monkey*. In: *Nature* 274 (1978) S. 423–428.

Zeki, S. M.; Shipp, S. *The Functional Logic of Cortical Connections*. In: *Nature* 335 (1988) S. 311–317.

Zeki, S. M. *A Vision of the Brain*. Oxford (Blackwell Scientific Publications) 1993.

Bildung repräsentationaler Zustände im Gehirn

Engel, A. K.; König, P.; Kreiter, A. K.; Schillen, T. B.; Singer, W. *Temporal Coding in the Visual Cortex: New Vistas on Integration in the Nervous System*. In: *Trends in Neurosciences* 15 (1992) S. 218–226.

Engel, A. K.; König, P.; Kreiter, A. K.; Singer, W. *Interhemispheric Synchronization of Oscillatory Neuronal Responses in Cat Visual Cortex*. In: *Science* 252 (1991) S. 1177–1179.

Engel, A. K.; König, P.; Schillen, T. B. *Why Does the Cortex Oscillate?* In: *Current Biology* 2 (1992) S. 332–334.

Gray, C. M.; König, P.; Engel, A. K.; Singer, W. *Oscillatory Responses in Cat Visual Cortex Exhibit Inter-Columnar Synchronization which Reflects Global Stimulus Properties*. In: *Nature* 338 (1989) S. 334–337.

König, P.; Schillen, T. B. *Stimulus-Dependent Assembly Formation of Oscillatory Responses: I. Synchronization*. In: *Neural Computation* 3 (1991) S. 155–166.

Malsburg, C. von der; Schneider, W. *A Neural Cocktail-Party Processor*. In: *Biological Cybernetics* 54 (1986) S. 29–40.

Singer, W. *Sychronization of Cortical Activity and Its Putative Role in Information Processing and Learning*. In: *Annual Review of Physiology* 55 (1993) S. 349–374.

Neurobiologie des Träumens

Hobson, J. A. *Schlaf: Gehirnaktivität im Ruhezustand*. Heidelberg (Spektrum der Wissenschaft) 1990.

Pavlides, C.; Greenstein, Y. J.; Grudman, M.; Winson, J. *Long-Term Potentiation in the Dentate Gyrus is Induced Preferentially on the Positive Phase of θ-Rhythm*. In: *Brain Research* 439 (1988) S. 383–387.

Pavlides, C.; Winson, J. *Influences of Hippocampal Place Cell Firing in the Awake State on the Activity of these Cells During Subsequent Sleep Episodes*. In: *Journal of Neuroscience* 9 (1989) S. 2907–2918.

Winson, J. *Brain and Psyche: The Biology of the Unconscious.* Doubleday (Anchor Press) 1985.

Winson, J. *Interspecies Differences in the Occurrence of Theta.* In: *Behavioral Biology* 7 (1972) S. 479–487.

Winson, J. *Loss of Hippocampal Theta Rhythm Results in Spatial Memory Deficit in the Rat.* In: *Science* 201 (1978) S. 160–163.

Sprache und Gehirn

Chomsky, N. *Knowledge of Language: Its Nature, Origin, and Use.* London (Greenwood Press) 1986.

Damasio, A. R. *Aphasia.* In: *New England Journal of Medicine* 326 (1992) S. 531–539.

Damasio, A. R.; Damasio, H.; Tranel, D.; Brandt, J. P. *Neural Regionalization of Knowledge Access: Preliminary Evidence.* In: *Cold Spring Harbor Symposia on Quantitative Biology* 55: *The Brain.* CSHL Press, 1990.

Damasio, H.; Damasio, A. R. *Lesion Analysis in Neuropsychology.* Oxford University Press, 1989.

Fromkin, V.; Rodman, R. *An Introduction to Language.* Harcourt Brace Jovanovich College Publications, 1992.

Gehirn und Kognition. Heidelberg (Spektrum der Wissenschaft) 1990.

Hinton, G. E.; Plant, D. C.; Shallice, T. *Computersimulation eines Hirnschadens.* In: *Spektrum der Wissenschaft* 12 (1993) S. 68–75.

Klima, E. S.; Bellugi, U. *The Signs of Language.* Harvard University Press, 1986.

Kolb, B.; Whishaw, I. Q. *Neuropsychologie.* Heidelberg (Spektrum Akademischer Verlag) 1993.

Poeck, K. (Hrsg.) *Klinische Neuropsychologie.* Stuttgart (Thieme) 1989.

Das Arbeitsgedächtnis

Baddeley, A. *Working Memory.* Oxford University Press, 1986.

Funahashi, S.; Bruce, C. J.; Goldman-Rakic, P. S. *Mnemonic Coding of Visual Space in the Monkey's Dorsolateral Prefrontal Cortex.* In: *Journal of Neurophysiology* 61 (1989).

Goldman-Rakic, P. S. *Circuitry of Primate Prefrontal Cortex and Regulation of Behavior by Representational Memory.* In: Plum, F. (Hrsg.) *Handbook of Physiology, Abschnitt 1, Bd. 5: Higher Functions of the Brain, Teil 1.* Bethesda (Maryland) American Physiological Society, 1987.

Goldman-Rakic, P. S. *Prefrontal Cortical Dysfunction in Schizophrenia: The Relevance of Working Memory.* In: Carroll, B. J.; Barrett, J. E. (Hrsg.) *Psychopathology and the Brain.* Raven Press, 1991.

Weibliches und männliches Gehirn

Becker, J. B.; Breedlove, S. M.; Crews, D. *Behavioral Endocrinology.* MIT Press/Bradford Books, 1992.

Crapo, L. *Hormone. Die chemischen Boten des Körpers.* Heidelberg (Spektrum der Wissenschaft) 1986.

DeVries, G. J.; DeBruin, J. P. C.; Uylings, H. B. M.; Corner, M. A. *Sex Differences in the Brain: The Relation between Structure and Function.* Elsevier (Progress in Brain Research) Bd. 61, 1984.

LeVay, S. *Keimzellen der Lust. Die Natur der menschlichen Sexualität.* Heidelberg (Spektrum Akademischer Verlag) 1994.

Reinisch, J. M.; Rosenblum, L. A.; Sanders, S. A. *Masculinity/Femininity.* Oxford University Press, 1987.

Springer, S. P.; Deutsch, G. *Linkes – rechtes Gehirn: funktionelle Asymmetrien.* Heidelberg (Spektrum der Wissenschaft) 1987.

Neurobiologie der Angst

Curio, E. *The Ethology of Predation.* Berlin/Heidelberg/New York (Springer) 1976.

Harlow, H. F. *Love in Infant Monkeys.* In: *Scientific American* 200 (1959) S. 68–74.

Harlow, H. F.; Harlow, M. *Das Erlernen der Liebe.* In: *Praxis der Kinderpsychologie und Kinderpsychiatrie* 20 (1971) S. 225–234. Auszüge dieses Artikels in: Scherer, K. R.; Stahnke, A.; Winkler, P. (Hrsg.) *Psychobiologie. Wegweisende Texte der Verhaltensforschung. Von Darwin bis zur Gegenwart.* München (dtv) 1987

Kagan, J. *Stress and Coping in Early Development.* In: Garmezy, N.; Rutter, M. (Hrsg.) *Stress, Coping, and Development in Children.* McGraw Hill, 1983.

Kalin, N. H.; Shelton, E. *Defensive Behaviors in Infant Rhesus Monkeys: Environmental Cues and Neurochemical Regulation.* In: *Science* 243 (1989) S. 1718–1721.

Kalin, N. H.; Shelton, S. E.; Takahashi, L. K. *Defensive Behaviors in Infant Rhesus Monkeys: Ontogeny and Context-Dependent Selective Expression.* In: *Child Development* 62 (1991) S. 1175–1183.

Sapolsky, R. M. *Stress in freier Natur.* In: *Spektrum der Wissenschaft* 3 (1990) S. 114–121.

Autismus

Baron-Cohen, S.; Tager-Flusberg, H.; Cohen, D. J. *Understanding Other Minds: Perspectives from Autism.* Oxford University Press, 1993.

Frith, U. *Autism and Asperger Syndrome.* Cambridge University Press, 1992.

Frith, U. *Autismus. Ein kognitionspsychologisches Puzzle.* Heidelberg (Spektrum Akademischer Verlag) 1992.

Frith, U.; Morton, J.; Leslie, A. M. *The Cognitive Basis of a Biological Disorder: Autism.* In: *Trends in Neurosciences* 14 (1991) S. 433–438.

Schizophrenie – Suche nach Ursachen und Auslösern

Gottesman, I. *Schizophrenie. Ursachen, Diagnosen und Verlaufsformen.* Heidelberg (Spektrum Akademischer Verlag) 1993.

Häfner, H. *Onset and Early Course of Schizophrenia.* Heidelberg (Vortrag auf dem dritten Symposium „Search for the Causes of Schizophrenia") 15–17. September 1993.

Häfner, H. *Psychiatrie: Ein Lesebuch für Fortgeschrittene.* Stuttgart (Gustav Fischer) 1991.

Häfner, H. *The Epidemiology of Schizophrenia.* In: *Triangle* 31 (1992) S. 133–154.

Häfner, H.; Behrens, S.; Vry, J. de; Gattaz, W. F.; Löffler, W.; Maurer, K.; Riecher-Rössler, A. *Warum erkranken Frauen später an Schizophrenie?* In: *Nervenheilkunde* 10 (1991) S. 154–163.

Häfner, H.; Maurer, K.; Löffler, W.; Riecher-Rössler, A. *The Influence of Age and Sex on the Onset and Early Course of Schizophrenia.* In: *British Journal of Psychiatry* 162 (1993) S. 80–86.

Häfner, H.; Riecher-Rössler, A.; Heiden, W. an der; Maurer, K.; Fätkenheuer, B.; Löffler, W. *Generating and Testing a Causal Explanation of the Gender Difference in Age at First Onset of Schizophrenia.* In: *Psychological Medicine* 23 (1993).

Riecher-Rössler, A.; Häfner, H.; Maurer, K.; Stummbaum, M.; Schmidt, R. *Schizophrenic Symptomatology Varies with Serum Estradiol Levels during*

Menstrual Cycle. In: *Schizophrenia Research* 6 (1992) S. 114.

Molekulare Grundlagen des Lernens

Gehirn und Kognition. Heidelberg (Spektrum der Wissenschaft) 1990.

Hawkins, R. D.; Abrams, T. W.; Carew, T. J.; Kandel, E. R. *A Cellular Mechanism of Classical Conditioning in Aplysia: Activity-Dependent Amplification of Presynaptic Facilitation.* In: *Science* 219 (1983) S. 400–405.

Milner, B. *Amnesia Following Operation on the Temporal Lobes.* In: Whitty, C. W. M.; Zangwill, O. L. (Hrsg.) *Amnesia: Clinical, Psychological and Medicolegal Aspects.* Butterworths, 1966.

Nicoll, R. A.; Kauer, J. A.; Malenka, R. C. *The Current Excitement in Long-Term Potentiation.* In: *Neuron* 1 (1988) S. 97–103.

Squire, L. R. *Memory and the Hippocampus: A Synthesis from Findings with Rats, Monkeys, and Humans.* In: *Psychological Review* 99 (1992) S. 195–231.

Molekulare Grundlagen von Geistes- und Gemütskrankheiten

Carlsson, M.; Carlsson, A. *Interactions between Glutamatergic and Monoaminergic Systems within the Basal Ganglia – Implications of Schizophrenia and Parkinson's Disease.* In: *Trends in Neurosciences* 13 (1990) S. 272–276.

Chrousos, G. P.; Gold, P. W. *The Concepts of Stress and Stress System Disorders: Overview of Physical and Behavioral Homeostasis.* In: *Journal of the American Medical Association* 267 (1992) S. 1244–1252.

Cooper, J. R.; Bloom, F. E.; Roth, R. H. *The Biochemical Basis of Neuropharmacology.* Oxford University Press, 1991.

Gershon, E. S.; Martinez, M.; Goldin, L. R.; Gejman, P. V. *Genetic Mapping of Common Diseases: The Challenges of Manic-Depressive Illness and Schizophrenia.* In: *Trends in Genetics* 6 (1990) S. 282–287.

Goodwin, K.; Jamison, K. R. *Manic-Depressive Illness.* Oxford University Press, 1990.

Selkoe, D. J. *Amyloid-Protein und Alzheimersche Krankheit.* In: *Spektrum der Wissenschaft* 1 (1992) S. 56–65.

Snyder, S. H. *Chemie der Psyche. Drogenwirkungen im Gehirn.* Heidelberg (Spektrum der Wissenschaft) 1988.

Wie neuronale Netze aus Erfahrung lernen

Brause, R. *Neuronale Netze. Eine Einführung in die Neuroinformatik.* Stuttgart (Teubner) 1991.

Churchland, P. S.; Sejnowski, T. J. *The Computational Brain.* Cambridge, Massachusetts (MIT Press/Bradford Books) 1992.

Hecht-Nielsen, R. *Neurocomputing.* Reading, Massachusetts (Addison-Wesley) 1990.

Hertz, J.; Krogh, A.; Palmer, R. G. *Introduction to the Theory of Neural Computation.* Reading, Massachusetts (Addison-Wesley) 1990.

Hinton, G. E. *Connectionist Learning Procedures.* In: *Artificial Intelligence* 40 (1989) S. 185–234.

Hinton, G. E.; Plant, D. C.; Shallice, T. *Computersimulation eines Hirnschadens.* In: *Spektrum der Wissenschaft* 12 (1993) S. 68–75.

Müller, B.; Reinhardt, J. *Neural Networks. An Introduction.* Berlin/Heidelberg/New York (Springer) 1990.

Ritter, H.; Martinetz, T.; Schulten, K. *Neuronale Netze. Eine Einführung in die Neuroinformatik selbstorganisierender Netzwerke.* Bonn (Addison-Wesley) 1991.

Rumelhart, D. E.; Hinton, G. E.; Williams, R. J. *Learning Representations by Back-Propagating Procedures.* In: *Nature* 323 (1986) S. 533–536.

Ist der menschliche Geist ein Computerprogramm?

Harnad, S. *Minds, Machines and Searle.* In: *Journal of Experimental and Theoretical Artificial Intelligence* 1 (1989) S. 5–25.

Haugeland, J. (Hrsg.) *Mind Design: Philosophy, Psychology, Artifical Intelligence.* MIT Press, 1980.

Hillis, W. D. *Ultraschnelle Prozessor-Netzwerke.* In: *Spektrum der Wissenschaft* 8 (1987) S. 52–60.

Lenat, D. B. *Software für Künstliche Intelligenz.* In: *Spektrum der Wissenschaft* 11 (1984) S. 178–189.

Searle, J. R. *Minds, Brains, and Programs.* In: *Behavioral and Brain Sciences* 3 (1980) S. 417–458.

Searle, J. R. *Minds, Brains, and Science.* Harvard University Press, 1984.

Waltz, D. L. *Künstliche Intelligenz.* In: *Spektrum der Wissenschaft* 12 (1982) S. 68–82.

Ist eine denkende Maschine möglich?

Churchland, P. M. *A Neurocomputational Perspective: The Nature of Mind and the Structure of Science.* MIT Press, 1989.

Churchland, P. S. *Neurophilosophy: Toward a Unified Understanding of the Mind/Brain.* MIT Press, 1986.

Dennett, D. C. *Fast Thinking.* In: *The Intentional Stance.* MIT Press, 1987.

Dreyfus, H. L: *What Computers Can't Do; A Critique of Artificial Reason.* Harper & Row, 1972.

Mahowald, M. A.; Mead, C. *Die Silicium-Netzhaut.* In: *Spektrum der Wissenschaft* 7 (1991) S. 64–71.

Turing, A. M. *Computing Machinery and Intelligence.* In: *Mind* 59 (1950) S. 433–460.

Das Problem des Bewußtseins

Churchland, P. S.; Sejnowski, T. J. *The Computational Brain.* Cambridge, Massachusetts (MIT Press/Bradford Books) 1992.

Cold Spring Harbor Symposia on Quantitative Biology 55: The Brain. Cold Spring Harbor Laboratory Press, 1990.

Crick, F.; Koch, C. *Towards a Neurobiological Theory of Consciousness.* In: *Seminars in the Neurosciences* 2 (1990) S. 263–275.

Jackendoff, R. *Consciousness and the Computational Mind.* Cambridge, Massachusetts (MIT Press/Bradford Books) 1987.

Rock, I. *Wahrnehmung: vom visuellen Reiz zum Sehen und Erkennen.* Heidelberg (Spektrum der Wissenschaft) 1985.

Was macht Bewußtsein zu einem Rätsel?

Allport, A. *What Concept of Consciousness?* In: Marcel, A.; Bisiach, E. (Hrsg.) *Consciousness in Contemporary Science.* New York (Oxford University Press) 1988.

Bieri, P. *Trying Out Epiphenomenalism.* In: *Erkenntnis* 36 (1992) S. 283–309.

Bois-Reymond, E. du *Über die Grenzen des Naturerkennens.* In: *Vorträge über Philosophie und Gesellschaft.* Hamburg (Meiner) 1974.

Cummins, R. *The Nature of Psychological Explanation.* Cambridge, Massachusetts (MIT Press/Bradford Books) 1983.

Dennet, D. C. *Brainstorms.* Montgomery, Vermont (Bradford Books) 1978.

Dretske, F. *Knowledge and the Flow of Information*. Cambridge, Massachusetts (MIT Press/Bradford Books) 1981.

Fodor, J. *Psychosemantics*. Cambridge, Massachusetts (MIT Press/Bradford Books) 1987.

Gehirn und Kognition. Heidelberg (Spektrum der Wissenschaft) 1990.

Gulick, R. van *Functionalism, Information and Content*. In: *Nature and System* 2 (1980) S. 139–162.

Hofstadter, D. R.; Dennett, D. C. *Einsicht ins Ich. Fantasien und Reflexionen über Selbst und Seele*. Stuttgart (Klett-Cotta) 1981.

Huxley, T. H. *On the Hypothesis that Animals are Automata, and its History*. In: *Collected Essays*, Bd.1, London (Macmillan) 1904, S. 199–250.

Kim, J. *Psychophysical Supervenience*. In: *Philosophical Studies* 41 (1982) S. 51–70.

McGinn, C. *The Problem of Consciousness*. Oxford (Blackwell) 1991.

Pöppel, E. (Hrsg.) *Gehirn und Bewußtsein*. Weinheim (VCH) 1989.

Pöppel, E. *Die Grenzen des Bewußtseins*. Stuttgart (Deutsche Verlagsanstalt) 1985.

Bildnachweise

Titelbild: Computerdarstellung des menschlichen Gehirns in Seitenansicht. © National Medical Slide Bank. **Einführung:** Kasten S. 1: Carol Donner – **Das sich entwickelnde Gehirn:** Bild 1: „Behold Man" von Lennart Nilsson, © 1973 Little, Brown und Company; Bilder 2, 4, Kasten S. 7: Dana Burns-Pizer; Bilder 3, 6: Carla J. Shatz; Bild 5: Guilbert Gates/JSD; Kasten S. 10: Tomo Narashima – **Alterndes Gehirn – alternder Geist:** Bild 1: FBG International; Bild 2 (oben): Carol Donner; Bild 2 (unten), Kasten S. 17: Johnny Johnson; Bild 3: Dorothy G. Flood und Paul D. Coleman, University of Rochester (Photographien und Zeichnungen), Johnny Johnson (Graphik); Bild 4: Dennis J. Selkoe; Bild 5: Robert P. Friedland, Case Western Reserve University; mit freundlicher Genehmigung von „Clinical Neuroimaging", © 1988 John Wiley and Sons, Inc.; Bild 6: Johnny Johnson (Graphiken), Ralph Warren Landrum, University of Kentukky (Photographien) – **Physiologie und Simulation der Geruchswahrnehmung:** Bild 1: Walter J. Freeman, Peter Broadwell; Bild 2: Carol Donner; Bilder 3, 4, 6: Dana Burns-Pizer; Bilder 5, 7, 8: Walter J. Freeman – **Das geistige Abbild der Welt:** Bild 1: Photographie von Robert Prochnow, gezeichnet von Richard Tobias, mit freundlicher Genehmigung von Brooke Alexander, New York; Bilder 2 (links), 3:Carol Donner; Bild 2 (rechts): Semir Zeki; Bild 4: Guilbert Gates/JSD und Jared Schneidman; Bild 5: Guilbert Gates/JSD; Kasten S. 38/39: Semir Zeki (oben), Lawrence Erlbaum Associates, © 1987 (links unten), D. F. Benson, Archives of Neurology (rechts unten) – **Bildung repräsentationaler Zustände im Gehirn:** Bild 1: Ronald James; Bilder im Kasten S. 45, 2, 3: Andreas K. Engel, Peter König, Wolf Singer/Spektrum der Wissenschaft – **Neurobiologie des Träumens:** Bild 1: Marc Chagall, Scala/Art Resource; Bilder 2, 3 (oben), 5 (oben): Carol Donner; Bilder 3 (unten), 5 (unten), 6: Gabor Kiss; Bild 4: Patricia J. Wynne – **Sprache und Gehirn:** Bild 1: FPG International; Bilder 2, 4: Carol Donner; Bild 3: Department of Neurology; PET Facility and Image Analysis Facility, University of Iowa; Kasten S. 64/65: Marc Skinner (links), Patricia J. Wynne (rechts) – **Das Arbeitsgedächtnis:** Bild 1: Eric Hartman/Magnum; Bilder 2, 3, 4 (oben), 5, 6: Patricia J. Wynne; Bild 4 (Mitte): Harriett Friedman; Bild 4 (unten): Patricia S. Goldman-Rakic – **Weibliches und männliches Gehirn:** Bild 1: Grandma Moses, © 1987 Grandma Moses Properties Co., New York; Kasten S. 80 und Kasten S. 81, 2–4: Jared Schneidman – **Neurobiologie der Angst:** Bilder 1, 3, 5, 7: Ned H. Kalin; Bilder 2, 4, 6: Carol Donner – **Autismus:** Bilder 1, 5: Abraham Menashe; Kasten S. 98: Rodica Prato; Bild 2: Jared Schneidman Design; Bilder 3, 4: Axel Scheffler/Spektrum der Wissenschaft – **Schizophrenie – Suche nach Ursachen und Auslösern:** Bild 1: Tom Baumann; Bild 2: Irving Gottesman/Spektrum der Wissenschaft; Bilder 3–6: H. Häfner et al./Spektrum der Wissenschaft – **Molekulare Grundlagen des Lernens:** Bild 1: Dan Wagner; Bilder 2, Kasten S. 117: Ian Worpole, Patricia J. Wynne (Innenbild); Bild 3: Patricia J. Wynne; Bilder 4, 5: Ian Worpole; Kasten S. 122: „Mechanics of the Mind" von Colin Blakemore; © 1977 Cambridge University Press (oben), Jared Schneidman (unten) – **Molekulare Grundlagen von Geistes- und Gemütskrankheiten:** Bild 1: Anonym, mit freundlicher Genehmigung von Edward Adamson und John Timlin © 1990; Bild 2: Nancy C. Andreasen, University of Iowa; Bild 3: Monte S. Buchsbaum, University of California at Irvine; Bild 4, Kasten S. 133: Ian Worpole; Bild 5: Carol Donner – **Wie neuronale Netze aus Erfahrung lernen:** Bild 1: Tomo Narashima; Bilder 2, 3, Kasten S. 139, Bilder 4–7: Laurie Grace; Kasten S. 140: Geoffrey E. Hinton – **Künstliche Intelligenz: eine Kontroverse:** Bild S. 147: Michael Crawford – **Ist der menschliche Geist ein Computerprogramm?:** Bilder S. 149–154: Michael Crawford – **Ist eine denkende Maschine möglich:** Bild 1: Patricia J. Wynne; Bilder 2, 3: Andrew Christie – **Das Problem des Bewußtseins:** Bild 1: René Magritte, © 1992 Hersovici/Artist Rights Society; Bild 2: Bettmann Archive; Kasten S. 166/167: Jason Goltz; Bild 3: Johnny Johnson – **Was macht Bewußtsein zu einem Rätsel?:** Bild 1: Archiv Gerstenberg; Bild 2: C. Donner; Bild 3 (links): V. Braitenberg; Bild 3 (rechts): G. Palm; Bild 4: S. Ramón y Cajal; Bild 5: E. Mach, „Die Analyse der Empfindungen und das Verhältnis des Physischen zum Psychischen", Gustav Fischer Verlag, Jena 1992.

Es konnten nicht alle Rechteinhaber von Abbildungen ermittelt werden. Sollte dem Verlag gegenüber der Nachweis der Rechtsinhaberschaft geführt werden, wird das branchenübliche Honorar nachträglich bezahlt.

Index

Verständliche Forschung

Gehirn und Nervensystem
208 Seiten, Broschur
DM 48,- / öS 375,- / sfr 49,40
ISBN 3-922508-21-9

Wahrnehmung, Lernen, Gedächtnis – unser gesamtes Verhalten wird vom Gehirn gesteuert. Mosaiksteinchenweise ergänzen sich einzelne Forschungsergebnisse zu einem umfassenden Bild über die Funktionsweise dieser hochkomplexen Struktur unseres Körpers. Die 17 Artikel dieses Folgebandes von „Gehirn und Nervensystem" fassen grundlegendes und aktuelles Wissen über die Leistungen, die unser Gehirn zu vollbringen vermag, zusammen.

Dieses Buch gibt einen umfassenden Überblick über eines der faszinierendsten Kapitel der modernen Biologie. Bei der Erforschung des Aufbaus und der Funktionen von Gehirn und Nervensystem konnten in den letzten Jahren bedeutende Fortschritte erzielt werden. Wir alle besitzen ein Gehirn, und jede Erkenntnis, die über dieses komplizierte Organ mit seinen vernetzten Funktionen gewonnen wird, betrifft in unmittelbarer Weise uns selbst, die Erkenntnis unserer Nächsten und der Welt, die uns umgibt. Mit Gehirn und Nervensystem hat die Evolution ein Wunderwerk vollbracht, dessen Leistungsfähigkeit und Organisation die Forscher selbst ehrfurchtsvoll bewundern.

Gehirn und Kognition
208 Seiten, Broschur
DM 48,- / öS 375,- / sfr 49,40
ISBN 3-86025-070-1

Spektrum
AKADEMISCHER VERLAG

Vangerowstraße 20 · 69115 Heidelberg

Keine graue Theorie...

Lehrbücher zur Hirnforschung

Struktur und Funktion des Gehirns sind untrennbar miteinander verbunden. Für ein tieferes Verständnis der Leistungen des Gehirns ist daher die Kenntnis seiner Anatomie unerläßlich. Dieses anschaulich illustrierte Buch, das auf verständliche Weise in ein komplexes Thema einführt, beschreibt die Strukturen und Systeme des Zentralnervensystems (von Säugetieren, speziell des Menschen) unter starker Betonung funktioneller Aspekte. Es ist damit eine Einführung in die Neurowissenschaften und ein neuroanatomischer Atlas zugleich.

John R. Anderson berichtet in diesem Lehrbuch der kognitiven Psychologie von den wichtigsten experimentellen und theoretischen Forschungsergebnissen zur Analyse geistiger Prozesse und kognitiver Handlungen wie etwa Lesen, Schreiben und Problemlösen allgemein. Auch einfache Fertigkeiten beruhen auf einem komplexen Zusammenwirken von Wahrnehmungsprozessen, dem Abruf und Abspeichern von Gedächtnisinhalten und dem Erwerb von Fakten- und Verfahrenswissen.

Walle J. Nauta/
Michael Feirtag
Neuroanatomie
344 Seiten,
gebunden DM 62,- /
öS 484,- / sfr 63,70
ISBN 3-89330-707-9

John R. Anderson
Kognitive Psychologie
432 Seiten,
Broschur, DM 66,- /
öS 515,- / sfr 67,70
ISBN 3-89330-703-6

Sally P. Springer/
Georg Deutsch
Linkes/Rechtes Gehirn
232 Seiten,
Broschur, DM 49,80,- /
öS 389,- / sfr 51,20
ISBN 3-86025-007-8

Richard F. Thompson
Das Gehirn
360 Seiten,
Broschur, DM 46,- /
öS 359,- / sfr 47,40
ISBN 3-86025-063-9

Diese aktualisierte und erweiterte Ausgabe der erfolgreichen Einführung in die Hemisphärenforschung berücksichtigt neue Befunde und Entwicklungen und vermittelt dem Leser somit einen Überblick über den heutigen Stand des Wissens und der theoretischen Diskussion zu den verschiedensten Aspekten der Aufgabenteilung zwischen den Gehirnhälften.

Das Gehirn ist eine komplexe Struktur, die unser gesamtes Verhalten einschließlich Lernen und Gedächtnis steuert. Dem renommierten Psychobiologen R. F. Thompson gelingt es in diesem Buch, nicht nur die Prinzipien der neuronalen Kommunikation und die Grundorganisation des Gehirns – das beim Menschen aus etwa 100 Milliarden Nervenzellen aufgebaut ist – klar und leicht verständlich darzustellen; er erläutert darüber hinaus die Mechanismen der Wahrnehmung und Bewegungskontrolle sowie Veränderungen, die sich im Laufe von Entwicklungs-, Krankheits- und Alterungsprozessen abspielen.

Spektrum
AKADEMISCHER VERLAG

Vangerowstraße 20 · 69115 Heidelberg

Die Deutsche Bibliothek – CIP-Einheitsaufnahme

Gehirn und Bewußtsein / mit einer Einf. von Wolf Singer. – Heidelberg ; Berlin ; Oxford :
Spektrum, Akad. Verl., 1994
  (Verständliche Forschung)
  ISBN 3-86025-220-8

© der einzelnen Artikel 1990, 1991, 1992, 1993
Spektrum der Wissenschaft Verlagsgesellschaft mbH, Heidelberg

© der Zusammenstellung 1994 Spektrum Akademischer Verlag GmbH,
Heidelberg · Berlin · Oxford (vormals Spektrum der Wissenschaft
Verlagsgesellschaft mbH, Heidelberg)

Alle Rechte, insbesondere die der Übersetzung in fremde Sprachen, sind vorbehalten. Kein
Teil des Buches darf ohne schriftliche Genehmigung des Verlages photokopiert oder in
irgendeiner anderen Form reproduziert oder in eine von Maschinen verwendbare Sprache
übertragen oder übersetzt werden.

Lektorat: Markus Pohlmann, Merlet Behncke-Braunbeck
Produktion: Susanne Tochtermann
Gesamtherstellung: Klambt-Druck GmbH, Speyer

Spektrum Akademischer Verlag Heidelberg · Berlin · Oxford

EIN VERLAG DER   *SPEKTRUM FACHVERLAGE GMBH*